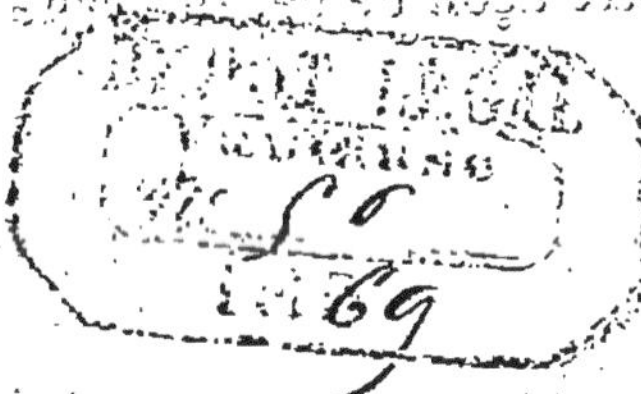

TRACÉ DES COURBES

TABLES

POUR LE TRACÉ DES

COURBES DE RACCORDEMENT

EN ARC DE CERCLE

Sans calcul, sans connaître le rayon ni l'angle des alignements, avec le choix d'opérer sur la corde ou sur les tangentes;

PRÉCÉDÉES D'UNE INTRODUCTION

SUR LA MANIÈRE D'EN FAIRE USAGE, DE LES CALCULER ET DE TRACER LES COURBES SUR LE TERRAIN AVEC DES TANGENTES INÉGALES.

OUVRAGE DESTINÉ A TOUS CEUX QUI S'OCCUPENT D'ÉTUDES ET DE TRACÉS DE ROUTES.

Par J.-F. BOURRET,

Agent-voyer piqueur.

A ORANGE (VAUCLUSE), CHEZ L'AUTEUR.

1869

IMPR. GAUTHIER, A VALRÉAS.

INTRODUCTION.

Objet et disposition des Tables.

Les courbes en arc de cercle sont, sans contredit, les préférables dans le raccordement des lignes droites. Pour les tracer sur le terrain, il faut ordinairement être muni d'instruments appropriés à cet usage ou, à défaut, se livrer à des calculs qui prennent beaucoup de temps. Avec ces Tables, tout est calculé d'avance et, en fait d'instruments, un décamètre suffit, au moyen d'ordonnées ou perpendiculaires (*) sur la corde et sur les tangentes, à déterminer les points de passage de la courbe.

Ces Tables ont été calculées pour le tracé des courbes avec des tangentes variant de 5 en 5 mètres de longueur, depuis 15 jusqu'à 50 mètres, et de 10 en 10 mètres depuis 50 jusqu'à 100. Elles n'ont pas été poussées au-delà, parce parce qu'on peut remarquer qu'en général très-peu de courbes sont tracées avec de plus grandes tangentes. Leur donner plus d'extension n'aurait eu pour résultat que de grossir ce ce volume, qui, par suite, aurait été peu portatif et embarrassant sur le terrain. En l'état, ces Tables permettent de

(*) Ordinairement on se sert d'une équerre pour mener les ordonnées, mais comme les plus longues de ces Tables n'ont pas 30 mètres, on pourra, avec tant soit peu de pratique, se passer de cet instrument.

tracer au moins les 19/20 des courbes de raccordement.

Pour chaque série de tangentes ayant même longueur, les bissectrices vont en augmentant de 10 en 10 centimètres, depuis un mètre jusqu'à ce que la dernière soit égale à la demi-corde, c'est-à-dire jusqu'à ce que les alignements à raccorder forment un angle droit.

Les distances entre le pied des ordonnées, tant sur la corde que sur les tangentes, sont de 5 mètres pour les courbes de 15 à 50 mètres de tangentes; ces distances sont portées à 10 mètres pour celles au-dessus, dans le but de conserver à cet ouvrage le plus petit format possible. Et afin d'avoir toujours en regard, sur une seule ligne, tous les éléments de la même courbe, les Tables de 17 à 25 colonnes ont été disposées d'une manière différente de celles qui en ont de 11 à 15 seulement. Tous ceux qui savent l'inconvénient qu'il y a de bien faire coïncider des lignes de chiffres qui prennent deux pages, approuveront cette disposition.

Ces Tables sont encore très-utiles dans l'étude des projets, où, avant d'arrêter le sommet d'angle des alignements, on a souvent besoin de connaître les points de passage de la courbe, afin d'éviter un bâtiment, un rocher, un précipice, etc. Les 3e, 4e et 5e colonnes, inutiles au tracé des courbes, sont spécialement destinées à ces sortes d'opérations.

Usage des Tables.

Ces Tables étant subordonnées aux tangentes et à la bissectrice, pour en faire usage sur le terrain on fixe d'abord les points de tangence A et C (Fig. 1), en faisant les tangentes de longueur égale, 20 mètres par exemple, et on mesure la bissectrice B D, que nous supposons de 10m 20 ; cherchant cette longueur à la première colonne des Tables qui portent en tête : TANGENTES 20 MÈTRES, on trouve en regard, dans les colonnes suivantes, tous les éléments de cette courbe : Demi-corde, angle formé par les alignements, rayon,

Fig. 1.

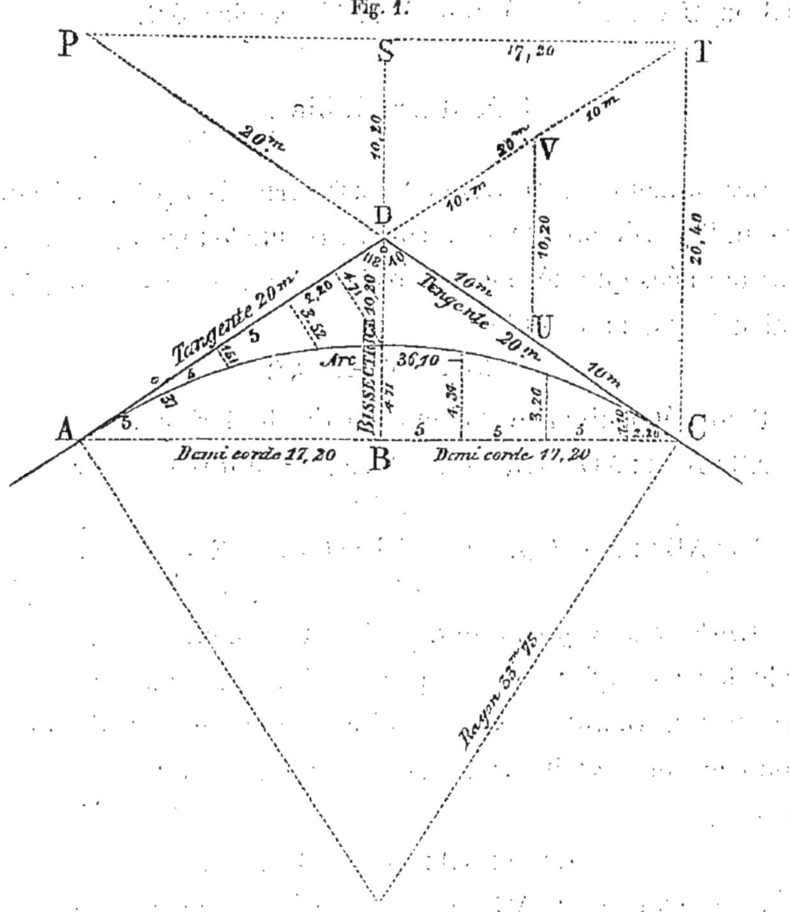

longueur de l'arc, flèche et ordonnées. Les ordonnées sont calculées sur la corde et sur les tangentes afin de laisser le choix à l'opérateur. (Voir la Figure pour les détails et leur application au tracé de la courbe sur le terrain).

Remarque. — Ceux qui, n'ayant aucune notion des lignes proportionnelles, seraient embarrassés pour mesurer la bissectrice, à cause d'un obstacle quelconque, pourraient facilement la connaître, soit par la corde qui, au moyen des Tables, la donne sans calcul, soit en prolongeant les alignements AD, CD jusqu'aux points T et P : les distances DS ou UV seraient égales à la bissectrice BD.

Calcul des Tables.

Les tangentes AD, CD et la bissectrice BD (Fig. 2) étant ce qu'il y a de plus facile à connaître sur le terrain, c'est de ces données que dépendent nos Tables; la demi-corde a été calculée par la formule

$$\sqrt{AD^2 - BD^2} = AB$$

Pour déterminer le Rayon et la Flèche BE on a :

AD : BD : : AO : AB, d'où $\frac{AD \times AB}{BD}$ = le Rayon AO ou E**O**;

BD : AB : : AB : OB, d'où $\frac{AB^2}{BD}$ = OB, et EO — OB = BE.

Angle des alignements. — Il y a plusieurs manières de calculer cet angle; on peut, par exemple, chercher la valeur de celui ADB, qui en est la moitié, et qu'on n'a ensuite qu'à doubler pour avoir ADC. Pour connaître cet angle ADB on a

$$\sin. 90^\circ : AD : : \sin. ADB : AB.$$

L'angle au centre AOC étant complémentaire de celui des alignements ADC, on aura la longueur de l'arc par la formule

$$\frac{2R\pi n}{360^\circ}$$

dans laquelle R représente le rayon et n le nombre de degrés, minutes de l'angle AOC.

Fig. 2.

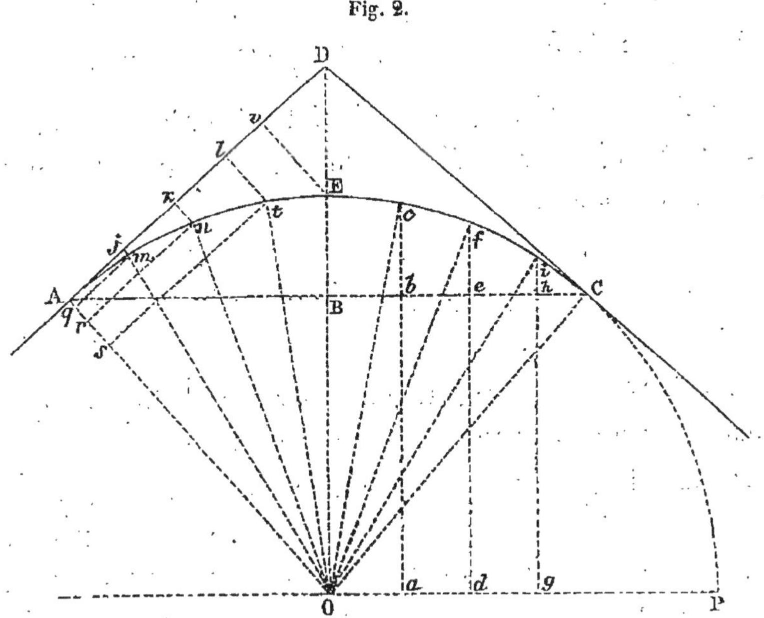

Ordonnées sur la corde. — Sur le demi-diamètre ou rayon OP, mené parallèlement à la corde, on élève, jusqu'à la rencontre de l'arc, les perpendiculaires *abc*, *def*, *ghi*, et après avoir tiré les rayons O*c*, O*f*, O*i*, on détermine les ordonnées par les formules ci-après :

$$\sqrt{R^2 - aO^2} = ac, \text{ et } ac - (ab \text{ ou } OB) = bc;$$

$$\sqrt{R^2 - dO^2} = df, \text{ et } df - (de \text{ ou } OB) = ef;$$

Une semblable opération ferait connaître *hi* et autant d'ordonnées sur la corde qu'on le désirerait.

Ordonnées sur les tangentes. — On élève sur le rayon AO les perpendiculaires *qm*, *rn*, *st*, égales en longueur aux abscisses A*j*, A*k*, A*l*, qui rencontrent l'arc aux points

m, n, t, et on tire les rayons Om, On, Ot. Par les formules ci-après on détermine successivement jm, kn, etc.

$$\sqrt{R^2 - qm^2} = qO, \text{ et } AO \text{ ou } R - qO = Aq \text{ ou } jm;$$

$$\sqrt{R^2 - rn^2} = rO, \text{ et } AO \text{ ou } R - rO = Ar \text{ ou } kn.$$

Si on fait l'abscisse Av égale à la demi-corde, l'ordonnée vE sera égale à la flèche BE, et déterminera aussi le point milieu de la courbe.

Tracé des courbes avec des Tangentes inégales.

Nos Tables peuvent servir au raccordement de presque toutes les courbes ayant les tangentes d'égale longueur ; mais comme il peut se présenter quelques cas exceptionnels qui exigent de les tracer avec des tangentes inégales, il convient de faire connaître parmi les méthodes les plus généralement employées, celle qui paraît des plus simples pour opérer ces raccordements sur le terrain.

Soient AB, CB (Fig. 3), les tangentes inégales d'une courbe ou parabole à tracer qu'on divise en deux parties égales chacune ; e, f les points de division et D milieu de AC : l'intersection des lignes ef, BD, en g, sera un point de passage de la courbe.

Pour connaître j, autre point de passage, on mène la droite gC et, après avoir divisé en deux parties gf, fC, gC, on fait croiser ki avec fh qui déterminent ce point. Tous les autres points de courbe seront obtenus par les opérations indiquées, en tirant successivement gj, jC, etc.

Si au lieu de déterminer tous ces points par intersection, ce qui devient quelquefois assez long, on remarque que il, *fm*, *kn* sont parallèles à BD; que *g*D est moitié de BD, que *jm* en est les 3/8 etc.; dans bien des tracés, il pourra être plus facile et plus expéditif, après avoir mené des parallèles à BD, de calculer les longueurs de ces parallèles entre AC et la courbe.

Fig. 3.

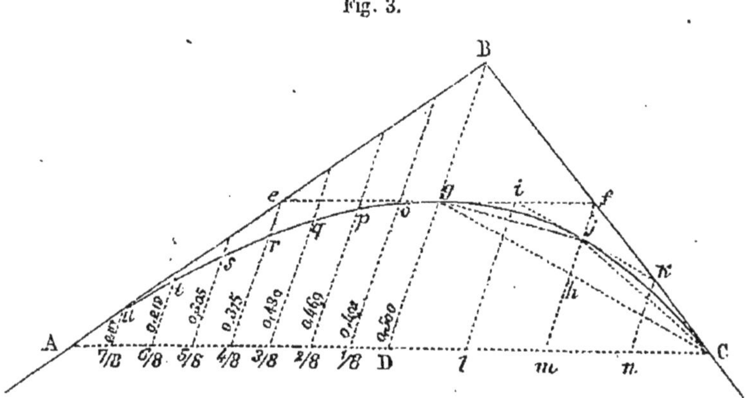

Divisons, à cet effet, AD en huit parties égales, ce qui est plus que suffisant pour tracer le plus grand nombre de courbes de ce genre, et menons par les points de division des parallèles à BD (*). Les nombres fractionnaires portés sur ces parallèles sont ceux qu'il faudra multiplier par BD pour avoir leurs hauteurs donnant les points de la courbe *o*, *p*, *q*, *r*, *s*, *t*, *u*. Les mêmes hauteurs s'appliquent aux parallèles tirées de DC à BC.

Lorsqu'à cause du peu d'étendue des courbes on veut simplifier l'opération, on n'a qu'à diviser AD en quatre parties seulement et à opérer avec les nombres portés sur les parallèles menées aux 2/8, 4/8 et 6/8.

(*) Pour mener ces parallèles sur le terrain, si on n'a qu'un décamètre à sa disposition, on divise AB en un même nombre de parties que AD et on joint les points de division de ces deux lignes.

Tangentes 15 mètres.

LONGUEUR de la bissectrice.	DEMI-CORDE.	ANGLE des alignements.	RAYON.	LONGUEUR DE L'ARC.	FLÈCHE.	ORDONNÉES SUR LA CORDE. La distance à partir de la flèche étant 5m	10m	ORDONNÉES SUR LES TANGENTES. La distance à partir des points de tangence étant 5m	10m	égale à la demi-corde.
m	m	o ,	m	m	m					
1.00	14.97	172.21	224.50	29.96	0.50	0.44	0.28	0.06	0.22	0.50
1 10	14 96	171 35	203 99	29 95	0 55	0 49	0 30	0 06	0 25	0 55
1 20	14 95	170 49	186 90	29 93	0 60	0 53	0 33	0 07	0 27	0 60
1 30	14 94	170 3	172 43	29 92	0 65	0 58	0 36	0 07	0 29	0 65
1 40	14 93	169 17	160 01	29 91	0 70	0 62	0 39	0 08	0 31	0 70
1 50	14 92	168 31	149 25	29 90	0 75	0 66	0 41	0 09	0 34	0 75
1 60	14 91	167 45	139 82	29 88	0 80	0 71	0 44	0 09	0 36	0 80
1 70	14 90	166 59	131 50	29 87	0 85	0 75	0 47	0 10	0 38	0 85
1 80	14 89	166 13	124 10	29 85	0 90	0 80	0 49	0 10	0 41	0 90
1 90	14 88	165 27	117 47	29 84	0 95	0 84	0 52	0 11	0 43	0 95
2 00	14 87	164 41	111 50	29 82	0 99	0 88	0 54	0 11	0 45	0 99
2 10	14 85	163 54	106 09	29 80	1 04	0 92	0 57	0 12	0 47	1 04
2 20	14 84	163 8	101 17	29 78	1 09	0 97	0 60	0 12	0 49	1 09
2 30	14 82	162 22	96 67	29 76	1 14	1 01	0 62	0 13	0 52	1 14
2 40	14 81	161 35	92 54	29 74	1 19	1 06	0 65	0 13	0 54	1 19
2 50	14 79	160 49	88 74	29 72	1 24	1 10	0 68	0 14	0 56	1 24
2 60	14 77	160 2	85 23	29 70	1 29	1 14	0 70	0 15	0 59	1 29
2 70	14 75	159 16	81 97	29 67	1 34	1 19	0 73	0 15	0 61	1 34
2 80	14 74	158 29	78 94	29 65	1 39	1 23	0 75	0 16	0 64	1 39
2 90	14 72	157 42	76 12	29 62	1 44	1 27	0 78	0 17	0 66	1 44
3 00	14 70	156 56	73 48	29 59	1 48	1 31	0 80	0 17	0 68	1 48
3 10	14 68	156 9	71 01	29 56	1 53	1 35	0 83	0 18	0 70	1 53
3 20	14 65	155 22	68 69	29 53	1 58	1 40	0 85	0 18	0 73	1 58

Tangentes 15 mètres.

LONGUEUR de la bissectrice.	DEMI-CORDE.	ANGLE des alignements.	RAYON.	LONGUEUR DE L'ARC.	FLÈCHE.	ORDONNÉES SUR LA CORDE. La distance à partir de la flèche étant		ORDONNÉES SUR LES TANGENTES La distance à partir des points de tangence étant		
						5m	10m	5m	10m	égale à la demi-corde.
m	m	o ,	m	m	m					
3.30	14.63	154.35	66.51	29.50	1.63	1.44	0.87	0.19	0.76	1.63
3 40	14 61	153 48	64 45	29 47	1 68	1 48	0 90	0 20	0 78	1 68
3 50	14 59	153 1	62 51	29 44	1 73	1 52	0 92	0 21	0 81	1 73
3 60	14 56	152 14	60 67	29 41	1 77	1 56	0 94	0 21	0 83	1 77
3 70	14 54	151 26	58 93	29 37	1 82	1 60	0 97	0 22	0 85	1 82
3 80	14 51	150 39	57 28	29 34	1 87	1 65	0 99	0 22	0 88	1 87
3 90	14 48	149 52	55 71	29 30	1 92	1 69	1 01	0 23	0 91	1 92
4 00	14 46	149 4	54 21	29 27	1 96	1 73	1 03	0 23	0 93	1 96
4 10	14 43	148 16	52 79	29 23	2 01	1 77	1 05	0 24	0 96	2 01
4 20	14 40	147 29	51 43	29 19	2 06	1 81	1 08	0 25	0 98	2 06
4 30	14 37	146 41	50 13	29 15	2 10	1 85	1 10	0 25	1 00	2 10
4 40	14 34	145 53	48 89	29 11	2 15	1 89	1 12	0 26	1 03	2 15
4 50	14 31	145 5	47 70	29 07	2 20	1 93	1 14	0 27	1 06	2 20
4 60	14 28	144 17	46 56	29 02	2 24	1 97	1 16	0 27	1 08	2 24
4 70	14 24	143 29	45 46	28 98	2 29	2 01	1 18	0 28	1 11	2 29
4 80	14 21	142 40	44 41	28 93	2 33	2 05	1 19	0 28	1 14	2 33
4 90	14 18	141 52	43 40	28 88	2 38	2 09	1 21	0 29	1 17	2 38
5 00	14 14	141 3	42 43	28 84	2 43	2 13	1 23	0 30	1 20	2 43
5 10	14 11	140 15	41 49	28 79	2 47	2 17	1 25	0 30	1 22	2 47
5 20	14 07	139 26	40 59	28 74	2 52	2 21	1 27	0 31	1 25	2 52
5 30	14 03	138 37	39 74	28 68	2 56	2 25	1 28	0 31	1 28	2 56
5 40	13 99	137 48	38 87	28 63	2 61	2 29	1 30	0 32	1 31	2 61
5 50	13 96	136 59	38 06	28 58	2 65	2 32	1 31	0 33	1 34	2 65

Tangentes 15 mètres.

LONGUEUR de la bissectrice.	DEMI-CORDE.	ANGLE des alignements.	RAYON.	LONGUEUR DE L'ARC.	FLÈCHE.	ORDONNÉES SUR LA CORDE. La distance à partir de la flèche étant		ORDONNÉES SUR LES TANGENTES. La distance à partir des points de tangence étant		
						5m	10m	5m	10m	égale à la demi-corde.
m	m	o '	m	m	m					
5.60	13.92	136. 9	37.27	28.52	2.69	2.35	1.33	0.34	1.36	2.69
5 70	13 87	135 20	36 51	28 46	2 74	2 39	1 35	0 35	1 39	2 74
5 80	13 83	134 30	35 78	28 41	2 78	2 43	1 36	0 35	1 42	2 78
5 90	13 79	133 40	35 06	28 35	2 83	2 47	1 37	0 36	1 46	2 83
6 00	13 75	132 50	34 37	28 29	2 87	2 50	1 38	0 37	1 49	2 87
6 10	13 70	132 0	33 70	28 22	2 91	2 54	1 39	0 37	1 52	2 91
6 20	13 66	131 10	33 05	28 16	2 95	2 57	1 40	0 38	1 55	2 95
6 30	13 61	130 20	32 41	28 10	3 00	2 61	1 41	0 39	1 59	3 00
6 40	13 57	129 29	31 80	28 03	3 04	2 64	1 42	0 40	1 62	3 04
6 50	13 52	128 38	31 20	27 96	3 08	2 68	1 43	0 40	1 65	3 08
6 60	13 47	127 47	30 61	27 89	3 12	2.74	1 44	0 41	1.68	3 12
6 70	13 42	126 56	30 05	27 82	3 16	2 74	1 45	0 42	1 71	3 16
6 80	13 37	126 5	29 49	27 75	3 20	2 78	1 46	0 42	1 74	3 20
6 90	13 32	125 13	28 95	27 68	3 24	2 81	1 46	0 43	1 78	3 24
7 00	13 27	124 22	28 43	27 60	3 28	2 84	1 47	0 44	1 81	3 28
7 10	13 21	123 30	27 91	27 53	3 32	2 87	1 47	0 45	1 85	3 32
7 20	13 16	122 38	27 41	27 45	3 36	2 90	1 48	0 46	1 88	3 36
7 30	13 10	121 45	26 93	27 37	3 40	2 94	1 48	0 46	1 92	3 40
7 40	13 05	120 53	26 45	27 29	3 44	2 97	1 48	0 47	1 96	3 44
7 50	12 99	120 0	25 98	27 21	3 48	3 00	1 48	0 48	2 00	3 48
7 60	12 93	119 7	25 52	27 12	3 52	3 03	1 48	0 49	2 04	3 52
7 70	12 87	118 14	25 08	27 03	3 56	3 06	1 48	0 50	2 08	3 56
7 80	12 81	117 20	24 64	26 95	3 59	3 08	1 47	0 51	2 12	3 59

Tangentes 15 mètres.

LONGUEUR de la bissectrice.	DEMI-CORDE.	ANGLE des alignements.	RAYON.	LONGUEUR DE L'ARC.	FLÈCHE.	ORDONNÉES SUR LA CORDE. La distance à partir de la flèche étant 5m	10m	ORDONNÉES SUR LES TANGENTES. La distance à partir des points de tangence étant 5m	10m	égale à la demi-corde.
m	m	o ,	m	m	m					
7.90	12.75	116.26	24.21	26.86	3.63	3.11	1.47	0.52	2.16	3.63
8 00	12 69	115 32	23 79	26 77	3 66	3 13	1 46	0 53	2 20	3 66
8 10	12 62	114 38	23 38	26 67	3 70	3 16	1 46	0 54	2 24	3 70
8 20	12 56	113 43	22 98	26 58	3 74	3 19	1 45	0 55	2 29	3 74
8 30	12 49	112 48	22 58	26 48	3 77	3 21	1 44	0 56	2 33	3 77
8 40	12 43	111 53	22 19	26 38	3 81	3 24	1 43	0 57	2 38	3 81
8 50	12 36	110 58	21 81	26 28	3 84	3 26	1 41	0 58	2 43	3 84
8 60	12 29	110 2	21 44	26 17	3 87	3 28	1 39	0 59	2 48	3 87
8 70	12 22	109 6	21 07	26 07	3 91	3 30	1 38	0 61	2 53	3 91
8 80	12 15	108 9	20 71	25 96	3 94	3 32	1 36	0 62	2 58	3 94
8 90	12 07	107 12	20 35	25 85	3 97	3 34	1 34	0 63	2 63	3 97
9 00	12.00	106 16	20 00	25 74	4 00	3 36	1 32	0 64	2 68	4 00
9 10	11 92	105 18	19 66	25 62	4 03	3 38	1 30	0 65	2 73	4 03
9 20	11 85	104 20	19 32	25 50	4 06	3 40	1 27	0 66	2 79	4 06
9 30	11 77	103 22	18 98	25 38	4 09	3 42	1 24	0 67	2 85	4 09
9 40	11 69	102 23	18 65	25 26	4 12	3 43	1 21	0 69	2 91	4 12
9 50	11 61	101 24	18 33	25 14	4 15	3 45	1 18	0 70	2 97	4 15
9 60	11 53	100 25	18 01	25 01	4 17	3 46	1 14	0 71	3 03	4 17
9 70	11 44	99 25	17 69	24 88	4 20	3 48	1 10	0 72	3 10	4 20
9 80	11 36	98 25	17 38	24 75	4 22	3 49	1 05	0 73	3 17	4 22
9 90	11 27	97 24	17 07	24 61	4 25	3 50	1 01	0 75	3 24	4 25
10 00	11 18	96 23	16 77	24 47	4 27	3 51	0 96	0 76	3 31	4 27
10 10	11 09	96 21	16 47	24 33	4 29	3 52	0 91	0 77	3 38	4 29

Tangentes 15 mètres.

LONGUEUR de la bissectrice.	DEMI-CORDE.	ANGLE des alignements.	RAYON.	LONGUEUR DE L'ARC.	FLÈCHE.	ORDONNÉES SUR LA CORDE. La distance à partir de la flèche étant		ORDONNÉES SUR LES TANGENTES. La distance à partir des points de tangence étant		
						5m	10m	5m	10m	égale à la demi-corde.
m	m	o '	m	m	m					
10.20	11.00	94.18	16.17	24.19	4.31	3.52	0.85	0.79	3.46	4.31
10 30	10 90	93 16	15 88	24 04	4 33	3 53	0 79	0 80	3 54	4 33
10 40	10 81	92 12	15 59	23 88	4 35	3 53	0 73	0 82	3 62	4 35
10 50	10 71	91 9	15 30	23 73	4 37	3 53	0 65	0 84	3 72	4 37
10 60	10 61	90 4	15 02	23 57	4 39	3 54	0 58	0 85	3 81	4 39

Tangentes 20 mètres.

LONGUEUR de la bissectrice.	DEMI-CORDE.	ANGLE des alignements.	RAYON.	LONGUEUR DE L'ARC.	FLÈCHE	ORDONNÉES SUR LA CORDE La distance à partir de la flèche étant 5m	10m	15m	ORDONNÉES SUR LES TANGENTES La distance à partir des points de tangence étant 5m	10m	15m	égale à la demi-corde.
m	m	° '	m	m	m							
1.00	19.97	174.16	399.50	39.97	0.50	0.47	0.37	0.22	0.03	0.13	0.28	0.50
1 10	19 97	173 42	363 09	39 96	0 55	0 51	0 41	0 24	0 04	0 14	0 31	0 55
1 20	19 96	173 7	332 73	39 95	0 60	0 56	0 45	0 26	0 04	0 15	0 34	0 60
1 30	19 96	172 33	307 04	39 94	0 65	0 61	0 49	0 28	0 04	0 16	0 37	0 65
1 40	19 95	171 58	285 01	39 93	0 70	0 65	0 52	0 30	0 05	0 18	0 40	0 70
1 50	19 94	171 24	265 92	39 92	0 75	0 70	0 56	0 33	0 05	0 19	0 42	0 75
1 60	19 94	170 49	249 20	39 91	0 80	0 75	0 60	0 35	0 05	0 20	0 45	0 80
1 70	19 93	170 15	234 44	39 90	0 85	0 79	0 63	0 37	0 06	0 22	0 48	0 85
1 80	19 92	169 40	221 32	39 89	0 90	0 84	0 67	0 39	0 06	0 23	0 51	0 90
1 90	19 91	169 6	209 57	39 88	0 95	0 89	0 71	0 41	0 06	0 24	0 54	0 95
2 00	19 90	168 31	199 00	39 87	1 00	0 93	0 75	0 43	0 07	0 25	0 57	1 00
2 10	19 89	167 57	189 42	39 85	1 05	0 98	0 78	0 45	0 07	0 27	0 60	1 05
2 20	19 88	167 22	180 71	39 84	1 10	1 03	0 82	0 47	0 07	0 28	0 63	1 10
2 30	19 87	166 48	172 76	39 82	1 15	1 07	0 86	0 49	0 08	0 29	0 66	1 15
2 40	19 86	166 13	165 46	39 80	1 20	1 12	0 90	0 51	0 08	0 30	0 69	1 20
2 50	19 84	165 38	158 74	39 79	1 24	1 16	0 93	0 53	0 08	0 31	0 71	1 24
2 60	19 83	165 4	152 54	39 77	1 29	1 21	0 97	0 55	0 08	0 32	0 74	1 29
2 70	19 82	164 29	146 79	39 75	1 34	1 26	1 00	0 57	0 08	0 34	0 77	1 34
2 80	19 80	163 54	141 45	39 74	1 39	1 30	1 04	0 60	0 09	0 35	0 79	1 39
2 90	19 79	163 20	136 47	39 72	1 44	1 35	1 08	0 62	0 09	0 36	0 82	1 44
3 00	19 77	162 45	131 83	39 70	1 49	1 40	1 11	0 64	0 09	0 38	0 85	1 49
3 10	19 76	162 10	127 47	39 68	1 54	1 44	1 15	0 65	0 10	0 39	0 89	1 54
3 20	19 74	161 35	123 39	39 65	1 59	1 49	1 18	0 67	0 10	0 41	0 92	1 59

Tangentes 20 mètres.

LONGUEUR de la bissectrice.	DEMI-CORDE.	ANGLE des alignements.	RAYON.	LONGUEUR DE L'ARC.	FLÈCHE.	ORDONNÉES SUR LA CORDE. La distance à partir de la flèche étant			ORDONNÉES SUR LES TANGENTES La distance à partir des points de tangence étant			
						5m	10m	15m	5m	10m	15m	égale à la demi-corde.
m	m	o '	m	m	m							
3.30	19.73	161. 0	119.55	39.63	1.64	1.54	1.22	0.69	0.10	0.42	0.95	1.64
3 40	19 71	160 25	115 93	39 61	1 69	1 58	1 25	0 71	0 11	0 44	0 98	1 69
3 50	19 69	159 51	112 52	39 59	1 74	1 63	1 29	0 73	0 11	0 45	1 01	1 74
3 60	19 67	159 16	109 30	39 56	1 78	1 67	1 32	0 75	0 11	0 46	1 03	1 78
3 70	19 65	158 41	106 24	39 53	1 83	1 71	1 36	0 77	0 12	0 47	1 06	1 83
3 80	19 64	158 6	103 35	39 51	1 88	1 76	1 40	0 79	0 12	0 48	1 09	1 88
3 90	19 62	157 31	100 59	39 48	1 93	1 81	1 43	0 81	0 12	0 50	1 12	1 93
4 00	19 60	156 56	97 98	39 46	1 98	1 85	1 47	0 82	0 13	0 51	1 16	1 98
4 10	19 57	156 20	95 49	39 43	2 03	1 90	1 50	0 84	0 13	0 53	1 19	2 03
4 20	19 55	155 45	93 11	39 40	2 08	1 94	1 54	0 86	0 14	0 54	1 22	2 08
4 30	19 53	155 10	90 85	39 37	2 12	1 98	1 57	0 87	0 14	0 55	1 25	2 12
4 40	19 51	154 35	88 68	39 34	2 17	2 03	1 61	0 89	0 14	0 56	1 28	2 17
4 50	19 49	154 0	86 61	39 31	2 22	2 08	1 64	0 91	0 14	0 58	1 31	2 22
4 60	19 46	153 24	84 62	39 28	2 27	2 12	1 68	0 93	0 15	0 59	1 34	2 27
4 70	19 44	152 49	82 72	39 25	2 31	2 16	1 71	0 94	0 15	0 60	1 37	2 31
4 80	19 41	152 14	80 90	39 21	2 36	2 21	1 74	0 96	0 15	0 62	1 40	2 36
4 90	19 39	151 38	79 14	39 18	2 41	2 25	1 78	0 98	0 16	0 63	1 43	2 41
5 00	19 36	151 3	77 46	39 14	2 46	2 30	1 81	0 99	0 16	0 65	1 47	2 46
5 10	19 31	150 27	75 84	39 11	2 50	2 34	1 84	1 00	0 16	0 66	1 50	2 50
5 20	19 31	149 52	74 28	39 07	2 55	2 38	1 88	1 02	0 17	0 67	1 53	2 55
5 30	19 28	149 16	72 77	39 03	2 60	2 43	1 91	1 04	0 17	0 69	1 56	2 60
5 40	19 26	148 40	71 32	39 00	2 65	2 47	1 94	1 05	0 18	0 71	1 60	2 65
5 50	19 23	148 5	69 92	38 96	2 70	2 52	1 98	1 07	0 18	0 72	1 63	2 70

Tangentes 20 mètres.

LONGUEUR de la bissectrice.	DEMI-CORDE.	ANGLE des alignements.	RAYON.	LONGUEUR DE L'ARC.	FLÈCHE.	ORDONNÉES SUR LA CORDE. La distance à partir de la flèche étant			ORDONNÉES SUR LES TANGENTES. La distance à partir des points de tangence étant			
						5m	10m	15m	5m	10m	15m	égale à la demi-corde.
m	m	o ,	m	m	m							
5.60	49.20	147,29	68.57	38.92	2 74	2.56	2.04	1.08	0.18	0.73	1.66	2.74
5 70	49 17	146 53	67 26	38 88	2 79	2 60	2 04	1 10	0 19	0 75	1 69	2 79
5 80	49 14	146 17	66 00	38 84	2 84	2 65	2 07	1 11	0 19	0 77	1 73	2 84
5 90	49 11	145 41	64 78	38 80	2 88	2 69	2 10	1 12	0 19	0 78	1 76	2 88
6 00	49 08	145 5	63 60	38 75	2 93	2 73	2 14	1 13	0 20	0 79	1 80	2 93
6 10	49 05	144 29	62 45	38 71	2 98	2 78	2 17	1 15	0 20	0 81	1 83	2 98
6 20	49 01	143 53	61 34	38 67	3 02	2 82	2 20	1 16	0 20	0 82	1 86	3 02
6 30	48 98	143 17	60 26	38 62	3 07	2 86	2 23	1 17	0 21	0 84	1 90	3 07
6 40	48 95	142 40	59 21	38 57	3 11	2 90	2 26	1 18	0 21	0 85	1 93	3 11
6 50	48 91	142 4	58 20	38 53	3 16	2 94	2 29	1 19	0 22	0 87	1 97	3 16
6 60	48 88	141 28	57 21	38 48	3 20	2 98	2 32	1 20	0 22	0 88	2 00	3 20
6 70	48 84	140 51	56 25	38 43	3 25	3 03	2 35	1 21	0 22	0 90	2 04	3 25
6 80	48 81	140 15	55 32	38 38	3 30	3 07	2 38	1 22	0 23	0 92	2 08	3 30
6 90	48 77	139 38	54 41	38 33	3 34	3 11	2 41	1 23	0 23	0 93	2 11	3 34
7 00	48 73	139 2	53 53	38 28	3 39	3 15	2 44	1 24	0 24	0 95	2 15	3 39
7 10	48 69	138 25	52 67	38 23	3 43	3 19	2 47	1 25	0 24	0 96	2 18	3 43
7 20	48 66	137 48	51 83	38 17	3 47	3 23	2 50	1 26	0 24	0 97	2 21	3 47
7 30	48 62	137 11	51 01	38 12	3 52	3 27	2 53	1 27	0 25	0 99	2 25	3 52
7 40	48 58	136 34	50 22	38 07	3 56	3 31	2 56	1 27	0 25	1 00	2 29	3 56
7 50	48 54	135 57	49 44	38 01	3 61	3 35	2 59	1 28	0 26	1 02	2 33	3 61
7 60	48 50	135 20	48 68	37 95	3 65	3 39	2 61	1 28	0 26	1 04	2 37	3 65
7 70	48 46	134 43	47 94	37 89	3 70	3 43	2 64	1 29	0 27	1 06	2 41	3 70
7 80	48 42	134 5	47 22	37 84	3 74	3 47	2 67	1 29	0 27	1 07	2 45	3 74

Tangentes 20 mètres.

LONGUEUR de la bissectrice.	DEMI-CORDE.	ANGLE des alignements.	RAYON.	LONGUEUR DE L'ARC.	FLÈCHE.	ORDONNÉES SUR LA CORDE. La distance à partir de la flèche étant			ORDONNÉES SUR LES TANGENTES La distance à partir des points de tangence étant			
						5m	10m	15m	5m	10m	15m	égale à la demi-corde.
m	m	o	m	m	m							
7.90	18.37	133.28	46.52	37.78	3.78	3.51	2.69	1.29	0.27	1.09	2.49	3.78
8 00	18 33	132 51	45 83	37 72	3 83	3 55	2 72	1 30	0 28	1 11	2 53	3 83
8 10	18 29	132 13	45 15	37 65	3 87	3 59	2 75	1 30	0 28	1 12	2 57	3 87
8 20	18 24	131 35	44 49	37 59	3 91	3 63	2 77	1 30	0 28	1 14	2 61	3 91
8 30	18 20	130 58	43 85	37 53	3 96	3 67	2 80	1 31	0 29	1 16	2 65	3 96
8 40	18 15	130 20	43 22	37 46	4 00	3 71	2 82	1 31	0 29	1 18	2 69	4 00
8 50	18 10	129 42	42 60	37 40	4 04	3 74	2 85	1 31	0 30	1 19	2 73	4 04
8 60	18 06	129 4	41 99	37 33	4 08	3 78	2 87	1 31	0 30	1 21	2 77	4 08
8 70	18 01	128 26	41 40	37 26	4 12	3 82	2 90	1 31	0 30	1 22	2 81	4 12
8 80	17 96	127 47	40 82	37 19	4 16	3 85	2 92	1 31	0 31	1 24	2 85	4 16
8 90	17 91	127 9	40 25	37 12	4 20	3 89	2 94	1 31	0 31	1 26	2 89	4 20
9 00	17 86	126 31	39 69	37 05	4 25	3 93	2 97	1 31	0 32	1 28	2 94	4 25
9 10	17 81	125 52	39 14	36 98	4 29	3 97	2 99	1 30	0 32	1 30	2 99	4 29
9 20	17 76	125 13	38 60	36 90	4 33	4 00	3 01	1 29	0 33	1 32	3 04	4 33
9 30	17 71	124 35	38 08	36 83	4 37	4 04	3 03	1 29	0 33	1 34	3 08	4 37
9 40	17 65	123 56	37 56	36 75	4 41	4 07	3 05	1 28	0 34	1 36	3 13	4 41
9 50	17 60	123 17	37 05	36 68	4 45	4 11	3 07	1 27	0 34	1 38	3 18	4 45
9 60	17 54	122 38	36 55	36 60	4 49	4 14	3 09	1 27	0 35	1 40	3 22	4 49
9 70	17 49	121 58	36 06	36 52	4 52	4 17	3 11	1 26	0 35	1 41	3 26	4 52
9 80	17 43	121 19	35 58	36 44	4 56	4 21	3 13	1 25	0 35	1 43	3 31	4 56
9 90	17 38	120 40	35 11	36 36	4 60	4 24	3 15	1 24	0 36	1 45	3 36	4 60
10 00	17 32	120 0	34 64	36 27	4 64	4 28	3 17	1 22	0 36	1 47	3 42	4 64
10 10	17 26	119 20	34 18	36 19	4 68	4 31	3 19	1 21	0 37	1 49	3 47	4 68

Tangentes 20 mètres.

LONGUEUR de la directrice	DEMI-CORDE	ANGLE des alignements	RAYON	LONGUEUR DE L'ARC	FLÈCHE	ORDONNÉES SUR LA CORDE. La distance à partir de la flèche étant			ORDONNÉES SUR LES TANGENTES. La distance à partir des points de tangence étant			
						5m	10m	15m	5m	10m	15m	égale à la demi-corde
m	m	° '	m	m	m							
10.20	17.20	118 40	33.73	36.10	4 71	4.34	3.20	1.19	0.37	1.51	3.32	4.71
10 30	17 14	118 0	33 29	36 02	4 75	4 37	3 22	1 18	0 38	1 53	3 57	4 75
10 40	17 08	117 20	32 85	35 93	4 79	4 41	3 24	1 17	0 38	1 55	3 62	4 79
10 50	17 02	116 40	32 42	35 84	4 83	4 44	3 25	1 15	0 39	1 58	3 68	4 83
10 60	16 96	115 59	32 00	35 75	4 86	4 47	3 26	1 13	0 39	1 60	3 73	4 86
10 70	16 90	115 19	31 58	35 66	4 90	4 50	3 28	1 11	0 40	1 62	3 79	4 90
10 80	16 83	114 38	31 17	35 56	4 94	4 53	3 29	1 09	0 41	1 65	3 85	4 94
10 90	16 77	113 57	30 77	35 47	4 97	4 56	3 30	1 06	0 41	1 67	3 91	4 97
11 00	16 70	113 16	30 37	35 37	5 01	4 59	3 31	1 04	0 42	1 70	3 97	5 01
11 10	16 64	112 35	29 98	35 27	5 04	4 62	3 32	1 01	0 42	1 72	4 03	5 04
11 20	16 57	111 53	29 59	35 17	5 08	4 65	3 33	0 99	0 43	1 75	4 09	5 08
11 30	16 50	111 12	29 21	35 07	5 11	4 68	3 34	0 96	0 43	1 77	4 15	5 11
11 40	16 43	110 30	28 83	34 97	5 14	4 70	3 35	0 93	0 44	1 79	4 21	5 14
11 50	16 36	109 48	28 46	34 87	5 17	4 73	3 36	0 90	0 44	1 81	4 27	5 17
11 60	16 29	109 6	28 09	34 76	5 21	4 76	3 37	0 87	0 45	1 84	4 34	5 21
11 70	16 22	108 23	27 73	34 65	5 24	4 79	3 37	0 83	0 45	1 87	4 41	5 24
11 80	16 15	107 41	27 37	34 54	5 27	4 81	3 38	0 79	0 46	1 89	4 48	5 27
11 90	16 07	106 58	27 02	34 43	5 30	4 84	3 38	0 75	0 46	1 92	4 55	5 30
12 00	16 00	106 16	26 67	34 32	5 33	4 86	3 39	0 71	0 47	1 94	4 62	5 33
12 10	15 92	105 32	26 32	34 20	5 36	4 88	3 39	0 67	0 48	1 97	4 69	5 36
12 20	15 85	104 49	25 98	34 08	5 39	4 91	3 39	0 63	0 48	2 00	4 76	5 39
12 30	15 77	104 6	25 64	33 97	5 42	4 93	3 39	0 58	0 49	2 03	4 84	5 42
12 40	15 69	103 22	25 31	33 85	5 45	4 95	3 39	0 53	0 50	2 06	4 92	5 45

Tangentes 20 mètres.

LONGUEUR de la bissectrice.	DEMI-CORDE.	ANGLE des alignements.	RAYON.	LONGUEUR DE L'ARC.	FLÈCHE	ORDONNÉES SUR LA CORDE La distance à partir de la flèche étant			ORDONNÉES SUR LES TANGENTES La distance à partir des points de tangence étant			
						5m	10m	15m	5m	10m	15m	égale à la demi-corde.
m	m	o ,	m	m	m							
12.50	15.64	102.38	24.98	33.73	5.48	4.98	3.39	0.48	0.50	2.09	5.00	5.48
12 60	15 53	101 54	24 65	33 60	5 51	5 00	3 39	0 42	0 51	2 12	5 09	3 51
12 70	15 45	101 9	24 33	33 48	5 53	5 01	3 38	0 30	0 52	2 15	5 17	5 53
12 80	15 37	100 25	24 01	33 35	5 56	5 03	3 38	0 36	0 53	2 18	5 26	5 56
12 90	15 28	99 40	23 69	33 22	5 58	5 05	3 37	0 23	0 53	2 21	5 35	5 58
13 00	15 20	98 55	23 38	33 09	5 61	5 07	3 37	0 17	0 54	2 24	5 44	5 61
13 10	15 11	98 9	23 07	32 95	5 64	5 09	3 36	0 10	0 55	2 28	5 54	5 64
13 20	15 02	97 24	22 76	32 82	5 66	5 10	3 35	0 02	0 56	2 31	5 64	5 66
13 30	14 94	96 38	22 46	32 68	5 69	5 12	3 34	»	0 57	2 35	»	5 69
13 40	14 85	95 52	22 16	32 54	5 71	5 14	3 32	»	0 57	2 39	»	5 71
13 50	14 76	95 6	21 86	32 39	5 73	5 15	3 31	»	0 58	2 42	»	5 73
13 60	14 66	94 19	21 56	32 25	5 75	5 16	3 29	»	0 59	2 46	»	5 75
13 70	14 57	93 32	21 27	32 10	5 77	5 18	3 28	»	0 59	2 49	»	5 77
13 80	14 48	92 44	20 98	31 95	5 79	5 19	3 26	»	0 60	2 53	»	5 79
13 90	14 38	91 57	20 69	31 80	5 81	5 20	3 24	»	0 61	2 57	»	5 81
14 00	14 28	91 9	20 40	31 64	5 83	5 21	3 21	»	0 62	2 62	»	5 83
14 10	14 18	90 20	20 12	31 48	5 85	5 22	3 19	»	0 63	2 66	»	5 85

Tangentes 25 mètres.

LONGUEUR de la bissectrice.	DEMI-CORDE.	ANGLE des alignements.	RAYON.	LONGUEUR DE L'ARC.	FLÈCHE.	ORDONNÉES SUR LA CORDE. La distance à partir de la flèche étant				ORDONNÉES SUR LES TANGENTES. La distance à partir des points de tangence étant				
						5m	10m	15m	20m	5m	10m	15m	20m	égale à la demi-corde.
m	m	o '	m	m	m									
1.00	24.98	175.25	624.50	49.97	0.50	0.48	0.42	0.32	0.18	0.02	0.08	0.48	0.32	0.50
1 10	24 98	174 57	567 63	49 97	0 55	0 53	0 46	0 35	0 20	0 02	0 09	0 20	0 35	0 55
1 20	24 97	174 30	520 23	49 96	0 60	0 58	0 50	2 38	0 21	0 02	0 10	0 22	0 39	0 60
1 30	24 97	174 2	480 42	49 95	0 65	0 62	0 54	0 41	0 23	0 03	0 11	0 24	0 42	0 65
1 40	24 96	173 35	445 73	49 95	0 70	0 67	0 59	0 45	0 25	0 03	0 11	0 25	0 45	0 70
1 50	24 95	173 7	415 92	49 94	0 75	0 72	0 63	0 48	0 27	0 03	0 12	0 27	0 48	0 75
1 60	24 95	172 4	389 82	49 93	0 80	0 77	0 67	0 51	0 29	0 03	0 13	0 29	0 51	0 80
1 70	24 94	172 12	366 80	49 92	0 85	0 81	0 71	0 54	0 30	0 04	0 14	0 31	0 55	0 85
1 80	24 93	171 45	346 32	49 91	0 90	0 86	0 75	0 57	0 32	0 04	0 15	0 33	0 58	0 90
1 90	24 93	171 17	328 00	49 90	0 95	0 91	0 80	0 61	0 34	0 04	0 15	0 34	0 61	0 95
2 00	24 92	170 49	311 50	49 89	1 00	0 96	0 84	0 64	0 36	0 04	0 16	0 36	0 64	1 00
2 10	24 91	170 22	296 57	49 88	1 05	1 01	0 88	0 67	0 37	0 04	0 17	0 38	0 68	1 05
2 20	24 90	169 54	282 99	49 87	1 10	1 05	0 92	0 70	0 39	0 05	0 18	0 40	0 71	1 10
2 30	24 89	169 27	270 59	49 86	1 15	1 10	0 96	0 73	0 41	0 05	0 19	0 42	0 74	1 15
2 40	24 88	168 59	259 21	49 85	1 20	1 15	1 00	0 76	0 42	0 05	0 20	0 44	0 78	1 20
2 50	24 87	168 31	248 75	49 83	1 25	1 20	1 05	0 79	0 44	0 05	0 20	0 46	0 81	1 25
2 60	24 86	168 4	239 08	49 82	1 30	1 25	1 09	0 83	0 46	0 05	0 21	0 47	0 84	1 30
2 70	24 85	167 36	230 13	49 80	1 35	1 29	1 13	0 86	0 48	0 06	0 22	0 49	0 87	1 35
2 80	24 84	167 8	221 81	49 79	1 40	1 34	1 17	0 89	0 49	0 06	0 23	0 51	0 91	1 40
2 90	24 83	166 41	214 06	49 77	1 45	1 39	1 21	0 92	0 51	0 06	0 24	0 53	0 94	1 45
3 00	24 82	166 13	206 83	49 76	1 49	1 43	1 25	0 95	0 52	0 06	0 24	0 54	0 97	1 49
3 10	24 81	165 45	200 06	49 74	1 54	1 48	1 29	0 98	0 54	0 06	0 25	0 56	1 00	1 54
3 20	24 79	165 17	193 71	49 72	1 59	1 53	1 33	1 01	0 56	0 06	0 26	0 58	1 03	1 59

Tangentes 25 mètres.

Longueur de la bissectrice.	Demi-corde.	Angle des alignements.	Rayon.	Longueur de l'arc.	Flèche.	Ordonnées sur la corde. La distance à partir de la flèche étant				Ordonnées sur les tangentes. La distance à partir des points de tangence étant				
						5m	10m	15m	20m	5m	10m	15m	20m	égale à la demi-corde.
m	m	° ′	m	m	m									
3.30	24.78	164.50	187.74	49.71	1.64	1.57	1.37	1.04	0.57	0.07	0.27	0.60	1.07	1.64
3.40	24.77	164 22	182.42	49.69	1.69	1.62	1.42	1.07	0.59	0.07	0.27	0.62	1.10	1.69
3.50	24.75	163 54	176.81	49.67	1.74	1.67	1.46	1.10	0.61	0.07	0.28	0.64	1.13	1.74
3.60	24.74	163 26	171.80	49.65	1.79	1.72	1.50	1.13	0.62	0.07	0.29	0.66	1.17	1.79
3.70	24.72	162 59	167.06	49.63	1.84	1.76	1.54	1.16	0.64	0.08	0.30	0.68	1.20	1.84
3.80	24.71	162 31	162.56	49.61	1.89	1.81	1.58	1.20	0.65	0.08	0.31	0.69	1.24	1.89
3.90	24.69	162 3	158.29	49.59	1.94	1.86	1.62	1.23	0.67	0.08	0.32	0.71	1.27	1.94
4.00	24.68	161 35	154.24	49.56	1.99	1.91	1.66	1.26	0.68	0.08	0.33	0.73	1.31	1.99
4.10	24.66	161 7	150.37	49.54	2.04	1.95	1.70	1.29	0.70	0.09	0.34	0.75	1.34	2.04
4.20	24.64	160 39	146.69	49.52	2.09	2.00	1.74	1.32	0.71	0.09	0.35	0.77	1.38	2.09
4.30	24.63	160 11	143.18	49.50	2.14	2.05	1.78	1.35	0.73	0.09	0.36	0.79	1.41	2.14
4.40	24.61	159 44	139.83	49.47	2.18	2.09	1.82	1.37	0.74	0.09	0.36	0.81	1.44	2.18
4.50	24.59	159 16	136.62	49.45	2.23	2.14	1.86	1.40	0.76	0.09	0.37	0.83	1.47	2.23
4.60	24.57	158 48	133.55	49.43	2.28	2.19	1.90	1.43	0.77	0.09	0.38	0.85	1.51	2.28
4.70	24.55	158 20	130.61	49.40	2.33	2.23	1.94	1.46	0.79	0.10	0.39	0.87	1.54	2.33
4.80	24.53	157 52	127.79	49.37	2.38	2.28	1.98	1.49	0.80	0.10	0.40	0.89	1.58	2.38
4.90	24.51	157 24	125.08	49.35	2.43	2.33	2.02	1.52	0.82	0.10	0.41	0.91	1.61	2.43
5.00	24.49	156 56	122.47	49.32	2.48	2.38	2.06	1.55	0.83	0.10	0.42	0.93	1.65	2.48
5.10	24.47	156 27	119.97	49.29	2.52	2.42	2.10	1.58	0.84	0.10	0.42	0.94	1.68	2.52
5.20	24.45	155 59	117.56	49.26	2.57	2.46	2.14	1.61	0.86	0.11	0.43	0.96	1.71	2.57
5.30	24.43	155 31	115.24	49.24	2.62	2.51	2.18	1.64	0.87	0.11	0.44	0.98	1.75	2.62
5.40	24.41	155 3	113.01	49.21	2.67	2.56	2.22	1.67	0.88	0.11	0.45	1.00	1.79	2.67
5.50	24.39	154 35	110.85	49.18	2.71	2.60	2.26	1.69	0.89	0.11	0.45	1.02	1.82	2.71

Tangentes 25 mètres.

Longueur de la bissectrice.	Demi-corde.	Angle des alignements.	Rayon.	Longueur de l'arc.	Flèche.	Ordonnées sur la corde. La distance à partir de la flèche étant 5m	10m	15m	20m	Ordonnées sur les tangentes. La distance à partir des points de tangence étant 5m	10m	15m	20m	égale à la demi-corde.
m	m	° ′	m	m	m									
5.60	24.36	154. 7	108.77	49.14	2.76	2.65	2.30	1.72	0.91	0.11	0.46	1.04	1.85	2.76
5 70	24 34	153 38	106 76	49 11	2 81	2 69	2 34	1 75	0 92	0 12	0 47	1 06	1 89	2 81
5 80	24 32	153 10	104 82	49 08	2 86	2 74	2 38	1 78	0 93	0 12	0 48	1 08	1 93	2 86
5 90	24 29	152 42	102 94	49 05	2 91	2 79	2 42	1 81	0 95	0 12	0 49	1 10	1 96	2 91
6 00	24 27	152 14	101 12	49 02	2 95	2 83	2 46	1 83	0 96	0 12	0 49	1 12	1 99	2 95
6 10	24 24	151 45	99 36	48 98	3 00	2 88	2 50	1 86	0 97	0 12	0 50	1 14	2 03	3 00
6 20	24 22	151 17	97 66	48 95	3 05	2 92	2 54	1 89	0 98	0 13	0 51	1 16	2 07	3 05
6 30	24 19	150 49	96 00	48 91	3 10	2 97	2 58	1 92	0 99	0 13	0 52	1 18	2 11	3 10
6 40	24 17	150 20	94 40	48 88	3 14	3 01	2 61	1 94	1 00	0 13	0 53	1 20	2 14	3 14
6 50	24 14	149 52	92 85	48 84	3 19	3 06	2 65	1 97	1 01	0 13	0 54	1 22	2 18	3 19
6 60	24 11	149 23	91 34	48 81	3 24	3 10	2 69	2 00	1 02	0 14	0 55	1 24	2 22	3 24
6 70	24 09	148 55	89 87	48 77	3 29	3 15	2 73	2 03	1 03	0 14	0 56	1 26	2 26	3 29
6 80	24 06	148 26	88 45	48 73	3 33	3 19	2 77	2 05	1 04	0 14	0 56	1 28	2 29	3 33
6 90	24 03	147 57	87 06	48 69	3 38	3 24	2 81	2 08	1 05	0 14	0 57	1 30	2 33	3 38
7 00	24 00	147 29	85 71	48 65	3 43	3 28	2 85	2 11	1 06	0 15	0 58	1 32	2 37	3 43
7 10	23 97	147 0	84 40	48 61	3 48	3 33	2 89	2 14	1 07	0 15	0 59	1 34	2 41	3 48
7 20	23 94	146 31	83 13	48 57	3 52	3 37	2 92	2 16	1 08	0 15	0 60	1 36	2 44	3 52
7 30	23 91	146 3	81 88	48 53	3 57	3 42	2 96	2 19	1 09	0 15	0 61	1 38	2 48	3 57
7 40	23 88	145 34	80 67	48 49	3 61	3 46	2 99	2 21	1 09	0 15	0 62	1 40	2 52	3 61
7 50	23 85	145 5	79 49	48 44	3 66	3 50	3 03	2 23	1 10	0 16	0 63	1 43	2 56	3 66
7 60	23 82	144 36	78 34	48 40	3 71	3 55	3 07	2 26	1 11	0 16	0 64	1 45	2 60	3 71
7 70	23 78	144 7	77 22	48 36	3 75	3 59	3 10	2 28	1 11	0 16	0 65	1 47	2 64	3 75
7 80	23 75	143 38	76 13	48 31	3 80	3 64	3 14	2 31	1.12	0 16	0 66	1 49	2 68	3 80

Tangentes 25 mètres.

LONGUEUR de la bissectrice.	DEMI-CORDE.	ANGLE des alignements.	RAYON.	LONGUEUR DE L'ARC.	FLÈCHE.	ORDONNÉES SUR LA CORDE. La distance à partir de la flèche étant				ORDONNÉES SUR LES TANGENTES. La distance à partir des points de tangence étant				
						5m	10m	15m	20m	5m	10m	15m	20m	égale à la demi-corde.
m	m	o	m	m	m									
7.90	23.72	143. 9	75.06	48.26	3.85	3.68	3.18	2.34	1.13	0.17	0.67	1.51	2.72	3.85
8.00	23.69	142 40	74.02	48.22	3.89	3.72	3.21	2.36	1.13	0.17	0.68	1.53	2.76	3.89
8.10	23.65	142 11	73.00	48.17	3.94	3.77	3.25	2.38	1.14	0.17	0.69	1.56	2.80	3.94
8.20	23.62	141 42	72.00	48.12	3.98	3.81	3.28	2.40	1.14	0.17	0.70	1.58	2.84	3.98
8.30	23.58	141 13	71.03	48.07	4.03	3.85	3.32	2.43	1.15	0.18	0.71	1.60	2.88	4.03
8.40	23.55	140 44	70.08	48.03	4.07	3.89	3.35	2.45	1.15	0.18	0.72	1.62	2.92	4.07
8.50	23.51	140 15	69.15	47.98	4.12	3.94	3.39	2.47	1.16	0.18	0.73	1.65	2.96	4.12
8.60	23.47	139 45	68.25	47.93	4.16	3.98	3.42	2.49	1.16	0.18	0.74	1.67	3.00	4.16
8.70	23.44	139 16	67.35	47.87	4.21	4.02	3.46	2.52	1.17	0.19	0.75	1.69	3.04	4.21
8.80	23.40	138 47	66.48	47.82	4.25	4.06	3.49	2.54	1.17	0.19	0.76	1.71	3.08	4.25
8.90	23.36	138 17	65.62	47.77	4.30	4.11	3.53	2.56	1.18	0.19	0.77	1.74	3.12	4.30
9.00	23.32	137 48	64.79	47.72	4.34	4.15	3.56	2.58	1.18	0.19	0.78	1.76	3.16	4.34
9.10	23.28	137 18	63.97	47.66	4.39	4.19	3.60	2.61	1.18	0.20	0.79	1.78	3.21	4.39
9.20	23.25	136 48	63.17	47.61	4.43	4.23	3.63	2.63	1.18	0.20	0.80	1.80	3.25	4.43
9.30	23.21	136 19	62.38	47.55	4.48	4.28	3.67	2.65	1.18	0.20	0.81	1.83	3.30	4.48
9.40	23.16	135 50	61.61	47.50	4.52	4.32	3.70	2.67	1.18	0.20	0.82	1.85	3.34	4.52
9.50	23.12	135 20	60.85	47.44	4.57	4.36	3.74	2.69	1.18	0.21	0.83	1.88	3.39	4.57
9.60	23.08	134 50	60.11	47.38	4.61	4.40	3.77	2.71	1.18	0.21	0.84	1.90	3.43	4.61
9.70	23.04	134 20	59.39	47.32	4.65	4.44	3.80	2.73	1.18	0.21	0.85	1.92	3.47	4.65
9.80	23.00	133 50	58.67	47.26	4.70	4.48	3.84	2.75	1.18	0.22	0.86	1.95	3.52	4.70
9.90	22.96	133 21	57.97	47.20	4.74	4.52	3.87	2.77	1.18	0.22	0.87	1.97	3.56	4.74
10.00	22.91	132 51	57.28	47.14	4.78	4.56	3.90	2.78	1.18	0.22	0.88	2.00	3.60	4.78
10.10	22.87	132 21	56.64	47.08	4.83	4.60	3.94	2.80	1.18	0.23	0.89	2.03	3.65	4.83

Tangentes 25 mètres.

LONGUEUR de la bissectrice.	DEMI-CORDE.	ANGLE des alignements.	RAYON.	LONGUEUR DE L'ARC.	FLÈCHE.	ORDONNÉES SUR LA CORDE. La distance à partir de la flèche étant				ORDONNÉES SUR LES TANGENTES La distance à partir des points de tangence étant				
						5m	10m	15m	20m	5m	10m	15m	20m	égale à la demi-corde.
m	m	o '	m	m	m									
10.20	22.82	131.50	55.94	47.02	4.87	4.64	3.97	2.82	1.17	0.23	0.90	2.05	3.70	4.87
10 30	22 78	131 20	55 29	46 96	4 91	4 68	4 00	2 84	1 17	0 23	0 91	2 07	3 74	4 91
10 40	22 73	130 50	54 65	46 89	4 95	4 72	4 03	2 85	1 16	0 23	0 92	2 10	3 79	4 95
10 50	22 69	130.20	54 02	46 83	5 00	4 76	4 06	2 87	1 16	0 24	0 94	2 13	3 84	5 00
10 60	22 64	129 49	53 40	46 76	5 04	4 80	4 09	2 89	1 15	0 24	0 95	2 15	3 89	5 04
10 70	22 59	129 19	52 78	46 70	5 08	4 84	4 12	2 90	1 14	0 24	0 96	2 18	3 94	5 08
10 80	22 55	128 49	52 19	46 63	5 12	4 88	4 15	2 92	1 13	0 24	0 97	2 20	3 99	5 12
10 90	22 50	128 18	51 60	46 56	5 17	4 92	4 18	2 94	1 13	0 25	0 99	2 23	4 04	5 17
11 00	22 45	127 48	51 02	46 49	5 21	4 96	4 21	2 95	1 12	0 25	1 00	2 26	4 09	5 21
11 10	22 40	127 17	50 45	46 42	5 25	5 00	4 24	2 96	1 11	0 25	1 01	2 29	4 14	5 25
11 20	22 35	126 46	49 89	46 35	5 29	5 04	4 27	2 98	1 10	0 25	1 02	3 31	4 19	5 29
11 30	22 30	126 15	49 34	46 28	5 33	5 07	4 30	2 99	1 09	0 26	1 03	2 34	4 24	5 33
11 40	22 25	125 44	48 79	46 20	5 37	5 11	4 33	3 00	1 08	0 26	1 04	2 37	4 29	5 37
11 50	22 20	125 13	48 26	46 13	5 41	5 15	4 36	3 02	1 07	0 26	1 05	2 39	4 34	5 41
11 60	22 15	124 42	47 73	46 06	5 45	5 19	4 39	3 03	1 06	0 26	1 06	2 42	4.39	5 45
11 70	22 09	124 11	47 21	45 98	5 49	5 22	4 42	3 04	1 04	0 27	1 07	2 45	4 45	5 49
11 80	22 04	123 40	46 69	45 90	5 53	5 26	4 45	3 05	1 03	0 27	1 08	2 48	4 50	5 53
11 90	21 99	123 9	46 19	45 83	5 57	5 30	4 47	3 06	1 01	0 27	1 10	2 51	4 56	5 57
12 00	21 93	122 38	45 69	45 75	5 61	5 33	4 50	3 07	1 00	0 28	1 11	2 54	4 61	5 61
12 10	21 88	122 6	45 20	45 67	5 65	5 37	4 53	3 08	0 98	0 28	1 12	2 57	4 67	5 65
12 20	21 82	121 35	44 72	45 59	5 69	5 41	4 56	3 09	0 96	0 28	1 13	2 60	4 73	5 69
12 30	21 76	121 3	44 24	45 51	5 72	5 44	4 58	3 10	0 94	0 28	1 14	2 62	4 78	5 72
12 40	21 71	120 32	49 77	45 42	5 76	5 47	4 60	3 11	0 93	0 29	1 16	2 65	4 83	5 76

Longueur de la bissectrice.	Demi-corde.	Angle des alignements.	Rayon.	Longueur de l'arc.	Flèche.	Ordonnées sur la corde. La distance à partir de la flèche étant 5m	10m	15m	20m	Ordonnées sur les tangentes. La distance à partir des points de tangence étant 5m	10m	15m	20m	égale à la demi-corde.
m	m	° '	m	m	m									
12.50	21.65	120 0	43.30	45.34	5.80	5.51	4.63	3.12	0.91	0.29	1.17	2.68	4.89	5.80
12.60	21.59	119 28	42.84	45.26	5.84	5.55	4.66	3.13	0.89	0.29	1.18	2.71	4.95	5.84
12.70	21.53	118 56	42.39	45.17	5.88	5.58	4.68	3.14	0.87	0.30	1.20	2.74	5.01	5.88
12.80	21.47	118 24	41.94	45.09	5.91	5.61	4.70	3.14	0.84	0.30	1.21	2.77	5.07	5.91
12.90	21.41	117 52	41.50	45.00	5.95	5.65	4.73	3.15	0.82	0.30	1.22	2.80	5.13	5.95
13.00	21.35	117 20	41.07	44.91	5.99	5.68	4.75	3.15	0.79	0.31	1.24	2.84	5.20	5.99
13.10	21.29	116 48	40.64	44.82	6.03	5.72	4.78	3.16	0.76	0.31	1.25	2.87	5.27	6.03
13.20	21.23	116 16	40.21	44.73	6.06	5.75	4.80	3.16	0.73	0.31	1.26	2.90	5.33	6.06
13.30	21.17	115 43	39.79	44.64	6.10	5.78	4.82	3.16	0.70	0.32	1.28	2.94	5.40	6.10
13.40	21.11	115 11	39.38	44.55	6.14	5.82	4.85	3.17	0.67	0.32	1.29	2.97	5.47	6.14
13.50	21.04	114 38	38.97	44.45	6.17	5.85	4.87	3.17	0.64	0.32	1.30	3.00	5.53	6.17
13.60	20.98	114 5	38.56	44.36	6.21	5.88	4.89	3.17	0.61	0.33	1.32	3.04	5.60	6.21
13.70	20.91	113 32	38.16	44.26	6.24	5.91	4.91	3.17	0.58	0.33	1.33	3.07	5.66	6.24
13.80	20.85	112 59	37.76	44.17	6.27	5.94	4.93	3.17	0.55	0.33	1.34	3.10	5.73	6.27
13.90	20.78	112 26	37.37	44.07	6.31	5.97	4.95	3.17	0.51	0.34	1.36	3.14	5.80	6.31
14.00	20.71	111 53	36.99	43.97	6.34	6.00	4.97	3.16	0.47	0.34	1.37	3.18	5.87	6.34
14.10	20.65	111 20	36.60	43.87	6.38	6.03	4.99	3.16	0.43	0.35	1.39	3.22	5.95	6.38
14.20	20.58	110 47	36.22	43.77	6.41	6.06	5.00	3.16	0.39	0.35	1.41	3.25	6.02	6.41
14.30	20.51	110 13	35.85	43.66	6.44	6.09	5.02	3.15	0.35	0.35	1.42	3.29	6.09	6.44
14.40	20.44	109 40	35.48	43.56	6.48	6.12	5.04	3.15	0.31	0.36	1.44	3.33	6.17	6.48
14.50	20.37	109 6	35.11	43.45	6.51	6.15	5.06	3.14	0.26	0.36	1.46	3.37	6.25	6.51
14.60	20.29	108 32	34.75	43.34	6.54	6.18	5.07	3.14	0.21	0.36	1.47	3.40	6.39	6.54
14.70	20.22	107 58	34.39	43.23	6.57	6.20	5.09	3.13	0.16	0.37	1.48	3.44	6.47	6.57

Tangentes 25 mètres.

Longueur de la bissectrice	Demi-corde	Angle des alignements	Rayon	Longueur de l'arc	Flèche	Ordonnées sur la corde. La distance à partir de la flèche étant 5m	10m	15m	20m	Ordonnées sur les tangentes. La distance à partir des points de tangence étant 5m	10m	15m	20m	égale à la demi-corde.
m	m	° '	m	m	m									
14.80	20.15	107 24	34.03	43.12	6.60	6.23	5.10	3.12	0.11	0.37	1.50	3.48	6.49	6.60
14.90	20.07	106 50	33.68	43.01	6.64	6.26	5.12	3.11	0.06	0.38	1.52	3.53	6.58	6.64
15.00	20.00	106 16	33.33	42.90	6.67	6.29	5.13	3.10	»	0.38	1.54	3.57	»	6.67
15.10	19.92	105 41	32.99	42.79	6.70	6.32	5.14	3.09	»	0.38	1.56	3.61	»	6.70
15.20	19.85	105 7	32.65	42.67	6.73	6.34	5.16	3.08	»	0.39	1.57	3.65	»	6.73
15.30	19.77	104 32	32.31	42.55	6.76	6.37	5.17	3.06	»	0.39	1.59	3.70	»	6.76
15.40	19.69	103 57	31.97	42.43	6.79	6.39	5.18	3.05	»	0.40	1.61	3.74	»	6.79
15.50	19.61	103 22	31.64	42.31	6.81	6.41	5.19	3.03	»	0.40	1.62	3.78	»	6.81
15.60	19.53	102 47	31.31	42.19	6.84	6.44	5.20	3.02	»	0.40	1.64	3.82	»	6.84
15.70	19.46	102 12	30.98	42.07	6.87	6.46	5.21	3.00	»	0.41	1.66	3.87	»	6.87
15.80	19.37	101 36	30.66	41.94	6.90	6.49	5.22	2.98	»	0.41	1.68	3.92	»	6.90
15.90	19.29	101 1	30.33	41.82	6.93	6.51	5.23	2.96	»	0.42	1.70	3.97	»	6.93
16.00	19.21	100 25	30.01	41.69	6.95	6.53	5.23	2.94	»	0.42	1.72	4.01	»	6.95
16.10	19.13	99 49	29.70	41.56	6.98	6.55	5.24	2.92	»	0.43	1.74	4.06	»	6.98
16.20	19.04	99 13	29.38	41.43	7.00	6.57	5.24	2.89	»	0.43	1.76	4.11	»	7.00
16.30	18.96	98 37	29.07	41.30	7.03	6.60	5.25	2.86	»	0.43	1.78	4.17	»	7.03
16.40	18.87	98 1	28.76	41.16	7.06	6.62	5.26	2.83	»	0.44	1.80	4.23	»	7.06
16.50	18.78	97 24	28.46	41.02	7.08	6.64	5.26	2.80	»	0.44	1.82	4.28	»	7.08
16.60	18.69	96 47	28.15	40.88	7.10	6.65	5.26	2.77	»	0.45	1.84	4.33	»	7.10
16.70	18.60	96 10	27.85	40.74	7.12	6.67	5.26	2.74	»	0.45	1.86	4.38	»	7.12
16.80	18.51	95 33	27.55	40.60	7.15	6.69	5.27	2.71	»	0.46	1.88	4.44	»	7.15
16.90	18.42	94 56	27.25	40.46	7.17	6.71	5.27	2.67	»	0.46	1.90	4.50	»	7.17
17.00	18.33	94 19	26.96	40.31	7.49	6.72	5.27	2.63	»	0.47	1.92	4.56	»	7.19

Tangentes 25 mètres.

LONGUEUR de la bissectrice.	DEMI-CORDE.	ANGLE des alignements.	RAYON.	LONGUEUR DE L'ARC.	FLÈCHE.	ORDONNÉES SUR LA CORDE. La distance à partir de la flèche étant 5m	10m	15m	20m	ORDONNÉES SUR LES TANGENTES La distance à partir des points de tangence étant 5m	10m	15m	20m	égale à la demi-corde.
m	m	° '	m	m	m									
47.10	18.24	93.41	26.66	40.16	7.21	6.74	5.27	2.59	»	0.47	1.94	4.62	»	7.21
47 20	18 14	93 3	26 37	40 01	7 23	6 75	5 26	2 55	»	0 48	1 97	4 68	»	7 23
47 30	18 05	92 25	26 08	39 86	7 25	6 77	5 26	2 51	»	0 48	1 99	4 74	»	7 25
47 40	17 95	91 47	25 79	39 71	7 27	6 78	5 25	2 46	»	0 49	2 02	4 81	»	7 27
47 50	17 85	91 9	25 51	39 55	7 29	6 80	5 25	2 41	»	0 49	2 04	4 88	»	7 29
47 60	17 75	90 30	25 22	39 39	7 31	6 81	5 24	2 36	»	0 50	2 07	4 95	»	7 31
47 70	17 65	89 51	24 94	39 23	7 33	6 23	5 82	2 31	»	0 51	2 10	5 02	»	7 33

Tangentes 30 mètres.

LONGUEUR de la bissectrice.	DEMI-CORDE.	ANGLE des alignements.	RAYON.	LONGUEUR de l'arc.	FLÈCHE.	ORDONNÉES SUR LA CORDE. La distance à partir de la flèche étant 5m	10m	15m	20m	25m	ORDONNÉES SUR LES TANGENTES. La distance à partir des points de tangence étant 5m	10m	15m	20m	25m	égale aux demi-corde
m	m	o '	m	m	m											
1.00	29.98	176.44	899.50	59.98	0.50	0.49	0.44	0.37	0.28	0.15	0.01	0.06	0.13	0.22	0.35	0.50
1.10	29.98	175.48	817.63	59.97	0.55	0.53	0.49	0.41	0.31	0.17	0.02	0.06	0.14	0.24	0.38	0.55
1.20	29.98	175.25	749.40	59.97	0.60	0.58	0.53	0.45	0.33	0.18	0.02	0.07	0.15	0.27	0.42	0.60
1.30	29.97	175.2	691.66	59.96	0.65	0.63	0.58	0.49	0.36	0.20	0.02	0.07	0.16	0.29	0.45	0.65
1.40	29.97	174.39	642.16	59.96	0.70	0.68	0.62	0.53	0.39	0.21	0.02	0.08	0.18	0.31	0.49	0.70
1.50	29.96	174.16	599.25	59.95	0.75	0.73	0.67	0.56	0.42	0.23	0.02	0.08	0.19	0.33	0.52	0.75
1.60	29.96	173.53	561.70	59.94	0.80	0.78	0.71	0.60	0.44	0.24	0.02	0.09	0.20	0.36	0.56	0.80
1.70	29.95	173.30	528.56	59.93	0.85	0.83	0.75	0.64	0.47	0.26	0.02	0.10	0.24	0.38	0.59	0.85
1.80	29.95	173.7	499.10	59.93	0.90	0.87	0.80	0.67	0.50	0.27	0.03	0.10	0.23	0.40	0.63	0.90
1.90	29.94	172.44	472.73	59.92	0.95	0.92	0.84	0.71	0.53	0.29	0.03	0.11	0.24	0.42	0.66	0.95
2.00	29.93	172.21	449.00	59.91	1.00	0.97	0.89	0.75	0.55	0.30	0.03	0.11	0.25	0.45	0.70	1.00
2.10	29.93	171.58	427.52	59.90	1.05	1.02	0.93	0.79	0.58	0.32	0.03	0.12	0.26	0.47	0.73	1.05
2.20	29.92	171.35	407.99	59.89	1.10	1.07	0.98	0.82	0.61	0.33	0.03	0.12	0.28	0.49	0.77	1.10
2.30	29.91	171.12	390.15	59.88	1.15	1.12	1.02	0.86	0.64	0.35	0.03	0.13	0.29	0.51	0.80	1.15
2.40	29.90	170.49	373.80	59.87	1.20	1.16	1.06	0.90	0.66	0.36	0.04	0.14	0.30	0.54	0.84	1.20
2.50	29.90	170.26	358.75	59.86	1.25	1.21	1.11	0.93	0.69	0.38	0.04	0.14	0.32	0.56	0.87	1.25
2.60	29.89	170.3	344.85	59.85	1.30	1.26	1.15	0.97	0.72	0.39	0.04	0.15	0.33	0.58	0.91	1.30
2.70	29.88	169.40	331.98	59.83	1.35	1.31	1.20	1.01	0.74	0.40	0.04	0.15	0.34	0.61	0.95	1.35
2.80	29.87	169.17	320.02	59.82	1.40	1.36	1.24	1.04	0.77	0.42	0.04	0.16	0.36	0.63	0.98	1.40
2.90	29.86	168.54	308.89	59.81	1.45	1.41	1.28	1.08	0.80	0.43	0.04	0.17	0.37	0.65	1.02	1.45
3.00	29.85	168.31	298.50	59.80	1.50	1.46	1.33	1.12	0.82	0.45	0.04	0.17	0.38	0.68	1.05	1.50
3.10	29.84	168.8	288.77	59.78	1.55	1.50	1.37	1.16	0.85	0.46	0.05	0.18	0.39	0.70	1.09	1.55
3.20	29.83	167.45	279.64	59.77	1.60	1.55	1.42	1.19	0.88	0.47	0.05	0.18	0.41	0.72	1.13	1.60
3.30	29.82	167.22	271.07	59.75	1.65	1.60	1.46	1.23	0.91	0.49	0.05	0.19	0.42	0.74	1.16	1.65
3.40	29.81	166.59	263.00	59.74	1.69	1.64	1.50	1.26	0.93	0.50	0.05	0.19	0.43	0.76	1.19	1.69
3.50	29.79	166.36	255.39	59.72	1.74	1.69	1.54	1.30	0.96	0.52	0.05	0.20	0.44	0.78	1.22	1.74
3.60	29.78	166.13	248.19	59.71	1.79	1.74	1.59	1.34	0.99	0.53	0.05	0.20	0.45	0.80	1.26	1.79
3.70	29.77	165.50	241.38	59.69	1.84	1.79	1.63	1.38	1.01	0.54	0.05	0.21	0.46	0.83	1.30	1.84
3.80	29.76	165.27	234.93	59.67	1.89	1.84	1.68	1.41	1.04	0.56	0.05	0.21	0.48	0.85	1.33	1.89
3.90	29.75	165.4	228.84	59.66	1.94	1.89	1.72	1.45	1.07	0.57	0.05	0.22	0.49	0.87	1.37	1.94

Tangentes 30 mètres.

LONGUEUR de la bissectrice.	DEMI-CORDE.	ANGLE des alignements.	RAYON.	LONGUEUR de l'arc.	FLÈCHE.	ORDONNÉES SUR LA CORDE. La distance à partir de la flèche étant					ORDONNÉES SUR LES TANGENTES. La distance à partir des points de tangence étant					
						5m	10m	15m	20m	25m	5m	10m	15m	20m	25m	égale à la demi-corde
m	m	° ′	m	m	m											
4.00	29.73	164 44	222.99	59.64	1.99	1.93	1.77	1.49	1.09	0.58	0.06	0.22	0.50	0.90	1.41	1.99
4.10	29.72	164 17	217.45	59.62	2.04	1.98	1.81	1.52	1.12	0.60	0.06	0.23	0.52	0.92	1.44	2.04
4.20	29.70	163 54	212.18	59.60	2.09	2.03	1.85	1.56	1.14	0.61	0.06	0.24	0.53	0.95	1.48	2.09
4.30	29.69	163 31	207.14	59.58	2.14	2.08	1.90	1.59	1.17	0.62	0.06	0.24	0.55	0.97	1.52	2.14
4.40	29.68	163 8	202.33	59.56	2.19	2.13	1.94	1.63	1.20	0.64	0.06	0.25	0.56	0.99	1.55	2.19
4.50	29.66	162 45	197.73	59.54	2.23	2.17	1.98	1.66	1.22	0.65	0.06	0.25	0.57	1.01	1.58	2.23
4.60	29.64	162 22	193.34	59.52	2.28	2.22	2.02	1.70	1.25	0.66	0.06	0.26	0.58	1.03	1.62	2.28
4.70	29.63	161 58	189.12	59.50	2.33	2.27	2.07	1.74	1.27	0.68	0.06	0.26	0.59	1.06	1.65	2.33
4.80	29.61	161 35	185.08	59.48	2.38	2.31	2.11	1.77	1.30	0.69	0.07	0.27	0.61	1.08	1.69	2.38
4.90	29.60	161 12	181.21	59.46	2.43	2.36	2.16	1.81	1.33	0.70	0.07	0.27	0.62	1.10	1.73	2.43
5.00	29.58	160 49	177.48	59.44	2.48	2.41	2.20	1.84	1.35	0.71	0.07	0.28	0.64	1.13	1.77	2.48
5.10	29.56	160 25	173.90	59.41	2.53	2.46	2.24	1.88	1.38	0.72	0.07	0.29	0.65	1.15	1.81	2.53
5.20	29.55	160 2	170.46	59.39	2.58	2.51	2.29	1.92	1.40	0.74	0.07	0.29	0.66	1.18	1.84	2.58
5.30	29.53	159 39	167.44	59.37	2.63	2.56	2.33	1.95	1.43	0.75	0.07	0.30	0.68	1.20	1.88	2.63
5.40	29.51	159 16	163.94	59.34	2.68	2.60	2.38	1.99	1.45	0.76	0.08	0.30	0.69	1.23	1.92	2.68
5.50	29.49	158 52	160.86	59.32	2.73	2.65	2.42	2.03	1.48	0.77	0.08	0.31	0.70	1.25	1.96	2.73
5.60	29.47	158 29	157.89	59.29	2.77	2.69	2.46	2.06	1.50	0.78	0.08	0.31	0.71	1.27	1.99	2.77
5.70	29.45	158 6	155.02	59.27	2.82	2.74	2.50	2.10	1.53	0.79	0.08	0.32	0.72	1.29	2.03	2.82
5.80	29.43	157 42	152.24	59.24	2.87	2.79	2.54	2.13	1.55	0.80	0.08	0.33	0.74	1.32	2.07	2.87
5.90	29.41	157 19	149.56	59.21	2.92	2.84	2.59	2.17	1.58	0.82	0.08	0.33	0.75	1.34	2.10	2.92
6.00	29.39	156 56	146.97	59.19	2.97	2.88	2.63	2.20	1.60	0.83	0.09	0.34	0.77	1.37	2.14	2.97
6.10	29.37	156 32	144.46	59.16	3.02	2.93	2.67	2.24	1.63	0.84	0.09	0.35	0.78	1.39	2.18	3.02
6.20	29.35	156 9	142.03	59.13	3.07	2.98	2.72	2.27	1.65	0.85	0.09	0.35	0.80	1.42	2.22	3.07
6.30	29.33	155 45	139.67	59.10	3.12	3.03	2.76	2.31	1.67	0.86	0.09	0.36	0.81	1.45	2.26	3.12
6.40	29.31	155 22	137.39	59.07	3.16	3.07	2.80	2.34	1.69	0.87	0.09	0.36	0.82	1.47	2.29	3.16
6.50	29.29	154 58	135.17	59.04	3.21	3.12	2.84	2.38	1.72	0.88	0.09	0.37	0.83	1.49	2.33	3.21
6.60	29.26	154 35	133.02	59.01	3.26	3.16	2.88	2.41	1.75	0.89	0.10	0.38	0.85	1.51	2.37	3.26
6.70	29.24	154 11	130.93	58.98	3.31	3.21	2.92	2.44	1.77	0.90	0.10	0.39	0.87	1.54	2.41	3.31
6.80	29.22	153 48	128.94	58.95	3.36	3.26	2.97	2.48	1.80	0.91	0.10	0.39	0.88	1.56	2.45	3.36
6.90	29.20	153 24	126.94	58.92	3.40	3.30	3.01	2.51	1.82	0.92	0.10	0.39	0.89	1.58	2.48	3.40

Tangentes 30 mètres.

LONGUEUR de la bissectrice.	DEMI-CORDE.	ANGLE des alignements.	RAYON.	LONGUEUR de l'arc.	FLÈCHE.	ORDONNÉES SUR LA CORDE — La distance à partir de la flèche étant 5m	10m	15m	20m	25m	ORDONNÉES SUR LES TANGENTES — La distance à partir des points de tangence étant 5m	10m	15m	20m	25m	égale à la demi-corde
m	m	° ′	m	m	m											
7.00	29.17	153 4	125.02	58.89	3.45	3.35	3.05	2.55	1.84	0.93	0.10	0.40	0.90	1.61	2.52	3.45
7.10	29.15	152 37	123.16	58.85	3.50	3.40	3.09	2.58	1.86	0.94	0.10	0.41	0.92	1.64	2.56	3.50
7.20	29.12	152 14	121.34	58.82	3.55	3.45	3.14	2.62	1.89	0.96	0.10	0.41	0.93	1.66	2.60	3.55
7.30	29.10	151 50	119.58	58.79	3.59	3.49	3.18	2.65	1.91	0.96	0.10	0.42	0.94	1.68	2.64	3.59
7.40	29.07	151 26	117.86	58.75	3.64	3.53	3.22	2.68	1.93	0.96	0.11	0.42	0.96	1.71	2.68	3.64
7.50	29.05	151 3	116.19	58.72	3.69	3.58	3.26	2.72	1.96	0.97	0.11	0.43	0.97	1.73	2.72	3.69
7.60	29.02	150 39	114.56	58.68	3.74	3.63	3.30	2.75	1.98	0.98	0.11	0.44	0.99	1.76	2.76	3.74
7.70	28.99	150 15	112.97	58.64	3.78	3.67	3.34	2.78	2.00	0.98	0.11	0.44	1.00	1.78	2.80	3.78
7.80	28.97	149 52	111.42	58.61	3.83	3.72	3.38	2.82	2.03	0.99	0.11	0.45	1.01	1.81	2.84	3.83
7.90	28.94	149 28	109.90	58.57	3.88	3.77	3.42	2.85	2.04	1.00	0.11	0.46	1.03	1.84	2.88	3.88
8.00	28.91	149 4	108.43	58.54	3.93	3.81	3.46	2.88	2.06	1.01	0.12	0.47	1.05	1.87	2.92	3.93
8.10	28.89	148 40	106.99	58.50	3.97	3.85	3.50	2.91	2.08	1.01	0.12	0.47	1.06	1.89	2.96	3.97
8.20	28.86	148 16	105.58	58.46	4.02	3.90	3.54	2.95	2.11	1.02	0.12	0.48	1.07	1.91	3.00	4.02
8.30	28.83	147 53	104.20	58.42	4.07	3.95	3.59	2.98	2.13	1.03	0.12	0.48	1.09	1.94	3.04	4.07
8.40	28.80	147 29	102.86	58.38	4.11	3.99	3.62	3.01	2.15	1.03	0.12	0.48	1.10	1.96	3.08	4.11
8.50	28.77	147 5	101.57	58.34	4.16	4.04	3.67	3.05	2.17	1.04	0.12	0.49	1.11	1.99	3.12	4.16
8.60	28.74	146 41	100.26	58.30	4.21	4.08	3.71	3.08	2.19	1.04	0.13	0.50	1.13	2.02	3.17	4.21
8.70	28.71	146 17	99.00	58.26	4.25	4.12	3.75	3.11	2.21	1.04	0.13	0.50	1.14	2.04	3.21	4.25
8.80	28.68	145 53	97.77	58.22	4.30	4.17	3.79	3.14	2.23	1.05	0.13	0.51	1.16	2.07	3.25	4.30
8.90	28.65	145 29	96.57	58.17	4.35	4.22	3.83	3.18	2.25	1.06	0.13	0.52	1.17	2.10	3.29	4.35
9.00	28.62	145 5	95.39	58.13	4.39	4.26	3.87	3.21	2.27	1.06	0.13	0.52	1.18	2.12	3.33	4.39
9.10	28.59	144 41	94.24	58.09	4.44	4.31	3.91	3.24	2.29	1.06	0.13	0.53	1.20	2.15	3.38	4.44
9.20	28.55	144 17	93.11	58.04	4.49	4.35	3.95	3.27	2.31	1.07	0.14	0.54	1.22	2.18	3.42	4.49
9.30	28.52	143 53	92.00	58.00	4.53	4.39	3.99	3.30	2.33	1.07	0.14	0.54	1.23	2.20	3.46	4.53
9.40	28.49	143 29	90.92	57.95	4.58	4.44	4.03	3.33	2.35	1.07	0.14	0.55	1.25	2.23	3.51	4.58
9.50	28.46	143 5	89.86	57.91	4.62	4.48	4.06	3.36	2.37	1.07	0.14	0.56	1.26	2.25	3.55	4.62
9.60	28.42	142 40	88.82	57.86	4.67	4.53	4.10	3.39	2.39	1.08	0.14	0.57	1.28	2.28	3.59	4.67
9.70	28.39	142 16	87.80	57.81	4.71	4.57	4.14	3.42	2.41	1.08	0.14	0.57	1.29	2.30	3.63	4.71
9.80	28.35	141 52	86.80	57.77	4.76	4.62	4.18	3.46	2.43	1.08	0.14	0.58	1.30	2.33	3.68	4.76
9.90	28.32	141 28	85.81	57.72	4.81	4.66	4.22	3.49	2.45	1.09	0.15	0.59	1.32	2.36	3.72	4.81

Tangentes 30 mètres.

LONGUEUR de la bissectrice.	DEMI-CORDE.	ANGLE des alignements.	RAYON.	LONGUEUR de l'arc.	FLÈCHE.	ORDONNÉES SUR LA CORDE. La distance à partir de la flèche étant 5m	10m	15m	20m	25m	ORDONNÉES SUR LES TANGENTES La distance à partir des points de tangence étant 5m	10m	15m	20m	25m	égale à la demi-corde
m	m	o '	m	m	m											
10.00	28.28	141. 3	84.85	57.67	4.85	4.70	4.26	3.52	2.46	1.09	0.15	0.59	1.33	2.39	3.76	4.85
10 10	28 25	140 39	83 94	57 62	4 90	4 75	4 30	3 55	2 48	1 09	0 15	0 60	1 35	2 42	3 81	4 90
10 20	28 21	140 15	82 98	57 57	4 94	4 79	4 34	3 58	2 50	1 09	0 15	0 60	1 36	2 44	3 85	4 94
10 30	28 18	139 50	82 07	57 52	4 99	4 84	4 38	3 61	2 52	1 09	0 15	0 61	1 38	2 47	3 90	4 99
10 40	28 14	139 26	81 17	57 47	5 03	4 88	4 41	3 63	2 53	1 09	0 15	0 62	1 40	2 50	3 94	5 03
10 50	28 10	139 1	80 29	57 42	5 08	4 92	4 45	3 66	2 55	1 09	0 16	0 63	1 42	2 53	3 99	5 08
10 60	28 06	138 37	79 43	57 37	5 12	4 96	4 49	3 69	2 56	1 09	0 16	0 63	1 43	2 56	4 03	5 12
10 70	28 03	138 12	78 58	57 31	5 17	5 01	4 53	3 72	2 58	1 09	0 16	0 64	1 45	2 59	4 08	5 17
10 80	27 99	137 48	77 75	57 26	5 21	5 05	4 57	3 75	2 60	1 08	0 16	0 64	1 46	2 61	4 13	5 21
10 90	27 95	137 23	76 93	57 21	5 25	5 09	4 60	3 78	2 61	1 08	0 16	0 65	1 47	2 64	4 17	5 25
11 00	27 91	136 59	76 12	57 15	5 30	5 13	4 64	3 81	2 63	1 08	0 17	0 66	1 49	2 67	4 22	5 30
11 10	27 87	136 34	75 33	57 10	5 35	5 18	4 68	3 84	2 65	1 08	0 17	0 67	1 51	2 70	4 27	5 35
11 20	27 83	136 9	74 55	57 04	5 39	5 22	4 72	3 86	2 66	1 07	0 17	0 67	1 53	2 73	4 32	5 39
11 30	27 79	135 45	73 78	56 99	5 43	5 26	4 75	3 89	2 67	1 06	0 17	0 68	1 54	2 76	4 37	5 43
11 40	27 75	135 20	73 02	56 93	5 48	5 31	4 79	3 92	2 69	1 06	0 17	0 69	1 56	2 79	4 42	5 48
11 50	27 71	134 55	72 29	56 87	5 52	5 35	4 83	3 95	2 70	1 06	0 17	0 69	1 57	2 82	4 46	5 52
11 60	27 67	134 30	71 55	56 81	5 56	5 39	4 86	3 97	2 71	1 05	0 17	0 70	1 59	2 85	4 51	5 56
11 70	27 62	134 5	70 83	56 75	5 61	5 43	4 90	4 00	2 73	1 05	0 18	0 71	1 61	2 88	4 56	5 61
11 80	27 58	133 40	70 12	56 69	5 65	5 47	4 93	4 03	2 74	1 04	0 18	0 72	1 62	2 91	4 61	5 65
11 90	27 54	133 15	69 43	56 63	5 69	5 51	4 97	4 05	2 76	1 04	0 18	0 72	1 64	2 94	4 65	5 69
12 00	27 49	132 51	68 74	56 57	5 73	5 55	5 00	4 08	2 76	1 03	0 18	0 73	1 65	2 97	4 70	5 73
12 10	27 45	132 25	68 06	56 51	5 78	5 60	5 04	4 11	2 78	1 03	0 18	0 74	1 67	3 00	4 75	5 78
12 20	27 41	132 0	67 39	56 45	5 82	5 64	5 08	4 13	2 79	1 02	0 18	0 74	1 69	3 03	4 80	5 82
12 30	27 36	131 35	66 74	56 39	5 87	5 68	5 12	4 16	2 80	1 01	0 19	0 75	1 71	3 07	4 86	5 87
12 40	27 32	131 10	66 09	56 32	5 91	5 72	5 15	4 18	2 81	1 00	0 19	0 76	1 73	3 10	4 91	5 91
12 50	27 27	130 45	65 45	56 26	5 95	5 76	5 18	4 21	2 82	0 99	0 19	0 77	1 74	3 13	4 96	5 95
12 60	27 23	130 20	64 82	56 19	5 99	5 80	5 22	4 23	2 83	0 98	0 19	0 77	1 76	3 16	5 01	5 99
12 70	27 18	129 54	64 20	56 13	6 04	5 84	5 26	4 26	2 84	0 97	0 20	0 78	1 78	3 20	5 07	6 04
12 80	27 13	129 29	63 59	56 06	6 08	5 88	5 29	4 28	2 85	0 96	0 20	0 79	1 80	3 23	5 12	6 08
12 90	27 08	129 4	62 99	55 99	6 12	5 92	5 32	4 31	2 86	0 95	0 20	0 80	1 81	3 26	5 17	6 12

Tangentes 30 mètres.

LONGUEUR de la bissectrice.	DEMI-CORDE.	ANGLE des alignements.	RAYON.	LONGUEUR de l'arc.	FLÈCHE.	Ordonnées sur la corde — La distance à partir de la flèche étant 5m	10m	15m	20m	25m	Ordonnées sur les tangentes — La distance à partir des points de tangence étant 5m	10m	15m	20m	25m	égale à la demi-corde
m	m	° ′	m.	m.	m.											
13.00	27.04	128.38	62.30	55.93	6.16	5.96	5.35	4.33	2.87	0.93	0.20	0.81	1.83	3.29	5.23	6.16
13.10	26.99	128.13	61.84	55.86	6.20	6.00	5.39	4.36	2.88	0.92	0.20	0.81	1.84	3.32	5.28	6.20
13.20	26.94	127.47	61.23	55.79	6.24	6.04	5.42	4.38	2.89	0.91	0.20	0.82	1.86	3.35	5.33	6.24
13.30	26.89	127.22	60.65	55.72	6.29	6.98	5.46	4.41	2.90	0.90	0.21	0.83	1.88	3.39	5.39	6.29
13.40	26.84	126.56	60.09	55.65	6.33	6.12	5.49	4.43	2.90	0.88	0.21	0.84	1.90	3.43	5.45	6.33
13.50	26.79	126.31	59.59	55.58	6.37	6.16	5.32	4.45	2.91	0.86	0.21	0.85	1.92	3.46	5.51	6.37
13.60	26.74	126. 5	58.98	55.50	6.44	6.20	5.55	4.47	2.91	0.85	0.21	0.86	1.94	3.50	5.56	6.41
13.70	26.69	125.39	58.44	55.43	6.45	6.24	5.59	4.49	2.92	0.83	0.21	0.86	1.96	3.53	5.62	6.45
13.80	26.64	125.13	57.91	55.35	6.49	6.27	5.62	4.51	2.93	0.81	0.22	0.87	1.98	3.56	5.68	6.49
13.90	26.58	124.48	57.38	55.28	6.53	6.31	5.65	4.53	2.93	0.80	0.22	0.88	2.00	3.60	5.73	6.53
14.00	26.53	124.22	56.86	55.21	6.57	6.35	5.68	4.56	2.94	0.78	0.22	0.80	2.01	3.63	5.79	6.57
14.10	26.48	123.56	56.34	55.13	6.61	6.39	5.72	4.58	2.94	0.76	0.22	0.89	2.03	3.67	5.85	6.61
14.20	26.43	123.30	55.83	55.05	6.65	6.43	5.75	4.60	2.94	0.74	0.22	0.90	2.05	3.71	5.91	6.65
14.30	26.37	123. 4	55.33	54.97	6.69	6.46	5.78	4.62	2.95	0.72	0.23	0.91	2.07	3.74	5.97	6.69
14.40	26.32	122.38	54.83	54.90	6.73	6.50	5.81	4.64	2.65	0.70	0.23	0.92	2.09	3.78	6.03	6.73
14.50	26.26	122.12	54.34	54.82	6.77	6.54	5.84	4.66	2.95	0.68	0.23	0.93	2.11	3.82	6.09	6.77
14.60	26.21	121.45	53.85	54.74	6.81	6.58	5.87	4.68	2.96	0.65	0.23	0.94	2.13	3.85	6.16	6.81
14.70	26.15	121.19	53.37	54.66	6.85	6.61	5.90	4.70	2.96	0.63	0.24	0.95	2.15	3.89	6.22	6.85
14.80	26.09	120.53	52.90	54.58	6.88	6.64	5.93	4.71	2.96	0.60	0.24	0.95	2.17	3.92	6.28	6.88
14.90	26.04	120.26	52.43	54.49	6.92	6.68	5.96	4.73	2.96	0.58	0.24	0.96	2.19	3.96	6.34	6.92
15.00	25.98	120. 0	51.96	54.41	6.96	6.72	5.99	4.75	2.96	0.55	0.24	0.97	2.21	4.00	6.41	6.96
15.10	25.92	119.33	51.50	54.33	7.00	6.76	6.02	4.77	2.96	0.52	0.24	0.98	2.23	4.04	6.48	7.00
15.20	25.86	119. 7	51.05	54.24	7.04	6.79	6.05	4.78	2.96	0.50	0.25	0.99	2.26	4.08	6.54	7.04
15.30	25.80	118.40	50.60	54.16	7.08	6.83	6.08	4.80	2.96	0.47	0.25	1.00	2.28	4.12	6.61	7.08
15.40	25.74	118.14	50.15	54.07	7.11	6.86	6.10	4.81	2.95	0.44	0.25	1.01	2.30	4.16	6.67	7.11
15.50	25.68	117.47	49.71	53.98	7.15	6.90	6.13	4.83	2.95	0.41	0.25	1.02	2.32	4.20	6.74	7.15
15.60	25.62	117.20	49.28	53.89	7.18	6.93	6.16	4.84	2.94	0.37	0.25	1.02	2.34	4.24	6.81	7.18
15.70	25.56	116.53	48.85	53.80	7.22	6.96	6.19	4.86	2.94	0.34	0.26	1.03	2.36	4.28	6.88	7.22
15.80	25.50	116.26	48.42	53.71	7.26	7.00	6.22	4.88	2.94	0.31	0.26	1.04	2.38	4.32	6.95	7.26
15.90	25.44	115.59	48.00	53.62	7.29	7.03	6.24	4.89	2.93	0.27	0.26	1.05	2.40	4.36	7.02	7.29

Tangentes 30 mètres.

LONGUEUR de la bissectrice.	DEMI-CORDE.	ANGLE des alignements.	RAYON.	LONGUEUR de l'arc.	FLÈCHE.	Ordonnées sur la corde. La distance à partir de la flèche étant 5m	10m	15m	20m	25m	Ordonnées sur les tangentes. La distance à partir des points de tangence étant 5m	10m	15m	20m	25m	égale à la demi-corde
m	m	o ′	m	m	m											
16.00	25.38	115 32	47.58	53.53	7.33	7.07	6.27	4.94	2.92	0.23	0.26	1.06	2.42	4.41	7.10	7.33
16.10	25.31	115 8	47.17	53.44	7.37	7.10	6.30	4.92	2.93	0.20	0.27	1.07	2.45	4.45	7.17	7.37
16.20	25.25	114 38	46.76	53.34	7.40	7.13	6.32	4.93	2.94	0.16	0.27	1.08	2.47	4.49	7.24	7.40
16.30	25.19	114 10	46.35	53.25	7.44	7.17	6.35	4.95	2.90	0.12	0.27	1.09	2.49	4.54	7.32	7.44
16.40	25.12	113 43	45.95	53.15	7.47	7.20	6.37	4.96	2.89	0.08	0.27	1.10	2.51	4.58	7.39	7.47
16.50	25.06	113 46	45.56	53.06	7.51	7.23	6.40	4.97	2.88	0.04	0.28	1.11	2.54	4.63	7.47	7.51
16.60	24.99	112 48	45.16	52.96	7.54	7.26	6.42	4.98	2.87	»	0.28	1.12	2.56	4.67	»	7.54
16.70	24.92	112 21	44.77	52.86	7.58	7.30	6.45	4.99	2.86	»	0.28	1.13	2.59	4.72	»	7.58
16.80	24.83	111 53	44.38	52.76	7.61	7.33	6.47	5.00	2.85	»	0.28	1.14	2.61	4.76	»	7.61
16.90	24.79	111 25	44.00	52.65	7.65	7.36	6.50	5.01	2.84	»	0.29	1.15	2.64	4.81	»	7.65
17.00	24.72	110 58	43.62	52.56	7.68	7.39	6.52	5.02	2.82	»	0.29	1.16	2.66	4.86	»	7.68
17.10	24.63	110 39	43.24	52.45	7.71	7.42	6.54	5.03	2.81	»	0.29	1.17	2.68	4.90	»	7.71
17.20	24.58	110 2	42.87	52.35	7.74	7.45	6.56	5.04	2.79	»	0.29	1.18	2.70	4.95	»	7.74
17.30	24.51	109 34	42.50	52.24	7.78	7.48	6.59	5.03	2.78	»	0.30	1.19	2.73	5.00	»	7.78
17.40	24.44	109 6	42.13	52.14	7.81	7.51	6.61	5.05	2.76	»	0.30	1.20	2.76	5.05	»	7.81
17.50	24.37	108 38	41.77	52.03	7.84	7.54	6.63	5.06	2.74	»	0.30	1.21	2.78	5.10	»	7.84
17.60	24.29	108 9	41.41	51.92	7.87	7.57	6.65	5.06	2.72	»	0.30	1.22	2.81	5.15	»	7.87
17.70	24.22	107 41	41.05	51.81	7.91	7.60	6.67	5.07	2.70	»	0.31	1.24	2.84	5.21	»	7.91
17.80	24.15	107 12	40.70	51.70	7.94	7.63	6.69	5.07	2.68	»	0.31	1.25	2.87	5.26	»	7.94
17.90	24.07	106 44	40.35	51.59	7.97	7.66	6.71	5.08	2.66	»	0.31	1.26	2.89	5.31	»	7.97
18.00	24.00	106 16	40.00	51.48	8.00	7.69	6.73	5.08	2.64	»	0.31	1.27	2.92	5.36	»	8.00
18.10	23.92	105 47	39.65	51.36	8.03	7.71	6.75	5.08	2.62	»	0.32	1.28	2.95	5.41	»	8.03
18.20	23.85	105 18	39.31	51.24	8.06	7.74	6.77	5.09	2.59	»	0.32	1.29	2.97	5.47	»	8.06
18.30	23.77	104 49	38.97	51.13	8.09	7.77	6.78	5.09	2.57	»	0.32	1.31	3.00	5.52	»	8.09
18.40	23.69	104 20	38.63	51.01	8.12	7.80	6.80	5.09	2.54	»	0.32	1.32	3.03	5.58	»	8.12
18.50	23.62	103 51	38.30	50.89	8.15	7.82	6.82	5.09	2.51	»	0.33	1.33	3.06	5.64	»	8.15
18.60	23.54	103 22	37.96	50.77	8.18	7.85	6.84	5.09	2.48	»	0.33	1.34	3.09	5.70	»	8.18
18.70	23.46	102 52	37.63	50.65	8.20	7.87	6.85	5.08	2.45	»	0.33	1.35	3.12	5.75	»	8.20
18.80	23.38	102 23	37.31	50.53	8.23	7.90	6.87	5.08	2.42	»	0.33	1.36	3.15	5.81	»	8.23
18.90	23.30	101 54	36.98	50.40	8.26	7.92	6.88	5.08	2.39	»	0.34	1.38	3.18	5.87	»	8.26

Tangentes 30 mètres.

LONGUEUR de la bissectrice.	DEMI-CORDE.	ANGLE des alignements.	RAYON.	LONGUEUR de l'arc.	FLÈCHE.	ORDONNÉES SUR LA CORDE. La distance à partir de la flèche étant					ORDONNÉES SUR LES TANGENTES. La distance à partir des points de tangence étant					
						5m	10m	15m	20m	25m	5m	10m	15m	20m	25m	égale à la demi-corde
m	m	° ′	m	m	m											
19.00	23.22	101.24	36.66	50.28	8.29	7.05	6.90	5.08	2.35	»	0.34	1.39	3.24	5.94	»	8.29
19 10	23 13	100 55	36 34	50 15	8 31	7 97	6 91	5 07	2 31	»	0 34	1 40	3 24	6 00	»	8 31
19 20	23 05	100 25	36 02	50 02	8 34	7 99	6 93	5 07	2 28	»	0 35	1 41	3 27	6 06	»	8 34
19 30	22 97	99 55	35 70	49 89	8 37	8 02	6 94	5 07	2 24	»	0 35	1 43	3 30	6 13	»	8 37
19 40	22 88	99 25	35 39	49 76	8 39	8 04	6 95	5 06	2 20	»	0 35	1 44	3 33	6 19	»	8 39
19 50	22 80	98 55	35 07	49 63	8 41	8 06	6 96	5 05	2 16	»	0 36	1 45	3 36	6 25	»	8 41
19 60	22 71	98 25	34 76	49 50	8 44	8 08	6 98	5 04	2 12	»	0 36	1 46	3 40	6 32	»	8 44
19 70	22 62	97 54	34 46	49 36	8 46	8 10	6 99	5 03	2 07	»	0 36	1 47	3 43	6 39	»	8 46
19 80	22 54	97 24	34 15	49 22	8 49	8 12	7 00	5 02	2 02	»	0 37	1 49	3 47	6 47	»	8 40
19 90	22 45	96 53	33 84	49 08	8 52	8 15	7 01	5 01	1 98	»	0 37	1 51	3 51	6 54	»	8 52
20 00	22 36	96 23	33 54	48 94	8 54	8 17	7 02	5 00	1 93	»	0 37	1 52	3 54	6 61	»	8 54
20 10	22 27	95 52	33 24	48 80	8 56	8 18	7 02	4 99	1 87	»	0 38	1 54	3 57	6 60	»	8 56
20 20	22 18	95 21	32 91	48 66	8 58	8 20	7 03	4 97	1 82	»	0 38	1 55	3 61	6 76	»	8 58
20 30	22 09	94 50	32 64	48 52	8 60	8 22	7 03	4 95	1 76	»	0 38	1 57	3 65	6 84	»	8 60
20 40	22 00	94 18	32 35	48 37	8 63	8 24	7 04	4 94	1 71	»	0 39	1 59	3 69	6 92	»	8 63
20 50	21 90	93 47	32 05	48 22	8 65	8 26	7 05	4 92	1 64	»	0 39	1 60	3 73	7 01	»	8 65
20 60	21 81	93 16	31 76	48 07	8 67	8 28	7 06	4 91	1 58	»	0 39	1 61	3 76	7 09	»	8 67
20 70	21 71	92 44	31 47	47 92	8 69	8 29	7 06	4 89	1 52	»	0 40	1 63	3 80	7 17	»	8 69
20 80	21 62	92 12	31 18	47 77	8 71	8 31	7 06	4 87	1 45	»	0 40	1 65	3 84	7 26	»	8 71
20 90	21 52	91 41	30 89	47 62	8 73	8 32	7 07	4 84	1 38	»	0 41	1 66	3 89	7 35	»	8 73
21 00	21 42	91 9	30 61	47 46	8 75	8 34	7 07	4 82	1 31	»	0 41	1 68	3 93	7 44	»	8 75
21 10	21 33	90 36	30 32	47 30	8 77	8 35	7 07	4 80	1 24	»	0 42	1 70	3 97	7 53	»	8 77
21 20	21 23	90 4	30 04	47 14	8 78	8 36	7 07	4 77	1 16	»	0 43	1 71	4 01	7 62	»	8 78

Tangentes 35 mètres.

LONGUEUR de la bissectrice.	DEMI-CORDE.	ANGLE des alignements.	RAYON.	LONGUEUR de l'arc.	FLÈCHE.	ORDONNÉES SUR LA CORDE. La distance à partir de la flèche étant						ORDONNÉES SUR LES TANGENTES. La distance à partir des points de tangence étant						
						5m	10m	15m	20m	25m	30m	5m	10m	15m	20m	25m	30m	égale à la demi-corde
m	m	° '	m	m	m													
1.00	34.99	176.44	1224.50	69.98	0.50	0.49	0.46	0.41	0.34	0.24	0.13	0.01	0.04	0.09	0.16	0.26	0.37	0.50
1 10	34 98	176 24	1113 08	69 97	0 55	0 54	0 50	0 45	0 37	0 27	0 15	0 01	0 05	0 10	0 18	0 28	0 40	0 55
1 20	34 98	176 4	1020 23	69 97	0 60	0 59	0 55	0 49	0 40	0 29	0 16	0 01	0 05	0 11	0 20	0 31	0 44	0 60
1 30	34 98	175 45	946 65	69 96	0 65	0 64	0 60	0 53	0 44	0 32	0 17	0 01	0 05	0 12	0 21	0 33	0 48	0 65
1 40	34 97	175 25	874 30	69 96	0 70	0 69	0 64	0 57	0 47	0 34	0 18	0 01	0 06	0 13	0 23	0 36	0 52	0 70
1 50	34 97	175 5	815 91	66 95	0 75	0 73	0 69	0 61	0 50	0 37	0 20	0 02	0 06	0 14	0 25	0 38	0 55	0 75
1 60	34 96	174 46	764 82	69 95	0 80	0 78	0 73	0 65	0 54	0 39	0 21	0 02	0 07	0 15	0 26	0 41	0.59	0 80
1 70	34 96	174 26	719 74	69 94	0 85	0 83	0 78	0 69	0 57	0 41	0 22	0 02	0 07	0 16	0 28	0 44	0 63	0 85
1 80	34 95	174 6	679 65	69 93	0 90	0 88	0 82	0 73	0 60	0 44	0 24	0 02	0 08	0 17	0 30	0 46	0 66	0 90
1 90	34 95	173 47	643 29	69 93	0 95	0 93	0 87	0 77	0 64	0 46	0 25	0 02	0 08	0 18	0 31	0 49	0 70	0 95
2 00	34 94	173 27	611 50	69 92	1 00	0 98	0 92	0 81	0 67	0 49	0 26	0 02	0 98	0 19	0 33	0 51	0 74	1 00
2 10	34 94	173 7	582 28	69 91	1 05	1 03	0 96	0 86	0 71	0 51	0 28	0 02	0 09	0 19	0 34	0 54	0 77	1 05
2 20	34 93	172 48	555 72	69 90	1 10	1 08	1 01	0 90	0 74	0 54	0 29	0 02	0 09	0 20	0 36	0 56	0 81	1 10
2 30	34 92	172 28	531 46	69 89	1 15	1 13	1 05	0 94	0 77	0 56	0 30	0 02	0 10	0 21	0 38	0 59	0 85	1 15
2 40	34 92	172 8	509 22	69 88	1 20	1 17	1 10	0 98	0 81	0 58	0 31	0 03	0 10	0 22	0 39	0 62	0 89	1 20
2 50	34 91	171 48	488 75	69 87	1 25	1 22	1 15	1 02	0 84	0 61	0 33	0 03	0 10	0 23	0 41	0 64	0 92	1 25
2 60	34 90	171 29	469 85	69 86	1 30	1 27	1 19	1 06	0 87	0 63	0 34	0 03	0 11	0 24	0 43	0 67	0 96	1 30
2 70	34 90	171 9	452 35	69 85	1 35	1 32	1 24	1 10	0 91	0 66	0 35	0 03	0 11	0 25	0 44	0 69	1 00	1 35
2 80	34 89	170 49	436 10	69 84	1 40	1 37	1 28	1 14	0 94	0 68	0 36	0 03	0 12	0 26	0 46	0 72	1 04	1 40
2 90	34 88	170 30	420 96	69 83	1 45	1 42	1 33	1 18	0 97	0 70	0 38	0 03	0 12	0 27	0 48	0 75	1 07	1 45
3 00	34 87	170 10	406 83	69 82	1 50	1 47	1 37	1 22	1 00	0 73	0 39	0 03	0 13	0 28	0 50	0 77	1 11	1 50
3 10	34 86	169 50	393 64	69 81	1 55	1 52	1 42	1 26	1 04	0 75	0 40	0 03	0 13	0 29	0 51	0 80	1 15	1 55
3 20	34 85	169 30	381 21	69 80	1 60	1 57	1 46	1 30	1 07	0 78	0 41	0 03	0 14	0 30	0 53	0 82	1 19	1 60
3 30	34 84	169 11	369 56	69 79	1 65	1 62	1 51	1 34	1 10	0 80	0 43	0 03	0 14	0 31	0 55	0 85	1 22	1 65
3 40	34 83	168 51	358 59	69 77	1 70	1 66	1 56	1 38	1 14	0 82	0 44	0 04	0 14	0 32	0 56	0 88	1 26	1 70
3 50	34 82	168 31	348 24	69 76	1 75	1 71	1 60	1 42	1 17	0 85	0 45	0 04	0 15	0 33	0 58	0 90	1 30	1 75
3 60	34 81	168 12	338 47	69 75	1 80	1 76	1 65	1 46	1 20	0 87	0 46	0 04	0 15	0 34	0 60	0 93	1 34	1 80
3 70	34 80	167 52	329 23	69 73	1 85	1 81	1 70	1 50	1 24	0 89	0 47	0 04	0 15	0 35	0 64	0 96	1 38	1 85
3 80	34 79	167 32	320 46	69 72	1 89	1 85	1 74	1 54	1 27	0 91	0 48	0 04	0 15	0 35	0 62	0 98	1 41	1 89
3 90	34 78	167 12	312 15	69 70	1 94	1 90	1 78	1 58	1 30	0 94	0 50	0 04	0 16	0 36	0 64	1 00	1 44	1 94

Tangentes 35 mètres.

LONGUEUR de la bissectrice.	DEMI-CORDE.	ANGLE des alignements.	RAYON.	LONGUEUR de l'arc.	FLÈCHE.	ORDONNÉES SUR LA CORDE. La distance à partir de la flèche étant 5m	10m	15m	20m	25m	30m	ORDONNÉES SUR LES TANGENTES. La distance à partir des points de tangence étant 5m	10m	15m	20m	25m	30m	égale à la demi-corde
m.	m.	°, '	m.	m.	m.													
4.00	34.77	166.53	304.84	69.89	1.99	1.95	1.83	1.62	1.33	0.96	0.51	0.04	0.16	0.37	0.66	1.03	1.48	1.99
4.10	34.76	166.33	296.92	69.87	2.04	2.00	1.87	1.66	1.37	0.99	0.52	0.04	0.17	0.38	0.67	1.05	1.52	2.04
4.20	34.75	166.13	289.56	69.86	2.09	2.05	1.92	1.70	1.40	1.01	0.53	0.04	0.17	0.39	0.69	1.08	1.56	2.09
4.30	34.73	165.53	282.72	69.84	2.14	2.10	1.96	1.74	1.43	1.03	0.55	0.04	0.18	0.40	0.71	1.11	1.59	2.14
4.40	34.72	165.33	276.20	69.83	2.19	2.15	2.01	1.78	1.47	1.06	0.56	0.04	0.18	0.41	0.72	1.13	1.63	2.19
4.50	34.71	165.14	269.96	69.81	2.24	2.19	2.06	1.82	1.50	1.08	0.57	0.05	0.18	0.42	0.74	1.16	1.67	2.24
4.60	34.70	164.54	263.99	69.79	2.29	2.24	2.10	1.86	1.53	1.10	0.58	0.05	0.19	0.43	0.76	1.19	1.71	2.29
4.70	34.68	164.34	258.28	69.77	2.34	2.29	2.15	1.90	1.56	1.13	0.59	0.05	0.19	0.44	0.78	1.21	1.75	2.34
4.80	34.67	164.14	252.80	69.75	2.39	2.34	2.19	1.94	1.60	1.15	0.60	0.05	0.20	0.45	0.79	1.24	1.79	2.39
4.90	34.65	163.54	247.54	69.74	2.44	2.39	2.24	1.98	1.63	1.17	0.61	0.05	0.20	0.46	0.81	1.27	1.83	2.44
5.00	34.64	163.35	242.49	69.72	2.49	2.44	2.28	2.02	1.66	1.19	0.62	0.05	0.21	0.47	0.83	1.30	1.87	2.49
5.10	34.63	163.15	237.63	69.70	2.54	2.49	2.33	2.06	1.69	1.22	0.63	0.05	0.21	0.48	0.85	1.32	1.91	2.54
5.20	34.61	162.55	232.96	69.68	2.59	2.54	2.38	2.10	1.73	1.24	0.65	0.05	0.21	0.49	0.86	1.35	1.94	2.59
5.30	34.60	162.35	228.47	69.46	2.63	2.58	2.42	2.14	1.76	1.26	0.66	0.05	0.21	0.49	0.87	1.37	1.97	2.63
5.40	34.58	162.15	224.14	69.44	2.68	2.63	2.46	2.18	1.79	1.28	0.67	0.05	0.22	0.50	0.89	1.40	2.01	2.68
5.50	34.56	161.55	219.96	69.42	2.73	2.68	2.51	2.22	1.82	1.31	0.68	0.05	0.22	0.51	0.91	1.42	2.05	2.73
5.60	34.55	161.35	215.93	69.40	2.78	2.72	2.55	2.26	1.85	1.33	0.69	0.06	0.23	0.52	0.93	1.45	2.09	2.78
5.70	34.53	161.15	212.04	69.37	2.83	2.77	2.60	2.30	1.89	1.35	0.70	0.06	0.23	0.53	0.94	1.48	2.13	2.83
5.80	34.52	160.55	208.29	69.35	2.88	2.82	2.64	2.34	1.92	1.37	0.71	0.06	0.24	0.54	0.96	1.51	2.17	2.88
5.90	34.50	160.35	204.65	69.33	2.93	2.87	2.68	2.38	1.95	1.40	0.72	0.06	0.25	0.55	0.98	1.53	2.21	2.93
6.00	34.48	160.16	201.14	69.31	2.98	2.92	2.73	2.42	1.98	1.42	0.73	0.06	0.25	0.56	1.00	1.56	2.25	2.98
6.10	34.46	159.56	197.74	69.28	3.03	2.97	2.77	2.46	2.01	1.44	0.74	0.06	0.26	0.57	1.01	1.59	2.29	3.03
6.20	34.45	159.36	194.46	69.26	3.07	3.01	2.84	2.49	2.04	1.46	0.75	0.06	0.26	0.58	1.03	1.61	2.32	3.07
6.30	34.43	159.16	191.27	69.23	3.12	3.06	2.86	2.53	2.08	1.48	0.76	0.06	0.26	0.59	1.04	1.64	2.36	3.12
6.40	34.41	158.56	188.18	69.21	3.17	3.11	2.91	2.57	2.11	1.50	0.77	0.06	0.26	0.60	1.06	1.67	2.40	3.17
6.50	34.39	158.36	185.18	69.18	3.22	3.15	2.95	2.61	2.14	1.53	0.77	0.07	0.27	0.61	1.08	1.69	2.43	3.22
6.60	34.37	158.16	182.28	69.16	3.27	3.20	3.00	2.65	2.17	1.55	0.78	0.07	0.27	0.62	1.10	1.72	2.49	3.27
6.70	34.35	157.56	179.45	69.13	3.32	3.25	3.04	2.69	2.20	1.57	0.79	0.07	0.28	0.63	1.12	1.75	2.53	3.32
6.80	34.33	157.36	176.71	69.11	3.37	3.30	3.08	2.73	2.23	1.59	0.80	0.07	0.29	0.64	1.13	1.78	2.57	3.37
6.90	34.31	157.16	174.05	69.08	3.42	3.34	3.13	2.77	2.26	1.61	0.81	0.07	0.29	0.65	1.15	1.81	2.61	3.42

Tangentes 35 mètres.

Longueur de la bissectrice.	Demi-corde.	Angle des alignements.	Rayon.	Longueur de l'arc.	Flèche.	Ordonnées sur la corde — La distance à partir de la flèche étant 5m	10m	15m	20m	25m	30m	Ordonnées sur les tangentes — La distance à partir des points de tangence étant 5m	10m	15m	20m	25m	30m	égale à la demi-corde
m	m	d	m	m	m													
7.00	34.29	156.56	174.46	69.05	3.46	3.39	3.17	2.80	2.29	1.63	0.82	0.07	0.29	0.66	1.17	1.83	2.64	3.46
7.10	34.27	156.35	168.94	69.02	3.51	3.44	3.22	2.84	2.32	1.65	0.83	0.07	0.30	0.67	1.19	1.86	2.68	3.51
7.20	34.25	156.15	166.50	68.99	3.56	3.49	3.26	2.88	2.35	1.67	0.84	0.07	0.30	0.68	1.21	1.89	2.72	3.56
7.30	34.23	155.55	164.42	68.97	3.61	3.53	3.30	2.92	2.39	1.69	0.84	0.08	0.31	0.69	1.22	1.92	2.77	3.61
7.40	34.21	155.35	164.80	68.94	3.66	3.58	3.35	2.96	2.42	1.71	0.85	0.08	0.31	0.70	1.24	1.95	2.81	3.66
7.50	34.19	155.15	159.54	68.91	3.71	3.63	3.39	3.00	2.45	1.73	0.86	0.08	0.32	0.71	1.26	1.98	2.85	3.71
7.60	34.16	154.55	157.34	68.88	3.75	3.67	3.43	3.03	2.48	1.75	0.86	0.08	0.32	0.72	1.27	2.00	2.89	3.75
7.70	34.14	154.35	155.19	68.85	3.80	3.72	3.48	3.07	2.51	1.77	0.87	0.08	0.32	0.73	1.29	2.03	2.93	3.80
7.80	34.12	154.15	153.10	68.82	3.85	3.77	3.52	3.11	2.54	1.79	0.88	0.08	0.33	0.74	1.31	2.06	2.97	3.85
7.90	34.10	153.55	151.06	68.78	3.90	3.82	3.57	3.15	2.57	1.81	0.89	0.08	0.33	0.75	1.33	2.09	3.01	3.90
8.00	34.07	153.34	149.07	68.75	3.95	3.87	3.61	3.19	2.60	1.83	0.90	0.08	0.34	0.76	1.35	2.12	3.05	3.95
8.10	34.05	153.14	147.13	68.72	3.99	3.91	3.65	3.22	2.63	1.85	0.90	0.08	0.34	0.77	1.36	2.14	3.09	3.99
8.20	34.03	152.54	145.23	68.69	4.04	3.96	3.70	3.26	2.66	1.87	0.91	0.08	0.34	0.78	1.38	2.17	3.13	4.04
8.30	34.00	152.34	143.38	68.65	4.09	4.00	3.74	3.30	2.69	1.89	0.92	0.09	0.35	0.79	1.40	2.20	3.17	4.09
8.40	33.98	152.14	141.57	68.62	4.14	4.05	3.78	3.34	2.72	1.91	0.92	0.09	0.36	0.80	1.42	2.23	3.22	4.14
8.50	33.95	151.53	139.80	68.59	4.19	4.10	3.83	3.38	2.75	1.93	0.93	0.09	0.36	0.81	1.44	2.26	3.26	4.19
8.60	33.93	151.33	138.07	68.55	4.23	4.14	3.87	3.41	2.78	1.95	0.93	0.09	0.36	0.82	1.45	2.28	3.30	4.23
8.70	33.90	151.13	136.38	68.52	4.28	4.19	3.91	3.45	2.81	1.97	0.94	0.09	0.37	0.83	1.47	2.31	3.34	4.28
8.80	33.87	150.52	134.73	68.48	4.33	4.24	3.96	3.49	2.84	1.99	0.95	0.09	0.37	0.84	1.49	2.34	3.38	4.33
8.90	33.85	150.32	133.21	68.45	4.37	4.28	4.00	3.52	2.86	2.00	0.95	0.09	0.37	0.85	1.51	2.37	3.42	4.37
9.00	33.82	150.12	131.54	68.41	4.42	4.33	4.04	3.56	2.89	2.02	0.96	0.09	0.38	0.86	1.53	2.40	3.46	4.42
9.10	33.80	149.52	129.98	68.37	4.47	4.37	4.08	3.60	2.92	2.04	0.96	0.10	0.39	0.87	1.55	2.43	3.51	4.47
9.20	33.77	149.31	128.47	68.34	4.52	4.42	4.13	3.64	2.95	2.06	0.97	0.10	0.39	0.88	1.57	2.46	3.55	4.52
9.30	33.74	149.11	126.98	68.30	4.57	4.47	4.17	3.68	2.98	2.08	0.97	0.10	0.40	0.89	1.59	2.49	3.60	4.57
9.40	33.71	148.50	125.53	68.26	4.61	4.51	4.21	3.71	3.01	2.09	0.97	0.10	0.40	0.90	1.60	2.52	3.64	4.61
9.50	33.69	148.30	124.11	68.22	4.66	4.56	4.26	3.75	3.04	2.11	0.98	0.10	0.40	0.91	1.62	2.55	3.68	4.66
9.60	33.66	148.10	122.71	68.19	4.71	4.61	4.30	3.79	3.07	2.13	0.98	0.10	0.41	0.92	1.64	2.58	3.73	4.71
9.70	33.63	147.49	121.34	68.15	4.75	4.65	4.34	3.82	3.09	2.15	0.98	0.10	0.41	0.93	1.66	2.60	3.77	4.75
9.80	33.60	147.29	120.00	68.11	4.80	4.70	4.38	3.86	3.12	2.17	0.99	0.10	0.42	0.94	1.68	2.63	3.81	4.80
9.90	33.57	147.8	118.68	68.07	4.85	4.75	4.43	3.90	3.15	2.19	0.99	0.10	0.42	0.95	1.70	2.66	3.86	4.85

Tangentes 35 mètres.

Longueur de la bissectrice.	Demi-corde.	Angle des alignements.	Rayon.	Longueur de l'arc.	Flèche.	Ordonnées sur la corde, la distance à partir de la flèche étant 5m	10m	15m	20m	25m	30m	Ordonnées sur les tangentes, la distance à partir des points de tangence étant 5m	10m	15m	20m	25m	30m	égale à la demi-corde
m	m	° '	m	m	m													
10.00	33.54	146 48	117.39	68.03	4.89	4.79	4.46	3.93	3.18	2.20	1.00	0.10	0.43	0.96	1.71	2.69	3.89	4.89
10.10	33.51	146 27	116.13	67.98	4.94	4.83	4.51	3.97	3.21	2.22	1.00	0.11	0.43	0.97	1.73	2.72	3.94	4.94
10.20	33.48	146 7	114.88	67.94	4.99	4.88	4.55	4.01	3.23	2.24	1.00	0.11	0.44	0.98	1.76	2.75	3.99	4.99
10.30	33.45	145 46	113.67	67.90	5.03	4.92	4.59	4.04	3.26	2.25	1.00	0.11	0.44	0.99	1.77	2.78	4.03	5.03
10.40	33.42	145 26	112.47	67.86	5.08	4.97	4.63	4.07	3.29	2.27	1.00	0.11	0.45	1.01	1.79	2.81	4.08	5.08
10.50	33.39	145 5	111.29	67.82	5.13	5.02	4.68	4.11	3.32	2.29	1.00	0.11	0.45	1.02	1.81	2.84	4.12	5.13
10.60	33.36	144 44	110.14	67.77	5.17	5.06	4.72	4.14	3.34	2.30	1.01	0.11	0.45	1.03	1.83	2.87	4.16	5.17
10.70	33.32	144 24	109.01	67.73	5.22	5.11	4.76	4.18	3.37	2.32	1.01	0.11	0.46	1.04	1.85	2.90	4.21	5.22
10.80	33.29	144 3	107.89	67.69	5.26	5.15	4.80	4.21	3.39	2.33	1.01	0.11	0.46	1.05	1.87	2.93	4.26	5.26
10.90	33.26	143 43	106.79	67.64	5.31	5.19	4.84	4.25	3.42	2.34	1.01	0.11	0.47	1.06	1.89	2.97	4.30	5.31
11.00	33.23	143 22	105.72	67.60	5.36	5.24	4.88	4.29	3.45	2.36	1.01	0.12	0.48	1.07	1.91	3.00	4.35	5.36
11.10	33.19	143 1	104.66	67.55	5.40	5.28	4.92	4.32	3.47	2.37	1.01	0.12	0.48	1.08	1.93	3.03	4.39	5.40
11.20	33.16	142 40	103.62	67.50	5.45	5.33	4.96	4.36	3.50	2.39	1.01	0.12	0.49	1.09	1.95	3.06	4.44	5.45
11.30	33.13	142 20	102.60	67.46	5.49	5.37	5.00	4.39	3.52	2.40	1.01	0.12	0.49	1.10	1.97	3.09	4.48	5.49
11.40	33.09	141 59	101.60	67.41	5.54	5.42	5.05	4.43	3.55	2.42	1.01	0.13	0.49	1.11	1.99	3.12	4.53	5.54
11.50	33.06	141 38	100.61	67.36	5.59	5.46	5.09	4.46	3.58	2.43	1.01	0.13	0.50	1.12	2.01	3.16	4.58	5.58
11.60	33.02	141 17	99.63	67.31	5.63	5.50	5.13	4.49	3.60	2.44	1.01	0.13	0.50	1.14	2.03	3.19	4.62	5.63
11.70	32.99	140 56	98.68	67.27	5.68	5.55	5.17	4.53	3.63	2.46	1.01	0.13	0.51	1.15	2.05	3.22	4.67	5.68
11.80	32.95	140 36	97.73	67.22	5.72	5.59	5.21	4.56	3.65	2.47	1.00	0.13	0.51	1.16	2.07	3.25	4.72	5.72
11.90	32.91	140 15	96.81	67.17	5.77	5.64	5.25	4.60	3.68	2.48	1.00	0.13	0.52	1.17	2.09	3.29	4.77	5.77
12.00	32.88	139 54	95.90	67.12	5.81	5.68	5.29	4.63	3.70	2.49	1.00	0.13	0.52	1.18	2.11	3.32	4.81	5.81
12.10	32.84	139 33	95.00	67.07	5.86	5.73	5.33	4.67	3.73	2.51	1.00	0.13	0.53	1.19	2.13	3.35	4.86	5.86
12.20	32.80	139 12	94.11	67.01	5.90	5.77	5.37	4.70	3.75	2.52	0.99	0.13	0.53	1.20	2.15	3.38	4.91	5.90
12.30	32.77	138 51	93.24	66.96	5.95	5.81	5.41	4.74	3.78	2.54	0.99	0.14	0.54	1.21	2.17	3.41	4.96	5.95
12.40	32.73	138 30	92.38	66.91	5.99	5.85	5.45	4.77	3.80	2.55	0.99	0.14	0.54	1.22	2.19	3.44	5.00	5.99
12.50	32.69	138 9	91.53	66.86	6.04	5.90	5.49	4.80	3.83	2.56	0.99	0.14	0.55	1.24	2.21	3.48	5.05	6.04
12.60	32.65	137 48	90.70	66.80	6.08	5.94	5.53	4.83	3.85	2.57	0.98	0.14	0.55	1.25	2.23	3.51	5.10	6.08
12.70	32.61	137 27	89.88	66.75	6.13	5.99	5.57	4.87	3.88	2.58	0.98	0.14	0.56	1.26	2.25	3.55	5.15	6.13
12.80	32.58	137 6	89.07	66.70	6.17	6.03	5.61	4.90	3.90	2.59	0.97	0.14	0.56	1.27	2.27	3.58	5.20	6.17
12.90	32.54	136 45	88.28	66.64	6.21	6.07	5.65	4.93	3.92	2.60	0.96	0.14	0.56	1.28	2.29	3.61	5.25	6.21

Tangentes 35 mètres.

LONGUEUR de la bissectrice.	DEMI-CORDE.	ANGLE des alignements.	RAYON.	LONGUEUR de l'arc.	FLÈCHE.	ORDONNÉES SUR LA CORDE. La distance à partir de la flèche étant 5m	10m	15m	20m	25m	30m	ORDONNÉES SUR LES TANGENTES La distance à partir des points de tangence étant 5m	10m	15m	20m	25m	30m	égale à la demi-corde
m	m	o.	m	m	m													
13.00	32.50	136.24	87.49	66.59	6.26	6.12	5.60	4.97	3.94	2.61	0.96	0.44	0.37	1.29	2.32	3.65	5.30	6.26
13.10	32.46	136 2	86.72	66.53	6.30	6.16	5.72	5.00	3.96	2.62	0.95	0.44	0.38	1.30	2.34	3.68	5.35	6.30
13.20	32.41	135 41	85.95	66.47	6.35	6.20	5.76	5.03	3.99	2.63	0.94	0.45	0.39	1.32	2.36	3.72	5.41	6.35
13.30	32.37	135 20	85.19	66.42	6.39	6.24	5.80	5.06	4.01	2.64	0.93	0.45	0.59	1.33	2.38	3.75	5.46	6.39
13.40	32.33	134 59	84.45	66.36	6.43	6.28	5.84	5.09	4.03	2.65	0.92	0.45	0.59	1.34	2.40	3.78	5.51	6.43
13.50	32.29	134 37	83.71	66.30	6.48	6.33	5.88	5.12	4.06	2.66	0.92	0.45	0.60	1.36	2.42	3.82	5.56	6.48
13.60	32.25	134 16	83.00	66.24	6.52	6.37	5.92	5.15	4.08	2.67	0.91	0.45	0.60	1.37	2.44	3.85	5.61	6.52
13.70	32.21	133 55	82.28	66.18	6.57	6.42	5.96	5.19	4.10	2.68	0.90	0.45	0.61	1.38	2.47	3.89	5.67	6.57
13.80	32.16	133 33	81.58	66.12	6.61	6.46	6.00	5.22	4.12	2.68	0.89	0.45	0.61	1.39	2.49	3.93	5.72	6.64
13.90	32.12	133 12	80.88	66.06	6.65	6.50	6.03	5.25	4.14	2.69	0.88	0.45	0.62	1.40	2.51	3.96	5.77	6.65
14.00	32.08	132 51	80.19	66.00	6.69	6.54	6.07	5.28	4.16	2.70	0.87	0.45	0.62	1.41	2.53	3.99	5.82	6.69
14.10	32.03	132 29	79.52	65.94	6.74	6.58	6.11	5.31	4.18	2.71	0.86	0.46	0.63	1.43	2.56	4.03	5.88	6.74
14.20	31.99	132 8	78.85	65.88	6.78	6.62	6.14	5.34	4.20	2.71	0.85	0.46	0.64	1.44	2.58	4.07	5.93	6.78
14.30	31.94	131 46	78.19	65.82	6.82	6.66	6.18	5.37	4.22	2.72	0.84	0.16	0.64	1.45	2.60	4.46	5.98	6.82
14.40	31.90	131 25	77.53	65.75	6.87	6.71	6.22	5.40	4.24	2.73	0.83	0.16	0.65	1.47	2.63	4.14	6.04	6.87
14.50	31.85	131 [illegible]	76.89	65.69	6.91	6.75	6.26	5.43	4.26	2.73	0.81	0.16	0.65	1.48	2.65	4.18	6.10	6.91
14.60	31.81	130 41	76.25	65.63	6.95	6.79	6.29	5.46	4.28	2.74	0.80	0.16	0.66	1.49	2.67	4.21	6.15	6.95
14.70	31.77	130 20	75.63	65.56	6.99	6.83	6.33	5.49	4.30	2.74	0.79	0.16	0.66	1.50	2.69	4.25	6.20	6.99
14.80	31.72	129 58	75.00	65.50	7.04	6.87	6.37	5.52	4.32	2.75	0.78	0.17	0.67	1.52	2.72	4.29	6.26	7.04
14.90	31.67	129 36	74.39	65.43	7.08	6.91	6.40	5.55	4.34	2.75	0.76	0.17	0.68	1.53	2.74	4.33	6.32	7.08
15.00	31.62	129 15	73.79	65.36	7.12	6.95	6.44	5.58	4.36	2.76	0.74	0.17	0.68	1.54	2.76	4.36	6.38	7.12
15.10	31.58	128 53	73.19	65.30	7.16	6.99	6.47	5.61	4.38	2.76	0.73	0.17	0.69	1.55	2.78	4.40	6.43	7.16
15.20	31.53	128 31	72.60	65.23	7.20	7.03	6.51	5.64	4.39	2.76	0.71	0.17	0.69	1.56	2.81	4.44	6.49	7.20
15.30	31.48	128 9	72.04	65.16	7.24	7.07	6.54	5.66	4.41	2.77	0.70	0.17	0.70	1.58	2.83	4.47	6.54	7.24
15.40	31.43	127 47	71.43	65.09	7.29	7.11	6.58	5.69	4.43	2.77	0.68	0.18	0.71	1.60	2.86	4.52	6.61	7.29
15.50	31.38	127 26	70.86	65.02	7.33	7.15	6.62	5.72	4.45	2.77	0.66	0.18	0.71	1.61	2.88	4.56	6.67	7.33
15.60	31.33	127 4	70.29	64.95	7.37	7.19	6.65	5.75	4.46	2.77	0.64	0.18	0.72	1.62	2.91	4.60	6.73	7.37
15.70	31.28	126 42	69.73	64.88	7.41	7.23	6.69	5.78	4.48	2.77	0.63	0.18	0.72	1.63	2.93	4.64	6.78	7.41
15.80	31.23	126 20	69.18	64.80	7.45	7.27	6.72	5.80	4.50	2.77	0.61	0.18	0.73	1.65	2.95	4.68	6.84	7.45
15.90	31.18	125 58	68.63	64.73	7.49	7.31	6.76	5.83	4.51	2.78	0.59	0.18	0.73	1.65	2.97	4.71	6.90	7.49

Tangentes 35 mètres.

LONGUEUR de la bissectrice.	DEMI-CORDE.	ANGLE des alignements.	RAYON.	LONGUEUR de l'arc.	FLÈCHE.	ORDONNÉES SUR LA CORDE. La distance à partir de la flèche étant						ORDONNÉES SUR LES TANGENTES. La distance à partir des points de tangence étant						
						5m	10m	15m	20m	25m	30m	5m	10m	15m	20m	25m	30m	égale à la demi-corde
m	m	o .	m	m	m													
46.00	31.43	125.36	68.09	64.66	7.53	7.35	6.79	5.86	4.53	2.78	0.57	0.48	0.74	1 67	3.00	4.75	6.96	7 53
46 10	31 68	125 43	67 56	64 58	7 57	7 39	6 83	5 88	4.54	2 78	0 54	0 48	0 74	1 69	3 03	4.79	7 03	7 57
46 20	31 02	124 51	67 03	64 51	7 61	7 42	6 86	5 91	4 56	2 77	0.52	0.49	0 75	1 70	3 05	4 84	7 09	7 61
46 30	30 97	124 29	66 50	64 43	7 65	7 46	6 90	5 94	4 57	2.77	0 50	0 49	0 75	1 71	3 08	4 88	7 15	7 65
46 40	30 92	124 7	65 98	64 36	7 69	7 50	6 93	5 96	4 58	2 77	0 48	0 49	0 76	1 73	3 10	4 92	7 21	7 69
46 50	30 87	123 46	65 47	64 28	7 73	7 54	6 96	5 99	4 60	2.77	0 45	0 19	0 77	1 74	3 13	4 96	7 28	7 73
46 60	30 81	123 22	64 96	64 21	7 77	7 58	7 00	6 02	4 62	2.77	0 43	0 19	0 77	1 75	3 15	5 00	7 34	7 77
46 70	30 76	123 0	64 46	64 13	7 81	7 62	7 03	6 04	4 63	2 77	0 41	0 19	0 78	1 77	3 18	5 04	7 40	7 81
46 80	30 70	122 38	63 97	64 05	7 85	7 65	7 06	6 07	4 64	2 76	0 38	0 20	0 79	1 78	3 21	5 09	7 47	7 85
46 90	30 65	122 15	63 47	63 97	7 89	7 69	7 10	6 09	4 66	2 76	0 35	0 20	0 79	1 80	3 23	5 13	7 54	7 89
47 00	30 59	121 53	62 99	63 88	7 93	7 73	7 13	6 12	4 67	2 75	0 33	0 20	0 80	1 81	3 26	5 18	7 60	7 93
47 10	30 54	121 30	62 51	63 81	7 97	7 77	7 16	6 14	4 68	2 73	0 30	0 20	0 81	1 83	3 29	5 22	7 67	7 97
47 20	30 48	121 8	62 03	63 73	8 04	7 81	7 20	6 17	4 69	2 75	0 27	0 20	0 81	1 84	3 32	5 26	7 74	8 04
47 30	30 42	120 45	61 55	63 65	8 05	7 85	7 23	6 19	4 71	2 71	0 24	0 20	0 82	1 86	3 34	5 31	7 81	8 05
47 40	30 37	120 23	61 09	63 56	8 08	7 88	7 26	6 21	4 72	2 73	0 21	0 20	0 82	1 87	3 36	5 35	7 87	8 08
47 50	30 31	120 0	60 62	63 48	8 12	7 92	7 29	6 24	4 73	2 73	0 18	0 20	0 83	1 88	3 39	5 39	7 94	8 12
47 60	30 25	119 37	60 16	63 40	8 16	7 95	7 32	6 26	4.74	2 72	0 15	0 21	0 84	1 90	3 42	5 44	8 01	8 16
47 70	30 19	119.14	59 70	63 31	8 20	7 99	7 35	6 28	4 75	2 71	0 12	0 21	0 85	1 92	3 45	5 49	8 08	8 20
47 80	30 13	118 52	59 25	63 23	8 23	8 02	7 38	6 30	4 76	2 70	0 08	0 21	0 85	1 93	3 47	5 53	8 15	8 23
47 90	30 07	118 29	58 81	63 14	8 27	8 06	7 41	6 33	4 77	2 69	0 04	0 21	0 86	1 94	3 50	5 58	8 23	8 27
48 00	30 01	118 6	58 36	63 05	8 31	8 10	7 45	6 35	4 78	2 68	»	0 21	0 86	1 96	3 53	5 63	»	8 31
48 10	29 95	117 43	57 92	62 96	8 35	8 13	7 48	6 37	4 79	2 67	»	0 21	0 87	1 98	3 56	5 68	»	8 35
48 20	29 89	117 20	57 49	62 88	8 38	8 16	7 51	6 39	4 79	2 66	»	0 22	0 87	1 99	3 59	5 72	»	8 38
48 30	29 83	116 57	57 06	62 79	8 42	8 20	7 54	6 41	4 80	2 65	»	0 22	0 88	2 01	3 62	5 77	»	8 42
48 40	29 77	116 34	56 64	62 70	8 46	8 24	7 57	6 43	4 81	2 64	»	0 22	0 89	2 03	3 65	5 82	»	8 46
48 50	29 71	116 11	56 24	62 04	8 49	8 27	7 60	6 45	4 81	2 63	»	0 22	0 89	2 04	3 68	5 86	»	8 49
48.60	29 65	115 48	55 79	62 59	8 53	8 30	7 63	6 48	4 82	2 61	»	0 23	0 90	2 05	3 71	5 92	»	8 53
48 70	29 59	115 24	55 37	62 42	8 57	8 34	7 66	6 50	4 83	2 60	»	0 23	0 91	2 07	3 74	5 97	»	8 57
48 80	29 52	115 1	54 96	62 33	8 60	8 37	7 68	6 51	4 83	2 58	»	0 23	0 92	2 09	3 77	6 02	»	8 60
48 90	29 46	114 38	54 55	62 24	8 64	8 41	7 71	6 53	4 84	2 57	»	0 23	0 93	2 11	3.80	6 07	»	8 64

Tangentes 35 mètres.

LONGUEUR de la bissectrice.	DEMI-CORDE.	ANGLE des alignements.	RAYON.	LONGUEUR de l'arc.	FLÈCHE.	ORDONNÉES SUR LA CORDE. La distance à partir de la flèche étant						ORDONNÉES SUR LES TANGENTES. La distance à partir des points de tangence étant						
						5m	10m	15m	20m	25m	30m	5m	10m	15m	20m	25m	30m	égale à la demi-corde
m	m	° ′	m	m	m													
19.00	29.39	114.43	54.13	62.44	8.67	8.44	7.74	6.55	4.84	2.55	»	0.23	0.93	2.12	3.83	6.12	»	8.67
19.10	29.33	113.51	53.74	62.05	8.71	8.48	7.77	6.57	4.85	2.54	»	0.23	0.94	2.14	3.86	6.17	»	8.71
19.20	29.26	113.28	53.35	61.95	8.74	8.51	7.80	6.59	4.85	2.52	»	0.23	0.94	2.15	3.89	6.22	»	8.74
19.30	29.20	113.4	52.95	61.85	8.78	8.54	7.83	6.61	4.86	2.50	»	0.24	0.95	2.17	3.92	6.28	»	8.78
19.40	29.13	112.41	52.55	61.75	8.81	8.57	7.85	6.63	4.86	2.48	»	0.24	0.96	2.18	3.95	6.33	»	8.81
19.50	29.06	112.17	52.16	61.65	8.85	8.61	7.88	6.65	4.86	2.46	»	0.24	0.97	2.20	3.99	6.39	»	8.85
19.60	29.00	111.53	51.78	61.55	8.88	8.64	7.91	6.66	4.86	2.44	»	0.24	0.97	2.22	4.02	6.44	»	8.88
19.70	28.93	111.29	51.38	61.45	8.91	8.67	7.93	6.67	4.86	2.42	»	0.24	0.98	2.24	4.05	6.49	»	8.91
19.80	28.86	111.6	51.02	61.35	8.95	8.70	7.96	6.69	4.86	2.40	»	0.25	0.99	2.26	4.09	6.55	»	8.95
19.90	28.79	110.42	50.64	61.25	8.98	8.73	7.98	6.71	4.86	2.38	»	0.25	1.00	2.27	4.12	6.60	»	8.98
20.00	28.72	110.18	50.26	61.15	9.01	8.76	8.01	6.72	4.86	2.36	»	0.25	1.00	2.29	4.15	6.65	»	9.01
20.10	28.65	109.54	49.89	61.04	9.05	8.80	8.04	6.74	4.86	2.34	»	0.25	1.01	2.31	4.19	6.71	»	9.05
20.20	28.58	109.30	49.52	60.93	9.08	8.83	8.06	6.75	4.86	2.31	»	0.25	1.02	2.33	4.22	6.77	»	9.08
20.30	28.51	109.6	49.05	60.83	9.11	8.86	8.08	6.77	4.86	2.28	»	0.25	1.03	2.34	4.25	6.83	»	9.11
20.40	28.44	108.42	48.79	60.72	9.14	8.89	8.11	6.78	4.86	2.25	»	0.25	1.03	2.36	4.28	6.89	»	9.14
20.50	28.37	108.18	48.43	60.61	9.18	8.92	8.14	6.80	4.86	2.23	»	0.26	1.04	2.38	4.32	6.95	»	9.18
20.60	28.30	107.53	48.07	60.50	9.21	8.95	8.16	6.81	4.85	2.20	»	0.26	1.05	2.40	4.36	7.01	»	9.21
20.70	28.22	107.29	47.72	60.39	9.24	8.98	8.18	6.82	4.85	2.17	»	0.26	1.06	2.42	4.39	7.07	»	9.24
20.80	28.15	107.4	47.36	60.28	9.27	9.01	8.20	6.83	4.84	2.14	»	0.26	1.07	2.44	4.43	7.13	»	9.27
20.90	28.07	106.40	47.01	60.17	9.30	9.04	8.23	6.85	4.84	2.10	»	0.26	1.07	2.45	4.46	7.20	»	9.30
21.00	28.00	106.16	46.67	60.06	9.33	9.06	8.25	6.86	4.83	2.07	»	0.27	1.08	2.47	4.50	7.26	»	9.33
21.10	27.92	105.51	46.32	59.94	9.36	9.09	8.27	6.87	4.82	2.04	»	0.27	1.09	2.49	4.54	7.32	»	9.36
21.20	27.85	105.26	45.98	59.83	9.39	9.12	8.29	6.88	4.82	2.00	»	0.27	1.10	2.51	4.57	7.38	»	9.39
21.30	27.77	105.1	45.64	59.71	9.42	9.15	8.31	6.89	4.81	1.97	»	0.27	1.11	2.53	4.61	7.45	»	9.42
21.40	27.69	104.37	45.30	59.59	9.45	9.17	8.33	6.90	4.80	1.93	»	0.28	1.11	2.55	4.65	7.52	»	9.45
21.50	27.62	104.12	44.96	59.48	9.48	9.20	8.36	6.91	4.79	1.89	»	0.28	1.12	2.57	4.69	7.59	»	9.48
21.60	27.54	103.47	44.62	59.36	9.51	9.23	8.38	6.91	4.78	1.85	»	0.28	1.13	2.60	4.73	7.66	»	9.51
21.70	27.46	103.22	44.29	59.23	9.54	9.26	8.40	6.92	4.77	1.81	»	0.28	1.14	2.62	4.77	7.73	»	9.54
21.80	27.38	102.57	43.96	59.11	9.57	9.28	8.42	6.93	4.76	1.77	»	0.29	1.15	2.64	4.81	7.80	»	9.57
21.90	27.30	102.32	43.63	58.99	9.60	9.31	8.44	6.94	4.75	1.73	»	0.29	1.16	2.65	4.85	7.87	»	9.60

Tangentes 35 mètres.

LONGUEUR de la bissectrice.	DEMI-CORDE.	ANGLE des alignements.	RAYON.	LONGUEUR de l'arc.	FLÈCHE.	ORDONNÉES SUR LA CORDE La distance à partir de la flèche étant 5m	10m	15m	20m	25m	30m	ORDONNÉES SUR LES TANGENTES La distance à partir des points de tangence étant 5m	10m	15m	20m	25m	30m	égale à la demi-corde
m	m	° ′	m	m	m													
22.00	27.22	102. 7	43.34	58.87	9.62	9.33	8.45	6.94	4.73	1.68	»	0.29	1.47	2.68	4.89	7.94	»	9.62
22.10	27.14	101 41	42.98	58.74	9.65	9.36	8.47	6.95	4.71	1.63	»	0.29	1.18	2.70	4.94	8.02	»	9.65
22.20	27.06	101 16	42.66	58.61	9.68	9.38	8.49	6.95	4.70	1.59	»	0.30	1.19	2.73	4.98	8.09	»	9.68
22.30	26.98	100 50	42.34	58.49	9.71	9.41	8.51	6.96	4.69	1.54	»	0.30	1.20	2.75	5.02	8.17	»	9.71
22.40	26.89	100 25	42.02	58.36	9.73	9.43	8.52	6.96	4.67	1.49	»	0.30	1.21	2.77	5.06	8.24	»	9.73
22.50	26.81	99 59	41.70	58.23	9.76	9.46	8.54	6.97	4.65	1.43	»	0.30	1.22	2.79	5.11	8.33	»	9.76
22.60	26.72	99 34	41.39	58.10	9.78	9.48	8.55	6.97	4.63	1.38	»	0.30	1.23	2.81	5.15	8.40	»	9.78
22.70	26.64	99 8	41.07	57.97	9.81	9.50	8.57	6.97	4.61	1.33	»	0.31	1.24	2.84	5.20	8.48	»	9.81
22.80	26.55	98 42	40.77	57.83	9.84	9.53	8.59	6.98	4.59	1.27	»	0.31	1.25	2.86	5.25	8.57	»	9.84
22.90	26.47	98 16	40.45	57.70	9.86	9.55	8.60	6.98	4.57	1.21	»	0.31	1.26	2.88	5.29	8.65	»	9.86
23.00	26.38	97 50	40.15	57.57	9.88	9.57	8.62	6.98	4.55	1.15	»	0.31	1.26	2.90	5.33	8.73	»	9.88
23.10	26.29	97 24	39.84	57.43	9.90	9.59	8.63	6.98	4.52	1.09	»	0.31	1.27	2.92	5.38	8.81	»	9.90
23.20	26.21	96 58	39.54	57.29	9.93	9.62	8.65	6.98	4.50	1.02	»	0.31	1.28	2.95	5.43	8.91	»	9.93

LONGUEUR de la bissectrice.	DEMI-CORDE.	ANGLE des alignements.	RAYON.	LONGUEUR de l'arc.	FLÈCHE.	Corde 5m	10m	15m	20m	25m	30m	Tangentes 5m	10m	15m	20m	25m	30m	égale à la demi-corde
23.30	26.12	96 31	39.23	57.15	9.96	9.64	8.67	6.98	4.48	0.96	»	0.32	1.29	2.98	5.48	9.00	»	9.96
23.40	26.03	96 5	38.93	57.01	9.98	9.66	8.68	6.97	4.45	0.89	»	0.32	1.30	3.01	5.53	9.09	»	9.98
23.50	25.94	95 39	38.63	56.87	10.00	9.68	8.69	6.97	4.42	0.82	»	0.32	1.31	3.03	5.58	9.18	»	10.00
23.60	25.85	95 12	38.33	56.72	10.02	9.70	8.70	6.97	4.39	0.75	»	0.32	1.32	3.05	5.63	9.27	»	10.02
23.70	25.75	94 45	38.03	56.58	10.05	9.72	8.71	6.97	4.36	0.68	»	0.33	1.34	3.08	5.69	9.37	»	10.05
23.80	25.66	94 18	37.74	56.43	10.07	9.74	8.72	6.96	4.33	0.60	»	0.33	1.35	3.11	5.74	9.47	»	10.07
23.90	25.57	93 52	37.44	56.29	10.09	9.76	8.73	6.95	4.30	0.52	»	0.33	1.36	3.14	5.79	9.57	»	10.09
24.00	25.47	93 25	37.15	56.14	10.11	9.77	8.74	6.95	4.27	0.44	»	0.34	1.37	3.16	5.84	9.67	»	10.11
24.10	25.38	92 58	36.86	55.99	10.13	9.79	8.75	6.94	4.23	0.35	»	0.34	1.38	3.19	5.90	9.78	»	10.13
24.20	25.28	92 31	36.57	55.83	10.15	9.81	8.76	6.93	4.20	0.27	»	0.34	1.39	3.22	5.95	9.88	»	10.15
24.30	25.19	92 3	36.28	55.68	10.17	9.82	8.76	6.92	4.16	0.18	»	0.35	1.41	3.25	6.01	9.99	»	10.17
24.40	25.09	91 36	35.99	55.52	10.19	9.84	8.77	6.91	4.12	0.09	»	0.35	1.42	3.28	6.07	10.10	»	10.19
24.50	24.99	91 9	35.70	55.37	10.21	9.86	8.78	6.90	4.08	»	»	0.35	1.43	3.31	6.13	»	»	10.21
24.60	24.90	90 41	35.42	55.21	10.22	9.87	8.78	6.89	4.04	»	»	0.35	1.44	3.33	6.18	»	»	10.22
24.70	24.80	90 13	35.14	55.05	10.24	9.88	8.79	6.88	4.00	»	»	0.36	1.45	3.36	6.24	»	»	10.24
24.80	24.70	89 45	34.86	54.89	10.26	9.90	8.80	6.87	3.96	»	»	0.36	1.46	3.39	6.29	»	»	10.26

Tangentes 40 mètres.

Longueur de la bissectrice.	Demi-corde.	Angle des alignements.	Rayon.	Longueur de l'arc.	Flèche.	Ordonnées sur la corde. La distance à partir de la flèche étant							Ordonnées sur les tangentes. La distance à partir des points de tangence étant							
						5m	10m	15m	20m	25m	30m	35m	5m	10m	15m	20m	25m	30m	35m	égale à la demi-corde
m.	m.	° ′	m.	m.	m.															
1.00	39.99	177 8	1599.50	79.98	0.50	0.49	0.47	0.43	0.37	0.30	0.22	0.12	0.01	0.03	0.07	0.13	0.20	0.28	0.38	0.50
1.10	39.98	176 51	1453.99	79.98	0.55	0.54	0.52	0.47	0.41	0.33	0.24	0.13	0.01	0.03	0.06	0.14	0.22	0.31	0.42	0.55
1.20	39.98	176 34	1332.73	79.97	0.60	0.59	0.56	0.52	0.45	0.36	0.26	0.14	0.01	0.04	0.08	0.15	0.24	0.34	0.46	0.60
1.30	39.98	176 17	1230.12	79.97	0.65	0.64	0.61	0.56	0.49	0.40	0.28	0.15	0.01	0.04	0.09	0.16	0.25	0.37	0.50	0.65
1.40	39.97	175 59	1142.15	79.96	0.70	0.69	0.66	0.60	0.52	0.43	0.31	0.16	0.01	0.04	0.10	0.18	0.27	0.39	0.54	0.70
1.50	39.97	175 42	1065.91	79.96	0.75	0.74	0.70	0.64	0.56	0.46	0.33	0.18	0.01	0.05	0.11	0.19	0.29	0.42	0.57	0.75
1.60	39.97	175 25	999.20	79.95	0.80	0.79	0.75	0.69	0.60	0.49	0.35	0.19	0.01	0.05	0.11	0.20	0.31	0.45	0.61	0.80
1.70	39.96	175 8	940.32	79.95	0.85	0.84	0.80	0.73	0.64	0.52	0.37	0.20	0.01	0.05	0.12	0.21	0.33	0.48	0.65	0.85
1.80	39.96	174 50	887.99	79.94	0.90	0.89	0.84	0.78	0.67	0.55	0.39	0.21	0.01	0.06	0.12	0.23	0.35	0.51	0.69	0.90
1.90	39.95	174 33	841.15	79.94	0.95	0.93	0.89	0.82	0.71	0.58	0.42	0.22	0.02	0.06	0.13	0.24	0.37	0.53	0.73	0.95
2.00	39.95	174 16	799.00	79.93	1.00	0.98	0.94	0.86	0.75	0.61	0.44	0.23	0.02	0.06	0.14	0.25	0.39	0.56	0.77	1.00
2.10	39.94	173 59	760.85	79.92	1.05	1.03	0.98	0.90	0.79	0.64	0.46	0.24	0.02	0.07	0.15	0.26	0.41	0.59	0.81	1.05
2.20	39.94	173 42	726.17	79.92	1.10	1.08	1.03	0.94	0.82	0.67	0.48	0.26	0.02	0.07	0.16	0.28	0.43	0.62	0.84	1.10
2.30	39.93	172 24	694.50	79.91	1.15	1.13	1.08	0.99	0.86	0.70	0.50	0.27	0.02	0.07	0.16	0.29	0.45	0.65	0.88	1.15
2.40	39.93	173 7	665.47	79.90	1.20	1.18	1.12	1.03	0.90	0.73	0.52	0.28	0.02	0.08	0.17	0.30	0.47	0.68	0.92	1.20
2.50	39.92	172 50	638.75	79.90	1.25	1.23	1.17	1.07	0.94	0.76	0.54	0.29	0.02	0.08	0.18	0.31	0.49	0.71	0.96	1.25
2.60	39.91	172 33	614.08	79.89	1.30	1.28	1.22	1.12	0.97	0.79	0.57	0.30	0.02	0.08	0.18	0.33	0.51	0.73	1.00	1.30
2.70	39.91	172 16	591.24	79.88	1.35	1.33	1.27	1.16	1.01	0.82	0.59	0.31	0.02	0.08	0.19	0.34	0.53	0.76	1.04	1.35
2.80	39.90	171 58	570.03	79.87	1.40	1.38	1.31	1.20	1.05	0.85	0.61	0.32	0.02	0.09	0.20	0.35	0.55	0.79	1.08	1.40
2.90	39.89	171 41	550.27	79.86	1.45	1.43	1.36	1.25	1.09	0.88	0.63	0.33	0.02	0.09	0.20	0.36	0.57	0.82	1.12	1.45
3.00	39.89	171 24	531.83	79.85	1.50	1.48	1.41	1.29	1.12	0.91	0.65	0.35	0.02	0.09	0.21	0.38	0.59	0.85	1.15	1.50
3.10	39.88	171 7	514.58	79.84	1.55	1.52	1.45	1.33	1.16	0.94	0.67	0.36	0.03	0.10	0.22	0.39	0.61	0.88	1.19	1.55
3.20	39.87	170 49	498.40	79.83	1.60	1.57	1.50	1.37	1.20	0.97	0.69	0.37	0.03	0.10	0.23	0.40	0.63	0.91	1.23	1.60
3.30	39.86	170 32	483.19	79.82	1.65	1.62	1.54	1.41	1.23	1.00	0.71	0.38	0.03	0.11	0.24	0.42	0.65	0.94	1.27	1.65
3.40	39.85	170 15	468.88	79.81	1.70	1.67	1.59	1.46	1.27	1.03	0.74	0.39	0.03	0.11	0.24	0.43	0.67	0.96	1.31	1.70
3.50	39.85	169 58	455.39	79.80	1.75	1.72	1.64	1.50	1.31	1.06	0.76	0.40	0.03	0.11	0.25	0.44	0.69	0.99	1.35	1.75
3.60	39.84	169 40	442.64	79.78	1.80	1.77	1.68	1.54	1.34	1.09	0.78	0.41	0.03	0.12	0.26	0.46	0.71	1.02	1.39	1.80
3.70	39.83	169 23	430.57	79.77	1.85	1.82	1.73	1.59	1.38	1.12	0.80	0.42	0.03	0.12	0.26	0.47	0.73	1.05	1.43	1.85
3.80	39.82	169 6	419.15	79.76	1.90	1.87	1.78	1.63	1.42	1.15	0.82	0.43	0.03	0.12	0.27	0.48	0.75	1.08	1.47	1.90
3.90	39.81	168 49	408.30	79.74	1.94	1.91	1.82	1.67	1.45	1.18	0.84	0.44	0.03	0.12	0.27	0.49	0.76	1.10	1.50	1.94

Tangentes 40 mètres.

LONGUEUR de la bissectrice.	DEMI-CORDE.	ANGLE des alignements.	RAYON.	LONGUEUR de l'arc.	FLÈCHE.	ORDONNÉES SUR LA CORDE La distance à partir de la flèche étant 5m	10m	15m	20m	25m	30m	35m	ORDONNÉES SUR LES TANGENTES La distance à partir des points de tangence étant 5m	10m	15m	20m	25m	30m	35m	égale à la demi-corde
m	m	° '	m	m	m															
4.00	39.80	168.34	397.99	79.73	1.99	1.96	1.86	1.74	1.49	1.21	0.86	0.45	0.03	0.13	0.28	0.50	0.78	1.13	1.54	1.99
4 10	39 79	168 14	388 49	79 72	2 04	2 01	1 91	1 75	1 53	1 24	0 88	0 46	0 03	0 13	0 29	0 31	0 80	1 16	1 58	2 04
4 20	39 78	167 57	378 85	79 70	2 09	2 06	1 96	1 80	1 57	1 27	0 90	0 47	0 03	0 13	0 29	0 32	0 82	1 19	1 62	2 09
4 30	39 77	167 39	369 94	79 69	2 14	2 11	2 00	1 84	1 60	1 30	0 92	0 48	0 03	0 14	0 30	0 54	0 84	1 22	1 66	2 14
4 40	39 76	167 22	361 43	79 67	2 19	2 16	2 05	1 88	1 64	1 33	0 95	0 49	0 03	0 14	0 31	0 55	0 86	1 24	1 70	2 19
4 50	39 75	167 5	353 29	79 66	2 24	2 21	2 10	1 92	1 68	1 36	0 97	0 50	0 03	0 14	0 32	0 56	0 88	1 27	1 74	2 24
4 60	39 73	166 48	345 52	79 64	2 29	2 26	2 15	1 97	1 71	1 39	0 99	0 51	0 03	0 14	0 32	0 58	0 90	1 30	1 78	2 29
4 70	39 72	166 30	338 06	79 63	2 34	2 30	2 19	2 01	1 75	1 42	1 01	0 52	0 04	0 15	0 33	0 59	0 92	1 33	1 82	2 34
4 80	39 71	166 13	330 92	79 61	2 39	2 35	2 24	2 05	1 79	1 44	1 03	0 33	0 04	0 15	0 34	0 60	0 95	1 36	1 86	2 39
4 90	39 70	165 56	324 07	79 59	2.44	2 40	2 29	2 09	1 82	1 47	1 05	0 54	0 04	0 15	0 35	0 62	0 97	1 39	1 90	2 44
5 00	39 69	165 38	317 49	79 58	2 49	2 45	2 33	2 13	1 86	1 50	1 07	0 55	0 04	0 16	0 36	0 63	0 99	1 42	1 94	2 49
5 10	39 67	165 21	311 16	79 56	2 54	2 50	2 38	2 18	1 90	1 53	1 09	0 56	0 04	0 16	0 36	0 64	1 01	1 45	1 98	2 54
5 20	39 66	165 4	305 08	79 54	2 59	2 55	2 43	2 22	1 93	1 56	1 11	0 57	0 04	0 16	0 37	0 66	1 03	1 48	2 02	2 59
5 20	39 65	164 46	299 22	79 53	2 64	2 60	2 47	2 27	1 97	1 59	1 13	0 58	0 04	0 17	0 37	0 67	1 05	1 51	2 06	2 64
5 40	39 63	164 29	293 58	79 51	2 69	2 65	2 52	2 31	2 00	1 62	1 15	0 59	0 04	0 17	0 38	0 69	1 07	1 54	2 10	2 69
5 50	39 62	164 12	288 14	79 49	2 74	2 70	2 57	2 35	2 04	1 65	1 17	0 60	0 04	0 17	0 39	0 70	1 09	1 57	2 14	2 74
5 60	39 61	163 54	282 90	79 47	2 78	2 74	2 61	2 39	2 07	1 67	1 19	0 61	0 04	0 17	0 39	0 71	1 11	1 59	2 17	2 78
5 70	39 59	163 37	277 83	79 45	2 83	2 79	2 65	2 43	2 11	1 70	1 21	0 62	0 04	0 18	0 40	0 72	1 13	1 62	2 21	2 83
5 80	39 58	163 20	272 35	79 43	2 88	2 84	2 70	2 47	2 15	1 73	1 23	0 63	0 04	0 18	0 41	0 73	1 15	1 65	2 25	2 88
5 90	39 56	163 2	268 22	79 41	2 93	2 89	2 75	2 51	2 19	1 76	1 25	0 64	0 04	0 18	0 42	0 74	1 17	1 68	2 29	2 93
6 00	39 55	162 45	263 65	79 39	2 98	2 94	2 79	2 56	2 22	1 79	1 27	0 65	0 04	0 19	0 42	0 76	1 19	1 71	2 33	2 98
6 10	39 53	162 27	259 23	79 37	3 03	2 98	2 84	2 60	2 26	1 82	1 29	0 06	0 05	0 19	0 43	0 77	1 21	1 74	2 37	3 03
6 20	39 52	162 10	254 95	79 35	3 08	3 03	2 89	2 64	2 30	1 85	1 31	0 67	0 05	0 19	0 44	0 78	1 23	1 77	2 41	3 08
6 30	39 50	161 53	250 80	79 33	3 13	3 08	2 93	2 68	2 33	1 88	1 33	0 68	0 05	0 20	0 45	0 80	1 25	1 80	2 45	3 13
6 40	39 48	161 35	246 78	79 31	3 18	3 13	2 98	2 72	2 37	1 91	1 35	0 69	0 05	0 20	0 46	0 81	1 27	1 83	2 49	3 18
6 50	39 47	161 18	242 88	79 29	3 23	3 18	3 03	2 76	2 41	1 94	1 37	0 70	0 05	0 20	0 47	0 82	1 29	1 86	2 53	3 23
6 60	39 45	161 0	239 10	79 27	3 27	3 22	3 06	2 80	2 44	1 96	1 38	0 70	0 05	0 21	0 47	0 83	1 31	1 89	2 57	3 27
6 70	39 43	160 43	235 43	79 24	3 32	3 27	3 11	2 84	2 47	1 99	1 40	0 71	0 05	0 21	0 48	0 85	1 33	1 92	2 61	3 32
6 80	39 42	160 25	231 87	79 22	3 37	3 32	3 16	2 88	2 51	2 02	1 42	0 72	0 05	0 21	0 49	0 86	1 35	1 95	2 65	3 37
6 90	39 40	160 8	228 41	79 20	3 42	3 37	3 20	2 93	2 55	2 05	1 44	0 73	0 05	0 22	0 49	0 87	1 37	1 98	2 69	3 42

Tangentes 40 mètres.

LONGUEUR de la bissectrice.	DEMI-CORDE.	ANGLE des alignements.	RAYON.	LONGUEUR de l'arc.	FLÈCHE.	ORDONNÉES SUR LA CORDE. La distance à partir de la flèche étant							ORDONNÉES SUR LES TANGENTES. La distance à partir des points de tangence étant							
						5m	10m	15m	20m	25m	30m	35m	5m	10m	15m	20m	25m	30m	35m	égale à la demi-corde
m	m	° ′	m	m	m															
7.00	39.38	159.54	223.04	79.47	3.47	3.42	3.25	2.97	2.58	2.08	1.46	0.73	0.05	0 22	0.50	0.89	1.30	2 01	2.74	3.47
7 10	39 36	159 33	221 77	79 45	3 52	3 47	3 30	3 01	2 62	2 11	1 48	0 74	0 05	0 22	0 51	0 90	1 41	2 04	2 78	3 52
7 20	39 35	159 16	218 59	79 42	3 57	3 51	3.34	3.06	2.65	2 14	1 50	0 75	0 06	0 23	0 51	0 92	1 43	2 07	2 82	3 57
7 30	39 33	158 58	215 50	79 40	3 62	3 56	3 39	3 10	2 69	2 16	1 52	0 76	0 06	0 23	0 52	0 93	1 46	2 10	2 86	3 62
7 40	39 31	158 41	212 48	79 07	3 67	3 61	3 43	3 14	2 73	2 19	1 54	0 77	0 06	0 24	0 53	0 94	1 48	2 13	2 90	3 67
7 50	39 29	158 23	209 05	79 05	3 72	3 66	3 48	3 18	2 76	2 22	1 56	0 78	0 06	0 24	0 54	0 96	1 50	2 16	2 94	3 72
7 60	39 27	158 6	206 69	79 02	3 76	3 70	3 52	3 22	2 79	2 24	1 57	0 78	0 06	0 24	0 54	0 97	1 52	2 19	2 98	3 76
7 70	39 25	157 48	203 90	79 00	3 81	3 75	3 56	3 26	2 83	2 27	1 59	0 78	0 06	0 25	0 55	0 98	1 54	2 22	3 03	3 81
7 80	39 23	157 31	201 19	78 97	3 86	3 80	3 61	3 30	2 86	2 30	1 61	0 79	0 06	0 25	0 56	1 00	1 56	2 25	3 07	3 86
7 90	39 21	157 13	198 54	78 94	3 91	3 85	3 66	3 35	2 90	2 33	1 63	0 80	0 06	0 25	0 56	1 01	1 58	2 28	3 11	3 91
8 00	39 19	156 56	195 96	78 92	3 96	3 90	3 70	3 39	2 94	2 36	1 65	0 81	0 06	0 26	0 57	1 02	1 60	2 31	3 15	3 96
8 10	39 17	156 38	193 44	78 89	4 01	3 95	3 75	3 43	2 97	2 39	1 67	0 82	0 06	0 26	0.58	1 04	1 62	2 34	3 19	4 01
8 20	39 15	156 20	190 98	78 86	4 05	3 99	3 79	3 47	3 00	2 41	1 68	0 82	0 06	0 26	0 58	1 05	1 64	2 37	3 23	4 05
8 30	39 13	156 3	188 57	78 83	4 10	4 04	3 83	3 51	3 04	2 44	1 70	0 83	0 06	0 27	0 59	1 06	1 66	2 40	3 27	4 10
8 40	39 11	155 45	186 23	78 80	4 15	4 09	3 88	3 55	3 08	2 47	1 72	0 83	0 06	0 27	0 60	1 07	1 68	2 43	3 32	4 15
8 50	39 09	155 28	183 93	78 77	4 20	4 13	3 93	3 59	3 11	2 49	1 74	0 84	0 07	0 27	0 61	1 09	1 71	2 46	3 36	4 20
8 60	39 06	155 10	181 70	78 74	4 25	4 18	3 97	3 63	3 15	2 52	1 76	0 85	0 07	0 28	0 62	1 10	1 73	2 49	3 40	4 25
8 70	39 04	154 33	179 51	78 71	4 30	4 23	4 02	3 67	3 18	2 55	1 78	0 86	0 07	0 28	0 63	1 12	1 75	2 52	3 44	4 30
8 80	39 02	154 35	177 36	78 68	4 34	4 27	4 06	3 71	3 21	2 57	1 79	0 86	0 07	0 28	0 63	1 13	1 77	2 55	3 48	4 34
8 90	39 00	154 17	175 27	78 65	4 39	4 32	4 10	3 75	3 25	2 60	1 81	0 86	0 07	0 29	0 64	1 14	1 79	2 58	3 53	4 39
9 00	38 97	154 0	173 22	78 02	4 44	4 37	4 15	3 79	3 28	2 63	1 82	0 87	0 07	0 29	0 65	1 16	1 81	2 62	3 57	4 44
9 10	38 95	153 42	171 21	78 59	4 49	4 42	4 20	3 83	3 32	2 65	1 84	0 87	0 07	0 29	0 66	1 17	1 84	1 65	3 62	4 49
9 20	38 93	153 24	169 25	78 56	4 54	4 47	4 24	3 87	3 35	2 68	1 86	0 88	0 07	0 30	0 67	1 19	1 86	2 68	3 66	4 54
9 30	38 90	153 7	167 33	78 53	4 58	4 51	4 28	3 91	3 38	2 70	1 87	0 88	0 07	0 30	0 67	1 20	1 88	2 71	3 70	4 58
9 40	38 88	152 49	165 45	78 49	4 63	4 56	4 33	3 95	3 42	2 73	1 89	0 89	0 07	0 30	0 68	1 21	1 90	2 74	3 74	4 63
9 50	38 86	152 31	163 60	78 46	4 68	4 60	4 37	3 99	3 45	2 76	1 91	0 89	0 08	0 31	0 69	1 23	1 92	2 77	3 79	4 68
9 60	38 83	152 14	161 80	78 43	4 73	4 65	4 42	4 03	3 49	2 79	1 92	0 90	0 08	0 31	0 70	1 24	1 94	2 81	3 83	4 73
9 70	38 80	151 56	160 03	78 39	4 77	4 69	4 46	4 07	3 52	2 81	1 93	0 90	0 08	0 31	0 70	1 25	1 96	2 84	3 87	4 77
9 80	38 78	151 38	158 29	78 36	4 82	4 74	4 50	4 11	3 56	2 84	1 95	0 91	0 08	0 32	0 71	1 26	1 98	2 87	3 91	4 82
9 90	38 75	151 20	156 58	78 32	4 87	4 79	4 55	4 15	3 59	2 86	1 97	0 91	0 08	0 32	0 72	1 28	2 01	2 90	3 96	4 87

Tangentes 40 mètres.

Longueur de la bissectrice.	Demi-corde.	Angle des alignements.	Rayon.	Longueur de l'arc.	Flèche.	Ordonnées sur la corde. La distance à partir de la flèche étant 5m	10m	15m	20m	25m	30m	35m	Ordonnées sur les tangentes. La distance à partir des points de tangence étant 5m	10m	15m	20m	25m	30m	35m	égale à la demi-corde
m	m	° '	m	m	m															
10.00	38.73	151 3	154.92	78.29	4.92	4.84	4.60	4.19	3.62	2.89	1.99	0.91	0.08	0.32	0.73	1.30	2.03	2.93	4.01	4.92
10.10	38.70	150 45	153.23	78.25	4.97	4.89	4.64	4.23	3.66	2.92	2.01	0.92	0.08	0.33	0.74	1.31	2.05	2.96	4.05	4.97
10.20	38.68	150 27	151.68	78.22	5.01	4.93	4.68	4.27	3.69	2.94	2.02	0.92	0.08	0.33	0.74	1.32	2.07	2.99	4.09	5.01
10.30	38.65	150 9	150.10	78.18	5.06	4.98	4.73	4.31	3.72	2.97	2.03	0.92	0.08	9.33	0.75	1.34	2.09	3.03	4.14	5.06
10.40	38.62	149 52	148.56	78.14	5.11	5.03	4.77	4.35	3.76	2.99	2.05	0.93	0.08	0.34	6.76	1.35	2.12	3.06	4.18	5.11
10.50	38.60	149 34	147.03	78.11	5.16	5.08	4.82	4.39	3.79	3.02	2.07	0.93	0.08	0.34	0.77	1.37	2.14	3.09	4.23	5.16
10.60	38.57	149 16	145.55	78.07	5.20	5.12	4.86	4.43	3.82	3.04	2.08	0.93	0.08	0.34	0.77	1.38	2.16	3.12	4.27	5.20
10.70	38.54	148 58	144.08	78.03	5.25	5.16	4.90	4.47	3.86	3.07	2.09	0.93	0.09	0.35	0.78	1.39	2.18	3.16	4.32	5.25
10.80	38.51	148 40	142.65	77.99	5.30	5.21	4.95	4.51	3.89	3.09	2.11	0.94	0.09	0.35	0.79	1.41	2.21	3.19	4.36	5.30
10.90	38.49	148 22	141.43	77.96	5.34	5.25	4.99	4.54	3.92	3.11	2.12	0.94	0.09	0.35	0.80	1.42	2.23	3.22	4.40	5.34
11.00	38.46	148 5	139.85	77.92	5.39	5.30	5.03	4.58	3.95	3.14	2.14	0.94	0.09	0.36	0.81	1.44	2.25	3.25	4.45	5.39
11.10	38.43	147 47	138.48	77.88	5.44	5.35	5.08	4.62	3.99	3.17	2.15	0.94	0.09	0.36	0.82	1.45	2.27	3.29	4.50	5.44
11.20	38.40	147 29	137.14	77.84	5.48	5.39	5.12	4.66	4.02	3.19	2.16	0.94	0.09	0.36	0.82	1.46	2.29	3.32	4.54	5.48
11.30	38.37	147 11	135.82	77.80	5.53	5.44	5.16	4.70	4.05	3.21	2.18	0.94	0.09	0.37	0.83	1.48	2.32	3.35	4.59	5.53
11.40	38.34	146 53	134.53	77.76	5.58	5.49	5.21	4.74	4.08	3.24	2.19	0.95	0.09	0.37	0.84	1.50	2.34	3.39	4.63	5.58
11.50	38.31	146 35	133.25	77.72	5.63	5.54	5.25	4.78	4.12	3.26	2.20	0.95	0.09	0.38	0.85	1.51	2.37	3.43	4.68	5.63
11.60	38.28	146 17	132.00	77.68	5.67	5.58	5.29	4.81	4.15	3.28	2.22	0.95	0.09	0.38	0.86	1.52	2.39	3.45	4.72	5.67
11.70	38.25	145 59	130.77	77.63	5.72	5.62	5.34	4.85	4.18	3.31	2.23	0.95	0.10	0.38	0.87	1.54	2.41	3.49	4.77	5.72
11.80	38.22	145 41	129.56	77.59	5.77	5.67	5.38	4.89	4.21	3.33	2.24	0.95	0.10	0.39	0.88	1.56	2.44	3.53	4.82	5.77
11.90	38.19	145 23	128.36	77.55	5.81	5.71	5.42	4.93	4.24	3.35	2.25	0.95	0.10	0.39	0.88	1.57	2.46	3.56	4.86	5.81
12.00	38.16	145 5	127.19	77.51	5.86	5.76	5.46	4.97	4.28	3.38	2.27	0.95	0.10	0.40	0.89	1.58	2.48	3.59	4.91	5.86
12.10	38.13	144 47	126.03	77.46	5.91	5.81	5.51	5.01	4.31	3.40	2.28	0.95	0.10	0.40	0.90	1.60	2.51	3.63	4.96	5.91
12.20	38.09	144 29	124.90	77.42	5.95	5.85	5.55	5.05	4.34	3.42	2.29	0.95	0.10	0.40	0.90	1.61	2.53	3.66	5.00	5.95
12.30	38.06	144 11	123.77	77.38	6.00	5.90	5.59	5.09	4.37	3.45	2.31	0.95	0.10	0.41	0.91	1.63	2.55	3.69	5.05	6.00
12.40	38.03	143 53	122.68	77.33	6.04	5.94	5.63	5.12	4.40	3.47	2.32	0.94	0.10	0.41	0.92	1.64	2.57	3.72	5.10	6.04
12.50	38.00	143 35	121.59	77.29	6.09	5.99	5.68	5.16	4.43	3.49	2.33	0.94	0.10	0.41	0.93	1.66	2.60	3.76	5.15	6.09
12.60	37.96	143 17	120.52	77.24	6.14	6.03	5.72	5.20	4.46	3.51	2.34	0.94	0.11	0.42	0.94	1.68	2.63	3.80	5.20	6.14
12.70	37.93	142 59	119.46	77.20	6.18	6.07	5.76	5.23	4.49	3.53	2.35	0.94	0.11	0.42	0.95	1.69	2.65	3.83	5.24	6.18
12.80	37.90	142 40	118.43	77.15	6.23	6.12	5.80	5.27	4.53	3.56	2.36	0.94	0.11	0.43	0.96	1.70	2.67	3.87	5.29	6.23
12.90	37.86	142 22	117.40	77.10	6.28	6.17	5.85	5.31	4.56	3.58	2.38	0.94	0.11	0.43	0.97	1.72	2.70	3.90	5.34	6.28

Tangentes 40 mètres.

Longueur de la bissectrice.	Demi-corde.	Angle des alignements.	Rayon.	Longueur de l'arc.	Flèche.	Ordonnées sur la corde. La distance à partir de la flèche étant 5"	10"	15"	20"	25"	30"	35"	Ordonnées sur les tangentes. La distance à partir des points de tangence étant 5"	10"	15"	20"	25"	30"	35"	égale à la demi-corde
m	m	° '	m	m	m															
13.00	37.83	142 4	116.39	77.06	6.32	6.21	5.89	5.35	4.59	3.66	2.39	0.93	0.11	0.43	0.97	1.73	2.72	3.93	5.39	6.32
13.10	37.79	141 46	115.40	77.01	6.37	6.26	5.93	5.39	4.62	3.62	2.40	0.93	0.11	0.44	0.98	1.75	2.75	3.97	5.44	6.37
13.20	37.76	141 28	114.42	76.96	6.41	6.30	5.97	5.42	4.65	3.64	2.41	0.92	0.11	0.44	0.99	1.76	2.77	4.00	5.49	6.41
13.30	37.72	141 10	113.45	76.91	6.45	6.34	6.01	5.46	4.68	3.66	2.42	0.92	0.11	0.44	0.99	1.77	2.79	4.03	5.53	6.45
13.40	37.69	140 51	112.50	76.86	6.50	6.39	6.05	5.50	4.71	3.69	2.43	0.92	0.11	0.45	1.00	1.79	2.81	4.07	5.58	6.50
13.50	37.65	140 33	111.56	76.81	6.55	6.44	6.10	5.54	4.74	3.71	2.44	0.92	0.11	0.45	1.01	1.81	2.84	4.11	5.63	6.55
13.60	37.62	140 15	110.64	76.76	6.59	6.48	6.14	5.57	4.77	3.73	2.45	0.91	0.11	0.45	1.02	1.82	2.86	4.14	5.68	6.59
13.70	37.58	139 56	109.72	76.71	6.64	6.53	6.18	5.61	4.80	3.75	2.46	0.91	0.11	0.46	1.03	1.84	2.89	4.18	5.73	6.64
13.80	37.54	139 38	108.82	76.66	6.68	6.57	6.22	5.64	4.83	3.77	2.46	0.90	0.11	0.46	1.04	1.85	2.91	4.22	5.78	6.68
13.90	37.51	139 20	107.93	76.61	6.73	6.61	6.26	5.68	4.86	3.79	2.47	0.90	0.12	0.47	1.05	1.87	2.94	4.26	3.83	6.73
14.00	37.47	139 2	107.06	76.56	6.77	6.65	6.30	5.72	4.89	3.81	2.48	0.89	0.12	0.47	1.05	1.88	2.96	4.29	5.88	6.77
14.10	37.43	138 43	106.19	76.51	6.81	6.69	6.34	5.75	4.91	3.83	2.49	0.89	0.12	0.47	1.06	1.90	2.98	4.32	5.93	6.81
14.20	37.39	138 25	105.34	76.46	6.86	6.74	6.38	5.79	4.94	3.85	2.50	0.88	0.12	0.48	1.07	1.92	3.01	4.36	5.98	6.86

Longueur de la bissectrice.	Demi-corde.	Angle des alignements.	Rayon.	Longueur de l'arc.	Flèche.	Ordonnées sur la corde 5"	10"	15"	20"	25"	30"	35"	Ordonnées sur les tangentes 5"	10"	15"	20"	25"	30"	35"	égale à la demi-corde
14.30	37.35	138 6	104.49	76.40	6.90	6.78	6.42	5.82	4.97	3.87	2.50	0.87	0.12	0.48	1.08	1.93	3.03	4.40	6.93	6.90
14.40	37.32	137 48	103.66	76.35	6.95	6.83	6.47	5.86	5.00	3.89	2.51	0.86	0.12	0.48	1.09	1.95	3.06	4.44	6.09	6.95
14.50	37.28	137 30	102.84	76.30	7.00	6.88	6.51	5.90	5.03	3.91	2.52	0.86	0.12	0.49	1.10	1.97	3.09	4.48	6.14	7.00
14.60	37.24	137 11	102.03	76.24	7.04	6.92	6.55	5.93	5.06	3.93	2.53	0.85	0.12	0.49	1.11	1.98	3.11	4.51	6.19	7.04
14.70	37.20	136 53	101.23	76.19	7.08	6.96	6.59	5.96	5.09	3.95	2.53	0.84	0.12	0.49	1.12	1.99	3.13	4.55	6.24	7.08
14.80	37.16	136 34	100.44	76.13	7.13	7.00	6.63	6.00	5.12	3.97	2.54	0.83	0.13	0.50	1.13	2.04	3.16	4.59	6.30	7.13
14.90	37.12	136 16	99.65	76.08	7.17	7.04	6.67	6.03	5.14	3.98	2.54	0.82	0.13	0.50	1.14	2.03	3.19	4.63	6.35	7.17
15.00	37.08	135 57	98.88	76.02	7.22	7.09	6.71	6.07	5.17	4.00	2.55	0.81	0.13	0.51	1.15	2.05	3.22	4.67	6.41	7.22
15.10	37.04	135 39	98.12	75.96	7.26	7.13	6.75	6.11	5.20	4.02	2.56	0.80	0.13	0.51	1.15	2.06	3.24	4.70	6.46	7.26
15.20	37.00	135 20	97.37	75.91	7.30	7.17	6.79	6.14	5.22	4.04	2.56	0.79	0.13	0.51	1.16	2.08	3.26	4.74	6.54	7.30
15.30	36.96	135 1	96.62	75.85	7.35	7.22	6.83	6.18	5.25	4.06	2.57	0.79	0.13	0.52	1.17	2.10	3.29	4.78	6.56	7.35
15.40	36.92	134 43	95.89	75.79	7.39	7.26	6.87	6.21	5.28	4.07	2.58	0.77	0.13	0.52	1.18	2.11	3.32	4.81	6.62	7.39
15.50	36.87	134 24	95.16	75.73	7.43	7.30	6.91	6.24	5.31	4.09	2.58	0.76	0.13	0.52	1.19	2.12	3.34	4.85	6.67	7.43
15.60	36.83	134 5	94.44	75.67	7.48	7.34	6.95	6.28	5.34	4.11	2.59	0.75	0.14	0.53	1.20	2.14	3.37	4.89	6.73	7.48
15.70	36.79	133 47	93.73	75.61	7.52	7.38	6.99	6.31	5.36	4.12	2.59	0.74	0.14	0.53	1.21	2.16	3.40	4.93	6.78	7.52
15.80	36.75	133 28	93.03	75.55	7.57	7.43	7.03	6.35	5.39	4.14	2.60	0.73	0.14	0.54	1.22	2.18	3.43	4.97	6.84	7.57
15.90	36.70	133 9	92.34	75.49	7.61	7.47	7.07	6.38	5.42	4.16	2.60	0.72	0.14	0.54	1.23	2.19	3.45	5.01	6.89	7.61

Tangentes 40 mètres.

LONGUEUR de la bissectrice.	DEMI-CORDE.	ANGLE des alignements.	RAYON.	LONGUEUR de l'arc.	FLÈCHE.	ORDONNÉES SUR LA CORDE. La distance à partir de la flèche étant							ORDONNÉES SUR LES TANGENTES La distance à partir des points de tangence étant							
						5m	10m	15m	20m	25m	30m	35m	5m	10m	15m	20m	25m	30m	35m	égale à la demi-corde
m	m	o,	m	m	m															
16.00	36.66	132 51	91.63	75.43	7.65	7.51	7.10	6.41	5.44	4.18	2.60	0.70	0.14	0.55	1.24	2.21	3.47	5.05	6.95	7.65
16.10	36.62	132 32	90.97	75.37	7.69	7.55	7.14	6.44	5.46	4.19	2.60	0.69	0.14	0.55	1.25	2.23	3.50	5.09	7.00	7.69
16.20	36.57	132 13	90.30	75.31	7.74	7.60	7.18	6.48	5.49	4.21	2.61	0.68	0.14	0.56	1.26	2.25	3.53	5.13	7.06	7.74
16.30	36.53	131 54	89.64	75.24	7.78	7.64	7.22	6.52	5.52	4.22	2.61	0.66	0.14	0.56	1.26	2.26	3.56	5.17	7.12	7.78
16.40	36.48	131 35	88.98	75.18	7.82	7.68	7.26	6.55	5.54	4.24	2.61	0.65	0.14	0.56	1.27	2.28	3.58	5.21	7.17	7.82
16.50	36.44	131 17	88.33	75.12	7.87	7.72	7.30	6.59	5.57	4.26	2.62	0.64	0.15	0.57	1.28	2.30	3.61	5.25	7.23	7.87
16.60	36.39	130 58	87.69	75.05	7.91	7.76	7.34	6.62	5.60	4.27	2.62	0.62	0.15	0.57	1.29	2.31	3.64	5.29	7.29	7.91
16.70	36.35	130 39	87.06	74.99	7.95	7.80	7.37	6.65	5.62	4.28	2.62	0.60	0.15	0.58	1.30	2.33	3.67	5.33	7.35	7.95
16.80	36.30	130 20	86.43	74.92	7.99	7.84	7.41	6.68	5.64	4.30	2.62	0.59	0.15	0.58	1.31	2.35	3.69	5.37	7.40	7.99
16.90	36.25	130 1	85.81	74.86	8.03	7.88	7.45	6.71	5.66	4.31	2.62	0.57	0.15	0.58	1.32	2.37	3.72	5.41	7.46	8.03
17.00	36.21	129 42	85.19	74.79	8.08	7.93	7.49	6.75	5.69	4.33	2.62	0.56	0.15	0.59	1.33	2.39	3.75	5.46	7.52	8.08
17.10	36.16	129 23	84.58	74.73	8.12	7.97	7.53	6.78	5.72	4.34	2.62	0.54	0.15	0.59	1.34	2.40	3.78	5.50	7.58	8.12
17.20	36.11	129 4	83.98	74.66	8.16	8.01	7.56	6.81	5.74	4.35	2.62	0.52	0.15	0.60	1.35	2.42	3.81	5.54	7.64	8.16
17.30	36.06	128 45	83.38	74.59	8.20	8.05	7.60	6.84	5.77	4.37	2.62	0.50	0.15	0.60	1.36	2.43	3.83	5.58	7.70	8.20
17.40	36.02	128 26	82.80	74.52	8.24	8.09	7.63	6.87	5.79	4.38	2.62	0.48	0.15	0.61	1.37	2.45	3.86	5.62	7.76	8.24
17.50	35.97	128 7	82.21	74.45	8.28	8.13	7.67	6.90	5.81	4.39	2.62	0.46	0.15	0.61	1.38	2.47	3.89	5.66	7.82	8.28
17.60	35.92	127 47	81.64	74.38	8.33	8.17	7.71	6.94	5.84	4.41	2.62	0.44	0.16	0.62	1.39	2.49	3.92	5.71	7.89	8.33
17.70	35.87	127 28	81.06	74.31	8.37	8.21	7.75	6.97	5.86	4.42	2.61	0.42	0.16	0.62	1.40	2.51	3.95	5.76	7.95	8.37
17.80	35.82	127 9	80.50	74.24	8.41	8.25	7.79	7.00	5.89	4.43	2.61	0.40	0.16	0.62	1.41	2.52	3.98	5.80	8.01	8.41
17.90	35.77	126 50	79.93	74.17	8.45	8.29	7.82	7.03	5.91	4.44	2.61	0.38	0.16	0.63	1.42	2.54	4.01	5.84	8.07	8.45
18.00	35.72	126 31	79.38	74.10	8.49	8.33	7.86	7.06	5.93	4.45	2.60	0.36	0.16	0.63	1.43	2.56	4.04	5.89	8.13	8.49
18.10	35.67	126 11	78.83	74.03	8.53	8.37	7.90	7.09	5.95	4.46	2.60	0.34	0.16	0.63	1.44	2.58	4.07	5.93	8.19	8.53
18.20	35.62	125 52	78.28	73.96	8.57	8.41	7.93	7.12	5.97	4.47	2.60	0.31	0.16	0.64	1.45	2.60	4.10	5.97	8.26	8.57
18.30	35.57	125 33	77.74	73.88	8.61	8.45	7.97	7.15	6.00	4.48	2.59	0.29	0.16	0.64	1.46	2.61	4.13	6.02	8.32	8.61
18.40	35.52	125 13	77.21	73.81	8.65	8.49	8.00	7.18	6.02	4.49	2.59	0.26	0.16	0.65	1.47	2.63	4.16	6.06	8.39	8.65
18.50	35.46	124 54	76.68	73.74	8.69	8.53	8.04	7.21	6.04	4.50	2.58	0.24	0.16	0.65	1.48	2.65	4.19	6.11	8.45	8.69
18.60	35.41	124 35	76.15	73.66	8.73	8.57	8.07	7.24	6.06	4.51	2.58	0.21	0.16	0.66	1.49	2.67	4.22	6.15	8.52	8.73
18.70	35.36	124 15	75.63	73.58	8.77	8.60	8.11	7.27	6.08	4.52	2.57	0.19	0.17	0.66	1.50	2.69	4.25	6.20	8.58	8.77
18.80	35.31	123 56	75.12	73.51	8.81	8.64	8.14	7.30	6.10	4.53	2.56	0.16	0.17	0.67	1.51	2.71	4.28	6.25	8.65	8.81
18.90	35.25	123 36	74.61	73.43	8.85	8.68	8.18	7.33	6.12	4.54	2.56	0.13	0.17	0.67	1.52	2.73	4.31	6.29	8.72	8.85

Tangentes 40 mètres.

LONGUEUR de la bissectrice.	DEMI-CORDE.	ANGLE des alignements.	RAYON.	LONGUEUR de l'arc.	FLÈCHE.	Ordonnées sur la corde — La distance à partir de la flèche étant 5m	10m	15m	20m	25m	30m	35m	Ordonnées sur les tangentes — La distance à partir des points de tangence étant 5m	10m	15m	20m	25m	30m	35m	égale à la demi-corde
m	m	° '	m	m	m															
19.00	35.20	123.47	74.10	73.36	8.89	8.72	8.24	7.36	6.44	4.33	2.35	0.44	0.47	0.68	1.33	2.75	4.34	6.34	8.78	8.89
19.10	35.14	122 57	73.60	73.28	8.93	8.76	8.25	7.39	6.46	4.56	2.34	0.08	0.17	0.68	1.34	2.77	4.37	6.39	8.85	8.93
19.20	35.09	122 38	73.10	73.20	8.97	8.80	8.28	7.42	6.18	4.86	2.33	0.05	0.17	0.69	1.35	2.79	4.44	6.44	8.92	8.97
19.30	35.03	122 18	72.61	73.12	9.01	8.84	8.32	7.44	6.20	4.57	2.32	0.02	0.17	0.69	1.37	2.81	4.44	6.49	8.99	9.01
19.40	34.98	121 58	72.12	73.04	9.05	8.88	8.35	7.47	6.22	4.38	3.31	»	0.17	0.70	1.38	2.83	4.47	6.54	»	9.05
19.50	34.92	121 39	71.64	72.96	9.09	8.92	8.39	7.50	6.24	4.58	2.30	»	0.17	0.70	1.59	2.85	4.51	6.59	»	9.09
19.60	34.87	121 19	71.16	72.88	9.13	8.95	8.42	7.53	6.26	4.59	2.49	»	0.18	0.71	1.60	2.87	4.54	6.64	»	9.13
19.70	34.81	120 59	70.69	72.80	9.17	8.99	8.46	7.56	6.28	4.59	2.48	»	0.18	0.72	1.61	2.89	4.58	6.69	»	9.17
19.80	34.75	120 40	70.21	72.71	9.21	9.03	8.49	7.59	6.30	4.60	2.47	»	0.18	0.72	1.62	2.91	4.61	6.74	»	9.21
19.90	34.70	120 20	69.74	72.63	9.24	9.06	8.52	7.61	6.31	4.60	2.45	»	0.18	0.72	1.63	2.93	4.64	6.79	»	9.24
20.00	34.64	120 0	69.28	72.55	9.28	9.10	8.55	7.64	6.33	4.61	2.44	»	0.18	0.73	1.64	2.95	4.67	6.84	»	9.28
20.10	34.58	119 40	68.82	72.46	9.32	9.14	8.59	7.67	6.33	4.62	2.43	»	0.18	0.73	1.65	2.97	4.70	6.89	»	9.32
20.20	34.52	119 20	68.37	72.38	9.36	9.17	8.62	7.69	6.37	4.62	2.42	»	0.19	0.74	1.67	2.99	4.74	6.94	»	9.36
20.30	34.47	119 0	67.91	72.29	9.39	9.20	8.65	7.74	6.38	4.62	2.40	»	0.19	0.74	1.68	3.01	4.77	6.99	»	9.39
20.40	34.41	118 40	67.46	72.21	9.43	9.24	8.68	7.74	6.40	4.63	2.39	»	0.19	0.75	1.69	3.03	4.80	7.01	»	9.43
20.50	34.35	118 20	67.02	72.12	9.47	9.28	8.72	7.77	6.42	4.63	2.38	»	0.19	0.75	1.70	3.05	4.84	7.09	»	9.47
20.60	34.29	118 0	66.58	72.04	9.51	9.32	8.75	7.80	6.44	4.64	2.37	»	0.19	0.76	1.71	3.07	4.87	7.14	»	9.51
20.70	34.23	117 40	66.14	71.95	9.54	9.35	8.78	7.82	6.45	4.64	2.35	»	0.19	0.76	1.72	3.09	4.98	7.19	»	9.54
20.80	34.17	117 20	65.70	71.86	9.58	9.39	8.81	7.85	6.46	4.64	2.33	»	0.19	0.77	1.73	3.12	4.94	7.25	»	9.58
20.90	34.10	117 0	65.27	71.77	9.62	9.43	8.85	7.87	6.48	4.61	2.31	»	0.19	0.77	1.75	3.14	4.98	7.31	»	9.62
21.00	34.04	116 40	64.85	71.68	9.66	9.48	8.88	7.90	6.49	4.64	2.30	»	0.20	0.78	1.76	3.17	5.02	7.36	»	9.66
21.10	33.98	116 20	64.42	71.59	9.69	9.49	8.91	7.92	6.50	4.64	2.28	»	0.20	0.78	1.77	3.19	5.05	7.41	»	9.69
21.20	33.92	115 59	64.00	71.50	9.73	9.53	8.94	7.95	6.52	4.64	2.26	»	0.20	0.79	1.78	3.21	5.09	7.47	»	9.73
21.30	33.86	115 39	63.58	71.41	9.76	9.56	8.97	7.97	6.53	4.64	2.24	»	0.20	0.79	1.79	3.23	5.12	7.52	»	9.76
21.40	33.79	115 19	63.17	71.31	9.80	9.60	9.00	7.99	6.55	4.64	2.22	»	0.20	0.80	1.81	3.25	5.16	7.58	»	9.80
21.50	33.73	114 58	62.75	71.22	9.84	9.64	9.03	8.02	6.57	4.64	2.20	»	0.20	0.81	1.82	3.27	5.20	7.64	»	9.84
21.60	33.67	114 38	62.34	71.13	9.87	9.67	9.06	8.04	6.58	4.64	2.18	»	0.20	0.81	1.83	3.29	5.23	7.69	»	9.87
21.70	33.60	114 17	61.94	71.03	9.91	9.70	9.09	8.07	6.59	4.64	2.16	»	0.21	0.82	1.84	3.32	5.27	7.75	»	9.91
21.80	33.54	113 57	61.54	70.94	9.94	9.73	9.12	8.09	6.60	4.63	2.13	»	0.21	0.82	1.85	3.34	5.31	7.81	»	9.94
21.90	33.47	113 36	61.13	70.84	9.98	9.77	9.15	8.11	6.61	4.63	2.11	»	0.21	0.83	1.87	3.37	5.35	7.87	»	9.98

Tangentes 40 mètres.

LONGUEUR de la bissectrice.	DEMI-CORDE.	ANGLE des alignements.	RAYON.	LONGUEUR de l'arc.	FLÈCHE.	ORDONNÉES SUR LA CORDE. La distance à partir de la flèche étant 5m	10m	15m	20m	25m	30m	35m	ORDONNÉES SUR LES TANGENTES. La distance à partir des points de tangence étant 5m	10m	15m	20m	25m	30m	35m	égale à la demi-corde.
m	m	° '	m	m	m															
22.00	33.41	113.16	60.74	70.75	10.01	9.80	9.18	8.13	6.62	4.63	2.08	»	0.21	0.83	1.88	3.39	5.38	7.93	»	10.01
22.10	33.34	112.55	60.34	70.65	10.05	9.84	9.21	8.15	6.64	4.63	2.06	»	0.21	0.84	1.90	3.41	5.42	7.99	»	10.05
22.20	33.27	112.35	59.95	70.55	10.08	9.87	9.24	8.17	6.65	4.62	2.03	»	0.21	0.84	1.91	3.43	5.46	8.05	»	10.08
22.30	33.21	112.14	59.56	70.45	10.12	9.91	9.27	8.20	6.66	4.62	2.01	»	0.21	0.85	1.92	3.46	5.50	8.11	»	10.12
22.40	33.14	111.53	59.18	70.35	10.15	9.94	9.30	8.22	6.67	4.61	1.98	»	0.21	0.85	1.93	3.48	5.54	8.17	»	10.15
22.50	33.07	111.32	58.79	70.25	10.19	9.97	9.33	8.24	6.68	4.61	1.95	»	0.22	0.86	1.95	3.51	5.58	8.24	»	10.19
22.60	33.00	111.12	58.41	70.15	10.22	10.00	9.36	8.26	6.69	4.60	1.92	»	0.22	0.86	1.96	3.53	5.62	8.30	»	10.22
22.70	32.93	110.51	58.03	70.04	10.25	10.03	9.38	8.28	6.69	4.59	1.89	»	0.22	0.87	1.97	3.56	5.66	8.36	»	10.25
22.80	32.86	110.30	57.66	69.94	10.28	10.06	9.41	8.30	6.70	4.58	1.86	»	0.22	0.87	1.98	3.58	5.70	8.42	»	10.28
22.90	32.80	110. 9	57.28	69.84	10.32	10.10	9.44	8.32	6.71	4.57	1.83	»	0.22	0.88	2.00	3.61	5.75	8.49	»	10.32
23.00	32.73	109.48	56.91	69.73	10.35	10.13	9.46	8.34	6.72	4.56	1.80	»	0.22	0.89	2.01	3.63	5.79	8.55	»	10.35
23.10	32.65	109.27	56.54	69.63	10.38	10.16	9.49	8.36	6.73	4.55	1.76	»	0.22	0.89	2.02	3.65	5.83	8.62	»	10.38
23.20	32.58	109. 6	56.18	69.52	10.42	10.19	9.52	8.38	6.74	4.55	1.73	»	0.23	0.90	2.04	3.68	5.87	8.69	»	10.42
23.30	32.52	108.45	55.81	69.41	10.45	10.22	9.55	8.39	6.74	4.54	1.70	»	0.23	0.90	2.06	3.71	5.91	8.75	»	10.45
23.40	32.44	108.23	55.46	69.30	10.48	10.25	9.57	8.41	6.75	4.53	1.67	»	0.23	0.91	2.07	3.73	5.95	8.81	»	10.48
23.50	32.37	108. 2	55.09	69.19	10.51	10.28	9.60	8.43	6.75	4.51	1.63	»	0.23	0.91	2.08	3.76	6.00	8.88	»	10.51
23.60	32.30	107.41	54.74	69.08	10.54	10.31	9.62	8.45	6.76	4.50	1.59	»	0.23	0.92	2.09	3.78	6.04	8.95	»	10.54
23.70	32.22	107.20	54.38	68.97	10.57	10.34	9.65	8.46	6.76	4.49	1.55	»	0.23	0.92	2.11	3.81	6.08	9.02	»	10.57
23.80	32.15	106.58	54.03	68.86	10.60	10.37	9.67	8.48	6.76	4.47	1.51	»	0.23	0.93	2.12	3.84	6.13	9.09	»	10.60
23.90	32.07	106.37	53.68	68.75	10.63	10.40	9.70	8.49	6.76	4.45	1.47	»	0.23	0.93	2.14	3.87	6.18	9.16	»	10.63
24.00	32.00	106.16	53.33	68.64	10.67	10.43	9.73	8.51	6.77	4.44	1.43	»	0.24	0.94	2.16	3.90	6.23	9.24	»	10.67
24.10	31.92	105.54	52.98	68.52	10.70	10.46	9.75	8.53	6.77	4.43	1.39	»	0.24	0.95	2.17	3.93	6.27	9.31	»	10.70
24.20	31.85	105.32	52.64	68.41	10.73	10.49	9.78	8.54	6.77	4.41	1.34	»	0.24	0.95	2.19	3.96	6.32	9.39	»	10.73
24.30	31.77	105.11	52.30	68.29	10.76	10.52	9.80	8.56	6.78	4.39	1.30	»	0.24	0.96	2.20	3.98	6.37	9.46	»	10.76
24.40	31.70	104.49	51.96	68.17	10.79	10.55	9.82	8.57	6.78	4.38	1.25	»	0.24	0.97	2.22	4.01	6.41	9.54	»	10.79
24.50	31.62	104.27	51.62	68.06	10.81	10.57	9.84	8.58	6.78	4.36	1.20	»	0.24	0.97	2.23	4.03	6.45	9.61	»	10.81
24.60	31.54	104. 6	51.29	67.94	10.84	10.60	9.86	8.60	6.78	4.34	1.15	»	0.24	0.98	2.24	4.06	6.50	9.69	»	10.84
24.70	31.46	103.44	50.95	67.82	10.87	10.63	9.88	8.62	6.78	4.32	1.10	»	0.24	0.99	2.25	4.09	6.55	9.77	»	10.87
24.80	31.38	103.22	50.62	67.70	10.90	10.66	9.91	8.63	6.78	4.30	1.05	»	0.24	0.99	2.27	4.12	6.60	9.85	»	10.90
24.90	31.30	103. 0	50.29	67.58	10.93	10.68	9.93	8.64	6.78	4.28	1.00	»	0.25	1.00	2.29	4.15	6.65	9.93	»	10.93

Tangentes 40 mètres.

LONGUEUR de la bissectrice.	DEMI-CORDE.	ANGLE des alignements.	RAYON.	LONGUEUR de l'arc.	FLÈCHE.	ORDONNÉES SUR LA CORDE. La distance à partir de la flèche étant 5m	10m	15m	20m	25m	30m	35m	ORDONNÉES SUR LES TANGENTES. La distance à partir des points de tangence étant 5m	10m	15m	20m	25m	30m	35m	égale à la demi-corde
m	m	° '	m	m	m															
25.00	31.22	102.38	49.96	67.46	10.96	10.74	9.95	8.66	6.78	4.26	0.95	»	0.25	1.01	2.30	4.18	6 70	10.01	»	10.96
25 10	31 14	102 16	49 63	67 33	10 99	10 74	9 97	8 67	6 78	4 24	0 90	»	0 25	1 02	2 32	4 21	6 75	10 09	»	10 99
25 20	31 06	101 54	49 31	67 21	11 01	10 76	9 99	8 68	6 77	4 21	0 84	»	0 25	1 02	2 33	4 24	6 80	10 17	»	11 01
25 30	30 98	101 32	48 98	67 08	11 04	10 79	10 01	8 69	6 77	4 18	0 78	»	0 25	1 03	2 35	4 27	6 86	10 26	»	11 04
25 40	30 90	101 9	48 66	66 96	11 07	10 81	10 03	8 70	6 77	4 16	0 72	»	0 26	1 04	2 37	4 30	6 91	10 35	»	11 07
25 50	30 82	100 47	48 34	66 83	11 10	10 84	10 05	8 71	6 77	4 13	0 66	»	0 26	1 05	2 39	4 33	6 97	10 44	»	11 10
25 60	30 73	100 25	48 02	66 70	11 12	10 86	10 07	8 72	6 76	4 10	0 59	»	0 26	1 05	2 40	4 36	7 02	10 53	»	11 12
25 70	30 65	100 2	47 70	66 57	11 15	10 89	10 09	8 73	6 76	4 07	0 53	»	0 26	1 06	2 42	4 39	7 08	10 62	»	11 15
25 80	30 57	99 40	47 39	66 44	11 17	10 91	10 11	8 74	6 75	4 04	0 46	»	0 26	1 06	2 43	4 42	7 13	10 71	»	11 17
25 90	30 48	99 18	47 07	66 31	11 20	10 93	10 13	8 75	6 74	4 01	0 40	»	0 27	1 07	2 45	4 46	7 19	10 80	»	11 20
26 00	30 40	98 55	46 75	66 18	11 23	10 96	10 15	8 76	6 73	3 98	0 34	»	0 27	1 08	2 47	4 50	7 25	10 89	»	11 23
26 10	30 31	98 32	46 45	66 04	11 25	10 98	10 16	8 76	6 72	3 95	0 26	»	0 27	1 09	2 49	4 53	7 30	10 99	»	11 25
26 20	30 22	98 9	46 14	65 91	11 27	11 00	10 18	8 77	6 71	3 92	0 19	»	0 27	1 09	2 50	4 56	7 35	11 08	»	11 27
26 30	30 14	97 47	45 83	65 77	11 30	11 03	10 20	8 78	6 71	3 89	0 12	»	0 27	1 10	2 52	4 59	7 41	11 18	»	11 30
26 40	30 05	97 24	45 53	65 63	11 32	11 05	10 21	8 78	6 70	3 85	0 04	»	0 27	1 11	2 54	4 62	7 47	11 28	»	11 32
26 50	29 96	97 1	45 22	65 50	11 35	11 07	10 23	8 79	6 69	3 81	»	»	0 28	1 12	2 56	4 66	7 54	»	»	11 35
26 60	29 87	96 38	44 92	65 36	11 37	11 09	10 25	8 79	6 67	3 77	»	»	0 28	1 12	2 58	4 70	7 60	»	»	11 37
26 70	29 78	96 15	44 62	65 21	11 39	11 11	10 26	8 80	6 66	3 73	»	»	0 28	1 13	2 59	4 73	7 66	»	»	11 39
26 80	29 69	95 52	44 32	65 07	11 42	11 14	10 28	8 81	6 65	3 69	»	»	0 28	1 14	2 61	4 77	7 73	»	»	11 42
26 90	29 60	95 29	44 02	64 93	11 44	11 16	10 29	8 81	6 63	3 65	»	»	0 28	1 15	2 63	4 81	7 79	»	»	11 44
27 00	29 51	95 6	43 72	64 79	11 46	11 17	10 30	8 81	6 62	3 61	»	»	0 29	1 16	2 65	4 84	7 85	»	»	11 46
27 10	29 42	94 42	43 42	64 64	11 48	11 19	10 32	8 81	6 60	3 56	»	»	0 29	1 16	2 67	4 88	7 92	»	»	11 48
27 20	29 33	94 19	43 13	64 49	11 50	11 21	10 33	8 81	6 59	3 52	»	»	0 29	1 17	2 69	4 91	7 98	»	»	11 50
27 30	29 23	93 55	42 84	64 35	11 52	11 23	10 34	8 81	6 57	3 47	»	»	0 29	1 18	2 71	4 95	8 05	»	»	11 52
27 40	29 14	93 32	42 54	64 20	11 55	11 25	10 36	8 82	6 55	3 43	»	»	0 30	1 19	2 73	5 00	8 12	»	»	11 55
27 50	29 05	93 8	42 25	64 05	11 57	11 27	10 37	8 82	6 53	3 38	»	»	0 30	1 20	2 75	5 04	8 19	»	»	11 57
27 60	28 95	92 44	41 96	63 90	11 59	11 29	10 38	8 82	6 51	3 33	»	»	0 30	1 21	2 77	5 08	8 26	»	»	11 59
27 70	28 86	92 20	41 67	63 75	11 61	11 31	10 39	8 81	6 49	3 28	»	»	0 30	1 22	2 80	5 12	8 33	»	»	11 61
27 80	28 76	91 57	41 38	63 59	11 63	11 32	10 40	8 81	6 47	3 22	»	»	0 31	1 23	2 82	5 16	8 41	»	»	11 63
27 90	28 66	91 33	41 09	63 44	11 65	11 34	10 41	8 81	6 45	3 17	»	»	0 31	1 24	2 84	5 20	8 48	»	»	11 65

Tangentes 40 mètres.

LONGUEUR de la bissectrice.	DEMI-CORDE.	ANGLE des alignements.	RAYON.	LONGUEUR de l'arc.	FLÈCHE.	ORDONNÉES SUR LA CORDE La distance à partir de la flèche étant							ORDONNÉES SUR LES TANGENTES La distance à partir des points de tangence étant							
						5m	10m	15m	20m	25m	30m	35m	5m	10m	15m	20m	25m	30m	35m	égale à la demi-corde
m	m	° '	m	m	m															
28.00	28.56	91. 9	40.84	63.28	11.66	11.35	10.42	8.80	6.42	3.11	»	»	0.31	1.24	2.86	3.24	8.53	»	»	11.66
28 10	28 47	90 45	40 52	63 12	11 68	11 37	10 43	8 80	6 40	3 05	»	»	0 31	1 25	2 88	3 28	8 63	»	»	11 68
28 20	28 37	90 20	40 24	62 96	11 70	11 39	10 44	8 80	6 38	2 99	»	»	0 31	1 26	2 90	3 32	8 71	»	»	11 70
28 30	28 27	89 56	39 95	62 80	11 72	11 40	10 45	8 79	6 35	2 93	»	»	0 32	1 27	2,93	3 37	8 79	»	»	11 72

Tangentes 45 mètres.

LONGUEUR de la bissectrice.	DEMI-CORDE.	ANGLE des alignements.	RAYON.	LONGUEUR de l'arc.	FLÈCHE.	ORDONNÉES SUR LA CORDE. La distance à partir de la flèche étant 5m	10m	15m	20m	25m	30m	35m	40m	ORDONNÉES SUR LES TANGENTES La distance à partir des points de tangence étant 5m	10m	15m	20m	25m	30m	35m	40m	égale à la demi-corde
m	m	o ,	m	m	m																	
1.00	44.99	177.27	2024.50	89.98	0.50	0.49	0.47	0.44	0.40	0.35	0.28	0.20	0.10	0.01	0.03	0.06	0.10	0.15	0.22	0.30	0.40	0.50
1.10	44.99	177.12	1840.36	89.98	0.55	0.54	0.52	0.49	0.44	0.38	0.31	0.22	0.12	0.01	0.03	0.06	0.11	0.17	0.24	0.33	0.43	0.55
1.20	44.98	176.57	1686.90	89.98	0.60	0.59	0.57	0.53	0.48	0.41	0.33	0.24	0.13	0.01	0.03	0.07	0.12	0.19	0.27	0.36	0.47	0.60
1.30	44.98	176.41	1557.04	89.97	0.65	0.64	0.62	0.58	0.52	0.45	0.36	0.26	0.14	0.01	0.03	0.07	0.12	0.20	0.29	0.39	0.54	0.65
1.40	44.98	176.26	1445.73	89.97	0.70	0.69	0.66	0.62	0.56	0.48	0.39	0.28	0.15	0.01	0.04	0.08	0.14	0.22	0.31	0.42	0.55	0.70
1.50	44.97	176.11	1349.25	89.97	0.75	0.74	0.71	0.67	0.60	0.52	0.42	0.30	0.16	0.01	0.04	0.08	0.15	0.23	0.33	0.45	0.59	0.75
1.60	44.97	175.55	1264.82	89.96	0.80	0.79	0.76	0.71	0.64	0.55	0.44	0.32	0.17	0.01	0.04	0.09	0.16	0.25	0.36	0.48	0.63	0.80
1.70	44.97	175.40	1190.33	89.96	0.85	0.84	0.81	0.76	0.68	0.59	0.47	0.34	0.18	0.01	0.04	0.09	0.17	0.26	0.38	0.54	0.67	0.85
1.80	44.96	175.25	1124.10	89.95	0.90	0.89	0.86	0.80	0.72	0.62	0.50	0.35	0.19	0.01	0.04	0.10	0.18	0.28	0.40	0.58	0.71	0.90
1.90	44.96	175.10	1064.84	89.95	0.95	0.94	0.90	0.84	0.76	0.66	0.53	0.37	0.20	0.01	0.05	0.11	0.19	0.29	0.42	0.58	0.75	0.95
2.00	44.96	174.54	1011.50	89.94	1.00	0.99	0.95	0.89	0.80	0.69	0.55	0.39	0.21	0.01	0.05	0.11	0.20	0.31	0.45	0.61	0.79	1.00
2.10	44.95	174.39	963.23	89.94	1.05	1.04	1.00	0.93	0.84	0.73	0.58	0.41	0.22	0.01	0.05	0.12	0.21	0.32	0.47	0.64	0.83	1.05
2.20	44.95	174.24	919.35	89.93	1.10	1.09	1.05	0.98	0.88	0.76	0.64	0.43	0.23	0.01	0.05	0.12	0.22	0.34	0.49	0.67	0.87	1.10

LONGUEUR de la bissectrice.	DEMI-CORDE.	ANGLE des alignements.	RAYON.	LONGUEUR de l'arc.	FLÈCHE.	Corde 5m	10m	15m	20m	25m	30m	35m	40m	Tangentes 5m	10m	15m	20m	25m	30m	35m	40m	égale à la demi-corde
2.30	44.94	174.8	879.28	89.92	1.15	1.14	1.09	1.02	0.92	0.79	0.64	0.45	0.24	0.01	0.06	0.13	0.23	0.36	0.51	0.70	0.94	1.15
2.40	44.94	173.53	842.55	89.92	1.20	1.18	1.14	1.07	0.96	0.83	0.66	0.47	0.25	0.02	0.06	0.13	0.24	0.37	0.54	0.73	0.95	1.20
2.50	44.93	173.38	808.75	89.91	1.25	1.23	1.19	1.11	1.00	0.86	0.69	0.49	0.26	0.02	0.06	0.14	0.25	0.39	0.56	0.76	0.99	1.25
2.60	44.92	173.23	777.55	89.90	1.30	1.28	1.24	1.15	1.04	0.90	0.72	0.51	0.27	0.02	0.06	0.15	0.26	0.40	0.58	0.79	1.03	1.30
2.70	44.92	173.7	748.65	89.89	1.35	1.33	1.28	1.20	1.08	0.93	0.75	0.53	0.28	0.02	0.07	0.15	0.27	0.42	0.60	0.82	1.07	1.35
2.80	44.91	172.52	721.81	89.88	1.40	1.38	1.33	1.24	1.12	0.97	0.77	0.55	0.29	0.02	0.07	0.16	0.28	0.43	0.63	0.85	1.11	1.40
2.90	44.91	172.37	696.83	89.88	1.45	1.43	1.38	1.29	1.16	1.00	0.80	0.57	0.30	0.02	0.07	0.16	0.29	0.45	0.65	0.88	1.15	1.45
3.00	44.90	172.21	673.50	89.87	1.50	1.48	1.42	1.33	1.20	1.03	0.83	0.59	0.31	0.02	0.08	0.17	0.30	0.47	0.67	0.91	1.19	1.50
3.10	44.89	172.6	654.67	89.86	1.55	1.53	1.47	1.38	1.24	1.07	0.86	0.61	0.32	0.02	0.08	0.17	0.31	0.48	0.69	0.94	1.23	1.55
3.20	44.89	171.51	631.24	89.85	1.60	1.58	1.52	1.42	1.28	1.10	0.88	0.63	0.33	0.02	0.08	0.18	0.32	0.50	0.72	0.97	1.27	1.60
3.30	44.88	171.35	611.99	89.84	1.65	1.63	1.57	1.46	1.32	1.14	0.91	0.65	0.34	0.02	0.08	0.19	0.33	0.51	0.74	1.00	1.31	1.65
3.40	44.87	171.20	593.89	89.83	1.70	1.68	1.61	1.51	1.36	1.17	0.94	0.66	0.35	0.02	0.09	0.19	0.34	0.53	0.76	1.04	1.35	1.70
3.50	44.86	171.5	576.82	89.82	1.75	1.73	1.66	1.55	1.40	1.21	0.97	0.68	0.36	0.02	0.09	0.20	0.35	0.54	0.78	1.07	1.39	1.75
3.60	44.86	170.49	560.70	89.81	1.80	1.78	1.71	1.60	1.44	1.24	0.99	0.70	0.37	0.02	0.09	0.20	0.36	0.56	0.81	1.10	1.43	1.80
3.70	44.85	170.34	545.45	89.80	1.85	1.82	1.76	1.64	1.48	1.27	1.02	0.72	0.38	0.03	0.09	0.21	0.37	0.58	0.83	1.13	1.47	1.85
3.80	44.84	170.19	530.99	89.79	1.90	1.87	1.80	1.68	1.52	1.31	1.05	0.74	0.30	0.03	0.10	0.22	0.38	0.59	0.85	1.16	1.51	1.90
3.90	44.83	170.3	517.27	89.77	1.95	1.92	1.85	1.73	1.56	1.34	1.08	0.76	0.40	0.03	0.10	0.22	0.39	0.61	0.87	1.19	1.53	1.95

Tangentes 45 mètres.

LONGUEUR de la bissectrice.	DEMI-CORDE.	ANGLE des alignements.	RAYON.	LONGUEUR de l'arc.	FLÈCHE.	ORDONNÉES SUR LA CORDE. La distance à partir de la flèche étant								ORDONNÉES SUR LES TANGENTES. La distance à partir des points de tangence étant								
						5m	10m	15m	20m	25m	30m	35m	40m	5m	10m	15m	20m	25m	30m	35m	40m	égale à la demi-corde
m	m	° '	m	m	m																	
4.00	44.82	169.48	504.24	89.76	2.00	1.97	1.90	1.77	1.60	1.38	1.10	0.78	0.41	0.03	0.10	0.23	0.40	0.62	0.90	1.22	1.59	2.00
4.10	44.81	169.33	491.85	89.75	2.05	2.02	1.95	1.82	1.64	1.41	1.13	0.80	0.42	0.03	0.10	0.23	0.41	0.64	0.92	1.25	1.63	2.05
4.20	44.80	169.17	480.04	89.74	2.10	2.07	1.99	1.86	1.68	1.44	1.16	0.82	0.43	0.03	0.11	0.24	0.42	0.66	0.94	1.28	1.67	2.10
4.30	44.79	169 2	468.77	89.72	2.15	2.12	2.04	1.91	1.72	1.48	1.18	0.84	0.44	0.03	0.11	0.24	0.43	0.67	0.97	1.31	1.71	2.15
4.40	44.78	168.47	458.02	89.71	2.20	2.17	2.09	1.95	1.76	1.51	1.21	0.86	0.45	0.03	0.11	0.25	0.44	0.69	0.99	1.34	1.75	2.20
4.50	44.77	168.31	447.74	89.70	2.25	2.22	2.13	1.99	1.80	1.55	1.24	0.88	0.46	0.03	0.11	0.25	0.45	0.70	1.01	1.37	1.79	2.25
4.60	44.76	168.16	437.91	89.68	2.30	2.27	2.18	2.04	1.84	1.58	1.27	0.89	0.47	0.03	0.12	0.26	0.46	0.72	1.03	1.40	1.83	2.30
4.70	44.75	168 1	428.49	89.67	2.34	2.31	2.22	2.08	1.87	1.61	1.29	0.91	0.47	0.03	0.12	0.26	0.47	0.73	1.05	1.43	1.87	2.34
4.80	44.74	167.45	419.47	89.66	2.39	2.36	2.27	2.12	1.91	1.64	1.32	0.93	0.48	0.03	0.12	0.27	0.48	0.75	1.07	1.46	1.91	2.39
4.90	44.73	167.30	410.80	89.64	2.44	2.41	2.32	2.17	1.95	1.68	1.35	0.95	0.49	0.03	0.12	0.27	0.49	0.76	1.09	1.49	1.95	2.44
5.00	44.72	167.14	402.49	89.63	2.49	2.46	2.36	2.21	1.99	1.71	1.37	0.97	0.50	0.03	0.13	0.28	0.50	0.78	1.12	1.52	1.99	2.49
5.10	44.71	166.59	394.50	89.61	2.54	2.51	2.41	2.26	2.03	1.75	1.40	0.99	0.51	0.03	0.13	0.28	0.51	0.79	1.14	1.55	2.03	2.54
5.20	44.70	166.44	386.84	89.60	2.59	2.56	2.46	2.30	2.07	1.78	1.43	1.00	0.52	0.03	0.13	0.29	0.52	0.81	1.16	1.59	2.07	2.59
5.30	44.69	166.28	379.31	89.58	2.64	2.61	2.51	2.34	2.11	1.82	1.45	1.02	0.53	0.03	0.13	0.30	0.53	0.82	1.19	1.62	2.11	2.64
5.40	44.67	166.13	372.29	89.56	2.69	2.65	2.55	2.39	2.15	1.85	1.48	1.04	0.53	0.04	0.14	0.30	0.54	0.84	1.21	1.65	2.16	2.69
5.50	44.66	165.58	365.42	89.55	2.74	2.70	2.60	2.43	2.19	1.88	1.51	1.06	0.54	0.04	0.14	0.31	0.55	0.85	1.23	1.68	2.20	2.74
5.60	44.65	165.42	358.80	89.53	2.79	2.75	2.65	2.47	2.23	1.92	1.53	1.08	0.55	0.04	0.14	0.32	0.56	0.87	1.26	1.71	2.24	2.79
5.70	44.64	165.27	352.40	89.51	2.84	2.80	2.70	2.52	2.27	1.95	1.56	1.10	0.56	0.04	0.14	0.32	0.57	0.89	1.28	1.74	2.28	2.84
5.80	44.62	165.11	346.23	89.50	2.89	2.85	2.74	2.56	2.31	1.98	1.58	1.11	0.57	0.04	0.15	0.33	0.58	0.91	1.31	1.78	2.32	2.89
5.90	44.61	164.56	340.25	89.48	2.94	2.90	2.79	2.61	2.35	2.02	1.61	1.13	0.58	0.04	0.15	0.33	0.59	0.92	1.33	1.81	2.36	2.94
6.00	44.60	164.41	334.48	89.46	2.99	2.95	2.84	2.65	2.39	2.05	1.64	1.15	0.59	0.04	0.15	0.34	0.60	0.94	1.36	1.84	2.40	2.99
6.10	44.58	164.25	328.90	89.44	3.04	3.00	2.89	2.69	2.43	2.09	1.66	1.17	0.59	0.04	0.15	0.35	0.61	0.95	1.38	1.87	2.45	3.04
6.20	44.57	164.10	323.50	89.42	3.09	3.05	2.93	2.74	2.47	2.12	1.69	1.19	0.60	0.04	0.16	0.35	0.62	0.97	1.40	1.90	2.49	3.09
6.30	44.56	163.54	318.40	89.40	3.14	3.10	2.98	2.78	2.51	2.15	1.72	1.21	0.61	0.04	0.16	0.36	0.63	0.99	1.42	1.93	2.53	3.14
6.40	44.54	163.39	313.49	89.39	3.18	3.14	3.02	2.82	2.54	2.18	1.74	1.22	0.61	0.04	0.16	0.36	0.64	1.00	1.44	1.96	2.57	3.18
6.50	44.53	163.23	308.27	89.37	3.23	3.19	3.07	2.86	2.58	2.22	1.77	1.24	0.62	0.04	0.16	0.37	0.65	1.01	1.46	1.99	2.61	3.23
6.60	44.51	163 8	303.30	89.35	3.28	3.24	3.11	2.91	2.62	2.25	1.80	1.26	0.63	0.04	0.17	0.37	0.66	1.03	1.48	2.02	2.65	3.28
6.70	44.50	162.52	298.87	89.33	3.33	3.29	3.16	2.95	2.66	2.28	1.82	1.28	0.64	0.04	0.17	0.38	0.67	1.05	1.51	2.05	2.69	3.33
6.80	44.48	162.37	294.37	89.30	3.38	3.34	3.21	3.00	2.70	2.32	1.85	1.29	0.65	0.04	0.17	0.38	0.68	1.06	1.53	2.09	2.73	3.38
6.90	44.47	162.22	290.01	89.28	3.43	3.39	3.26	3.04	2.74	2.35	1.87	1.31	0.66	0.04	0.17	0.39	0.69	1.08	1.56	2.12	2.77	3.43

Tangentes 45 mètres.

LONGUEUR de la bissectrice.	DEMI-CORDE.	ANGLE des alignements.	RAYON.	LONGUEUR de l'arc.	FLÈCHE.	ORDONNÉES SUR LA CORDE · La distance à partir de la flèche étant 5m	10m	15m	20m	25m	30m	35m	40m	ORDONNÉES SUR LES TANGENTES La distance à partir des points de tangence étant 5m	10m	15m	20m	25m	30m	35m	40m	égale à la demi-corde
m	m	° ′	m	m	m																	
7.00	44.45	162. 6	285.76	89.26	3.48	3.43	3.30	3.08	2.78	2.38	1.90	1.33	0.67	0.05	0.18	0.40	0.70	1.10	1.58	2.15	2.81	3.48
7 10	44 44	161 54	281 64	89 24	3 53	3 48	3 35	3 13	2 82	2 42	1 93	1 34	0 67	0 05	0 18	0 40	0 71	1 11	1 60	2 19	2 86	3 53
7 20	44 42	161 35	277.62	89 22	3 58	3 53	3 40	3 17	2 86	2 45	1 95	1 36	0 68	0 05	0 18	0 41	0 72	1 13	1 63	2 22	2 90	3 58
7 30	44 40	161 20	273 72	80 20	3 63	3 58	3 45	3 21	2 90	2 48	1 98	1 38	0 69	0 05	0 18	0 42	0 73	1 15	1 65	2 25	2 94	3 63
7 40	44 39	161 4	269 92	89 18	3 68	3 63	3 49	3 26	2 94	2 52	2 00	1 40	0 70	0 05	0 19	0 42	0 74	1 16	1 68	2 28	2 98	3 68
7 50	44 37	160 49	266 22	89 15	3 73	3 68	3 54	3 30	2 98	2 55	2 03	1 42	0 71	0 05	0 19	0 43	0 75	1 18	1 70	2 31	3 02	3 73
7 60	44 35	160 33	262 62	89 13	3 77	3 72	3 58	3 34	3 01	2 58	2 06	1 43	0 71	0 05	0 19	0 43	0 76	1 19	1 72	2 34	3 06	3 77
7 70	44 34	160 18	259 11	89 11	3 82	3 77	3 63	3 38	3 05	2 61	2 08	1 45	0 72	0 05	0 19	0 44	0 77	1 21	1 74	2 37	3 10	3 82
7 80	44 32	160 2	255 68	89 08	3 87	3 82	3 67	3 43	3 09	2 64	2 10	1 46	0 72	0 05	0 20	0 44	0 78	1 23	1 77	2 41	3 15	3 87
7 90	44 30	159 47	252 35	89 06	3 92	3 87	3 72	3 47	3 13	2 68	2 13	1 48	0 73	0 05	0 20	0 45	0 79	1 24	1 79	2 44	3 19	3 92
8 00	44 28	159 31	249 09	89 04	3 97	3 92	3 77	3 52	3 16	2 71	2 15	1 50	0 73	0 05	0 20	0 45	0 81	1 26	1 82	2 47	3 24	3 97
8 10	44 26	159 16	245 94	89 01	4 02	3 97	3 82	3 56	3 20	2 75	2 18	1 51	0 74	0 05	0 20	0 46	0 82	1 27	1 84	2 51	3 28	4 02
8 20	44 25	159 0	242 82	88 99	4 07	4 02	3 86	3 60	3 24	2 78	2 20	1 53	0 75	0 05	0 21	0 47	0 83	1 29	1 87	2 54	3 32	4 07
8 30	44 23	158 45	239 79	88 96	4 11	4 06	3 90	3 64	3 27	2 81	2 22	1 54	0 75	0 05	0 21	0 47	0 84	1 30	1 89	2 57	3 36	4 11
8 40	44 21	158 29	236 83	88 94	4 16	4 11	3 95	3 68	3 31	2 84	2 25	1 56	0 76	0 05	0 21	0 48	0 85	1 32	1 91	2 60	3 40	4 16
8 50	44 19	158 13	233 94	88 91	4 21	4 16	4 00	3 73	3 35	2 87	2 28	1 58	0 77	0 05	0 21	0 48	0 86	1 34	1 93	2 63	3 44	4 21
8 60	44 17	157 58	231 12	88 89	4 26	4 21	4 04	3 77	3 39	2 90	2 30	1 59	0 77	0 05	0 22	0 49	0 87	1 36	1 96	2 67	3 49	4 26
8 70	44 15	157 42	228 37	88 86	4 31	4 25	4 09	3 82	3 43	2 94	2 33	1 61	0 78	0 06	0 22	0 49	0 88	1 37	1 98	2 70	3 53	4 31
8 80	44 13	157 27	225 67	88 83	4 36	4 30	4 14	3 86	3 47	2 97	2 35	1 63	0 78	0 06	0 22	0 50	0 89	1 39	2 01	2 73	3 58	4 36
8 90	44 11	157 11	223 03	88 81	4 41	4 35	4 18	3 91	3 51	3 01	2 38	1 64	0 79	0 06	0 23	0 50	0 90	1 40	2 03	2 77	3 62	4 41
9 00	44 09	156 56	220 45	88 78	4 46	4 40	4 23	3 95	3 55	3 04	2 41	1 66	0 80	0 06	0 23	0 51	0 91	1 42	2 05	2 80	3 66	4 46
9 10	44 07	156 40	217 93	88 75	4 50	4 44	4 27	3 99	3 58	3 07	2 43	1 67	0 80	0 06	0 23	0 51	0 92	1 43	2 07	2 83	3 70	4 50
9 20	44 05	156 24	215 46	88 72	4 55	4 49	4 32	4 03	3 62	3 10	2 45	1 69	0 81	0 06	0 23	0 52	0 93	1 45	2 10	2 86	3 74	4 55
9 30	44 03	156 9	213 04	88 69	4 60	4 54	4 36	4 07	3 66	3 13	2 48	1 70	0 81	0 06	0 24	0 53	0 94	1 47	2 12	2 90	3 79	4 60
9 40	44 01	155 53	210 67	88 67	4 65	4 59	4 41	4 12	3 70	3 16	2 50	1 72	0 82	0 06	0 24	0 53	0 95	1 49	2 15	2 93	3 83	4 65
9 50	43 99	155 38	208 22	88 64	4 70	4 64	4 46	4 16	3 74	3 19	2 53	1 74	0 82	0 06	0 24	0 54	0 96	1 51	2 17	2 96	3 88	4 70
9 60	43 96	155 22	206 08	88 61	4 74	4 68	4 50	4 20	3 77	3 22	2 55	1 75	0 82	0 06	0 24	0 54	0 97	1 52	2 19	2 99	3 92	4 74
9 70	43 94	155 6	203 85	88 58	4 79	4 73	4 54	4 24	3 81	3 25	2 57	1 77	0 83	0 06	0 25	0 55	0 98	1 54	2 22	3 02	3 96	4 79
9 80	43 92	154 51	201 67	88 55	4 84	4 78	4 59	4 28	3 85	3 28	2 60	1 78	0 83	0 06	0 25	0 56	0 99	1 56	2 24	3 06	4 01	4 84
9 90	43 90	154 35	199 53	88 52	4 89	4 83	4 64	4 33	3 88	3 32	2 62	1 80	0 84	0 06	0 25	0 56	1 01	1 57	2 27	3 09	4 05	4 89

Tangentes 45 mètres.

LONGUEUR de la bissectrice.	DEMI-CORDE.	ANGLE des alignements.	RAYON.	LONGUEUR de l'arc.	FLÈCHE.	ORDONNÉES SUR LA CORDE. La distance à partir de la flèche étant								ORDONNÉES SUR LES TANGENTES. La distance à partir des points de tangence étant								
						5m	10m	15m	20m	25m	30m	35m	40m	5m	10m	15m	20m	25m	30m	35m	40m	égale à la demi-corde
m	m	o '	m	m	m																	
10.00	43.87	154 19	197.43	88.49	4.94	4.87	4.68	4.37	3.92	3.33	2.64	1.84	0.84	0.06	0.26	0.37	1.02	1.59	2.30	3.13	4.10	4.94
10.10	43.85	154 4	195.38	88.45	4.98	4.92	4.72	4.41	3.95	3.38	2.66	1.82	0.84	0.06	0.26	0.57	1.03	1.60	2.32	3.16	4.14	4.98
10.20	43.83	153 48	193.36	88.42	5.03	4.97	4.77	4.45	3.99	3.41	2.69	1.84	0.85	0.06	0.26	0.58	1.04	1.62	2.34	3.19	4.18	5.03
10.30	43.81	153 32	191.38	88.39	5.08	5.02	4.82	4.49	4.03	3.44	2.71	1.85	0.85	0.06	0.26	0.59	1.05	1.64	2.37	3.23	4.23	5.08
10.40	43.78	153 16	189.44	88.36	5.13	5.06	4.86	4.54	4.07	3.48	2.74	1.87	0.86	0.07	0.27	0.59	1.06	1.65	2.39	3.26	4.27	5.13
10.50	43.76	153 1	187.53	88.33	5.18	5.11	4.91	4.58	4.11	3.51	2.76	1.88	0.86	0.07	0.27	0.60	1.07	1.67	2.42	3.30	4.32	5.18
10.60	43.73	152 45	185.66	88.30	5.22	5.15	4.95	4.62	4.14	3.54	2.78	1.89	0.86	0.07	0.27	0.60	1.08	1.68	2.44	3.33	4.36	5.22
10.70	43.71	152 29	183.82	88.26	5.27	5.20	5.00	4.66	4.18	3.57	2.81	1.91	0.87	0.07	0.27	0.61	1.09	1.70	2.46	3.36	4.40	5.27
10.80	43.68	152 14	182.04	88.23	5.32	5.25	5.04	4.70	4.22	3.60	2.83	1.92	0.87	0.07	0.28	0.62	1.10	1.72	2.49	3.40	4.45	5.32
10.90	43.66	151 58	180.24	88.20	5.36	5.29	5.08	4.74	4.25	3.63	2.85	1.93	0.87	0.07	0.28	0.62	1.11	1.73	2.51	3.43	4.49	5.36
11.00	43.63	151 42	178.51	88.16	5.41	5.34	5.13	4.78	4.29	3.66	2.88	1.95	0.88	0.07	0.28	0.63	1.12	1.75	2.53	3.46	4.53	5.41
11.10	43.61	151 26	176.79	88.13	5.46	5.39	5.18	4.83	4.33	3.69	2.90	1.96	0.88	0.07	0.28	0.63	1.13	1.77	2.56	3.50	4.58	5.46
11.20	43.58	151 11	175.11	88.09	5.51	5.44	5.22	4.87	4.36	3.72	2.93	1.98	0.88	0.07	0.29	0.64	1.13	1.79	2.58	3.53	4.63	5.51
11.30	43.56	150 55	173.46	88.06	5.56	5.49	5.27	4.91	4.40	3.75	2.95	1.99	0.88	0.07	0.29	0.65	1.16	1.81	2.61	3.57	4.68	5.56
11.40	43.53	150 39	171.84	88.02	5.60	5.53	5.31	4.95	4.43	3.78	2.97	2.00	0.88	0.07	0.29	0.65	1.17	1.82	2.63	3.60	4.72	5.60
11.50	43.51	150 23	170.24	87.99	5.65	5.58	5.36	4.99	1.47	3.81	2.99	2.02	0.89	0.07	0.29	0.66	1.18	1.84	2.66	3.63	4.76	5.65
11.60	43.48	150 7	168.67	87.95	5.70	5.63	5.40	5.03	4.51	3.84	3.01	2.03	0.89	0.07	0.30	0.67	1.19	1.86	2.69	3.67	4.81	5.70
11.70	43.45	149 52	167.12	87.91	5.74	5.67	5.44	5.07	4.54	3.87	3.03	2.04	0.89	0.07	0.30	0.67	1.20	1.87	2.71	3.70	4.85	5.74
11.80	43.42	149 36	165.60	87.88	5.79	5.72	5.49	5.11	4.58	3.90	3.05	2.05	0.89	0.07	0.30	0.68	1.21	1.89	2.74	3.74	4.90	5.79
11.90	43.40	149 20	164.11	87.84	5.84	5.77	5.54	5.15	4.62	3.93	3.08	2.07	0.89	0.07	0.30	0.69	1.22	1.91	2.76	3.77	4.95	5.84
12.00	43.37	149 4	162.64	87.80	5.89	5.81	5.58	5.20	4.65	3.96	3.10	2.08	0.89	0.08	0.31	0.69	1.24	1.93	2.79	3.81	5.00	5.89
12.10	43.34	148 48	161.19	87.77	5.94	5.86	5.63	5.24	4.69	3.99	3.12	2.09	0.89	0.08	0.31	0.70	1.25	1.95	2.82	3.85	5.05	5.94
12.20	43.31	148 32	159.77	87.73	5.98	5.90	5.67	5.28	4.72	4.01	3.14	2.10	0.89	0.08	0.31	0.70	1.26	1.97	2.84	3.88	5.09	5.98
12.30	43.29	148 16	158.36	87.69	6.03	5.95	5.71	5.32	4.76	4.04	3.16	2.11	0.90	0.08	0.32	0.71	1.27	1.99	2.87	3.92	5.13	6.03
12.40	43.26	148 1	156.99	87.65	6.08	6.00	5.76	5.36	4.80	4.07	3.18	2.13	0.90	0.08	0.32	0.72	1.28	2.01	2.90	3.95	5.18	6.08
12.50	43.23	147 45	155.62	87.61	6.12	6.04	5.80	5.40	4.83	4.10	3.20	2.14	0.90	0.08	0.32	0.72	1.29	2.02	2.92	3.98	5.22	6.12
12.60	43.20	147 29	154.28	87.57	6.17	6.09	5.85	5.44	4.87	4.13	3.22	2.15	0.90	0.08	0.32	0.73	1.30	2.04	2.95	4.02	5.27	6.17
12.70	43.17	147 13	152.97	87.53	6.22	6.14	5.89	5.48	4.91	4.16	3.25	2.16	0.90	0.08	0.33	0.74	1.31	2.06	2.97	4.06	5.32	6.22
12.80	43.14	146 57	151.67	87.49	6.26	6.18	5.93	5.52	4.94	4.19	3.27	2.17	0.89	0.08	0.33	0.74	1.32	2.07	2.99	4.09	5.37	6.26
12.90	43.11	146 41	150.38	87.43	6.31	6.23	5.98	5.56	4.98	4.22	3.29	2.18	0.89	0.08	0.33	0.75	1.33	2.09	3.02	4.13	5.42	6.31

Tangentes 45 mètres.

Longueur de la bissectrice.	Demi-corde.	Angle des alignements.	Rayon.	Longueur de l'arc.	Flèche.	Ordonnées sur la corde. La distance à partir de la flèche étant 5m	10m	15m	20m	25m	30m	35m	40m	Ordonnées sur les tangentes. La distance à partir des points de tangence étant 5m	10m	15m	20m	25m	30m	35m	40m	égale à la demi-corde
m	m	d ′	m	m	m																	
13.00	43.08	146.25	149.43	87.41	6.35	6.27	6.02	5.60	5.01	4.24	3.31	2.49	0.89	0.08	0.33	0.75	1.34	2.11	3.04	4.16	5.46	6.35
13 10	43 05	146 9	147 88	87 37	6 40	6 32	6 06	5 64	5 05	4 27	3 33	2 20	0 89	0 08	0 34	0 76	1 35	2 13	3 07	4 20	5 51	6 40
13 20	43 02	145 53	146 66	87 32	6 45	6 37	6 11	5 68	5 08	4 30	3 35	2 21	0 89	0 08	0 34	0 77	1 37	2 15	3 10	4 24	5 56	6 45
13 30	42 99	145 37	145 45	87 28	6 50	6 42	6 16	5 72	5 12	4 33	3 37	2 22	0 89	0 08	0 34	0 78	1 38	2 17	3 13	4 28	5 61	6 50
13 40	42 96	145 21	144 26	87 24	6 54	6 46	6 20	5 76	5 15	4 36	3 39	2 23	0 88	0 08	0 34	0 78	1 39	2 18	3 15	4 31	5 66	6 54
13 50	42 93	145 5	143 09	87 20	6 59	6 50	6 24	5 80	5 19	4 39	3 41	2 24	0 88	0 09	0 35	0 79	1 40	2 20	3 18	4 35	5 71	6 59
13 60	42 90	144 49	141 93	87 15	6 64	6 55	6 29	5 84	5 22	4 42	3 43	2 25	0 88	0 09	0 35	0 80	1 42	2 22	3 21	4 39	5 76	6 64
13 70	42 86	144 33	140 79	87 11	6 68	6 59	6 33	5 88	5 25	4 44	3 45	2 26	0 88	0 09	0 35	0 80	1 43	2 24	3 23	4 42	5 80	6 68
13 80	42 83	144 17	139 67	87 07	6 73	6 64	6 37	5 92	5 29	4 47	3 47	2 27	0 88	0 09	0 36	0 81	1 44	2 26	3 26	4 46	5 85	6 73
13 90	42 80	144 1	138 56	87 02	6 78	6 69	6 42	5 96	5 33	4 50	3 49	2 28	0 88	0 09	0 36	0 82	1 45	2 28	3 29	4 50	5 90	6 78
14 00	42 77	143 45	137 46	86 98	6 82	6 73	6 46	6 00	5 36	4 53	3 51	2 29	0 87	0 09	0 36	0 82	1 46	2 29	3 31	4 53	5 95	6 82
14 10	42 73	143 29	136 38	86 93	6 87	6 78	6 50	6 04	5 39	4 56	3 53	2 30	0 87	0 09	0 37	0 83	1 48	2 31	3 34	4 57	6 00	6 87
14 20	42 70	143 13	135 32	86 89	6 91	6 82	6 54	6 08	5 42	4 58	3 54	2 31	0 86	0 09	0 37	0 83	1 49	2 33	3 37	4 60	6 05	6 91

Longueur de la bissectrice.	Demi-corde.	Angle des alignements.	Rayon.	Longueur de l'arc.	Flèche.	5m	10m	15m	20m	25m	30m	35m	40m	5m	10m	15m	20m	25m	30m	35m	40m	égale à la demi-corde
14 30	42 67	142 56	134 27	86 84	6 96	6 87	6 59	6 12	5 46	4 61	3 56	2 32	0 86	0 09	0 37	0 84	1 50	2 35	3 40	4 64	6 10	6 96
14 40	42 63	142 40	133 23	86 79	7 01	6 92	6 63	6 16	5 50	4 64	3 58	2 33	0 86	0 09	0 38	0 85	1 51	2 37	3 43	4 68	6 15	7 01
14 50	42 60	142 24	132 20	86 75	7 05	6 96	6 67	6 20	5 53	4 66	3 60	2 33	0 85	0 09	0 38	0 85	1 52	2 39	3 45	4 72	6 20	7 05
14 60	42 57	142 8	131 19	86 70	7 10	7 01	6 72	6 24	5 57	4 69	3 62	2 34	0 85	0 09	0 38	0 86	1 53	2 41	3 48	4 76	6 25	7 10
14 70	42 53	141 52	130 19	86 65	7 14	7 05	6 76	6 27	5 60	4 72	3 64	2 35	0 84	0 09	0 38	0 87	1 54	2 42	3 50	4 79	6 30	7 14
[illegible]	[illegible]	141 36	129 21	86 60	7 19	7 09	6 80	6 31	5 63	4 75	3 66	2 36	0 84	0 10	0 39	0 88	1 56	2 44	3 53	4 83	6 35	7 19
[illegible]	[illegible]	141 20	128 24	86 56	7 23	7 13	6 84	6 35	5 66	4 77	3 67	2 36	0 83	0 10	0 39	0 88	1 57	2 46	3 56	4 87	6 40	7 23
[illegible]	[illegible]	141 3	127 28	86 51	7 28	7 18	6 89	6 39	5 70	4 80	3 69	2 37	0 83	0 10	0 39	0 89	1 58	2 48	3 59	4 91	6 45	7 28
[illegible]	42 39	140 47	126 33	86 46	7 33	7 23	6 93	6 43	5 73	4 83	3 71	2 38	0 83	0 10	0 40	0 90	1 60	2 50	3 62	4 95	6 50	7 33
[illegible]	42 35	140 31	125 39	86 41	7 37	7 27	6 97	6 47	5 76	4 85	3 73	2 39	0 82	0 10	0 40	0 90	1 61	2 52	3 64	4 98	6 55	7 37
[illegible]	42 32	140 15	124 47	86 36	7 41	7 31	7 01	6 50	5 79	4 88	3 74	2 39	0 81	0 10	0 40	0 91	1 62	2 53	3 67	5 02	6 60	7 41
15 40	42 28	139 58	123 55	86 31	7 46	7 36	7 05	6 54	5 83	4 91	3 76	2 40	0 81	0 10	0 41	0 92	1 63	2 55	3 70	5 06	6 65	7 46
15 50	42 25	139 42	122 65	86 26	7 50	7 40	7 09	6 58	5 86	4 93	3 78	2 40	0 80	0 10	0 41	0 92	1 64	2 57	3 72	5 10	6 70	7 50
15 60	42 21	139 26	121 75	86 21	7 55	7 45	7 14	6 62	5 90	4 96	3 80	2 41	0 80	0 10	0 41	0 93	1 65	2 59	3 75	5 14	6 75	7 55
15 70	42 17	139 10	120 87	86 15	7 59	7 49	7 18	6 66	5 93	4 98	3 81	2 41	0 79	0 10	0 41	0 93	1 66	2 61	3 78	5 18	6 80	7 59
15 80	42 13	138 53	120 00	86 10	7 64	7 54	7 22	6 70	5 96	5 01	3 83	2 42	0 78	0 10	0 42	0 94	1 68	2 63	3 81	5 22	6 86	7 64
15 90	42 10	138 37	119 14	86 05	7 68	7 58	7 26	6 73	5 99	5 03	3 85	2 42	0 77	0 10	0 42	0 95	1 69	2 65	3 83	5 26	6 91	7 68

Tangentes 45 mètres.

LONGUEUR de la bissectrice.	DEMI-CORDE.	ANGLE des alignements.	RAYON.	LONGUEUR de l'arc.	FLÈCHE.	ORDONNÉES SUR LA CORDE. La distance à partir de la flèche étant 5m	10m	15m	20m	25m	30m	35m	40m	ORDONNÉES SUR LES TANGENTES La distance à partir des points de tangence étant 5m	10m	15m	20m	25m	30m	35m	40m	égale à la demi-corde
m	m	° ′	m	m	m																	
16.00	42.06	138.24	118.29	86.00	7.72	7.62	7.30	6.77	6.02	5.05	3.86	2.42	0.76	0.10	0.42	0.95	1.70	2.67	3.86	5.30	6.96	7.72
16 10	42 02	138 4	117 45	85 94	7 77	7 67	7 35	6 84	6 06	5 08	3 88	2 43	0 75	0 10	0 42	0 96	1 71	2 69	3 89	5 34	7 02	7 77
16 20	41 98	137 48	116 62	85 89	7 82	7 71	7 39	6 85	6 09	5 11	3 90	2 44	0 74	0 11	0 43	0 97	1 73	2 71	3 92	5 38	7 08	7 82
16 30	41 94	137 32	115 79	85 84	7 86	7 75	7 43	6 89	6 12	5 13	3 91	2 44	0 73	0 11	0 43	0 97	1 74	2 73	3 95	5 42	7 13	7 86
16 40	41 90	137 45	114 98	85 78	7 90	7 79	7 47	6 92	6 15	5 15	3 92	2 44	0 72	0 11	0 43	0 98	1 75	2 75	3 98	5 46	7 18	7 00
16 50	41 87	136 59	114 17	85 73	7 95	7 84	7 51	6 96	6 19	5 18	3 94	2 45	0 71	0 11	0 44	0 99	1 76	2 77	4 01	5 50	7 24	7 95
16 60	41 83	136 42	113 38	85 67	8 00	7 89	7 56	7 00	6 22	5 21	3 96	2 46	0 70	0 11	0 44	1 00	1 78	2 79	4 04	5 54	7 30	8 00
16 70	41 79	136 26	112 59	85 62	8 04	7 93	7 60	7 04	6 25	5 23	3 97	2 46	0 69	0 11	0 44	1 00	1 79	2 81	4 07	5 58	7 35	8 01
16 80	41 75	136 9	111 82	85 56	8 09	7 98	7 64	7 08	6 28	5 26	3 99	2 47	0 68	0 11	0 45	1 04	1 81	2 83	4 10	5 02	7 41	8 09
16 90	41 71	135 53	111 04	85 51	8 13	8 02	7 68	7 11	6 31	5 28	4 00	2 47	0 67	0 11	0 45	1 02	1 82	2 85	4 13	5 66	7 46	8 13
17 00	41 66	135 36	110 28	85 45	8 17	8 06	7 72	7 15	6 34	5 30	4 01	2 47	0 66	0 11	0 45	1 02	1 83	2 87	4 16	5 70	7 51	8 17
17 10	41 62	135 20	109 53	85 39	8 22	8 10	7 76	7 19	6 37	5 33	4 03	2 48	0 65	0 11	0 46	1 03	1 85	2 89	4 19	5 74	7 57	8 22
17 20	41 58	135 3	108 79	85 34	8 26	8 15	7 80	7 22	6 40	5 35	4 04	2 48	0 64	0 11	0 46	1 04	1 86	2 91	4 22	5 78	7 62	8 26
17 30	41 54	134 47	108 05	85 28	8 30	8 19	7 84	7 25	6 43	5 37	4 05	2 48	0 63	0 11	0 46	1 04	1 87	2 93	4 25	5 82	7 67	8 30
17 40	41 50	134 30	107 32	85 22	8 35	8 23	7 88	7 30	6 47	5 40	4 07	2 48	0 62	0 12	0 47	1 05	1 88	2 95	4 28	5 87	7 73	8 35
17 50	41 46	134 13	106 60	85 16	8 39	8 27	7 92	7 33	6 50	5 42	4 08	2 48	0 60	0 12	0 47	1 06	1 89	2 97	4 31	5 91	7 79	8 39
17 60	41 41	133 57	105 89	85 10	8 43	8 31	7 96	7 37	6 53	5 44	4 09	2 48	0 59	0 12	0 47	1 06	1 90	2 99	4 34	5 95	7 84	8 43
17 70	41 37	133 40	105 18	85 04	8 48	8 36	8 00	7 41	6 56	5 47	4 11	2 48	0 58	0 12	0 48	1 07	1 92	3 01	4 37	6 00	7 90	8 48
17 80	41 33	133 24	104 48	84 98	8 52	8 40	8 04	7 44	6 59	5 49	4 12	2 48	0 56	0 12	0 48	1 08	1 93	3 03	4 40	6 04	7 96	8 52
17 90	41 29	133 7	103 79	84 92	8 56	8 44	8 08	7 47	6 62	5 51	4 13	2 48	0 55	0 12	0 48	1 09	1 94	3 05	4 43	6 08	8 01	8 56
18 00	41 24	132 51	103 10	84 86	8 61	8 49	8 12	7 51	6 65	5 53	4 15	2 49	0 54	0 12	0 49	1 10	1 96	3 08	4 46	6 12	8 07	8 61
18 10	41 20	132 34	102 43	84 80	8 65	8 53	8 16	7 55	6 68	5 55	4 16	2 49	0 52	0 12	0 49	1 10	1 97	3 10	4 49	6 16	8 13	8 65
18 20	41 15	132 17	101 76	84 74	8 69	8 57	8 20	7 58	6 71	5 57	4 17	2 48	0 50	0 12	0 49	1 11	1 98	3 12	4 52	6 21	8 19	8 69
18 30	41 11	132 0	101 09	84 67	8 74	8 62	8 24	7 62	6 74	5 60	4 18	2 48	0 49	0 12	0 50	1 12	2 00	3 14	4 56	6 26	8 25	8 74
18 40	41 07	131 44	100 43	84 61	8 78	8 66	8 28	7 65	6 77	5 62	4 19	2 48	0 47	0 12	0 50	1 13	2 01	3 16	4 59	6 30	8 31	8 78
18 50	41 02	131 27	99 78	84 55	8 82	8 70	8 32	7 69	6 80	5 64	4 20	2 48	0 45	0 12	0 50	1 13	2 02	3 18	4 62	6 34	8 37	8 82
18 60	40 98	131 10	99 13	84 49	8 86	8 74	8 36	7 72	6 83	5 66	4 21	2 48	0 43	0 12	0 50	1 14	2 03	3 20	4 65	6 38	8 43	8 86
18 70	40 93	130 53	98 49	84 42	8 91	8 78	8 40	7 76	6 86	5 68	4 23	2 48	0 42	0 13	0 51	1 15	2 05	3 23	4 68	6 43	8 49	8 91
18 80	40 88	130 37	97 86	84 36	8 95	8 82	8 44	7 79	6 88	5 70	4 24	2 48	0 40	0 13	0 51	1 16	2 07	3 25	4 71	6 47	8 55	8 95
18 90	40 84	130 20	97 23	84 29	8 99	8 86	8 48	7 83	6 91	5 72	4 25	2 47	0 38	0 13	0 51	1 16	2 08	3 27	4 74	6 32	8 61	8 99

Tangentes 45 mètres.

LONGUEUR de la bissectrice.	DEMI-CORDE.	ANGLE des alignements.	RAYON.	LONGUEUR de l'arc.	FLÈCHE.	ORDONNÉES SUR LA CORDE. La distance à partir de la flèche étant								ORDONNÉES SUR LES TANGENTES La distance à partir des points de tangence étant								
						5m	10m	15m	20m	25m	30m	35m	40m	5m	10m	15m	20m	25m	30m	35m	40m	égale à la demi-corde
m	m	° ′	m	m	m																	
19.00	40.79	130 3	96.61	84.23	9.04	8.91	8.52	7.87	6.94	5.74	4.26	2.47	0.36	0.13	0.52	1.17	2.10	3.30	4.78	6.57	8.68	9.04
19.10	40.74	129 46	95.99	84.16	9.08	8.95	8.56	7.90	6.97	5.76	4.27	2.47	0.34	0.13	0.52	1.18	2.11	3.32	4.81	6.61	8.74	9.08
19.20	40.70	129 29	95.38	84.09	9.12	8.99	8.60	7.93	7.00	5.78	4.28	2.46	0.32	0.13	0.52	1.19	2.12	3.34	4.84	6.66	8.80	9.12
19.30	40.65	129 12	94.78	84.02	9.16	9.03	8.63	7.97	7.02	5.80	4.29	2.46	0.30	0.13	0.53	1.19	2.14	3.36	4.87	6.70	8.86	9.16
19.40	40.60	128 55	94.18	83.96	9.20	9.07	8.67	8.00	7.05	5.82	4.29	2.46	0.28	0.13	0.53	1.20	2.15	3.38	4.91	6.74	8.92	9.20
19.50	40.55	128 39	93.59	83.89	9.24	9.11	8.71	8.03	7.08	5.84	4.30	2.45	0.26	0.13	0.53	1.21	2.16	3.40	4.94	6.79	8.98	9.24
19.60	40.51	128 22	93.00	83.82	9.28	9.15	8.74	8.07	7.11	5.86	4.31	2.45	0.24	0.13	0.54	1.21	2.17	3.42	4.97	6.83	9.04	9.28
19.70	40.46	128 4	92.41	83.75	9.32	9.19	8.78	8.10	7.13	5.88	4.32	2.44	0.22	0.13	0.54	1.22	2.19	3.44	5.00	6.88	9.10	9.32
19.80	40.41	127 47	91.83	83.68	9.36	9.23	8.82	8.13	7.16	5.90	4.33	2.43	0.20	0.13	0.54	1.23	2.20	3.46	5.03	6.93	9.16	9.36
19.90	40.36	127 30	91.26	83.61	9.41	9.27	8.86	8.17	7.19	5.92	4.34	2.43	0.18	0.14	0.55	1.24	2.22	3.49	5.07	6.98	9.23	9.41
20.00	40.31	127 13	90.70	83.54	9.45	9.31	8.90	8.20	7.22	5.94	4.35	2.42	0.15	0.14	0.55	1.25	2.23	3.51	5.10	7.03	9.30	9.45
20.10	40.26	126 56	90.13	83.47	9.49	9.35	8.94	8.24	7.24	5.95	4.35	2.42	0.13	0.14	0.55	1.25	2.25	3.54	5.14	7.07	9.36	9.49
20.20	40.21	126 39	89.57	83.40	9.53	9.39	8.97	8.27	7.27	5.97	4.36	2.41	0.10	0.14	0.56	1.26	2.26	3.56	5.17	7.12	9.43	9.53
20.30	40.16	126 22	89.02	83.33	9.57	9.43	9.01	8.30	7.30	5.99	4.37	2.40	0.08	0.14	0.56	1.27	2.27	3.58	5.20	7.17	9.49	9.57
20.40	40.11	126 5	88.47	83.26	9.61	9.47	9.05	8.33	7.32	6.01	4.37	2.40	0.05	0.14	0.56	1.28	2.29	3.60	5.24	7.21	9.56	9.61
20.50	40.06	125 48	87.93	83.18	9.65	9.51	9.08	8.37	7.35	6.03	4.38	2.39	0.03	0.14	0.57	1.28	2.30	3.62	5.27	7.26	9.62	9.65
20.60	40.01	125 31	87.39	83.11	9.69	9.55	9.12	8.40	7.37	6.04	4.38	2.38	»	0.14	0.57	1.29	2.32	3.65	5.31	7.31	»	9.69
20.70	39.96	125 13	86.86	83.04	9.73	9.59	9.16	8.43	7.40	6.06	4.39	2.37	»	0.14	0.57	1.30	2.33	3.67	5.34	7.36	»	9.73
20.80	39.90	124 56	86.33	82.96	9.77	9.63	9.19	8.46	7.43	6.08	4.39	2.36	»	0.14	0.58	1.31	2.34	3.69	5.38	7.41	»	9.77
20.90	39.85	124 39	85.80	82.89	9.81	9.67	9.23	8.49	7.45	6.09	4.40	2.35	»	0.14	0.58	1.32	2.36	3.72	5.41	7.46	»	9.81
21.00	39.80	124 22	85.28	82.81	9.86	9.71	9.27	8.53	7.48	6.11	4.41	2.34	»	0.15	0.39	1.33	2.38	3.75	5.45	7.52	»	9.86
21.10	39.75	124 4	84.76	82.74	9.90	9.75	9.31	8.56	7.50	6.13	4.41	2.33	»	0.15	0.59	1.34	2.40	3.77	5.40	7.57	»	9.90
21.20	39.69	123 47	84.25	82.66	9.94	9.79	9.35	8.59	7.53	6.14	4.42	2.32	»	0.15	0.59	1.35	2.41	3.80	5.52	7.62	»	9.94
21.30	39.64	123 30	83.74	82.58	9.98	9.83	9.38	8.62	7.56	6.16	4.42	2.31	»	0.15	0.60	1.36	2.42	3.82	5.56	7.67	»	9.98
21.40	39.59	123 12	83.24	82.51	10.01	9.86	9.41	8.65	7.58	6.17	4.42	2.29	»	0.15	0.60	1.36	2.43	3.84	5.59	7.72	»	10.01
21.50	39.53	122 55	82.74	82.43	10.05	9.90	9.45	8.68	7.60	6.19	4.42	2.28	»	0.15	0.60	1.37	2.45	3.86	5.63	7.77	»	10.05
21.60	39.48	122 38	82.24	82.35	10.09	9.94	9.48	8.71	7.63	6.20	4.43	2.27	»	0.15	0.61	1.38	2.46	3.89	5.66	7.82	»	10.09
21.70	39.42	122 20	81.75	82.27	10.13	9.98	9.52	8.75	7.65	6.22	4.43	2.26	»	0.15	0.61	1.39	2.48	3.91	5.70	7.87	»	10.13
21.80	39.37	122 3	81.26	82.19	10.17	10.02	9.55	8.78	7.67	6.23	4.43	2.25	»	0.15	0.62	1.39	2.50	3.94	5.74	7.92	»	10.17
21.90	39.31	121 45	80.77	82.11	10.21	10.06	9.59	8.81	7.70	6.25	4.43	2.23	»	0.15	0.62	1.40	2.51	3.96	5.78	7.98	»	10.21

Tangentes 45 mètres.

LONGUEUR de la bissectrice.	DEMI-CORDE.	ANGLE des alignements.	RAYON.	LONGUEUR de l'arc.	FLÈCHE.	ORDONNÉES SUR LA CORDE La distance à partir de la flèche étant 5m	10m	15m	20m	25m	30m	35m	40m	ORDONNÉES SUR LES TANGENTES La distance à partir des points de tangence étant 5m	10m	15m	20m	25m	30m	35m	40m	égale à la demi-corde
m	m	o '	m	m	m																	
22.00	39.26	121 28	80.29	82.03	10.25	10.09	9.62	8.84	7.72	6.26	4.43	2.22	»	0.16	0.63	1.44	2.53	3.99	5.82	8.03	»	10.25
22.10	39.20	121 10	79.82	81.95	10.29	10.13	9.66	8.87	7.74	6.27	4.44	2.20	»	0.16	0.63	1.42	2.55	4.02	5.85	8.09	»	10.29
22.20	39.14	120 53	79.34	81.87	10.33	10.17	9.70	8.90	7.77	6.29	4.44	2.19	»	0.16	0.63	1.43	2.56	4.04	5.89	8.14	»	10.33
22.30	39.09	120 35	78.87	81.78	10.37	10.21	9.73	8.93	7.79	6.30	4.44	2.17	»	0.16	0.64	1.44	2.58	4.07	5.93	8.20	»	10.37
22.40	39.03	120 18	78.40	81.70	10.40	10.24	9.76	8.95	7.81	6.31	4.44	2.15	»	0.16	0.64	1.45	2.59	4.09	5.96	8.25	»	10.40
22.50	38.97	120 0	77.94	81.62	10.44	10.28	9.79	8.98	7.83	6.32	4.44	2.14	»	0.16	0.65	1.46	2.61	4.12	6.00	8.30	»	10.44
22.60	38.91	119 42	77.48	81.53	10.48	10.32	9.83	9.01	7.85	6.33	4.44	2.12	»	0.16	0.65	1.47	2.63	4.15	6.04	8.36	»	10.48
22.70	38.85	119 25	77.02	81.45	10.52	10.36	9.87	9.04	7.88	6.35	4.44	2.11	»	0.16	0.65	1.48	2.64	4.17	6.08	8.41	»	10.52
22.80	38.80	119 7	76.57	81.36	10.56	10.40	9.90	9.07	7.90	6.36	4.44	2.09	»	0.16	0.66	1.40	2.66	4.20	6.12	8.47	»	10.56
22.90	38.74	118 49	76.12	81.28	10.59	10.43	9.93	9.10	7.92	6.37	4.43	2.07	»	0.16	0.66	1.49	2.67	4.22	6.16	8.52	»	10.59
23.00	38.68	108 31	75.67	81.20	10.63	10.47	9.96	9.13	7.94	6.38	4.43	2.05	»	0.16	0.67	1.50	2.69	4.25	6.20	8.58	»	10.63
23.10	38.62	118 14	75.22	81.11	10.67	10.50	10.00	9.16	7.96	6.39	4.43	2.03	»	0.17	0.67	1.51	2.71	4.28	6.24	8.64	»	10.67
23.20	38.56	117 56	74.79	81.02	10.71	10.54	10.04	9.19	7.98	6.40	4.43	2.01	»	0.17	0.67	1.52	2.73	4.31	6.28	8.70	»	10.71
23.30	38.50	117 38	74.35	80.93	10.75	10.58	10.07	9.22	8.00	6.41	4.43	1.99	»	0.17	0.68	1.53	2.75	4.34	6.32	8.76	»	10.75
23.40	38.44	117 20	73.92	80.84	10.78	10.61	10.10	9.24	8.02	6.42	4.42	1.97	»	0.17	0.68	1.54	2.76	4.36	6.36	8.81	»	10.78
23.50	38.38	117 2	73.48	80.76	10.82	10.65	10.13	9.27	8.04	6.43	4.42	1.95	»	0.17	0.69	1.55	2.78	4.39	6.40	8.87	»	10.82
23.60	38.31	116 44	73.06	80.66	10.85	10.68	10.16	9.30	8.06	6.44	4.41	1.92	»	0.17	0.69	1.55	2.79	4.41	6.44	8.93	»	10.85
23.70	38.26	116 26	72.63	80.57	10.89	10.72	10.20	9.33	8.08	6.45	4.40	1.90	»	0.17	0.69	1.56	2.81	4.44	6.49	8.09	»	10.89
23.80	38.19	116 8	72.21	80.48	10.93	10.76	10.23	9.36	8.10	6.46	4.40	1.88	»	0.17	0.70	1.57	2.83	4.47	6.53	9.05	»	10.93
23.90	38.13	115 50	71.79	80.39	10.96	10.79	10.26	9.38	8.12	6.47	4.39	1.85	»	0.17	0.70	1.58	2.84	4.49	6.57	9.11	»	10.96
24.00	38.07	115 32	71.37	80.30	11.00	10.83	10.29	9.41	8.14	6.48	4.39	1.83	»	0.17	0.71	1.50	2.86	4.52	6.61	9.17	»	11.00
24.10	38.00	115 14	70.96	80.21	11.03	10.86	10.32	9.43	8.16	6.48	4.38	1.80	»	0.17	0.71	1.60	2.87	4.55	6.65	9.23	»	11.03
24.20	37.94	114 56	70.54	80.11	11.07	10.89	10.36	9.46	8.18	6.49	4.37	1.77	»	0.18	0.71	1.61	2.89	4.58	6.70	9.30	»	11.07
24.30	37.87	114 38	70.14	80.02	11.11	10.93	10.39	9.49	8.20	6.50	4.37	1.75	»	0.18	0.72	1.62	2.91	4.61	6.74	9.36	»	11.11
24.40	37.81	114 20	69.73	79.92	11.14	10.96	10.42	9.51	8.21	6.50	4.36	1.72	»	0.18	0.72	1.63	2.93	4.64	6.78	9.42	»	11.14
24.50	37.75	114 2	69.33	79.83	11.18	11.00	10.45	9.54	8.23	6.51	4.35	1.69	»	0.18	0.73	1.64	2.95	4.67	6.83	9.49	»	11.18
24.60	37.68	113 43	68.92	79.73	11.21	11.03	10.48	9.56	8.24	6.51	4.34	1.66	»	0.18	0.73	1.65	2.97	4.70	6.87	9.55	»	11.21
24.70	37.61	113 25	68.53	79.64	11.25	11.07	10.51	9.59	8.26	6.52	4.33	1.63	»	0.18	0.74	1.66	2.99	4.73	6.92	9.62	»	11.25
24.80	37.55	113 7	68.13	79.54	11.28	11.10	10.54	9.61	8.28	6.53	4.32	1.60	»	0.18	0.74	1.67	3.00	4.75	6.96	9.68	»	11.28
24.90	37.48	112 48	67.74	79.44	11.31	11.13	10.57	9.63	8.29	6.53	4.31	1.57	»	0.18	0.74	1.68	3.02	4.78	7.00	9.74	»	11.31

Tangentes 45 mètres.

Longueur de la bissectrice.	Demi-corde.	Angle des alignements.	Rayon.	Longueur de l'arc.	Flèche.	Ordonnées sur la corde. La distance à partir de la flèche étant 5m	10m	15m	20m	25m	30m	35m	40m	Ordonnées sur les tangentes. La distance à partir des points de tangence étant 5m	10m	15m	20m	25m	30m	35m	40m	égale à la demi-corde
m	m	° '	m	m	m																	
25.00	37.42	112 30	67.35	79.34	11.35	11.16	10.65	9.66	8.31	6.54	4.30	1.54	»	0.19	0.75	1.69	3.04	4.81	7.05	9.81	»	11.35
25.10	37.35	112 12	66.96	79.24	11.38	11.19	10.63	9.68	8.33	6.54	4.29	1.51	»	0.19	0.75	1.70	3.05	4.84	7.09	9.87	»	11.38
25.20	37.28	111 53	66.57	79.14	11.42	11.23	10.66	9.71	8.35	6.55	4.28	1.47	»	0.19	0.76	1.71	3.07	4.87	7.14	9.93	»	11.42
25.30	37.21	111 35	66.19	79.04	11.45	11.26	10.69	9.73	8.36	6.55	4.26	1.44	»	0.19	0.76	1.72	3.09	4.90	7.19	10.04	»	11.45
25.40	37.15	111 16	65.81	78.94	11.48	11.29	10.72	9.75	8.37	6.55	4.25	1.40	»	0.19	0.76	1.73	3.11	4.93	7.23	10.08	»	11.48
25.50	37.08	110 58	65.43	78.84	11.52	11.33	10.75	9.78	8.39	6.56	4.24	1.37	»	0.19	0.77	1.74	3.13	4.96	7.28	10.15	»	11.52
25.60	37.01	110 39	65.05	78.73	11.55	11.36	10.78	9.80	8.40	6.56	4.22	1.33	»	0.19	0.77	1.75	3.15	4.99	7.33	10.22	»	11.55
25.70	36.94	110 21	64.68	78.63	11.59	11.39	10.81	9.82	8.42	6.56	4.21	1.30	»	0.20	0.78	1.77	3.17	5.03	7.38	10.29	»	11.59
25.80	36.87	110 2	64.31	78.53	11.62	11.42	10.84	9.84	8.43	6.56	4.19	1.26	»	0.20	0.78	1.78	3.19	5.06	7.43	10.36	»	11.62
25.90	36.80	109 43	63.94	78.42	11.65	11.45	10.86	9.86	8.44	6.56	4.18	1.22	»	0.20	0.79	1.79	3.21	5.09	7.47	10.43	»	11.65
26.00	36.73	109 25	63.57	78.32	11.68	11.48	10.89	9.88	8.45	6.56	4.16	1.18	»	0.20	0.79	1.80	3.22	5.12	7.52	10.50	»	11.68
26.10	36.66	109 6	63.20	78.21	11.72	11.52	10.92	9.91	8.47	6.56	4.15	1.14	»	0.20	0.80	1.81	3.25	5.16	7.57	10.58	»	11.72
26.20	36.59	108 47	62.84	78.10	11.75	11.55	10.95	9.93	8.48	6.56	4.13	1.10	»	0.20	0.80	1.82	3.27	5.19	7.62	10.65	»	11.75
26.30	36.51	108 28	62.47	77.99	11.78	11.58	10.98	9.95	8.49	6.56	4.11	1.06	»	0.20	0.80	1.83	3.29	5.22	7.67	10.72	»	11.78
26.40	36.44	108 9	62.11	77.89	11.81	11.61	11.00	9.97	8.50	6.56	4.09	1.01	»	0.20	0.81	1.84	3.31	5.25	7.72	10.80	»	11.81
26.50	36.37	107 51	61.76	77.78	11.84	11.64	11.03	9.99	8.51	6.56	4.07	0.97	»	0.20	0.81	1.85	3.33	5.28	7.77	10.87	»	11.84
26.60	36.30	107 32	61.40	77.67	11.88	11.67	11.06	10.02	8.53	6.56	4.05	0.93	»	0.21	0.82	1.86	3.35	5.32	7.83	10.95	»	11.88
26.70	36.22	107 13	61.04	77.55	11.91	11.70	11.09	10.04	8.54	6.55	4.03	0.88	»	0.21	0.82	1.87	3.37	5.36	7.88	11.03	»	11.91
26.80	36.15	106 54	60.69	77.44	11.94	11.73	11.11	10.06	8.55	6.55	4.01	0.83	»	0.21	0.83	1.88	3.39	5.39	7.93	11.11	»	11.94
26.90	36.07	106 35	60.33	77.33	11.97	11.76	11.14	10.08	8.56	6.55	3.98	0.78	»	0.21	0.83	1.89	3.41	5.42	7.99	11.19	»	11.97
27.00	36.00	106 16	60.00	77.22	12.00	11.79	11.16	10.09	8.57	6.54	3.96	0.73	»	0.21	0.84	1.91	3.43	5.46	8.04	11.27	»	12.00
27.10	35.92	105 56	59.65	77.10	12.03	11.82	11.19	10.11	8.58	6.54	3.94	0.68	»	0.21	0.84	1.92	3.45	5.49	8.09	11.35	»	12.03
27.20	35.85	105 37	59.30	76.99	12.06	11.85	11.21	10.13	8.59	6.53	3.91	0.63	»	0.21	0.85	1.93	3.47	5.53	8.15	11.43	»	12.06
27.30	35.77	105 18	58.96	76.87	12.09	11.88	11.24	10.15	8.60	6.53	3.89	0.58	»	0.21	0.85	1.94	3.49	5.56	8.20	11.51	»	12.09
27.40	35.70	104 59	58.62	76.76	12.12	11.91	11.26	10.17	8.60	6.52	3.86	0.53	»	0.21	0.86	1.95	3.52	5.60	8.26	11.59	»	12.12
27.50	35.62	104 40	58.28	76.64	12.15	11.93	11.29	10.19	8.64	6.52	3.84	0.47	»	0.22	0.86	1.96	3.54	5.63	8.31	11.68	»	12.15
27.60	35.54	104 20	57.95	76.52	12.18	11.96	11.30	10.20	8.62	6.51	3.81	0.42	»	0.22	0.87	1.98	3.56	5.67	8.37	11.76	»	12.18
27.70	35.46	104 1	57.61	76.40	12.21	11.99	11.34	10.22	8.63	6.50	3.78	0.36	»	0.22	0.87	1.99	3.58	5.71	8.43	11.85	»	12.21
27.80	35.39	103 41	57.28	76.28	12.24	12.02	11.36	10.24	8.64	6.50	3.75	0.30	»	0.22	0.88	2.00	3.60	5.74	8.49	11.94	»	12.24
27.90	35.31	103 22	56.94	76.16	12.26	12.04	11.38	10.25	8.64	6.49	3.72	0.24	»	0.22	0.88	2.01	3.62	5.77	8.54	12.02	»	12.26

Tangentes 45 mètres.

LONGUEUR de la bissectrice.	DEMI-CORDE.	ANGLE des alignements.	RAYON.	LONGUEUR de l'arc.	FLÈCHE.	ORDONNÉES SUR LA CORDE. La distance à partir de la flèche étant 5m	10m	15m	20m	25m	30m	35m	40m	ORDONNÉES SUR LES TANGENTES. La distance à partir des points de tangence étant 5m	10m	15m	20m	25m	30m	35m	40m	égale à la demi-corde
m	m	D.	m	m	m																	
28.00	35.23	103. 3	56.61	76.04	12.29	12.07	11.40	10.27	8.64	6.48	3.69	0.18	»	0.22	0.89	2.02	3.65	5.81	8.60	12.11	»	12.29
28 10	35 15	102 43	56 29	75 92	12 32	12 10	11 43	10 29	8 65	6 47	3 66	0 12	»	0 22	0 89	2 03	3 67	5 85	8 66	12 20	»	12 32
28 20	35 07	102 23	55 96	75 79	12 35	12 13	11 45	10 30	8 65	6 46	3 63	0 05	»	0 22	0 90	2 05	3 70	5 89	8 72	12 30	»	12 35
28 30	34 99	102 4	55 63	75 67	12 38	12 15	11 47	10 32	8 66	6 45	3 60	»	»	0 23	0 91	2 06	3 72	5 93	8 78	»	»	12 38
28 40	34 91	101 44	55 31	75 54	12 41	12 18	11 50	10 33	8 66	6 44	3 56	»	»	0 23	0 91	2 07	3 75	5 97	8 85	»	»	12 41
28 50	34 82	101 24	54 98	75 42	12 44	12 21	11 52	10 35	8 67	6 43	3 53	»	»	0 23	0 92	2 09	3 77	6 01	8 91	»	»	12 44
28 60	34 74	101 5	54 66	75 29	12 46	12 23	11 54	10 36	8 67	6 41	3 49	»	»	0 23	0 92	2 10	3 70	6 05	8 97	»	»	12 46
28 70	34 66	100 45	54 34	75 16	12 49	12 26	11 56	10 38	8 67	6 40	3 45	»	»	0 23	0 93	2 11	3 82	6 09	9 04	»	»	12 49
28 80	34 58	100 25	54 02	75 03	12 51	12 28	11 58	10 39	8 67	6 38	2 41	»	»	0 23	0 93	2 12	3 84	6 13	9 10	»	»	12 52
28 90	34 49	100 5	53 71	74 91	12 54	12 31	11 60	10 40	8 68	6 37	2 38	»	»	0 23	0 94	2 14	3 86	6 17	9 16	»	»	12 54
29 00	34 41	99 45	53 39	74 78	12 57	12 33	11 62	10 42	8 68	6 36	3 34	»	»	0 24	0 95	2 15	3 89	6.21	9 23	»	»	12 57
29 10	34 32	99 25	53 07	74 65	12 59	12 35	11 64	10 43	8 68	6 34	3 30	»	»	0 24	0 95	2 16	3 91	6 25	9 29	»	»	12 59
29 20	34 24	99 5	52 76	74 51	12 62	12 38	11 66	10 44	8 68	6 32	3 26	»	»	0 24	0 96	2 18	3 94	6 30	9 36	»	»	12 62
29 30	34 15	98 45	52 45	74 38	12 64	12 40	11 68	10 45	8 68	6 30	3 22	»	»	0 24	0 96	2 19	3 96	6 34	9 42	»	»	12 64
29 40	34 07	98 25	52 14	74 25	12 67	12 43	11 70	10 46	8 68	6 28	3 18	»	»	0 24	0 97	2 21	3 99	6 39	9 49	»	»	12 67
29 50	33 98	98 5	51 83	74 11	12 69	12 45	11 72	10 47	8 68	6 26	3 13	»	»	0:24	0 97	2 22	4 01	6 43	9 56	»	»	12 69
29 60	33 89	97 44	51 52	73 98	12 72	12 47	11 74	10 48	8 68	6 24	3 09	»	»	0 25	0 98	2 24	4 04	6 48	9 63	»	»	12 72
29 70	33 81	97 24	51 22	73 84	12 74	12 49	11 75	10 49	8 67	6 22	3 04	»	»	0 25	0 99	2 25	4 07	6 52	9 70	»	»	12 74
29 80	33 72	97 3	50 92	73 70	12 76	12 51	11 77	10 50	8 67	6 20	2 99	»	»	0 25	0 99	2 26	4 09	6 56	9 77	»	»	12 76
29 90	33 63	96 43	50 61	73 56	12 79	12 54	11 79	10 51	8 67	6 18	2 94	»	»	0 25	1 00	2 28	4 12	6 61	9 85	»	»	12 79
30 00	33 54	96 23	50 31	73 43	12 81	12 56	11 81	10 52	8 66	6 16	2 89	»	»	0 25	1 00	2 29	4 13	6 63	9 92	»	»	12 81
30 10	33 45	96 2	50 01	73 28	12 83	12 58	11 82	10 53	8 66	6 14	2 84	»	»	0 25	1 01	2 30	4 17	6 69	9 99	»	»	12 83
30 20	33 36	95 41	49 71	73 14	12 86	12 60	11 84	10 54	8 66	6 12	2 79	»	»	0 26	1 02	2 32	4 20	6 74	10 07	»	»	12 86
30 30	33 27	95 21	49 41	73 00	12 88	12 62	11 86	10 55	8 65	6 09	2 73	»	»	0 26	1 02	2 33	4 23	6 79	10 15	»	»	12 88
30 40	33 18	95 0	49 11	72 85	12 90	12 64	11 87	10 55	8 64	6 06	2 67	»	»	0 26	1 03	2 35	4 26	6 84	10 23	»	»	12 90
30.50	33 09	94 40	48 81	72 71	12 02	12 66	11 88	10 56	8 64	6 03	2 62	»	»	0 26	1 04	2 36	4 28	6 89	10 30	»	»	12 92
30 60	32 99	94 19	48 52	72 56	12 94	12 68	11 90	10 57	8 63	6 01	2 56	»	»	0 26	1 04	2 37	4 31	6 93	10 38	»	»	12 94
30 70	32 90	93 58	48 22	72 41	12 96	12 70	11 91	10 57	8 62	5 98	2 50	»	»	0 26	1 05	2 39	4 34	6 98	10 46	»	»	12 96
30 80	32 81	93 37	47 93	72 26	12 98	12 72	11 92	10 58	8 61	5 95	2 44	»	»	0 26	1 06	2 40	4 47	7 03	10 54	»	»	12 98
30 90	32 74	93 16	47 64	72 41	13 00	12 74	11 94	10 58	8 60	5 92	2 37	»	»	0 26	1 06	2 42	4 40	7 08	10 63	»	»	13 00

Tangentes 45 mètres.

Longueur de la bissectrice.	Demi-corde.	Angle des alignements.	Rayon.	Longueur de l'arc.	Flèche.	Ordonnées sur la corde. La distance à partir de la flèche étant 5m	10m	15m	20m	25m	30m	35m	40m	Ordonnées sur les tangentes. La distance à partir des points de tangence étant 5m	10m	15m	20m	25m	30m	35m	40m	égale à la demi-corde
m	m	°	m	m	m																	
31.00	32.62	92.55	47.34	74.96	13.03	12.76	11.96	10.59	8.60	5.89	2.31	»	»	0.27	1.07	2.44	4.43	7.44	10.72	»	»	13.03
31.10	32.52	92.34	47.05	71.81	13.05	12.78	11.97	10.59	8.59	5.86	2.24	»	»	0.27	1.08	2.46	4.46	7.19	10.81	»	»	13.05
31.20	32.43	92.12	46.77	71.65	13.07	12.80	11.99	10.60	8.57	5.82	2.18	»	»	0.27	1.98	2.47	4.50	7.23	10.89	»	»	13.07
31.30	32.33	91.51	46.48	71.50	13.09	12.82	12.00	10.60	8.56	5.79	2.11	»	»	0.27	1.09	2.49	4.53	7.30	10.98	»	»	13.09
31.40	32.23	91.30	46.19	71.34	13.11	12.84	12.01	10.60	8.55	5.76	2.04	»	»	0.27	1.10	2.51	4.56	7.35	11.07	»	»	13.11
31.50	32.14	91.9	45.90	71.19	13.12	12.85	12.02	10.60	8.53	5.72	1.96	»	»	0.27	1.10	2.52	4.59	7.40	11.16	»	»	13.12
31.60	32.04	90.47	45.62	71.03	13.14	12.86	12.03	10.61	8.52	5.68	1.89	»	»	0.28	1.11	2.53	4.62	7.46	11.25	»	»	13.14
31.70	31.94	90.26	45.34	70.87	13.16	12.88	12.04	10.61	8.51	5.64	1.81	»	»	0.28	1.12	2.55	4.65	7.52	11.35	»	»	13.16
31.80	31.84	90.4	45.06	70.71	13.18	12.90	12.03	10.61	8.49	5.60	1.74	»	»	0.28	1.13	2.57	4.69	7.58	11.44	»	»	13.18

Tangentes 50 mètres.

LONGUEUR de la bissectrice.	DEMI-CORDE.	ANGLE des alignements.	RAYON.	LONGUEUR de l'arc.	FLÈCHE.	ORDONNÉES SUR LA CORDE. La distance à partir de la flèche étant 5"	10"	15"	20"	25"	30"	35"	40"	45"	ORDONNÉES SUR LES TANGENTES. La distance à partir des points de tangence étant 5"	10"	15"	20"	25"	30"	35"	40"	45"	égale à la demi-corde
m	m	° ′	m	m	m																			
1.00	49.99	477.42	2499.50	99.98	0.50	0.49	0.48	0.45	0.42	0.37	0.32	0.25	0.18	0.09	0.04	0.02	0.05	0.08	0.13	0.18	0.25	0.32	0.44	0.50
1 10	49 99	477 29	2272 18	99 98	0 55	0 54	0 53	0 50	0 46	0 41	0 35	0 28	0 20	0 10	0 04	0 02	0 05	0 09	0 14	0 20	0 27	0 35	0 45	0 55
1 20	49 98	477 15	2082 73	99 98	0 60	0 59	0 58	0 55	0 50	0 45	0 38	0 31	0 22	0 11	0 04	0 02	0 05	0 10	0 15	0 22	0 29	0 38	0 49	0 60
1 30	49 98	477 1	1922 43	99 97	0 65	0 64	0 62	0 59	0 55	0 49	0 42	0 33	0 23	0 12	0 04	0 03	0 06	0 10	0 16	0 23	0 32	0 42	0 53	0 65
1 40	49 98	476 47	1785 04	99 97	0 70	0 69	0 67	0 64	0 59	0 52	0 45	0 36	0 25	0 13	0 04	0 03	0 06	0 11	0 18	0 25	0 34	0 45	0 57	0 70
1 50	49 98	476 34	1665 92	99 97	0 75	0 74	0 72	0 68	0 63	0 56	0 48	0 38	0 27	0 14	0 04	0 03	0 07	0 12	0 19	0 27	0 37	0 48	0 61	0 75
1 60	49 97	476 20	1561 70	99 96	0 80	0 79	0 77	0 73	0 67	0 60	0 51	0 41	0 29	0 15	0 04	0 03	0 07	0 13	0 20	0 29	0 39	0 51	0 65	0 80
1 70	49 97	476 7	1469 73	99 96	0 85	0 84	0 82	0 77	0 71	0 64	0 54	0 43	0 31	0 16	0 04	0 03	0 08	0 14	0 21	0 31	0 42	0 54	0 69	0 85
1 80	49 97	475 52	1387 99	99 95	0 90	0 89	0 86	0 82	0 76	0 67	0 58	0 46	0 32	0 17	0 04	0 04	0 08	0 14	0 23	0 32	0 44	0 58	0 73	0 90
1 90	49 96	475 39	1314 84	99 95	0 95	0 94	0 91	0 86	0 80	0 71	0 61	0 48	0 34	0 18	0 04	0 04	0 09	0 15	0 24	0 34	0 47	0 61	0 77	0 95
2 00	49 96	475 25	1249 00	99 94	1 00	0 99	0 96	0 91	0 84	0 75	0 64	0 51	0 36	0 19	0 04	0 04	0 09	0 16	0 25	0 36	0 49	0 64	0 81	1 00
2 10	49 96	475 11	1189 43	99 94	1 05	1 04	1 01	0 95	0 88	0 79	0 67	0 53	0 38	0 20	0 04	0 04	0 10	0 17	0 26	0 38	0 52	0 67	0 85	1 05
2 20	49 95	474 57	1135 26	99 93	1 10	1 09	1 06	1 00	0 92	0 82	0 70	0 56	0 39	0 21	0 04	0 04	0 10	0 18	0 28	0 40	0 54	0 71	0 89	1 10
2 30	49 95	474 44	1085 81	99 93	1 45	1 44	1 10	1 03	0 96	0 86	0 73	0 58	0 41	0 22	0 04	0 05	0 10	0 19	0 29	0 42	0 57	0 74	0 93	1 15
2 40	49 94	474 30	1046 42	99 92	1 20	1 19	1 15	1 09	1 01	0 90	0 77	0 61	0 43	0 22	0 04	0 05	0 11	0 19	0 30	0 43	0 59	0 77	0 98	1 20
2 50	49 94	474 16	998 75	99 92	1 25	1 24	1 20	1 14	1 05	0 94	0 80	0 63	0 45	0 23	0 04	0 05	0 11	0 20	0 31	0 45	0 62	0 80	1 02	1 25
2 60	48 93	474 2	960 24	99 04	1 30	1 29	1 25	1 18	1 09	0 97	0 93	0 66	0 47	0 24	0 04	0 05	0 12	0 21	0 33	0 47	0 64	0 83	1 06	1 30
2 70	49 93	473 49	924 63	99 90	1 35	1 34	1 29	1 23	1 13	1 04	0 86	0 69	0 48	0 25	0 04	0 06	0 12	0 22	0 34	0 49	0 66	0 87	1 10	1 35
2 80	49 92	473 35	894 46	99 88	1 40	1 38	1 34	1 27	1 17	1 05	0 89	0 71	0 50	0 26	0 02	0 06	0 13	0 23	0 35	0 51	0 69	0 90	1 14	1 40
2 90	49 92	473 21	860 62	99 89	1 45	1 43	1 39	1 32	1 22	1 09	0 93	0 74	0 52	0 27	0 02	0 06	0 13	0 23	0 36	0 52	0 71	0 93	1 18	1 45
3 00	49 91	473 7	831 83	99 88	1 50	1 48	1 44	1 36	1 26	1 12	0 96	0 76	0 54	0 28	0 02	0 06	0 14	0 24	0 38	0 54	0 74	0 96	1 22	1 50
3 10	49 90	472 53	804 90	99 87	1 55	1 53	1 49	1 41	1 30	1 16	0 99	0 79	0 55	0 20	0 02	0 06	0 14	0 25	0 39	0 56	0 76	1 00	1 26	1 55
3 20	49 90	472 40	779 65	99 86	1 60	1 58	1 53	1 45	1 34	1 20	1 02	0 81	0 57	0 30	0 02	0 07	0 15	0 26	0 40	0 58	0 79	1 03	1 30	1 60
3 30	49 89	472 26	755 93	99 85	1 65	1 63	1 58	1 50	1 38	1 23	1 05	0 84	0 59	0 31	0 02	0 07	0 15	0 27	0 42	0 60	0 81	1 06	1 34	1 65
3 40	49 88	472 12	733 39	99 85	1 70	1 68	1 63	1 54	1 42	1 27	1 08	0 86	0 61	0 32	0 02	0 07	0 16	0 28	0 43	0 62	0 84	1 09	1 38	1 70
3 50	49 88	471 58	712 53	99 84	1 75	1 73	1 68	1 59	1 47	1 31	1 12	0 89	0 62	0 33	0 02	0 07	0 16	0 28	0 44	0 63	0 86	1 13	1 42	1 75
3 60	49 87	471 45	692 64	99 83	1 80	1 78	1 73	1 64	1 51	1 35	1 15	0 91	0 64	0 33	0 02	0 07	0 16	0 29	0 45	0 65	0 89	1 16	1 47	1 80
3 70	49 86	471 31	673 82	99 82	1 85	1 83	1 77	1 68	1 55	1 38	1 18	0 94	0 66	0 34	0 02	0 08	0 17	0 30	0 47	0 67	0 91	1 19	1 51	1 85
3 80	49 86	471 17	655 99	99 81	1 90	1 88	1 82	1 73	1 59	1 42	1 21	0 96	0 68	0 35	0 02	0 08	0 17	0 31	0 48	0 69	0 94	1 22	1 55	1 90
3 90	49 85	471 3	639 07	99 80	1 95	1 93	1 87	1 77	1 63	1 36	1 24	0 99	0 69	0 36	0 02	0 08	0 18	0 32	0 49	0 71	0 95	1 26	1 59	1 95

Tangentes 50 mètres.

LONGUEUR de la bissectrice.	DEMI-CORDE.	ANGLE des alignements.	RAYON.	LONGUEUR de l'arc.	FLÈCHE.	ORDONNÉES SUR LA CORDE. La distance à partir de la flèche étant 5m	10m	15m	20m	25m	30m	35m	40m	45m	ORDONNÉES SUR LES TANGENTES. La distance à partir des points de tangence étant 5m	10m	15m	20m	25m	30m	35m	40m	45m	égale à la demi-corde
m	m	° '	m	m	m																			
4.00	39.84	170.49	623.00	99.79	2.00	1.98	1.92	1.82	1.68	1.49	1.27	1.04	0.71	0.37	0.02	0.08	0.18	0.32	0.51	0.73	0.99	1.29	1.63	2.00
4 10	39 83	170 36	607 70	99 78	2 05	2 03	1 97	1 86	1 72	1 53	1 30	1 04	0 73	0 38	0 02	0 08	0 19	0 33	0 52	0 75	1 04	1 32	1 67	2 05
4 20	39 82	170 22	593 13	99 76	2 10	2 08	2 02	1 91	1 76	1 57	1 34	1 06	0 75	0 39	0 02	0 08	0 19	0 34	0 53	0 76	1 04	1 35	1 71	2 10
4 30	39 81	170 8	579 24	99 73	2 15	2 13	2 06	1 95	1 80	1 61	1 37	1 09	0 76	0 40	0 02	0 09	0 20	0 35	0 54	0 78	1 06	1 39	1 75	2 15
4 40	39 81	169 54	565 98	99 74	2 20	2 18	2 11	2 00	1 84	1 64	1 40	1 11	0 78	0 41	0 02	0 09	0 20	0 36	0 56	0 80	1 09	1 42	1 79	2 20
4 50	39 80	169 40	553 30	99 73	2 25	2 23	2 16	2 04	1 88	1 68	1 43	1 14	0 80	0 42	0 02	0 09	0 21	0 37	0 57	0 82	1 11	1 45	1 83	2 25
4 60	39 79	169 27	541 17	99 72	2 29	2 27	2 20	2 08	1 92	1 71	1 46	1 16	0 81	0 42	0 02	0 09	0 21	0 37	0 58	0 83	1 13	1 48	1 87	2 29
4 70	39 78	169 13	529 56	99 70	2 34	2 32	2 25	2 13	1 96	1 78	1 49	1 19	0 83	0 43	0 02	0 09	0 21	0 38	0 59	0 85	1 15	1 51	1 91	2 34
4 80	39 77	168 59	518 43	99 69	2 39	2 37	2 30	2 17	2 00	1 79	1 52	1 21	0 85	0 44	0 02	0 09	0 22	0 39	0 60	0 87	1 18	1 54	1 95	2 39
4 90	39 76	168 45	507 73	99 68	2 44	2 42	2 34	2 22	2 05	1 83	1 56	1 24	0 87	0 45	0 02	0 10	0 22	0 39	0 61	0 88	1 20	1 57	1 99	2 44
5 00	39 75	168 31	497 40	99 67	2 49	2 47	2 39	2 26	2 09	1 86	1 59	1 26	0 88	0 45	0 02	0 10	0 23	0 40	0 63	0 90	1 23	1 61	2 04	2 49
5 10	39 74	168 17	487 64	99 65	2 54	2 52	2 44	2 31	2 13	1 90	1 62	1 29	0 90	0 46	0 02	0 10	0 23	0 41	0 64	0 92	1 25	1 64	2 08	2 54
5 20	39 73	168 4	478 46	99 64	2 59	2 57	2 49	2 35	2 17	1 94	1 65	1 31	0 92	0 47	0 02	0 10	0 24	0 42	0 65	0 94	1 28	1 67	2 12	2 59

LONGUEUR de la bissectrice.	DEMI-CORDE.	ANGLE des alignements.	RAYON.	LONGUEUR de l'arc.	FLÈCHE.	Corde 5m	10m	15m	20m	25m	30m	35m	40m	45m	Tangentes 5m	10m	15m	20m	25m	30m	35m	40m	45m	égale à la demi-corde
5 30	49 72	167 50	469 04	99 62	2 64	2 62	2 54	2 40	2 22	1 98	1 68	1 33	0 93	0 48	0 02	0 10	0 24	0 42	0 66	0 96	1 31	1 71	2 16	2 64
5 40	49 71	167 36	460 25	99 61	2 69	2 66	2 58	2 45	2 26	2 01	1 71	1 36	0 95	0 49	0 03	0 11	0 24	0 43	0 68	0 98	1 33	1 74	2 20	2 69
5 50	49 70	167 22	451 78	99 59	2 74	2 71	2 63	2 49	2 30	2 05	1 74	1 38	0 97	0 49	0 03	0 11	0 25	0 44	0 69	1 00	1 36	1 77	2 25	2 74
5 60	49 68	167 8	443 62	99 58	2 79	2 76	2 68	2 54	2 34	2 09	1 77	1 41	0 98	0 50	0 03	0 11	0 25	0 45	0 70	1 02	1 38	1 81	2 29	2 78
5 70	49 67	166 54	435 74	99 56	2 84	2 81	2 73	2 58	2 38	2 12	1 81	1 43	1 00	0 51	0 03	0 11	0 26	0 46	0 72	1 03	1 41	1 84	2 33	2 84
5 80	49 66	166 41	428 12	99 55	2 89	2 86	2 77	2 63	2 42	2 16	1 84	1 46	1 02	0 52	0 03	0 12	0 26	0 47	0 73	1 05	1 43	1 87	2 37	2 89
5 90	49 65	166 27	420 77	99 53	2 94	2 91	2 82	2 67	2 46	2 20	1 87	1 48	1 03	0 53	0 03	0 12	0 27	0 48	0 74	1 07	1 46	1 91	2 41	2 94
6 00	49 64	166 13	413 66	99 52	2 99	2 96	2 87	2 72	2 50	2 23	1 90	1 51	1 05	0 53	0 03	0 12	0 27	0 49	0 76	1 09	1 48	1 94	2 46	2 99
6 10	49 63	165 59	406 78	99 50	3 04	3 01	2 92	2 76	2 55	2 27	1 93	1 53	1 07	0 54	0 03	0 12	0 28	0 49	0 77	1 11	1 51	1 97	2 50	3 04
6 20	49 61	165 45	400 12	99 48	3 09	3 06	2 97	2 81	2 59	2 31	1 97	1 55	1 08	0 55	0 03	0 12	0 28	0 50	0 78	1 12	1 54	2 01	2 54	3 09
6 30	49 60	165 31	393 66	99 47	3 14	3 11	3 01	2 85	2 63	2 34	2 00	1 58	1 10	0 56	0 03	0 13	0 29	0 51	0 80	1 14	1 56	2 04	2 58	3 14
6 40	49 59	165 17	387 41	99 45	3 19	3 16	3 06	2 90	2 67	2 38	2 03	1 60	1 12	0 57	0 03	0 13	0 29	0 52	0 81	1 16	1 59	2 07	2 62	3 19
6 50	49 58	165 4	381 35	99 43	3 23	3 20	3 10	2 94	2 71	2 41	2 06	1 62	1 13	0 57	0 03	0 13	0 29	0 52	0 82	1 17	1 61	2 10	2 66	3 23
6 60	49 56	164 50	375 47	99 41	3 28	3 25	3 15	2 98	2 75	2 45	2 09	1 65	1 15	0 58	0 03	0 13	0 30	0 53	0 83	1 19	1 63	2 13	2 70	3 28
6 70	49 55	164 36	369 77	99 39	3 33	3 30	3 20	3 03	2 79	2 49	2 12	1 67	1 16	0 59	0 03	0 13	0 30	0 54	0 84	1 21	1 66	2 17	2 74	3 33
6 80	49 53	164 22	364 23	99 38	3 38	3 35	3 24	3 07	2 83	2 52	2 15	1 70	1 18	0 59	0 03	0 14	0 31	0 55	0 86	1 23	1 68	2 20	2 79	3 38
6 90	49 52	164 8	358 85	99 36	3 43	3 40	3 29	3 12	2 88	2 56	2 18	1 72	1 20	0 60	0 03	0 14	0 31	0 55	0 87	1 25	1 71	2 23	2 83	3 43

Tangentes 50 mètres.

LONGUEUR de la bissectrice.	DEMI-CORDE.	ANGLE des alignements.	RAYON.	LONGUEUR de l'arc.	FLÈCHE.	Ordonnées sur la corde (distance à partir de la flèche) 5m	10m	15m	20m	25m	30m	35m	40m	45m	Ordonnées sur les tangentes (distance à partir des points de tangence) 5m	10m	15m	20m	25m	30m	35m	40m	45m	égale à la demi-corde
m.	m.	° ′	m.	m.	m.																			
7.00	49.51	163 54	353.63	99.34	3.48	3.45	3.34	3.16	2.92	2.60	2.21	1.75	1.21	0.61	0.03	0.14	0.32	0.56	0.88	1.27	1.73	2.27	2.87	3.48
7.10	49.49	163 40	348.34	99.32	3.53	3.50	3.39	3.21	2.96	2.63	2.24	1.77	1.23	0.61	0.03	0.14	0.32	0.57	0.90	1.29	1.76	2.30	2.92	3.53
7.20	49.48	163 26	343.60	99.30	3.58	3.54	3.43	3.25	3.00	2.67	2.27	1.79	1.25	0.62	0.04	0.15	0.33	0.58	0.91	1.31	1.79	2.33	2.96	3.58
7.30	49.46	163 13	338.79	99.28	3.63	3.59	3.48	3.30	3.04	2.71	2.30	1.81	1.26	0.63	0.04	0.15	0.33	0.59	0.92	1.33	1.82	2.37	3.00	3.63
7.40	49.45	162 59	334.12	99.26	3.68	3.64	3.53	3.34	3.08	2.74	2.33	1.84	1.28	0.64	0.04	0.15	0.34	0.60	0.94	1.35	1.84	2.40	3.04	3.68
7.50	49.43	162 45	329.56	99.24	3.73	3.69	3.58	3.39	3.13	2.78	2.36	1.86	1.29	0.64	0.04	0.15	0.34	0.60	0.95	1.37	1.87	2.44	3.09	3.73
7.60	49.42	162 31	325.12	99.22	3.78	3.74	3.63	3.43	3.17	2.81	2.39	1.89	1.31	0.65	0.04	0.15	0.35	0.61	0.97	1.39	1.89	2.47	3.13	3.78
7.70	49.40	162 17	320.80	99.20	3.83	3.79	3.67	3.48	3.21	2.85	2.42	1.91	1.32	0.66	0.04	0.16	0.35	0.62	0.98	1.41	1.92	2.51	3.17	3.83
7.80	49.39	162 3	316.59	99.18	3.88	3.84	3.72	3.52	3.25	2.89	2.45	1.94	1.34	0.67	0.04	0.16	0.36	0.63	0.99	1.43	1.94	2.54	3.21	3.88
7.90	49.37	161 49	312.48	99.16	3.92	3.88	3.76	3.56	3.29	2.92	2.48	1.96	1.35	0.67	0.04	0.16	0.36	0.63	1.00	1.44	1.96	2.57	3.25	3.92
8.00	49.36	161 35	308.47	99.13	3.97	3.93	3.81	3.61	3.33	2.96	2.51	1.98	1.37	0.68	0.04	0.16	0.36	0.64	1.01	1.46	1.99	2.60	3.29	3.97
8.10	49.34	161 21	304.56	99.11	4.02	3.98	3.85	3.65	3.37	2.99	2.54	2.00	1.38	0.68	0.04	0.16	0.37	0.65	1.03	1.48	2.02	2.64	3.34	4.02
8.20	49.32	161 7	300.75	99.09	4.07	4.03	3.90	3.70	3.41	3.03	2.57	2.03	1.40	0.69	0.04	0.17	0.37	0.66	1.04	1.50	2.04	2.67	3.38	4.07

LONGUEUR de la bissectrice.	DEMI-CORDE.	ANGLE des alignements.	RAYON.	LONGUEUR de l'arc.	FLÈCHE.	Ordonnées sur la corde (distance à partir de la flèche) 5m	10m	15m	20m	25m	30m	35m	40m	45m	Ordonnées sur les tangentes (distance à partir des points de tangence) 5m	10m	15m	20m	25m	30m	35m	40m	45m	égale à la demi-corde
8.30	49.31	160 53	297.02	99.07	4.12	4.08	3.95	3.74	3.45	3.07	2.60	2.05	1.41	0.69	0.04	0.17	0.38	0.67	1.05	1.52	2.07	2.71	3.43	4.12
8.40	49.29	160 39	293.39	99.04	4.17	4.13	4.00	3.79	3.49	3.10	2.63	2.08	1.43	0.70	0.04	0.17	0.38	0.68	1.07	1.54	2.09	2.74	3.47	4.17
8.50	49.27	160 25	289.83	99.02	4.22	4.18	4.05	3.83	3.53	3.14	2.66	2.10	1.45	0.71	0.04	0.17	0.39	0.69	1.08	1.56	2.12	2.77	3.51	4.22
8.60	49.25	160 11	286.37	99.00	4.26	4.22	4.09	3.87	3.57	3.17	2.69	2.12	1.46	0.71	0.04	0.17	0.39	0.69	1.09	1.57	2.14	2.80	3.55	4.26
8.70	49.24	159 58	282.97	98.97	4.31	4.27	4.14	3.91	3.61	3.21	2.72	2.14	1.48	0.72	0.04	0.17	0.40	0.70	1.10	1.59	2.17	2.83	3.59	4.31
8.80	49.22	159 44	279.66	98.95	4.36	4.32	4.18	3.96	3.65	3.24	2.75	2.17	1.49	0.72	0.04	0.18	0.40	0.71	1.12	1.61	2.19	2.87	3.64	4.36
8.90	49.20	159 30	276.44	98.93	4.41	4.37	4.23	4.00	3.69	3.28	2.78	2.19	1.50	0.73	0.05	0.18	0.41	0.72	1.13	1.63	2.22	2.91	3.68	4.41
9.00	49.18	159 16	273.24	98.90	4.46	4.42	4.28	4.05	3.73	3.32	2.81	2.21	1.52	0.73	0.05	0.18	0.41	0.73	1.14	1.65	2.25	2.94	3.73	4.46
9.10	49.16	159 2	270.14	98.88	4.51	4.46	4.33	4.09	3.77	3.35	2.84	2.23	1.53	0.74	0.05	0.18	0.42	0.74	1.16	1.67	2.28	2.98	3.77	4.51
9.20	49.15	158 48	267.10	98.85	4.56	4.51	4.37	4.14	3.81	3.39	2.87	2.26	1.55	0.74	0.05	0.19	0.42	0.75	1.17	1.69	2.30	3.01	3.82	4.56
9.30	49.13	158 34	264.13	98.83	4.61	4.56	4.42	4.18	3.85	3.42	2.90	2.28	1.56	0.75	0.05	0.19	0.43	0.76	1.19	1.71	2.33	3.05	3.86	4.61
9.40	49.11	158 20	261.21	98.80	4.66	4.61	4.47	4.23	3.89	3.46	2.93	2.30	1.58	0.75	0.05	0.19	0.43	0.77	1.20	1.73	2.36	3.08	3.91	4.66
9.50	49.09	158 6	258.37	98.77	4.71	4.66	4.52	4.27	3.93	3.50	2.96	2.32	1.59	0.76	0.05	0.19	0.44	0.78	1.21	1.75	2.39	3.12	3.95	4.71
9.60	49.07	157 52	255.57	98.75	4.75	4.70	4.56	4.31	3.97	3.53	2.99	2.34	1.60	0.76	0.05	0.19	0.44	0.78	1.22	1.77	2.41	3.15	3.99	4.75
9.70	49.05	157 38	252.84	98.72	4.80	4.75	4.60	4.35	4.01	3.56	3.02	2.37	1.62	0.77	0.05	0.20	0.44	0.79	1.24	1.78	2.43	3.18	4.03	4.80
9.80	49.03	157 24	250.15	98.69	4.85	4.80	4.65	4.40	4.05	3.60	3.05	2.39	1.63	0.77	0.05	0.20	0.45	0.80	1.25	1.80	2.46	3.22	4.08	4.85
9.90	49.01	157 10	247.32	98.67	4.90	4.85	4.70	4.45	4.09	3.63	3.08	2.41	1.65	0.78	0.05	0.20	0.45	0.81	1.27	1.82	2.49	3.25	4.12	4.90

Tangentes 50 mètres.

LONGUEUR de la bissectrice.	DEMI-CORDE.	ANGLE des alignements.	RAYON.	LONGUEUR de l'arc.	FLÈCHE.	ORDONNÉES SUR LA CORDE La distance à partir de la flèche étant 5m	10m	15m	20m	25m	30m	35m	40m	45m	ORDONNÉES SUR LES TANGENTES La distance à partir des points de tangence étant 5m	10m	15m	20m	25m	30m	35m	40m	45m	égale à la demi-corde
m	m	° '	m	m	m																			
10.00	48.99	156.56	244.95	98.64	4.95	4.90	4.75	4.49	4.13	3.67	3.11	2.44	1.66	0.78	0.05	0.20	0.46	0.82	1.28	1.84	2.51	3.29	4.17	4 93
10 10	48 97	156 42	242 42	98 61	5 00	4 95	4 79	4 54	4 17	3 70	3 14	2 46	1 68	0 78	0 05	0 21	0 46	0 83	1 30	1 86	2 54	3 32	4 22	5 00
10 20	48 95	156 27	239 94	98 58	5 05	5 00	4 84	4 58	4 21	3 74	3 17	2 48	1 69	0 79	0 05	0 21	0 47	0 84	1 31	1 88	2 57	3 36	4 26	5 05
10 30	48 93	156 13	237 51	98 56	5 09	5 04	4 88	4 62	4 25	3 77	3 19	2 50	1 70	0 79	0 05	0 21	0 47	0 84	1 32	1 90	2 59	3 39	4 30	5 09
10 40	48 91	155 59	235 13	98 53	5 14	5 09	4 93	4 66	4 29	3 81	3 22	2 52	1 71	0 80	0 05	0 21	0 48	0 85	1 33	1 92	2 62	3 43	4 34	5 14
10 50	48 88	155 45	232 78	98 50	5 19	5 14	4 98	4 71	4 33	3 84	3 25	2 54	1 73	0 80	0 05	0 21	0 48	0 86	1 35	1 94	2 65	3 46	4 39	5 19
10 60	48 86	155 31	230 49	98 47	5 24	5 19	5 02	4 75	4 37	3 88	3 28	2 57	1 74	0 80	0 05	0 22	0 49	0 87	1 36	1 96	2 67	3 50	4 44	5 24
10 70	48 84	155 17	228 24	98 44	5 29	5 23	5 07	4 80	4 41	3 91	3 31	2 59	1 76	0 81	0 06	0 22	0 49	0 88	1 38	1 98	2 70	3 53	4 48	5 29
10 80	48 82	155 3	226 01	98 41	5 34	5 28	5 12	4 84	4 45	3 95	3 34	2 61	1 77	0 81	0 06	0 22	0 50	0 89	1 39	2 00	2 73	3 57	4 53	5 34
10 90	48 80	154 49	223 83	98 38	5 38	5 32	5 16	4 88	4 49	3 98	3 36	2 63	1 78	0 81	0 06	0 22	0 50	0 89	1 40	2 02	2 75	3 60	4 57	5 38
11 00	48 77	154 35	221 70	98 35	5 43	5 37	5 21	4 92	4 53	4 02	3 39	2 65	1 79	0 82	0 06	0 22	0 51	0 90	1 41	2 04	2 78	3 64	4 61	5 43
11 10	48 75	154 21	219 60	98 32	5 48	5 42	5 25	4 97	4 57	4 05	3 42	2 67	1 81	0 82	0 06	0 23	0 51	0 91	1 43	2 06	2 81	3 67	4 66	5 48
11 20	48 73	154 7	217 54	98 29	5 53	5 47	5 30	5 01	4 61	4 09	3 45	2 69	1 82	0 82	0 06	0 23	0 52	0 92	1 44	2 08	2 84	3 71	4 71	5 53
11 30	48 71	153 53	215 51	98 26	5 57	5 51	5 34	5 05	4 64	4 12	3 47	2 71	1 83	0 82	0 06	0 23	0 52	0 93	1 45	2 10	2 86	3 74	4 75	5 57
11 40	48 68	153 38	213 52	98 23	5 62	5 56	5 39	5 09	4 68	4 15	3 50	2 73	1 84	0 83	0 06	0 23	0 53	0 94	1 47	2 12	2 89	3 78	4 79	5 62
11 50	48 66	153 24	211 56	98 20	5 67	5 61	5 44	5 14	4 72	4 19	3 53	2 76	1 86	0 83	0 06	0 23	0 53	0 95	1 48	2 14	2 91	3 81	4 84	5 67
11 60	48 63	153 10	209 64	98 16	5 72	5 66	5 48	5 18	4 76	4 22	3 56	2 78	1 87	0 83	0 06	0 24	0 54	0 96	1 50	2 16	2 94	3 85	4 89	5 72
11 70	48 61	152 56	207 74	98 13	5 77	5 71	5 53	5 23	4 80	4 26	3 59	2 80	1 88	0 84	0 06	0 24	0 54	0 97	1 51	2 18	2 97	3 89	4 93	5 77
11 80	48 59	152 42	205 88	98 10	5 82	5 76	5 58	5 27	4 84	4 29	3 62	2 82	1 89	0 84	0 06	0 24	0 55	0 98	1 53	2 20	3 00	3 93	4 98	5 82
11 90	48 56	152 28	204 04	98 07	5 86	5 80	5 62	5 31	4 88	4 32	3 64	2 84	1 90	0 84	0 06	0 24	0 55	0 98	1 54	2 22	3 02	3 96	5 02	5 86
12 00	48 54	152 14	202 24	98 03	5 91	5 85	5 66	5 35	4 92	4 36	3 67	2 86	1 92	0 84	0 06	0 25	0 56	0 99	1 55	2 24	3 05	3 99	5 07	5 91
12 10	48 51	151 59	200 47	98 00	5 96	5 90	5 71	5 40	4 96	4 39	3 70	2 88	1 93	0 84	0 06	0 25	0 56	1 00	1 57	2 26	3 08	4 03	5 12	5 96
12 20	48 49	151 45	198 72	97 97	6 01	5 95	5 76	5 44	5 00	4 43	3 73	2 90	1 94	0 84	0 06	0 25	0 57	1 01	1 58	2 28	3 11	4 07	5 17	6 01
12 30	48 46	151 31	197 00	97 93	6 05	5 99	5 80	5 48	5 03	4 46	3 75	2 92	1 95	0 84	0 06	0 25	0 57	1 02	1 59	2 30	3 13	4 10	5 21	6 05
12 40	48 44	151 17	195 34	97 90	6.10	6 04	5.85	5 52	5 07	4 49	3 78	2 94	1 96	0 85	0 06	0 25	0 58	1 03	1 61	2 32	3 16	4 14	5 25	6 10
12 50	48 41	151 3	193 61	97 86	6 15	6 09	5 89	5 57	5 11	4 53	3 81	2 96	1 97	0 85	0 06	0 26	0 58	1 04	1 62	2 34	3 19	4 18	5 30	6 15
12 60	48 39	150 49	192 00	97 83	6 20	6 13	5 94	5 61	5 15	4 56	3 84	2 98	1 98	0 85	0 07	0 26	0 59	1 05	1 64	2 36	3 22	4 22	5 35	6 20
12 70	48 36	150 34	190 38	97 79	6 24	6 17	5 98	5 65	5 19	4 59	3 86	3 00	1 99	0 85	0 07	0 26	0 59	1 05	1 65	2 38	3 24	4 25	5 39	6 24
12 80	48 33	150 20	188 80	97 76	6 29	6 22	6 03	5 69	5 23	4 63	3 89	3 02	2 01	0 85	0 07	0 26	0 60	1 06	1 66	2 40	3 27	4 28	5 44	6 29
12 90	48 31	150 6	187 24	97 72	6 34	6 27	6 08	5 74	5 27	4 66	3 92	3 04	2 02	0 85	0 07	0 26	0 60	1 07	1 68	2 42	3 30	4 32	5 49	6 34

Tangentes 50 mètres.

LONGUEUR de la bissectrice.	DEMI-CORDE.	ANGLE des alignements.	RAYON.	LONGUEUR de l'arc.	FLÈCHE.	ORDONNÉES SUR LA CORDE: La distance à partir de la flèche étant 5m	10m	15m	20m	25m	30m	35m	40m	45m	ORDONNÉES SUR LES TANGENTES. La distance à partir des points de tangence étant 5m	10m	15m	20m	25m	30m	35m	40m	45m	égale à la demi-corde
m.	m.	° '	m	m.	m.																			
13.00	48.28	149.52	485.69	97.69	6.39	6.32	6.12	5.78	5.31	4.70	3.95	3.06	2.03	0.83	0.07	0 27	0.61	1.08	1.69	2.44	3.33	4.36	5.54	6.39
13 10	48 25	149 37	484 47	97 65	6 43	6 38	6 16	5 82	5 34	4 73	3 97	3 08	2 04	0 85	0 07	0 27	0 64	1 09	1 70	2 46	3 35	4 39	5 58	6 43
13 20	48 23	149 23	482 67	97 61	6 48	6 44	6 24	5 86	5 38	4 76	4 00	3 10	2 05	0 85	0 07	0 27	0 62	1 10	1 72	2 48	3 38	4 43	5 63	6 48
13 30	48 20	149 9	481 20	97 57	6 52	6 45	6 25	5 90	5 42	4 79	4 02	3 11	2 06	0 85	0 07	0 27	0 62	1 10	1 73	2 50	3 41	4 46	5 67	6 52
13 40	48 17	148 55	479 74	97 54	6 57	6 50	6 30	5 94	5 46	4 83	4 05	3 13	2 07	0 85	0 07	0 27	0 63	1 11	1 74	2 52	3 44	4 50	5 72	6 57
13 50	48 14	148 40	478 30	97 50	6 62	6 55	6 34	5 99	5 50	4 86	4 08	3 15	2 08	0 85	0 07	0 28	0 63	1 12	1 76	2 54	3 47	4 54	5 77	6 62
13 60	48 11	148 26	476 89	97 46	6 67	6 60	6 39	6 03	5 54	4 90	4 11	3 17	2 09	0 85	0 07	0 28	0 64	1 13	1 77	2 56	3 50	4 58	5 82	6 67
13 70	48 09	148 12	475 50	97 42	6 71	6 64	6 43	6 07	5 57	4 93	4 13	3 19	2 10	0 85	0 07	0 28	0 64	1 14	1 78	2 58	3 52	4 61	5 86	6 71
13 80	48 06	147 57	474 12	97 38	6 76	6 69	6 48	6 11	5 61	4 96	4 16	3 21	2 11	0 85	0 07	0 28	0 65	1 15	1 80	2 60	3 55	4 65	5 91	6 76
13 90	48 03	147 43	472 77	97 34	6 81	6 74	6 52	6 16	5 65	4 99	4 19	3 23	2 12	0 85	0 07	0 29	0 65	1 16	1 82	2 62	3 58	4 69	5 96	6 81
14 00	48 00	147 29	471 43	97 30	6 86	6 79	6 57	6 20	5 69	5 03	4 22	3 25	2 13	0 85	0 07	0 29	0 66	1 17	1 83	2 64	3 61	4 73	6 01	6 86
14 10	47 97	147 14	470 11	97 26	6 90	6 83	6 61	6 24	5 72	5 06	4 24	3 26	2 13	0 84	0 07	0 29	0 66	1 18	1 84	2 66	3 64	4 77	6 06	6 90
14 20	47 94	147 0	468 81	97 22	6 95	6 88	6 66	6 28	5 76	5 09	4 26	3 28	2 14	0 84	0 07	0 29	0 67	1 19	1 86	2 69	3 67	4 81	6 11	6 95
14 30	47 91	146 46	467 52	97 18	7 00	6 92	6 70	6 33	5 80	5 12	4 29	3 30	2 15	0 84	0 08	0 30	0 67	1 20	1 88	2 71	3 70	4 85	6 16	7 00
14 40	47 88	146 31	466 25	97 14	7 05	6 97	6 75	6 37	5 84	5 16	4 32	3 32	2 16	0 84	0 08	0 30	0 68	1 21	1 89	2 73	3 73	4 89	6 21	7 05
14 50	47 85	146 17	465 00	97 10	7 09	7 01	6 79	6 41	5 87	5 19	4 34	3 33	2 17	0 83	0 08	0 30	0 68	1 22	1 90	2 75	3 76	4 92	6 26	7 09
14 60	47 82	146 3	463 77	97 06	7 14	7 06	6 84	6 45	5 91	5 22	4 37	3 35	2 18	0 83	0 08	0 30	0 69	1 23	1 92	2 77	3 79	4 96	6 31	7 14
14 70	47 79	145 48	462 55	97 01	7 19	7 11	6 88	6 49	5 95	5 25	4 40	3 37	2 19	0 83	0 08	0 31	0 70	1 24	1 94	2 79	3 82	5 00	6 36	7 19
14 80	47 76	145 24	461 35	96 97	7 23	7 15	6 92	6 53	5 98	5 28	4 42	3 39	2 19	0 82	0 08	0 31	0 70	1 25	1 95	2 81	3 84	5 04	6 41	7 23
14 90	47 73	145 19	460 16	96 93	7 28	7 20	6 97	6 57	6 02	5 31	4 45	3 41	2 20	0 82	0 08	0 31	0 71	1 26	1 97	2 83	3 87	5 08	6 46	7 28
15 00	47 70	145 5	458 99	96 89	7 32	7 24	7 01	6 61	6 05	5 34	4 47	3 42	2 21	0 82	0 08	0 31	0 71	1 27	1 98	2 85	3 90	5 11	6 50	7 32
15 10	47 66	144 51	457 83	96 84	7 37	7 29	7 05	6 65	6 09	5 37	4 49	3 44	2 22	0 82	0 08	0 32	0 72	1 28	2 00	2 88	3 93	5 15	6 55	7 37
15 20	47 63	144 36	456 69	96 80	7 42	7 34	7 10	6 70	6 13	5 41	4 52	3 46	2 23	0 81	0 08	0 32	0 72	1 29	2 01	2 90	3 96	5 19	6 61	7 42
15 30	47 60	144 22	455 56	96 75	7 47	7 39	7 15	6 74	6 17	5 44	4 55	3 48	2 24	0 81	0 08	0 32	0 73	1 30	2 03	2 92	3 99	5 23	6 66	7 47
15 40	47 57	144 7	454 45	96 71	7 51	7 43	7 19	6 78	6 21	5 47	4 57	3 49	2 24	0 80	0 08	0 32	0 73	1 30	2 04	2 94	4 02	5 27	6 71	7 51
15 50	47 54	143 53	453 35	96 67	7 56	7 48	7 23	6 82	6 25	5 50	4 59	3 51	2 25	0 80	0 08	0 33	0 74	1 31	2 06	2 97	4 05	5 31	6 76	7 56
15 60	47 50	143 38	452 26	96 62	7 60	7 52	7 27	6 86	6 28	5 53	4 61	3 52	2 25	0 79	0 08	0 33	0 74	1 32	2 07	2 99	4 08	5 35	6 81	7 60
15 70	47 47	143 24	451 18	96 57	7 65	7 57	7 32	6 90	6 32	5 56	4 64	3 54	2 26	0 79	0 08	0 33	0 75	1 33	2 09	3 01	4 11	5 39	6 86	7 65
15 80	47 44	143 9	450 12	96 53	7 69	7 61	7 36	6 94	6 35	5 59	4 66	3 55	2 26	0 78	0 08	0 33	0 75	1 34	2 10	3 03	4 14	5 43	6 91	7 69
15 90	47 40	142 55	449 07	96 48	7 74	7 65	7 40	6 98	6 39	5 63	4 69	3 57	2 27	0 78	0 09	0 34	0 76	1 35	2 11	3 05	4 17	5 47	6 96	7 74

Tangentes 50 mètres.

LONGUEUR de la bissectrice.	DEMI-CORDE.	ANGLE des alignements.	RAYON.	LONGUEUR de l'arc.	FLÈCHE.	ORDONNÉES SUR LA CORDE. La distance à partir de la flèche étant									ORDONNÉES SUR LES TANGENTES. La distance à partir des points de tangence étant									
						5m	10m	15m	20m	25m	30m	35m	40m	45m	5m	10m	15m	20m	25m	30m	35m	40m	45m	égale à la demi-corde
m	m	° '	m	m	m																			
16.00	47.37	142.40	148.03	96.44	7.79	7.70	7.45	7.02	6.43	5.66	4.72	3.59	2.28	0.78	0.09	0.34	0.77	1.36	2.13	3.07	4.20	5.54	7.01	7.79
16.10	47.34	142.26	147.01	96.39	7.83	7.74	7.49	7.06	6.46	5.69	4.74	3.60	2.28	0.77	0.09	0.34	0.77	1.37	2.14	3.09	4.23	5.55	7.06	7.83
16.20	47.30	142.11	146.00	96.34	7.88	7.79	7.54	7.10	9.50	5.72	4.76	3.62	2.29	0.77	0.09	0.34	0.78	1.38	2.16	3.12	4.26	5.59	7.11	7.88
16.30	47.27	141.57	145.00	96.29	7.92	7.83	7.58	7.14	6.53	5.75	4.78	3.63	2.29	0.76	0.09	0.34	0.78	1.39	2.17	3.14	4.29	5.63	7.16	7.92
16.40	47.23	141.42	144.01	96.25	7.97	7.88	7.62	7.18	6.57	5.78	4.81	3.65	2.30	0.76	0.09	0.35	0.79	1.40	2.19	3.16	4.32	5.67	7.21	7.97
16.50	47.20	141.28	143.03	96.20	8.01	7.92	7.66	7.22	6.60	5.81	4.83	3.66	2.30	0.75	0.09	0.35	0.79	1.41	2.20	3.18	4.35	5.71	7.26	8.01
16.60	47.16	141.13	142.06	96.15	8.06	7.97	7.71	7.26	6.64	5.84	4.86	3.68	2.31	0.75	0.09	0.35	0.80	1.42	2.22	3.20	4.38	5.75	7.31	8.06
16.70	47.13	140.59	141.10	96.10	8.10	8.01	7.75	7.30	6.67	5.87	4.88	3.69	2.31	0.74	0.09	0.35	0.80	1.43	2.23	3.22	4.41	5.79	7.36	8.10
16.80	47.09	140.44	140.16	96.05	8.15	8.06	7.79	7.34	6.71	5.90	4.90	3.71	2.32	0.73	0.09	0.36	0.81	1.44	2.25	3.25	4.44	5.83	7.42	8.15
16.90	47.06	140.29	139.22	96.00	8.19	8.10	7.83	7.38	6.74	5.93	4.92	3.72	2.32	0.72	0.09	0.36	0.81	1.45	2.26	3.27	4.47	5.87	7.47	8.19
17.00	47.02	140.15	138.30	95.95	8.24	8.15	7.88	7.42	6.78	5.96	4.95	3.74	2.33	0.71	0.09	0.36	0.82	1.46	2.28	3.29	4.50	5.91	7.53	8.24
17.10	46.98	140.0	137.38	95.90	8.28	8.19	7.92	7.46	6.82	5.99	4.97	3.75	2.33	0.70	0.09	0.36	0.82	1.46	2.29	3.31	4.53	5.95	7.58	8.28
17.20	46.95	139.45	136.48	95.85	8.33	8.24	7.96	7.50	6.86	6.02	4.99	3.76	2.34	0.70	0.09	0.37	0.83	1.47	2.31	3.34	4.57	5.99	7.63	8.33
17.30	46.91	139.31	135.58	95.80	8.37	8.28	8.00	7.54	6.88	6.05	5.01	3.77	2.34	0.69	0.09	0.37	0.83	1.48	2.32	3.36	4.60	6.03	7.68	8.37
17.40	46.87	139.16	134.70	95.75	8.42	8.33	8.05	7.58	6.93	6.08	5.04	3.79	2.35	0.68	0.09	0.37	0.84	1.49	2.34	3.38	4.63	6.07	7.74	8.42
17.50	46.84	139.2	133.82	95.70	8.46	8.37	8.09	7.62	6.96	6.11	5.06	3.80	2.35	0.67	0.09	0.37	0.84	1.50	2.35	3.40	4.66	6.11	7.79	8.46
17.60	46.80	138.47	132.95	95.64	8.51	8.41	8.13	7.66	7.00	6.14	5.08	3.82	2.35	0.66	0.10	0.38	0.85	1.51	2.37	3.43	4.69	6.16	7.85	8.51
17.70	46.76	138.32	132.10	95.59	8.55	8.45	8.17	7.70	7.03	6.17	5.10	3.83	2.33	0.65	0.10	0.38	0.85	1.52	2.38	3.45	4.72	6.20	7.90	8.55
17.80	46.72	138.17	131.25	95.54	8.60	8.50	8.22	7.74	7.07	6.20	5.12	3.84	2.36	0.64	0.10	0.38	0.86	1.53	2.40	3.48	4.76	6.24	7.96	8.60
17.90	46.69	138.3	130.41	95.49	8.64	8.54	8.26	7.78	7.10	6.22	5.14	3.85	2.36	0.63	0.10	0.38	0.86	1.54	2.42	3.50	4.79	6.28	8.01	8.64
18.00	46.65	137.48	129.58	95.43	8.69	8.59	8.30	7.82	7.14	6.25	5.17	3.87	2.36	0.62	0.10	0.39	0.87	1.55	2.44	3.52	4.82	6.33	8.07	8.69
18.10	46.61	137.33	128.76	95.38	8.73	8.63	8.34	7.86	7.17	6.28	5.19	3.88	2.36	0.61	0.10	0.39	0.87	1.56	2.45	3.54	4.85	6.37	8.12	8.73
18.20	46.57	137.18	127.94	95.32	8.78	8.68	8.39	7.90	7.21	6.31	5.21	3.90	2.36	0.60	0.10	0.39	0.88	1.57	2.47	3.57	4.88	6.42	8.18	8.78
18.30	46.53	137.4	127.13	95.27	8.82	8.72	8.43	7.93	7.24	6.34	5.23	3.91	2.36	0.59	0.10	0.39	0.89	1.58	2.48	3.59	4.91	6.46	8.23	8.82
18.40	46.49	136.48	126.33	95.22	8.86	8.76	8.47	7.97	7.27	6.37	5.25	3.92	2.36	0.58	0.10	0.39	0.89	1.59	2.49	3.61	4.94	6.50	8.29	8.86
18.50	46.45	136.34	125.54	95.16	8.91	8.81	8.51	8.01	7.31	6.40	5.27	3.93	2.37	0.57	0.10	0.40	0.90	1.60	2.51	3.64	4.98	6.54	8.34	8.91
18.60	46.41	136.19	124.76	95.10	8.95	8.85	8.55	8.05	7.34	6.42	5.29	3.94	2.37	0.56	0.10	0.40	0.90	1.61	2.53	3.66	5.01	6.58	8.39	8.95
18.70	46.37	136.5	123.99	95.05	9.00	8.90	8.60	8.09	7.38	6.45	5.31	3.96	2.37	0.53	0.10	0.40	0.91	1.62	2.55	3.69	5.04	6.63	8.45	9.00
18.80	46.33	135.50	123.22	94.99	9.04	8.94	8.64	8.13	7.41	6.48	5.33	3.97	2.37	0.53	0.10	0.40	0.91	1.63	2.56	3.71	5.07	6.67	8.51	9.04
18.90	46.29	135.35	122.46	94.94	9.09	8.99	8.68	8.17	7.44	6.31	5.35	3.08	2.37	0.52	0.10	0.41	0.92	1.65	2.58	3.74	5.11	6.72	8.57	9.09

Tangentes 50 mètres.

Longueur de la bissectrice.	Demi-corde.	Angle des alignements.	Rayon.	Longueur de l'arc.	Flèche.	Ordonnées sur la corde. La distance à partir de la flèche étant 5m	10m	15m	20m	25m	30m	35m	40m	45m	Ordonnées sur les tangentes. La distance à partir des points de tangence étant 5m	10m	15m	20m	25m	30m	35m	40m	45m	égale à la demi-corde
m	m	° '	m	m	m																			
19.00	46.25	135.20	121.74	94.88	9.13	9.03	8.72	8.20	7.47	6.53	5.37	3.99	2.37	0.50	0.10	0.41	0.93	1.66	2.60	3.76	5.14	6.76	8.63	9.13
19.10	46.21	135.5	120.96	94.82	9.17	9.07	8.76	8.24	7.50	6.56	5.39	4.00	2.37	0.49	0.10	0.41	0.93	1.67	2.61	3.78	5.17	6.80	8.68	9.17
19.20	46.17	134.50	120.22	94.76	9.22	9.11	8.80	8.28	7.54	6.59	5.41	4.01	2.37	0.48	0.11	0.42	0.94	1.68	2.63	3.81	5.21	6.85	8.74	9.22
19.30	46.12	134.35	119.49	94.71	9.26	9.15	8.84	8.32	7.57	6.62	5.43	4.02	2.37	0.46	0.11	0.42	0.94	1.69	2.64	3.83	5.24	6.89	8.80	9.26
19.40	46.08	134.20	118.77	94.65	9.30	9.19	8.88	8.35	7.60	6.64	5.45	4.03	2.37	0.45	0.11	0.42	0.95	1.70	2.66	3.85	5.27	6.93	8.85	9.30
19.50	46.04	134.5	118.05	94.59	9.34	9.23	8.92	8.39	7.63	6.67	5.47	4.04	2.36	0.43	0.11	0.42	0.95	1.71	2.67	3.87	5.30	6.98	8.91	9.34
19.60	46.00	133.50	117.34	94.53	9.39	9.28	8.96	8.43	7.67	6.70	5.49	4.05	2.36	0.42	0.11	0.43	0.96	1.72	2.69	3.90	5.34	7.03	8.97	9.39
19.70	45.95	133.36	116.64	94.47	9.43	9.32	9.00	8.46	7.70	6.72	5.51	4.06	2.35	0.40	0.11	0.43	0.97	1.73	2.71	3.92	5.37	7.07	9.03	9.43
19.80	45.91	133.21	115.94	94.41	9.48	9.37	9.05	8.50	7.74	6.75	5.53	4.07	2.36	0.39	0.11	0.43	0.98	1.74	2.73	3.95	5.41	7.12	9.09	9.48
19.90	45.87	133.6	115.25	94.35	9.52	9.41	9.09	8.54	7.77	6.78	5.55	4.08	2.35	0.37	0.11	0.43	0.98	1.75	2.74	3.97	5.44	7.17	9.15	9.52
20.00	45.82	132.51	114.56	94.29	9.57	9.46	9.13	8.58	7.81	6.81	5.57	4.09	2.35	0.36	0.11	0.44	0.99	1.76	2.76	4.00	5.48	7.22	9.21	9.57
20.10	45.78	132.36	113.88	94.23	9.61	9.50	9.17	8.62	7.84	6.83	5.58	4.10	2.35	0.34	0.11	0.44	0.99	1.77	2.78	4.03	5.51	7.26	9.27	9.61
20.20	45.74	132.21	113.21	94.17	9.65	9.54	9.21	8.65	7.87	6.86	5.60	4.10	2.35	0.32	0.11	0.44	1.00	1.78	2.79	4.05	5.55	7.30	9.33	9.65
20.30	45.69	132.6	112.55	94.10	9.69	9.58	9.25	8.69	7.90	6.88	5.62	4.11	2.34	0.30	0.11	0.44	1.00	1.79	2.81	4.07	5.59	7.35	9.39	9.69
20.40	45.65	131.50	111.89	94.04	9.74	9.63	9.29	8.73	7.94	6.91	5.64	4.12	2.34	0.29	0.11	0.45	1.01	1.80	2.83	4.10	5.62	7.40	9.45	9.74
20.50	45.60	131.35	111.23	93.98	9.78	9.67	9.33	8.76	7.97	6.93	5.66	4.13	2.34	0.27	0.11	0.45	1.02	1.81	2.85	4.12	5.65	7.44	9.51	9.78
20.60	45.56	131.20	110.58	93.92	9.82	9.71	9.37	8.80	8.00	6.96	5.67	4.14	2.33	0.25	0.11	0.45	1.02	1.82	2.86	4.15	5.68	7.49	9.57	9.82
20.70	45.51	131.5	109.94	93.85	9.86	9.75	9.41	8.83	8.03	6.98	5.69	4.14	2.32	0.23	0.11	0.45	1.03	1.83	2.88	4.17	5.72	7.54	9.63	9.86
20.80	45.47	130.50	109.30	93.79	9.91	9.79	9.45	8.87	8.06	7.01	5.71	4.15	2.32	0.21	0.12	0.45	1.04	1.85	2.90	4.20	5.76	7.59	9.70	9.91
20.90	45.42	130.35	108.66	93.72	9.95	9.83	9.49	8.91	8.09	7.03	5.72	4.16	2.31	0.19	0.12	0.46	1.04	1.86	2.92	4.23	5.79	7.64	9.76	9.95
21.00	45.38	130.20	108.04	93.66	9.99	9.87	9.53	8.94	8.12	7.06	5.74	4.16	2.31	0.17	0.12	0.46	1.05	1.87	2.93	4.25	5.83	7.68	9.82	9.99
21.10	45.33	130.5	107.42	93.59	10.03	9.91	9.57	8.98	8.15	7.08	5.70	4.17	2.30	0.15	0.12	0.46	1.05	1.88	2.95	4.27	5.86	7.73	9.88	10.03
21.20	45.28	129.49	106.80	93.53	10.08	9.96	9.61	9.02	8.19	7.11	5.78	4.18	2.30	0.13	0.12	0.47	1.06	1.89	2.97	4.30	5.90	7.78	9.95	10.08
21.30	45.24	129.34	106.19	93.46	10.12	10.00	9.65	9.05	8.22	7.13	5.79	4.18	2.29	0.11	0.12	0.47	1.07	1.90	2.99	4.33	5.94	7.83	10.01	10.12
21.40	45.19	129.19	105.58	93.39	10.16	10.04	9.69	9.09	8.25	7.16	5.84	4.19	2.29	0.09	0.12	0.47	1.07	1.91	3.00	4.35	5.97	7.87	10.07	10.16
21.50	45.14	129.4	104.98	93.33	10.20	10.08	9.72	9.12	8.28	7.18	5.82	4.20	2.28	0.07	0.12	0.48	1.08	1.92	3.02	4.38	6.00	7.92	10.13	10.20
21.60	45.09	128.49	104.38	93.26	10.24	10.12	9.76	9.15	8.31	7.20	5.84	4.20	2.27	0.04	0.12	0.48	1.09	1.93	3.04	4.40	6.04	7.97	10.20	10.24
21.70	45.04	128.33	103.79	93.19	10.28	10.16	9.80	9.19	8.34	7.23	5.85	4.20	2.26	0.02	0.12	0.48	1.09	1.94	3.05	4.43	6.08	8.02	10.26	10.28
21.80	45.00	128.18	103.20	93.12	10.33	10.21	9.84	9.23	8.37	7.26	5.87	4.21	2.26	»	0.12	0.49	1.10	1.96	3.07	4.46	6.12	8.07	»	10.33
21.90	44.95	128.3	102.62	93.05	10.37	10.25	9.88	9.27	8.40	7.28	5.88	4.21	2.25	»	0.12	0.49	1.10	1.97	3.09	4.49	6.16	8.12	»	10.37

Tangentes 50 mètres.

LONGUEUR de la bissectrice.	DEMI-CORDE.	ANGLE des alignements.	RAYON.	LONGUEUR de l'arc.	FLÈCHE.	ORDONNÉES SUR LA CORDE. La distance à partir de la flèche étant									ORDONNÉES SUR LES TANGENTES. La distance à partir des points de tangence étant									
						5m	10m	15m	20m	25m	30m	35m	40m	45m	5m	10m	15m	20m	25m	30m	35m	40m	45m	égale à la demi-corde
m	m	° '	m	m	m																			
22.00	44.90	127 48	102.04	92.98	10.41	10.29	9.92	9.30	8.43	7.30	5.90	4.22	2.24	»	0.12	0.49	1.11	1.98	3.11	4.51	6.19	8.17	»	10.41
22 10	44 85	127 32	101 47	92 91	10 45	10 33	9 96	9 33	8 46	7 32	5 94	4 22	2 23	»	0 12	0 49	1 12	1 99	3 13	4 54	6 23	8 22	»	10 45
22 20	44 80	127 17	100 90	92 84	10 49	10 37	9 99	9 37	8 49	7 34	5 93	4 23	2 22	»	0 12	0 50	1 12	2 00	3 15	4 56	6 26	8 27	»	10 49
22 30	44 75	127 2	100 34	92 77	10 53	10 41	10 03	9 40	8 52	7 37	5 94	4 23	2 21	»	0 12	0 50	1 13	2 01	3 16	4 59	6 30	8 32	»	10 53
22 40	44 70	126 46	99 78	92 70	10 57	10 45	10 07	9 43	8 55	7 39	5 95	4 23	2 20	»	0 12	0 50	1 14	2 02	3 18	4 62	6 34	8 37	»	10 57
22 50	44 65	126 31	99 22	92 63	10 62	10 49	10 11	9 47	8 58	7 42	5 97	4 24	2 19	»	0 13	0 51	1 15	2 04	3 20	4 65	6 38	8 43	»	10 62
22 60	44 60	126 15	98 67	92 56	10 66	10 53	10 15	9 51	8 61	7 44	5 98	4 24	2 18	»	0 13	0 51	1 15	2 05	3 22	4 68	6 42	8 48	»	10 66
22 70	44 55	126 0	98 13	92 48	10 70	10 57	10 19	9 54	8 64	7 46	6 00	4 24	2 17	»	0 13	0 51	1 16	2 06	3 24	4 70	6 46	8 53	»	10 70
22 80	44 50	125 44	97 58	92 41	10 74	10 61	10 22	9 58	8 66	7 48	6 01	4 24	2 16	»	0 13	0 52	1 16	2 08	3 26	4 73	6 50	8 58	»	10 74
22 90	44 45	125 29	97 04	92 34	10 78	10 65	10 26	9 61	8 69	7 50	6 02	4 24	2 15	»	0 13	0 52	1 17	2 09	3 28	4 76	6 54	8 63	»	10 78
23 00	44 39	125 13	96 51	92 26	10 82	10 69	10 30	9 64	8 72	7 52	6 04	4 25	2 14	»	0 13	0 52	1 18	2 10	3 30	4 78	6 57	8 68	»	10 82
23 10	44 34	124 58	95 98	92 19	10 86	10 73	10 34	9 68	8 75	7 54	6 05	4 25	2 13	»	0 13	0 52	1 18	2 11	3 32	4 81	6 61	8 73	»	10 86
23 20	44 29	124 42	95 46	92 11	10 90	10 77	10 37	9 71	8 78	7 57	6 06	4 25	2 11	»	0 13	0 53	1 19	2 12	3 33	4 84	6 65	8 79	»	10 90
23 30	44 24	124 27	94 94	92 04	10 94	10 81	10 41	9 74	8 81	7 59	6 07	4 25	2 10	»	0 13	0 53	1 20	2 13	3 35	4 87	6 69	8 84	»	10 94
23 40	44 19	124 11	94 42	91 96	10 98	10 85	10 45	9 78	8 83	7 61	6 08	4 25	2 09	»	0 13	0 53	1 20	2 15	3 37	4 90	6 73	8 89	»	10 98
23 50	44 13	123 56	93 90	91 88	11 02	10 89	10 48	9 81	8 86	7 63	6 10	4 25	2 07	»	0 13	0 54	1 21	2 16	3 39	4 92	6 77	8 95	»	11 02
23 60	44 08	123 40	93 39	91 81	11 06	10 93	10 52	9 84	8 89	7 65	6 11	4 25	2 06	»	0 13	0 54	1 22	2 17	3 41	4 95	6 81	9 00	»	11 06
23 70	44 03	123 25	92 88	91 73	11 10	10 97	10 56	9 88	8 92	7 67	6 12	4 25	2 04	»	0 13	0 54	1 22	2 18	3 43	4 98	6 85	9 06	»	11 10
23 80	43 97	123 9	92 38	91 65	11 14	11 00	10 60	9 91	8 95	7 69	6 13	4 25	2 03	»	0 14	0 54	1 23	2 19	3 45	5 01	6 89	9 11	»	11 14
23 90	43 92	122 53	91 88	91 57	11 18	11 04	10 63	9 94	8 97	7 71	6 14	4 25	2 01	»	0 14	0 55	1 24	2 21	3 47	5 04	6 93	9 17	»	11 18
24 00	43 86	122 38	91 38	91 50	11 22	11 08	10 67	9 98	9 00	7 73	6 15	4 25	2 00	»	0 14	0 55	1 24	2 22	3 49	5 07	6 97	9 22	»	11 22
24 10	43 81	122 22	90 89	91 42	11 26	11 12	10 71	10 01	9 03	7 75	6 16	4 25	1 98	»	0 14	0 55	1 25	2 23	3 51	5 10	7 01	9 28	»	11 26
24 20	43 75	122 6	90 40	91 34	11 30	11 16	10 74	10 04	9 06	7 77	6 17	4 25	1 96	»	0 14	0 56	1 26	2 24	3 53	5 13	7 05	9 34	»	11 30
24 30	43 70	121 51	89 91	91 26	11 33	11 19	10 77	10 07	9 08	7 79	6 18	4 24	1 94	»	0 14	0 56	1 26	2 25	3 54	5 15	7 09	9 39	»	11 33
24 40	43 64	121 35	89 43	91 18	11 37	11 23	10 81	10 10	9 11	7 81	6 19	4 24	1 93	»	0 14	0 56	1 27	2 26	3 56	5 18	7 13	9 44	»	11 37
24 50	43 59	121 19	88 95	91 10	11 41	11 27	10 85	10 14	9 13	7 83	6 20	4 24	1 91	»	0 14	0 56	1 27	2.28	3 58	5 21	7 17	9 50	»	11 41
24 60	43 53	121 3	88 47	91 04	11 45	11 31	10 88	10 17	9 16	7 85	6 21	4 23	1 89	»	0 14	0 57	1 28	2 29	3 60	5 24	7 22	9 56	»	11 45
24 70	43 47	120 47	88 00	90 93	11 49	11 35	10 92	10 20	9 19	7 87	6 22	4 23	1 87	»	0 14	0 57	1 29	2 30	3 62	5 27	7 26	9 62	»	11 49
24 80	43 42	120 32	87 53	90 85	11 52	11 38	10 95	10 23	9 21	7 88	6 22	4 22	1 85	»	0 14	0 57	1 29	2 31	3 64	5 30	7 30	9 67	»	11 52
24 90	43 36	120 16	87 07	90 77	11 56	11 42	10 98	10 26	9 24	7 90	6 23	4 22	1 83	»	0 14	0 58	1 30	2 32	3 66	5 33	7 34	9 73	»	11 56

Tangentes 50 mètres.

Longueur de la bissectrice	Demi-corde	Angle des alignements	Rayon	Longueur de l'arc	Flèche	Ordonnées sur la corde, la distance à partir de la flèche étant 5	10	15	20	25	30	35	40	45	Ordonnées sur les tangentes, la distance à partir des points de tangence étant 5	10	15	20	25	30	35	40	45	[illegible]
m	m	° '	m	m	m																			
25.00	43.30	120 [illegible]	86.60	90.69	[illegible]	11.46	11.02	10.29	9.40	7.92	6.24	4.24	[illegible]	»	0.14	0.58	1.31	2.34	3.66	5.36	7.30	9.75	»	[illegible]
25.10	43.24	119 44	86.14	90.60	11.64	11.39	11.06	10.33	9.29	7.93	6.25	4.24	1.70	»	0.14	0.58	1.31	2.35	3.71	5.39	7.40	9.85	»	[illegible]
25.20	43.18	119 28	85.68	90.51	11.68	11.53	11.09	10.36	9.31	7.95	6.26	4.20	1.75	»	0.15	0.58	1.32	2.37	3.73	5.42	7.48	9.92	»	[illegible]
25.30	43.13	119 12	85.23	90.42	11.72	11.57	11.13	10.39	9.34	7.97	6.27	4.20	1.73	»	0.15	0.59	1.33	2.38	3.75	5.45	7.55	9.97	»	[illegible]
25.40	43.07	118 56	84.78	90.35	11.75	11.60	11.16	10.42	9.36	7.98	6.27	4.19	1.72	»	0.15	0.59	1.33	2.39	3.77	5.48	7.65	10.08	»	[illegible]
25.50	43.01	118 40	84.33	90.26	11.79	11.64	11.20	10.45	9.39	8.00	6.28	4.18	1.70	»	0.15	0.59	1.34	2.40	3.79	5.52	7.61	10.10	»	11.79
25.60	42.95	118 24	83.88	90.17	11.83	11.68	11.23	10.48	9.44	8.02	6.28	4.18	1.68	»	0.15	0.60	1.35	2.42	3.81	5.55	7.63	10.18	»	11.88
25.70	42.89	118 8	83.44	90.08	11.87	11.72	11.27	10.51	9.44	8.04	6.29	4.17	1.66	»	0.15	0.60	1.35	2.43	3.83	5.58	7.70	10.24	»	11.81
25.80	42.83	117 52	83.00	90.00	11.90	11.75	11.30	10.54	9.46	8.05	6.30	4.16	1.63	»	0.15	0.60	1.36	2.44	3.85	5.61	7.74	10.37	»	11.96
25.90	42.77	117 36	82.56	89.91	11.94	11.79	11.33	10.57	9.48	8.06	6.30	4.15	1.60	»	0.15	0.61	1.37	2.46	3.88	5.64	7.79	10.37	»	[illegible]
26.00	42.71	117 20	82.13	89.82	11.98	11.83	11.37	10.60	9.50	8.08	6.30	4.15	1.58	»	0.15	0.61	1.38	2.47	3.90	5.68	7.83	10.39	»	[illegible]
26.10	42.65	117 4	81.70	89.73	12.01	11.86	11.40	10.62	9.53	8.09	6.30	4.14	1.55	»	0.15	0.61	1.39	2.48	3.92	5.74	7.87	10.46	»	[illegible]
26.20	42.58	116 48	81.27	89.64	12.05	11.90	11.43	10.65	9.55	8.11	6.31	4.13	1.53	»	0.15	0.62	1.40	2.50	3.94	5.74	7.92	10.52	»	12.05
26.30	42.52	116 32	80.84	89.55	12.08	11.93	11.46	10.68	9.57	8.12	6.32	4.12	1.50	»	0.16	0.62	1.40	2.51	3.96	5.77	7.96	10.58	»	12.08
26.40	42.46	116 16	80.42	89.46	12.12	11.97	11.50	10.71	9.60	8.14	6.32	4.11	1.47	»	0.16	0.62	1.41	2.52	3.98	5.80	8.01	10.65	»	12.12
26.50	42.40	115 59	80.00	89.37	12.16	12.00	11.53	10.74	9.62	8.15	6.32	4.10	1.44	»	0.16	0.63	1.42	2.54	4.01	5.84	8.06	10.72	»	12.16
26.60	42.34	115 43	79.58	89.28	12.20	12.04	11.57	10.77	9.65	8.17	6.33	4.09	1.41	»	0.16	0.63	1.43	2.55	4.03	5.87	8.11	10.79	»	12.20
26.70	42.27	115 27	79.17	89.19	12.23	12.07	11.60	10.80	9.67	8.18	6.33	4.07	1.38	»	0.16	0.63	1.43	2.56	4.06	5.90	8.16	10.85	»	12.23
26.80	42.21	115 11	78.76	89.09	12.27	12.11	11.63	10.83	9.69	8.19	6.33	4.06	1.35	»	0.16	0.64	1.44	2.58	4.08	5.94	8.21	10.90	»	12.27
26.90	42.15	114 54	78.35	89.00	12.30	12.14	11.66	10.85	9.71	8.20	6.33	4.05	1.32	»	0.16	0.64	1.45	2.60	4.10	5.97	8.25	10.98	»	12.30
27.00	42.08	114 38	77.93	88.91	12.34	12.18	11.70	10.88	9.73	8.22	6.33	4.04	1.29	»	0.16	0.64	1.46	2.61	4.12	6.01	8.30	11.06	»	12.34
27.10	42.02	114 22	77.52	88.81	12.38	12.22	11.73	10.91	9.75	8.24	6.34	4.03	1.26	»	0.16	0.65	1.47	2.63	4.14	6.04	8.35	11.12	»	12.38
27.20	41.95	[illegible] 5	77.12	88.72	12.41	12.25	11.76	10.94	9.77	8.25	6.34	4.01	1.23	»	0.16	0.65	1.47	2.64	4.16	6.07	8.40	11.18	»	12.41
27.30	41.89	113 49	76.72	88.62	12.44	12.28	11.79	10.96	9.79	8.26	6.34	3.99	1.19	»	0.16	0.65	1.48	2.65	4.18	6.10	8.45	11.25	»	12.44
27.40	41.82	113 32	76.32	88.53	12.48	12.32	11.82	10.99	9.81	8.27	6.34	3.98	1.16	»	0.16	0.66	1.49	2.67	4.21	6.14	8.50	11.32	»	12.48
27.50	41.75	113 16	75.92	88.43	12.51	12.35	11.85	11.01	9.83	8.28	6.34	3.96	1.12	»	0.16	0.66	1.50	2.68	4.23	6.17	8.55	11.39	»	12.51
27.60	41.69	112 59	75.53	88.33	12.55	12.38	11.89	11.04	9.85	8.29	6.34	3.95	1.09	»	0.17	0.66	1.51	2.70	4.26	6.21	8.60	11.46	»	12.55
27.70	41.62	112 33	75.14	88.23	12.58	12.42	11.92	11.07	9.87	8.30	6.34	3.94	1.06	»	0.17	0.67	1.52	2.72	4.29	6.25	8.65	11.53	»	12.58
27.80	41.56	112 26	74.75	88.14	12.62	12.45	11.95	11.10	9.89	8.31	6.33	3.92	1.02	»	0.17	0.67	1.52	2.73	4.31	6.29	8.70	11.60	»	12.62
27.90	41.49	112 10	74.36	88.04	12.65	12.48	11.98	11.12	9.91	8.32	6.33	3.90	0.98	»	0.17	0.67	1.53	2.74	4.33	6.32	8.75	11.67	»	12.65

Tangentes 50 mètres.

LONGUEUR de la bissectrice.	DEMI-CORDE.	ANGLE des alignements.	RAYON.	LONGUEUR de l'arc.	FLÈCHE.	ORDONNÉES SUR LA CORDE. La distance à partir de la flèche étant 5m	10m	15m	20m	25m	30m	35m	40m	45m	ORDONNÉES SUR LES TANGENTES. La distance à partir des points de tangence étant 5m	10m	15m	20m	25m	30m	35m	40m	45m	égale à la demi-corde
m	m	° '	m	m	m																			
28.00	41.42	111 53	73.97	87.94	12.69	12.32	12.01	11.15	9.93	8.33	6.33	3.88	0.94	»	0.17	0.68	1.54	2.76	4.36	6.36	8.81	11.75	»	12.69
28.10	41.36	111 37	73.59	87.84	12.72	12.55	12.04	11.18	9.95	8.34	6.33	3.86	0.90	»	0.17	0.68	1.54	2.77	4.38	6.39	8.86	11.82	»	12.72
28.20	41.29	111 20	73.21	87.73	12.75	12.58	12.07	11.20	9.97	8.35	6.32	3.84	0.86	»	0.17	0.68	1.55	2.78	4.40	6.43	8.91	11.89	»	12.75
28.30	41.22	111 3	72.83	87.63	12.79	12.62	12.10	11.23	9.99	8.36	6.32	3.82	0.82	»	0.17	0.69	1.56	2.80	4.43	6.47	8.97	11.97	»	12.79
28.40	41.15	110 47	72.45	87.53	12.82	12.65	12.13	11.25	10.01	8.37	6.32	3.80	0.78	»	0.17	0.69	1.57	2.81	4.45	6.50	9.02	12.04	»	12.82
28.50	41.08	110 30	72.07	87.43	12.85	12.68	12.16	11.27	10.02	8.38	6.31	3.78	0.73	»	0.17	0.69	1.58	2.83	4.47	6.54	9.07	12.12	»	12.85
28.60	41.01	110 13	71.70	87.32	12.89	12.72	12.19	11.30	10.04	8.39	6.31	3.76	0.69	»	0.17	0.70	1.59	2.85	4.50	6.58	9.13	12.20	»	12.89
28.70	40.94	109 56	71.33	87.22	12.92	12.75	12.22	11.32	10.06	8.40	6.30	3.74	0.65	»	0.17	0.70	1.60	2.86	4.52	6.62	9.18	12.27	»	12.92
28.80	40.87	109 40	70.96	87.11	12.95	12.78	12.25	11.35	10.08	8.40	6.29	3.72	0.60	»	0.17	0.70	1.60	2.87	4.55	6.66	9.23	12.35	»	12.95
28.90	40.80	109 23	70.59	87.01	12.99	12.81	12.28	11.38	10.10	8.41	6.29	3.70	0.56	»	0.18	0.71	1.61	2.89	4.58	6.70	9.29	12.42	»	12.99
29.00	40.73	109 6	70.23	86.90	13.02	12.84	12.31	11.40	10.11	8.42	6.28	3.68	0.51	»	0.18	0.71	1.62	2.91	4.60	6.74	9.34	12.51	»	13.02
29.10	40.66	108 49	69.86	86.79	13.05	12.87	12.33	11.42	10.13	8.42	6.28	3.65	0.47	»	0.18	0.72	1.63	2.92	4.63	6.77	9.40	12.58	»	13.05
29.20	40.59	108 32	69.50	86.69	13.08	12.90	12.36	11.44	10.14	8.43	6.27	3.63	0.42	»	0.18	0.72	1.64	2.94	4.65	6.81	9.45	12.66	»	13.08
29.30	40.52	108 15	69.14	86.58	13.11	12.93	12.39	11.46	10.15	8.43	6.26	3.60	0.37	»	0.18	0.72	1.65	2.96	4.68	6.85	9.51	12.74	»	13.11
29.40	40.44	107 58	68.78	86.47	13.15	12.97	12.42	11.49	10.17	8.44	6.26	3.58	0.32	»	0.18	0.73	1.66	2.98	4.71	6.89	9.57	12.83	»	13.15
29.50	40.37	107 41	68.42	86.36	13.18	13.00	12.45	11.51	10.19	8.45	6.25	3.55	0.27	»	0.18	0.73	1.67	2.99	4.73	6.93	9.63	12.91	»	13.18
29.60	40.30	107 24	68.07	86.25	13.21	13.03	12.47	11.54	10.20	8.45	6.24	3.52	0.22	»	0.18	0.74	1.67	3.01	4.76	6.97	9.69	12.99	»	13.21
29.70	40.22	107 7	67.71	86.14	13.24	13.06	12.50	11.56	10.22	8.46	6.23	3.49	0.16	»	0.18	0.74	1.68	3.02	4.78	7.01	9.75	13.08	»	13.24
29.80	40.15	106 50	67.36	86.03	13.27	13.09	12.53	11.58	10.23	8.46	6.22	3.47	0.11	»	0.18	0.74	1.69	3.04	4.81	7.05	9.80	13.16	»	13.27
29.90	40.07	106 33	67.01	85.91	13.30	13.12	12.55	11.60	10.25	8.46	6.21	3.44	0.05	»	0.18	0.75	1.70	3.05	4.84	7.09	9.86	13.25	»	13.30
30.00	40.00	106 16	66.67	85.80	13.33	13.14	12.58	11.62	10.26	8.46	6.20	3.41	»	»	0.19	0.75	1.71	3.07	4.87	7.13	9.92	»	»	13.33
30.10	39.92	105 58	66.32	85.69	13.36	13.17	12.60	11.64	10.28	8.47	6.19	3.37	»	»	0.19	0.76	1.72	3.08	4.90	7.17	9.99	»	»	13.36
30.20	39.85	105 41	65.97	85.57	13.39	13.20	12.63	11.66	10.29	8.47	6.18	3.34	»	»	0.19	0.76	1.73	3.10	4.92	7.21	10.05	»	»	13.39
30.30	39.77	105 24	65.63	85.46	13.42	13.23	12.66	11.69	10.30	8.47	6.17	3.31	»	»	0.19	0.76	1.73	3.12	4.95	7.25	10.11	»	»	13.42
30.40	39.70	105 7	65.29	85.34	13.45	13.26	12.68	11.71	10.31	8.48	6.15	3.28	»	»	0.19	0.77	1.74	3.14	4.97	7.30	10.17	»	»	13.45
30.50	39.62	104 49	64.95	85.23	13.48	13.29	12.71	11.73	10.33	8.48	6.14	3.25	»	»	0.19	0.77	1.75	3.15	5.00	7.34	10.23	»	»	13.48
30.60	39.54	104 32	64.61	85.11	13.51	13.32	12.73	11.75	10.34	8.48	6.13	3.21	»	»	0.19	0.78	1.76	3.17	5.03	7.38	10.30	»	»	13.51
30.70	39.46	104 14	64.27	84.99	13.54	13.35	12.76	11.77	10.35	8.48	6.11	3.18	»	»	0.19	0.78	1.77	3.19	5.06	7.43	10.36	»	»	13.54
30.80	39.39	103 57	63.94	84.87	13.57	13.38	12.78	11.79	10.36	8.48	6.10	3.14	»	»	0.19	0.79	1.78	3.21	5.09	7.47	10.43	»	»	13.57
30.90	39.31	103 40	63.60	84.75	13.60	13.40	12.81	11.81	10.37	8.48	6.08	3.10	»	»	0.20	0.79	1.79	3.23	5.12	7.52	10.50	»	»	13.60

Tangentes 50 mètres.

Longueur de la bissectrice.	Demi-corde.	Angle des alignements.	Rayon.	Longueur de l'arc.	Flèche.	Ordonnées sur la corde. La distance à partir de la flèche étant 5m	10m	15m	20m	25m	30m	35m	40m	45m	Ordonnées sur les tangentes. La distance à partir des points de tangence étant 5m	10m	15m	20m	25m	30m	35m	40m	45m	égale à la demi-corde
m	m	° '	m	m	m																		
31.00	39.23	103 33	63.27	84.63	13.61	13.43	12.83	11.83	10.38	8.48	6.06	3.07	»	»	0.20	0.80	1.80	3.25	5.15	7.57	10.56	»	»	13.63
31.10	39.15	103 5	62.94	84.51	13.66	13.46	12.86	11.85	10.39	8.48	6.05	3.03	»	»	0.20	0.80	1.81	3.27	5.18	7.61	10.63	»	»	13.66
31.20	39.07	102 47	62.61	84.38	13.69	13.48	12.88	11.87	10.40	8.48	6.03	2.99	»	»	0.20	0.81	1.82	3.29	5.21	7.66	10.70	»	»	13.69
31.30	38.99	102 29	62.29	84.26	13.71	13.51	12.90	11.88	10.41	8.47	6.01	2.95	»	»	0.20	0.81	1.83	3.30	5.24	7.70	10.76	»	»	13.71
31.40	38.91	102 12	61.96	84.14	13.74	13.54	12.93	11.90	10.42	8.47	5.99	2.91	»	»	0.20	0.81	1.84	3.32	5.27	7.75	10.83	»	»	13.74
31.50	38.83	101 54	61.63	84.02	13.77	13.57	12.95	11.92	10.43	8.47	5.98	2.87	»	»	0.20	0.82	1.85	3.34	5.30	7.79	10.90	»	»	13.77
31.60	38.75	101 36	61.31	83.89	13.79	13.59	12.97	11.93	10.44	8.46	5.96	2.82	»	»	0.20	0.82	1.86	3.35	5.33	7.83	10.97	»	»	13.79
31.70	38.67	101 19	60.98	83.76	13.82	13.62	12.99	11.95	10.45	8.46	5.94	2.78	»	»	0.20	0.83	1.87	3.37	5.36	7.88	11.04	»	»	13.82
31.80	38.58	101 1	60.67	83.64	13.85	13.64	13.02	11.97	10.46	8.46	5.92	2.74	»	»	0.21	0.83	1.88	3.39	5.39	7.93	11.11	»	»	13.85
31.90	38.50	100 43	60.35	83.51	13.88	13.67	13.04	11.99	10.47	8.46	5.90	2.70	»	»	0.21	0.84	1.89	3.41	5.42	7.98	11.18	»	»	13.88
32.00	38.42	100 25	60.03	83.38	13.90	13.69	13.06	12.00	10.47	8.45	5.87	2.65	»	»	0.21	0.84	1.90	3.43	5.45	8.03	11.25	»	»	13.90
32.10	38.34	100 7	59.71	83.25	13.93	13.72	13.09	12.02	10.48	8.45	5.85	2.60	»	»	0.21	0.84	1.91	3.45	5.48	8.08	11.33	»	»	13.93
32.20	38.25	99 49	59.40	83.12	13.96	13.75	13.11	12.03	10.49	8.44	5.83	2.55	»	»	0.21	0.85	1.93	3.47	5.52	8.13	11.41	»	»	13.96
32.30	38.17	99 31	59.08	82.99	13.98	13.77	13.13	12.04	10.49	8.43	5.80	2.50	»	»	0.21	0.85	1.94	3.49	5.55	8.18	11.48	»	»	13.98
32.40	38.08	99 13	58.77	82.86	14.01	13.80	13.15	12.06	10.50	8.42	5.77	2.45	»	»	0.21	0.86	1.95	3.51	5.59	8.24	11.56	»	»	14.01
32.50	38.00	98 55	58.46	82.73	14.03	13.83	13.17	12.07	10.50	8.41	5.74	2.40	»	»	0.21	0.86	1.96	3.53	5.62	8.29	11.63	»	»	14.03
32.60	37.91	98 37	58.15	82.59	14.06	13.85	13.19	12.09	10.51	8.41	5.72	2.35	»	»	0.21	0.87	1.97	3.55	5.65	8.34	11.71	»	»	14.06
32.70	37.82	98 19	57.84	82.46	14.08	13.87	13.21	12.10	10.51	8.40	5.69	2.29	»	»	0.21	0.87	1.98	3.57	5.68	8.39	11.79	»	»	14.08
32.80	37.74	98 1	57.53	82.33	14.11	13.89	13.23	12.12	10.52	8.39	5.67	2.24	»	»	0.22	0.88	1.99	3.59	5.72	8.44	11.87	»	»	14.11
32.90	37.65	97 43	57.22	82.19	14.13	13.91	13.25	12.13	10.52	8.38	5.64	2.18	»	»	0.22	0.88	2.00	3.61	5.75	8.49	11.95	»	»	14.13
33.00	37.56	97 24	56.91	82.05	14.16	13.94	13.27	12.15	10.53	8.37	5.61	2.12	»	»	0.22	0.89	2.01	3.63	5.79	8.55	12.04	»	»	14.16
33.10	37.47	97 6	56.61	81.92	14.18	13.96	13.29	12.16	10.53	8.36	5.58	2.06	»	»	0.22	0.89	2.02	3.65	5.82	8.60	12.12	»	»	14.18
33.20	37.38	96 47	56.30	81.77	14.20	13.98	13.30	12.17	10.53	8.35	5.55	2.00	»	»	0.22	0.90	2.03	3.67	5.85	8.65	12.20	»	»	14.20
33.30	37.30	96 29	56.00	81.63	14.22	14.00	13.32	12.18	10.53	8.34	5.51	1.94	»	»	0.22	0.90	2.04	3.69	5.88	8.71	12.28	»	»	14.22
33.40	37.21	96 10	55.70	81.49	14.25	14.03	13.34	12.19	10.54	8.33	5.48	1.88	»	»	0.22	0.91	2.06	3.71	5.92	8.77	12.37	»	»	14.25
33.50	37.12	95 52	55.40	81.35	14.27	14.05	13.36	12.20	10.54	8.31	5.45	1.81	»	»	0.22	0.91	2.07	3.73	5.96	8.82	12.46	»	»	14.27
33.60	37.03	95 33	55.10	81.20	14.30	14.07	13.38	12.21	10.54	8.30	5.42	1.75	»	»	0.23	0.92	2.09	3.76	6.00	8.88	12.55	»	»	14.30
33.70	36.94	95 15	54.80	81.06	14.32	14.09	13.40	12.22	10.54	8.28	5.38	1.68	»	»	0.23	0.92	2.10	3.78	6.04	8.94	12.64	»	»	14.32
33.80	36.84	94 56	54.50	80.92	14.34	14.11	13.41	12.23	10.54	8.27	5.34	1.62	»	»	0.23	0.93	2.11	3.80	6.07	9.00	12.73	»	»	14.34
33.90	36.75	94 38	54.21	80.77	14.36	14.13	13.43	12.24	10.54	8.25	5.30	1.55	»	»	0.23	0.93	2.12	3.82	6.11	9.06	12.81	»	»	14.36

47

Tangentes 50 mètres.

LONGUEUR de la bissectrice.	DEMI-CORDE.	ANGLE des alignements.	RAYON.	LONGUEUR de l'arc.	FLÈCHE.	ORDONNÉES SUR LA CORDE. La distance à partir de la flèche étant									ORDONNÉES SUR LES TANGENTES. La distance à partir des points de tangence étant									
						5m	10m	15m	20m	25m	30m	35m	40m	45m	5m	10m	15m	20m	25m	30m	35m	40m	45m	égale à la demi-corde
m	m	° ′	m	m	m																			
34.00	36.66	94.19	53.94	80.63	14.38	14.15	13.44	12.25	10.54	8.24	5.26	1.48	»	»	0.23	0.94	2.13	3.84	6.14	9.12	12.90	»	»	14.38
34 10	36 57	94 0	53 62	80 48	14 40	14 17	13 46	12 26	10 53	8 22	5 22	1 40	»	»	0 23	0 94	2 14	3 86	6 18	9 18	13 00	»	»	14 40
34 20	36 47	93 41	53 32	80 33	14 42	14 19	13 47	12 27	10 53	8 20	5 18	1 33	»	»	0 23	0 95	2 16	3 89	6 22	9 24	13 10	»	»	14 42
34 30	36 38	93 22	53 03	80 18	14 45	14 21	13 49	12 28	10 53	8 18	5 14	1 25	»	»	0 24	0 96	2 17	3 92	6 27	9 31	13 20	»	»	14 45
34 40	36 28	93 3	52 74	80 03	14 47	14 23	13 51	12 29	10 53	8 16	5 10	1 18	»	»	0 24	0 96	2 18	3 94	6 31	9 37	13 29	»	»	14 47
34 50	36 19	92 44	52 45	79 88	14 49	14 25	13 52	12 30	10 52	8 14	5 06	1 10	»	»	0 24	0 97	2 19	3 97	6 35	9 43	13 39	»	»	14 49
34 60	36 09	92 25	52 16	79 72	14 51	14 27	13 54	12 30	10 52	8 12	5 02	1 02	»	»	0 24	0 97	2 21	3 99	6 39	9 49	13 49	»	»	14 51
34 70	36 00	92 6	51 87	79 57	14 53	14 29	13 55	12 31	10 51	8 10	4 97	0 94	»	»	0 24	0 98	2 22	4 02	6 43	9 56	13 59	»	»	14 53
34 80	35 90	91 47	51 58	79 42	14 54	14 30	13 56	12 31	10 50	8 07	4 92	0 85	»	»	0 24	0 98	2 23	4 04	6 47	9 62	13 69	»	»	14 54
34 90	35 80	91 28	51 30	79 26	14 56	14 32	13 57	12 32	10 50	8 05	4 88	0 77	»	»	0 24	0 99	2 24	4 06	6 51	9 68	13 79	»	»	14 56
35 00	35 71	91 9	51 01	79 11	14 58	14 34	13 59	12 33	10 49	8 03	4 83	0 68	»	»	0 24	0 99	2 25	4 09	6 55	9 75	13 90	»	»	14 58
35 10	35 61	90 50	50 72	78 95	14 60	14 35	13 60	12 33	10 49	8 01	4 78	0 59	»	»	0 25	1 00	2 27	4 11	6 59	9 82	14 01	»	»	14 60
35 20	35 51	90 30	50 44	78 79	14 62	14 37	13 62	12 33	10 48	7 99	4 73	0 50	»	»	0 25	1 00	2 29	4 14	6 63	9 89	14 12	»	»	14 62
35 30	35 41	90 11	50 16	78 63	14 64	14 39	13 63	12 34	10 48	7 96	4 68	0 41	»	»	0 25	1 01	2 30	4 16	6 68	9 96	14 23	»	»	14 64
35 40	35 31	89 51	49 87	78 46	14 65	14 40	13 64	12 34	10 47	7 93	4 62	0 34	»	»	0 25	1.01	2 31	4 18	6 72	10 03	14 34	»	»	14 65

Tangentes 60 mètres.

LONGUEUR de la bissectrice.	DEMI-CORDE.	ANGLE des alignements.	RAYON.	LONGUEUR de l'arc.	FLÈCHE.	ORDONNÉES SUR LA CORDE. La distance à partir de la flèche étant 10^m	20^m	30^m	40^m	50^m	ORDONNÉES SUR LES TANGENTES. La distance à partir des points de tangence étant 10^m	20^m	30^m	40^m	50^m	égale à la demi-corde
m	m	° ′	m	m	m											
1.00	59.99	178. 5	3599.30	119.99	0.50	0.49	0.44	0.37	0.28	0.15	0.01	0.06	0.13	0.22	0.35	0.50
1.10	59.99	177 54	3272 18	119 99	0 55	0 53	0 49	0 41	0 30	0 17	0 02	0 06	0 14	0 25	0 38	0 55
1.20	59.99	177 42	2999 40	119 99	0 60	0 58	0 53	0 45	0 33	0 18	0 02	0 07	0 15	0 27	0 42	0 60
1.30	59.99	177 31	2768 38	119 98	0 65	0 63	0 58	0 49	0 36	0 20	0 02	0 07	0 16	0 29	0 45	0 65
1.40	59 98	177 20	2570 73	119 98	0 70	0 68	0 62	0 52	0 39	0 21	0 02	0 08	0 18	0 31	0 49	0 70
1.50	59 98	177 8	2399 25	119 97	0 75	0 73	0 67	0 56	0 42	0 23	0 02	0 08	0 19	0 33	0 52	0 75
1.60	59 98	176 57	2249 20	119 97	0 80	0 78	0 71	0 60	0 44	0 24	0 02	0 09	0 20	0 36	0 56	0 80
1.70	59 97	176 45	2116 80	119 97	0 85	0 83	0 76	0 64	0 47	0 26	0 02	0 10	0 21	0 38	0 59	0 85
1.80	59 97	176 34	1999 10	119 96	0 90	0 87	0 80	0 67	0 50	0 27	0 03	0 10	0 23	0 40	0 63	0 90
1.90	59 97	176 22	1893 79	119 96	0 95	0 92	0 84	0 71	0 53	0 29	0 03	0 11	0 24	0 42	0 66	0 95
2.00	59 97	176 11	1799 07	119 96	1 00	0 97	0 89	0 75	0 55	0 30	0 03	0 11	0 25	0 45	0 70	1 00
2.10	59 96	175 59	1713 34	119 95	1 05	1 02	0 93	0 79	0 58	0 32	0 03	0 12	0 26	0 47	0 73	1 05
2.20	59 96	175 48	1635 26	119 95	1 10	1 07	0 98	0 82	0 61	0 33	0 03	0 12	0 28	0 49	0 77	1 10
2 30	59 96	175 36	1564 07	119 94	1 15	1 12	1 02	0 86	0 64	0 35	0 03	0 13	0 29	0 51	0 80	1 15
2 40	59 96	175 25	1498 80	119 93	1 20	1 17	1 07	0 90	0 67	0 37	0 03	0 13	0 30	0 53	0 83	1 20
2 50	59 95	175 13	1438 75	119 93	1 25	1 21	1 11	0 94	0 69	0 38	0 04	0 14	0 31	0 56	0 87	1 25
2 60	59 94	175 2	1383 31	119 92	1 30	1 26	1 15	0 97	0 72	0 40	0 04	0 15	0 33	0 58	0 90	1 30
2 70	59 94	174 50	1331 98	119 92	1 35	1 31	1 20	1 01	0 75	0 41	0 04	0 15	0 34	0 60	0 94	1 35
2 80	59 93	174 39	1284 31	119 91	1 40	1 36	1 24	1 05	0 78	0 43	0 04	0 16	0 35	0 62	0 97	1 40
2 90	59 93	174 28	1239 93	119 91	1 45	1 41	1 29	1 09	0 80	0 44	0 04	0 16	0 36	0 65	1 01	1 45
3 00	59 92	174 16	1198 50	119 90	1 50	1 46	1 33	1 12	0 83	0 45	0 04	0 17	0 38	0 67	1 05	1 50
3 10	59 92	174 5	1159 74	119 89	1 55	1 51	1 38	1 16	0 86	0 47	0 04	0 17	0 39	0 69	1 08	1 55
3 20	59 91	173 53	1123 40	119 88	1 60	1 55	1 42	1 20	0 89	0 48	0 05	0 18	0 40	0 71	1 12	1 60
3 30	59 91	173 42	1089 36	119 88	1 65	1 60	1 46	1 24	0 91	0 50	0 05	0 19	0 41	0 74	1 15	1 65
3 40	59 90	173 30	1057 42	119 87	1 70	1 65	1 51	1 27	0 94	0 51	0 05	0 19	0 43	0 76	1 19	1 70
3 50	59 90	173 19	1026 82	119 86	1 75	1 70	1 55	1 31	0 97	0 53	0 05	0 20	0 44	0 78	1 22	1 75
3 60	59 89	173 7	998 20	119 85	1 80	1 75	1 60	1 35	1 00	0 54	0 05	0 20	0 45	0 80	1 26	1 80
3 70	59 89	172 56	971 12	119 85	1 85	1 80	1 64	1 38	1 02	0 56	0 05	0 21	0 47	0 83	1 29	1 85
3 80	59 88	172 44	945 47	119 84	1 90	1 85	1 69	1 42	1 05	0 57	0 05	0 21	0 48	0 85	1 33	1 90
3 90	59 87	172 33	921 13	119 83	1 95	1 89	1 73	1 46	1 08	0 58	0 06	0 22	0 49	0 87	1 36	1 95

Tangentes 60 mètres.

LONGUEUR de la bissectrice.	DEMI-CORDE.	ANGLE des alignements.	RAYON.	LONGUEUR de l'arc.	FLÈCHE.	ORDONNÉES SUR LA CORDE La distance à partir de la flèche étant 10m	20m	30m	40m	50m	ORDONNÉES SUR LES TANGENTES La distance à partir des points de tangence étant 10m	20m	30m	40m	50m	égale à la demi-corde
m	m	° ′	m	m	m											
4.00	59.87	172.21	898.00	119.82	2.00	1.94	1.78	1.50	1.11	0.60	0.06	0.22	0.50	0.89	1.40	2.00
4 10	59 86	172 10	876 00	119 81	2 05	1 99	1 82	1 53	1 13	0 62	0 06	0 23	0 52	0 92	1 43	2 05
4 20	59 85	171 58	855 04	119 80	2 10	2 04	1 86	1 57	1 16	0 63	0 06	0 24	0 53	0 94	1 47	2 10
4 30	59 84	171 47	835 06	119 79	2 15	2 09	1 91	1 61	1 19	0 65	0 06	0 24	0 54	0 96	1 50	2 15
4 40	59 84	171 35	845 98	119 78	2 20	2 14	1 95	1 65	1 22	0 66	0 06	0 25	0 55	0 98	1 54	2 20
4 50	59 83	171 24	797 75	119 77	2 25	2 19	2 00	1 68	1 24	0 68	0 06	0 25	0 57	1 01	1 57	2 25
4 60	59 82	171 12	780 31	119 76	2 30	2 24	2 04	1 72	1 27	0 69	0 06	0 26	0 58	1 03	1 61	2 30
4 70	59 82	171 1	763 61	119 75	2 35	2 28	2 08	1 76	1 30	0 71	0 07	0 27	0 59	1 05	1 64	2 35
4 80	59 81	170 49	747 60	119 74	2 40	2 33	2 13	1 79	1 33	0 72	0 07	0 27	0 61	1 07	1 68	2 40
4 90	59 80	170 38	732 24	119 73	2 45	2 38	2 17	1 83	1 35	0 74	0 07	0 28	0 62	1 10	1 71	2 45
5 00	59 79	170 26	747 40	119 72	2 50	2 43	2 22	1 87	1 38	0 75	0 07	0 28	0 63	1 12	1 75	2 50
5 10	59 78	170 15	703 33	119 71	2 55	2 48	2 26	1 91	1 41	0 77	0 07	0 29	0 64	1 14	1 78	2 55
5 20	59 77	170 3	689 70	119 69	2 59	2 52	2 30	1 94	1 43	0 78	0 07	0 29	0 66	1 16	1 81	2 59
5 30	59 76	169 52	676 58	119 68	2 64	2 57	2 34	1 97	1 46	0 80	0 07	0 30	0 67	1 18	1 84	2 64
5 40	59 76	169 40	663 86	119 67	2 69	2 51	2 39	2 01	1 49	0 81	0 08	0 30	0 68	1 20	1 88	2 69
5 50	59 75	169 29	651 78	119 66	2 74	2 66	2 43	2 05	1 52	0 82	0 08	0 31	0 69	1 22	1 92	2 74
5 60	59 74	169 17	640 05	119 65	2 79	2 71	2 48	2 09	1 54	0 81	0 08	0 31	0 70	1 25	1 95	2 79
5 70	59 73	169 6	628 72	119 63	2 84	2 76	2 52	2 13	1 57	0 85	0 08	0 32	0 71	1 27	1 99	2 84
5 80	59 72	168 54	617 78	119 62	2 89	2 81	2 57	2 16	1 60	0 87	0 08	0 32	0 73	1 29	2 02	2 89
5 90	59 71	168 43	607 21	119 61	2 94	2 86	2 61	2 20	1 62	0 88	0 08	0 33	0 74	1 32	2 06	2 94
6 00	59 70	168 31	596 99	119 60	2 99	2 91	2 66	2 24	1 65	0 89	0 08	0 33	0 75	1 34	2 10	2 99
6 10	59 69	168 20	587 10	119 58	3 04	2 96	2 70	2 27	1 68	0 91	0 08	0 34	0 77	1 36	2 13	3 04
6 20	59 68	168 8	577 53	119 57	3 09	3 00	2 74	2 31	1 70	0 92	0 09	0 35	0 78	1 39	2 17	3 09
6 30	59 67	167 57	568 27	119 55	3 14	3 05	2 79	2 35	1 73	0 94	0 09	0 35	0 79	1 41	2 20	3 14
6 40	59 66	167 45	559 29	119 54	3 19	3 10	2 83	2 38	1 76	0 95	0 09	0 36	0 81	1 43	2 24	3 19
6 50	59 65	167 34	550 59	119 52	3 24	3 15	2 88	2 42	1 78	0 96	0 09	0 36	0 82	1 46	2 28	3 24
6 60	59 64	167 22	542 14	119 51	3 29	3 20	2 92	2 46	1 81	0 98	0 09	0 37	0 83	1 48	2 31	3 29
6 70	59 62	167 11	533 95	110 40	3 34	3 25	2 96	2 49	1 84	0 99	0 09	0 38	0 85	1 50	2 35	3 34
6 80	59 61	166 59	526 00	119 48	3 39	3 30	3 01	2 53	1 86	1 01	0 09	0 38	0 86	1 53	2 38	3 39
6 90	59 60	166 48	518 28	119 46	3 44	3 34	3 05	2 57	1 89	1 02	0 10	0 39	0 87	1 55	2 42	3 44

Tangentes 60 mètres.

LONGUEUR de la bissectrice	DEMI-CORDE.	ANGLE des alignements.	RAYON.	LONGUEUR de l'arc.	FLÈCHE.	ORDONNÉES SUR LA CORDE. La distance à partir de la flèche étant					ORDONNÉES SUR LES TANGENTES. La distance à partir des points de tangence étant					
						10m	20m	30m	40m	50m	10m	20m	30m	40m	50m	égale à la demi-corde
m	m	° ′	m	m	m											
7.00	59.59	166.36	510.77	119.45	3.49	3.39	3.09	2.60	1.92	1.03	0.10	0.40	0.89	1.57	2.46	3.49
7 10	59 58	166 24	503 48	119 43	3 54	3 44	3 14	2 64	1 94	1 05	0 10	0 40	0 90	1 60	2 49	3 54
7 20	59 57	166 13	496 39	119 42	3 59	3 49	3 18	2 68	1 97	1 06	0 10	0 41	0 91	1 62	2 53	3 59
7 30	59 55	166 1	489 49	119 40	3 64	3 54	3 23	2 72	2 00	1 08	0 10	0 41	0 92	1 64	2 56	3 64
7 40	59 54	165 50	482 77	119 38	3 68	3 58	3 27	2 75	2 02	1 09	0 10	0 41	0 93	1 66	2 59	3 68
7 50	59 53	165 38	476 23	119 36	3 73	3 63	3 31	2 79	2 05	1 10	0 10	0 42	0 94	1 68	2 63	3 73
7 60	59 52	165 27	469 87	119 35	3 78	3 68	3 36	2 83	2 08	1 12	0 10	0 42	0 95	1 70	2 66	3 78
7 70	59 51	165 15	463 66	119 33	3 83	3 72	3 40	2 86	2 10	1 13	0 11	0 43	0 97	1 73	2 70	3 83
7 80	59 49	165 4	457 62	119 31	3 88	3 77	3 45	2 90	2 13	1 14	0 11	0 43	0 98	1 75	2 74	3 88
7 90	59 48	164 52	451 73	119 30	3 93	3 82	3 49	2 94	2 16	1 16	0 11	0 44	0 99	1 77	2 77	3 93
8 00	59 46	164 41	445 98	119 28	3 98	3 87	3 53	2 97	2 18	1 17	0 11	0 45	1 01	1 80	2 81	3 98
8 10	59 45	164 29	440 37	119 26	4 03	3 92	3 58	3 01	2 21	1 18	0 11	0 45	1 02	1 82	2 85	4 03
8 20	59 44	164 17	434 90	119 24	4 08	3 97	3 62	3 04	2 24	1 20	0 11	0 46	1 04	1 84	2 88	4 08
8 30	59 42	164 6	429 56	119 22	4 13	4 02	3 66	3 08	2 26	1 21	0 11	0 47	1 05	1 87	2 92	4 13
8 40	59 41	163 54	424 35	119 20	4 18	4 06	3 71	3 12	2 29	1 22	0 12	0 47	1 06	1 89	2 96	4 18
8 50	59 40	163 43	419 26	119 18	4 23	4 11	3 75	3 15	2 32	1 24	0 12	0 48	1 08	1 91	2 99	4 23
8 60	59 38	163 31	414 28	119 17	4 28	4 16	3 80	3 19	2 34	1 25	0 12	0 48	1 09	1 94	3 03	4 28
8 70	59 37	163 19	409 42	119 15	4 33	4 21	3 84	3 23	2 37	1 26	0 12	0 49	1 10	1 96	3 07	4 33
8 80	59 35	163 8	404 67	119 13	4 37	4 25	3 88	3 26	2 39	1 27	0 12	0 49	1 11	1 98	3 10	4 37
8 90	59 34	162 56	400 01	119 11	4 42	4 30	3 92	3 30	2 42	1 29	0 12	0 50	1 12	2 00	3 13	4 42
9 00	59 32	162 45	395 47	119 09	4 47	4 35	3 97	3 33	2 45	1 30	0 12	0 50	1 14	2 02	3 17	4 47
9 10	59 31	162 33	391 02	119 07	4 52	4 39	4 01	3 37	2 47	1 31	0 13	0 51	1 15	2 05	3 21	4 52
9 20	59 29	162 22	386 68	119 05	4 57	4 44	4 05	3 41	2 50	1 33	0 13	0 52	1 16	2 07	3 24	4 57
9 30	59 27	162 10	382 42	119 03	4 62	4 49	4 10	3 44	2 52	1 34	0 13	0 52	1 18	2 10	3 28	4 62
9 40	59 26	161 58	378 25	119 00	4 67	4 54	4 14	3 48	2 55	1 35	0 13	0 53	1 19	2 12	3 32	4 67
9 50	59 24	161 47	374 17	118 98	4 72	4 59	4 18	3 51	2 57	1 36	0 13	0 54	1 21	2 15	3 36	4 72
9 60	59 23	161 35	370 17	118 96	4 77	4 64	4 23	3 55	2 60	1 38	0 13	0 54	1 22	2 17	3 39	4 77
9 70	59 21	161 24	366 25	118 94	4 82	4 68	4 27	3 58	2 63	1 39	0 14	0 55	1 24	2 19	3 43	4 82
9 80	59 19	161 12	362 42	118 92	4 87	4 73	4 32	3 61	2 65	1 40	0 14	0 55	1 26	2 22	3 47	4 87
9 90	59 18	161 0	358 66	118 90	4 92	4 78	4 36	3 64	2 68	1 41	0 14	0 56	1 28	2 24	3 51	4 92

Tangentes 60 mètres.

LONGUEUR de la bissectrice.	DEMI-CORDE.	ANGLE des alignements.	RAYON.	LONGUEUR de l'arc.	FLÈCHE.	ORDONNÉES SUR LA CORDE La distance à partir de la flèche étant 10m	20m	30m	40m	50m	ORDONNÉES SUR LES TANGENTES La distance à partir des points de tangence étant 10m	20m	30m	40m	50m	égale à la demi-corde.
m	m	° '	m	m	m											
10.00	59.16	160 49	354.96	118.88	4.96	4.82	4.40	3.67	2.70	1.42	0.44	0.56	1.29	2.26	3.54	4.96
10.10	59.14	160 37	351.35	118.85	5.01	4.87	4.44	3.71	2.73	1.44	0.44	0.57	1.30	2.28	3.57	5.01
10.20	59.13	160 25	347.80	118.83	5.06	4.92	4.49	3.75	2.75	1.45	0.44	0.57	1.31	2.31	3.61	5.06
10.30	59.11	160 14	344.32	118.80	5.11	4.97	4.53	3.79	2.78	1.46	0.44	0.58	1.32	2.33	3.65	5.11
10.40	59.09	160 2	340.91	118.78	5.16	5.01	4.57	3.83	2.81	1.47	0.45	0.59	1.33	2.35	3.69	5.16
10.50	59.07	159 51	337.57	118.76	5.21	5.06	4.62	3.87	2.83	1.49	0.45	0.59	1.34	2.38	3.72	5.21
10.60	59.05	159 39	334.28	118.73	5.26	5.11	4.66	3.91	2.86	1.50	0.45	0.60	1.35	2.40	3.76	5.26
10.70	59.04	159 27	331.06	118.71	5.31	5.16	4.70	3.95	2.88	1.51	0.45	0.61	1.36	2.43	3.80	5.31
10.80	59.02	159 16	327.89	118.69	5.35	5.20	4.74	3.98	2.90	1.52	0.45	0.61	1.37	2.45	3.83	5.35
10.90	59.00	159 4	324.77	118.66	5.40	5.25	4.78	4.02	2.93	1.53	0.45	0.62	1.38	2.47	3.87	5.40
11.00	58.98	158 52	321.72	118.64	5.45	5.30	4.83	4.05	2.96	1.54	0.45	0.62	1.40	2.49	3.91	5.45
11.10	58.96	158 41	318.72	118.61	5.50	5.34	4.87	4.09	2.98	1.55	0.46	0.63	1.41	2.52	3.95	5.50
11.20	58.95	158 29	315.78	118.58	5.53	5.39	4.92	4.12	3.01	1.57	0.46	0.63	1.43	2.54	3.98	5.53
11.30	58.93	158 17	312.88	118.56	5.60	5.44	4.96	4.16	3.03	1.58	0.46	0.64	1.44	2.57	4.02	5.60
11.40	58.91	158 6	310.04	118.53	5.65	5.49	5.00	4.19	3.06	1.59	0.46	0.65	1.46	2.59	4.06	5.65
11.50	58.89	157 54	307.24	118.51	5.70	5.54	5.04	4.23	3.08	1.60	0.46	0.66	1.47	2.62	4.10	5.70
11.60	58.87	157 42	304.49	118.48	5.74	5.58	5.08	4.26	3.10	1.61	0.46	0.66	1.48	2.64	4.13	5.74
11.70	58.85	157 31	301.78	118.45	5.79	5.63	5.12	4.30	3.13	1.62	0.46	0.67	1.49	2.66	4.17	5.79
11.80	58.83	157 19	299.12	118.43	5.84	5.67	5.17	4.33	3.15	1.63	0.47	0.67	1.51	2.69	4.21	5.84
11.90	58.81	157 7	296.51	118.40	5.89	5.72	5.21	4.37	3.18	1.64	0.47	0.68	1.52	2.71	4.25	5.89
12.00	58.79	156 56	293.94	118.37	5.94	5.77	5.26	4.40	3.20	1.65	0.47	0.68	1.54	2.74	4.29	5.94
12.10	58.77	156 44	291.45	118.35	5.99	5.82	5.30	4.44	3.23	1.66	0.47	0.69	1.55	2.76	4.33	5.99
12.20	58.75	156 32	288.94	118.32	6.03	5.86	5.34	4.47	3.25	1.67	0.47	0.69	1.56	2.78	4.36	6.03
12.30	58.72	156 20	286.46	118.29	6.08	5.91	5.38	4.51	3.28	1.69	0.47	0.70	1.57	2.80	4.39	6.08
12.40	58.70	156 9	284.05	118.26	6.13	5.96	5.43	4.54	3.30	1.70	0.47	0.70	1.59	2.83	4.43	6.13
12.50	58.68	155 57	281.68	118.23	6.18	6.00	5.47	4.58	3.33	1.71	0.48	0.71	1.60	2.85	4.47	6.18
12.60	58.66	155 45	279.34	118.20	6.23	6.05	5.51	4.61	3.35	1.72	0.48	0.72	1.62	2.88	4.51	6.23
12.70	58.64	155 34	277.03	118.17	6.27	6.09	5.55	4.64	3.37	1.73	0.48	0.72	1.63	2.90	4.54	6.27
12.80	58.62	155 22	274.78	118.14	6.32	6.14	5.59	4.68	3.40	1.74	0.48	0.73	1.64	2.92	4.58	6.32
12.90	58.60	155 10	272.54	118.11	6.37	6.19	5.64	4.72	3.42	1.75	0.48	0.73	1.65	2.95	4.62	6.37

Tangentes 60 mètres.

Longueur de la bissectrice.	Demi-corde.	Angle des alignements.	Rayon.	Longueur de l'arc.	Flèche.	Ordonnées sur la corde. La distance à partir de la flèche étant 10m	20m	30m	40m	50m	Ordonnées sur les tangentes. La distance à partir des points de tangence étant 10m	20m	30m	40m	50m	égale à la demi-corde
m	m	°	m	m	m											
13.00	58.57	154.58	270.35	118.08	6.42	6.24	5.68	4.75	3.45	1.76	0.18	0.74	1.67	2.97	4.66	6.42
13.10	58.55	154 47	268.18	118.05	6.47	6.28	5.72	4.79	3.47	1.77	0.19	0.75	1.68	3.00	4.70	6.47
13.20	58.53	154 35	266.05	118.02	6.52	6.33	5.77	4.82	3.49	1.78	0.19	0.75	1.70	3.03	4.74	6.52
13.30	58.51	154 23	263.95	117.99	6.57	6.38	5.81	4.86	3.52	1.79	0.19	0.76	1.71	3.05	4.78	6.57
13.40	58.48	154 11	261.87	117.96	6.61	6.42	5.85	4.89	3.54	1.80	0.19	0.76	1.72	3.07	4.81	6.64
13.50	58.46	154 0	259.83	117.93	6.66	6.47	5.89	4.92	3.56	1.81	0.19	0.77	1.74	3.10	4.85	6.66
13.60	58.44	153 48	257.82	117.90	6.71	6.52	5.93	4.96	3.59	1.82	0.19	0.78	1.75	3.12	4.89	6.71
13.70	58.41	153 36	255.83	117.87	6.76	6.56	5.98	4.99	3.61	1.83	0.20	0.78	1.77	3.15	4.93	6.76
13.80	58.39	153.24	253.88	117.84	6.81	6.61	6.02	5.03	3.64	1.84	0.20	0.79	1.78	3.17	4.97	6.81
13.90	58.37	153 13	251.94	117.80	6.85	6.65	6.06	5.06	3.66	1.84	0.20	0.79	1.79	3.19	5.01	6.85
14.00	58.34	153 1	250.04	117.77	6.90	6.70	6.10	5.10	3.68	1.85	0.20	0.80	1.80	3.22	5.05	6.90
14.10	58.32	152 49	248.17	117.74	6.95	6.75	6.14	5.13	3.70	1.86	0.20	0.81	1.82	3.25	5.09	6.95
14.20	58.29	152 37	246.32	117.71	7.00	6.80	6.19	5.16	3.73	1.87	0.20	0.81	1.84	3.27	5.13	7.00
14.30	58.27	152 25	244.50	117.67	7.05	6.85	6.23	5.20	3.75	1.88	0.20	0.82	1.83	3.30	5.17	7.05
14.40	58.25	152 14	242.69	117.64	7.09	6.89	6.27	5.23	3.77	1.88	0.20	0.82	1.86	3.32	5.21	7.09
14.50	58.22	152 2	240.92	117.60	7.14	6.93	6.31	5.27	3.80	1.89	0.21	0.83	1.87	3.34	5.25	7.14
14.60	58.20	151 50	239.16	117.57	7.19	6.98	6.35	5.30	3.82	1.90	0.21	0.84	1.89	3.37	5.29	7.19
14.70	58.17	151 38	237.44	117.54	7.24	7.03	6.39	5.34	3.85	1.91	0.21	0.85	1.90	3.39	5.33	7.24
14.80	58.15	151 26	235.73	117.50	7.28	7.07	6.43	5.37	3.87	1.92	0.21	0.85	1.91	3.41	5.36	7.28
14.90	58.12	151 15	234.04	117.47	7.33	7.12	6.47	5.40	3.89	1.93	0.21	0.85	1.93	3.44	5.40	7.33
15.00	58.09	151 3	232.38	117.43	7.38	7.17	6.52	5.43	3.91	1.94	0.22	0.86	1.95	3.47	5.44	7.38
15.10	58.07	150 51	230.74	117.40	7.43	7.21	6.56	5.47	3.94	1.95	0.22	0.87	1.96	3.49	5.48	7.43
15.20	58.04	150 39	229.11	117.36	7.47	7.25	6.60	5.50	3.96	1.95	0.22	0.87	1.97	3.51	5.52	7.47
15.30	58.02	150 27	227.51	117.33	7.52	7.30	6.64	5.54	3.98	1.96	0.22	0.88	1.98	3.54	5.56	7.52
15.40	57.99	150 15	225.94	117.29	7.57	7.35	6.68	5.57	4.00	1.97	0.22	0.89	2.00	3.57	5.60	7.57
15.50	57.96	150 3	224.38	117.25	7.62	7.40	6.72	5.61	4.02	1.98	0.22	0.90	2.01	3.60	5.64	7.62
15.60	57.94	149 52	222.83	117.22	7.66	7.44	6.76	5.64	4.04	1.98	0.22	0.90	2.02	3.62	5.68	7.66
15.70	57.94	149 40	221.31	117.18	7.71	7.49	6.80	5.67	4.07	1.99	0.22	0.91	2.04	3.64	5.72	7.71
15.80	57.88	149 28	219.81	117.14	7.76	7.53	6.85	5.70	4.09	1.99	0.23	0.94	2.06	3.67	5.77	7.76
15.90	57.85	149 16	218.32	117.11	7.81	7.58	6.89	5.74	4.11	2.00	0.23	0.92	2.07	3.70	5.81	7.81

Tangentes 60 mètres.

LONGUEUR de la bissectrice.	DEMI-CORDE.	ANGLE des alignements.	RAYON.	LONGUEUR de l'arc.	FLÈCHE.	ORDONNÉES SUR LA CORDE. La distance à partir de la flèche étant 10m	20m	30m	40m	50m	ORDONNÉES SUR LES TANGENTES. La distance à partir des points de tangence étant 10m	20m	30m	40m	50m	égale à la demi-corde
m	m	° '	m	m	m											
16.00	57.82	149. 4	246.85	117.07	7.85	7.62	6.93	5.77	4.15	2.00	0.23	0.92	2.08	3.72	5.85	7.85
16.10	57.80	148 52	245.40	117.03	7.90	7.67	6.97	5.80	4.15	2.01	0.23	0.93	2.10	3.75	5.89	7.90
16.20	57.77	148 40	243.97	116.99	7.95	7.72	7.04	5.83	4.17	2.02	0.23	0.94	2.12	3.78	5.93	7.95
16.30	57.74	148 28	242.55	116.95	7.99	7.76	7.05	5.86	4.19	2.02	0.23	0.94	2.13	3.80	5.97	7.99
16.40	57.72	148 16	241.15	116.91	8.04	7.80	7.09	5.90	4.22	2.03	0.24	0.95	2.14	3.82	6.01	8.04
16.50	57.69	148 4	209.77	116.88	8.09	7.85	7.13	5.93	4.24	2.04	0.24	0.96	2.16	3.85	6.05	8.09
16.60	57.66	147 53	208.40	116.84	8.13	7.89	7.17	5.96	4.26	2.04	0.24	0.96	2.17	3.87	6.09	8.13
16.70	57.63	147 41	207.05	116.80	8.18	7.94	7.21	6.00	4.28	2.05	0.24	0.97	2.18	3.90	6.13	8.18
16.80	57.60	147 29	205.74	116.76	8.23	7.98	7.25	6.03	4.30	2.06	0.25	0.98	2.20	3.93	6.11	8.23
16.90	57.57	147 17	204.39	116.72	8.27	8.02	7.29	6.06	4.32	2.06	0.25	0.98	2.21	3.95	6.27	8.27
17.00	57.54	147 5	203.09	116.68	8.32	8.07	7.33	6.09	4.34	2.07	0.25	0.99	2.23	3.98	6.25	8.32
17.10	57.51	146 53	201.80	116.64	8.37	8.12	7.38	6.13	4.36	2.07	0.25	0.99	2.24	4.01	6.30	8.37
17.20	57.48	146 41	200.52	116.60	8.42	8.17	7.42	6.16	4.39	2.08	0.25	1.00	2.26	4.03	6.34	8.42
17.30	57.45	146 29	199.25	116.56	8.46	8.21	7.46	6.19	4.41	2.08	0.25	1.00	2.27	4.05	6.38	8.46
17.40	67.42	146 17	198.01	116.51	8.51	8.26	7.50	6.22	4.43	2.09	0.25	1.01	2.29	4.08	6.42	8.51
17.50	57.39	146 5	196.77	116.47	8.56	8.30	7.54	6.26	4.45	2.10	0.25	1.02	2.30	4.11	6.46	8.56
17.60	57.36	145 53	195.55	116.43	8.60	8.34	7.58	6.29	4.47	2.10	0.26	1.02	2.31	4.13	6.50	8.60
17.70	57.33	145 41	194.34	116.39	8.65	8.39	7.62	6.32	4.49	2.11	0.26	1.03	2.33	4.16	6.54	8.65
17.80	57.30	145 29	193.15	116.35	8.70	8.44	7.66	6.35	4.51	2.11	0.26	1.04	2.35	4.19	6.59	8.70
17.90	57.27	145 17	191.96	116.31	8.74	8.48	7.70	6.38	4.53	2.11	0.26	1.04	2.36	4.21	6.63	8.74
18.00	57.24	145 5	190.79	116.26	8.79	8.53	7.74	6.41	4.55	2.12	0.26	1.05	2.38	4.24	6.67	8.79
18.10	57.20	144 53	189.62	116.22	8.83	8.57	7.77	6.44	4.57	2.12	0.26	1.06	2.39	4.26	6.71	8.83
18.20	57.17	144 41	188.48	116.17	8.88	8.61	7.81	6.48	4.59	2.13	0.27	1.07	2.40	4.29	6.75	8.88
18.30	57.14	144 29	187.35	116.13	8.93	8.66	7.85	6.51	4.61	2.13	0.27	1.08	2.42	4.32	6.80	8.93
18.40	57.11	144 17	186.22	116.09	8.97	8.70	7.89	6.54	4.63	2.13	0.27	1.08	2.43	4.34	6.84	8.97
18.50	57.08	144 5	185.11	116.04	9.02	8.75	7.93	6.57	4.65	2.14	0.27	1.09	2.45	4.37	6.88	9.02
18.60	57.04	143 53	184.01	116.00	9.06	8.79	7.97	6.60	4.66	2.14	0.27	1.09	2.46	4.40	6.92	9.06
18.70	57.01	143 41	182.92	115.95	9.11	8.84	8.01	6.63	4.68	2.14	0.27	1.10	2.48	4.43	6.97	9.11
18.80	56.98	143.29	181.85	115.91	9.16	8.88	8.05	6.67	4.70	2.15	0.28	1.11	2.49	4.46	7.01	9.16
18.90	56.94	143.17	180.78	115.86	9.20	8.92	8.09	6.70	4.72	2.15	0.28	1.11	2.50	4.48	7.05	9.20

Tangentes 60 mètres.

LONGUEUR de la bissectrice.	DEMI-CORDE.	ANGLE des alignements.	RAYON.	LONGUEUR de l'arc.	FLÈCHE.	ORDONNÉES SUR LA CORDE. La distance à partir de la flèche étant 10m	20m	30m	40m	50m	ORDONNÉES SUR LES TANGENTES. La distance à partir des points de tangence étant 10m	20m	30m	40m	50m	égale à la demi-corde
m	m	° ′	m	m	m											
19.00	56.91	143. 5	179.72	115.82	9.25	8.97	8.13	6.73	4 74	2.13	0.28	1.12	2.52	4.51	7.10	9.25
19 10	56 88	142 53	178 67	115 77	9 29	9 01	8 17	6 76	4 76	2 15	0 28	1 12	2 53	4 53	7 14	9 29
19 20	56 85	142 40	177 64	115 72	9 34	9 06	8 21	6 79	4 78	2 16	0 28	1 13	2 55	4 56	7 18	9 34
19 30	56 81	142 28	176 62	115 68	9 39	9 10	8 25	6 82	4 80	2 16	0 29	1 14	2 57	4 59	7 23	9 39
19 40	56 78	142 16	175 60	115 63	9 43	9 14	8 29	6 85	4 81	2 16	0 29	1 14	2 58	4 62	7 27	9 43
19 50	56 74	142 4	174 59	115 58	9 48	9 19	8 33	6 88	4 83	2 17	0 29	1 15	2 60	4 65	7 31	9 48
19 60	56 71	141 52	173 60	115 53	9 52	9 23	8 37	6 91	4 85	2 17	0 29	1 15	2 61	4 67	7 35	9 52
19 70	56 67	141 40	172 61	115 49	9 57	9 28	8 41	6 94	4 87	2 17	0 29	1 16	2 63	4 70	7 40	9 57
19 80	56 64	141 28	171 63	115 44	9 61	9 32	8 44	6 97	4 88	2 17	0 29	1 17	2 64	4 73	7 44	9 61
19 90	56 60	141 16	170 66	115 39	9 66	9 36	8 48	7 00	4 90	2 17	0 30	1 18	2 66	4 76	7 49	9 66
20 00	56 57	141 3	169 71	115 35	9 71	9 41	8 52	7 03	4 92	2 17	0 30	1 19	2 68	4 79	7 54	9 71
20 10	56 53	140 51	168 75	115 30	9 75	9 45	8 56	7 06	4 94	2 17	0 30	1 19	2 69	4 81	7 58	9 75
20 20	56 50	140 39	167 82	115 24	9 80	9 50	8 60	7 09	4 96	2 17	0 30	1 20	2 71	4 84	7 63	9 80
20 30	56 46	140 27	166 88	115 19	9 84	9 54	8 64	7 12	4 97	2 17	0 30	1 20	2 72	4 87	7 67	9 84
20 40	56 43	140 15	165 96	115 14	9 89	9 58	8 68	7 15	4 99	2 17	0 31	1 21	2 74	4 90	7 72	9 89
20 50	56 39	140 2	165 04	115 09	9 93	9 62	8 71	7 18	5 01	2 17	0 31	1 22	2 75	4 92	7 76	9 93
20 60	56 35	139 50	164 14	115 04	9 98	9 67	8 75	7 21	5 03	2 17	0 31	1 23	2 77	4 95	7 81	9 98
20 70	56 32	139 38	163 23	114 99	10 02	9 71	8 79	7 24	5 04	2 17	0 31	1 23	2 78	4 98	7 85	10 02
20 80	56 28	139 26	162 34	114 94	10 07	9 76	8 83	7 27	5 06	2 17	0 31	1 24	2 80	5 01	7 90	10 07
20 90	56 24	139 14	161 46	114 89	10 11	9 80	8 87	7 30	5 08	2 17	0 31	1 24	2 81	5 03	7 94	10 11
21 00	56 20	139 1	160 59	114 84	10 16	9 84	8 91	7 33	5 10	2 17	0 32	1 25	2 83	5 06	7 99	10 16
21 10	56 17	138 49	159 72	114 79	10 20	9 88	8 94	7 36	5 11	2 17	0 32	1 26	2 84	5 09	8 03	10 20
21 20	56 13	138 37	158 86	114 74	10 25	9 93	8 98	7 39	5 13	2 17	0 32	1 27	2 86	5 12	8 08	10 25
21 30	56 09	138 25	158 00	114 68	10 29	9 97	9 02	7 42	5 14	2 17	0 32	1 27	2 87	5 15	8 12	10 29
21 40	56 05	138 12	157 16	114 63	10 34	10 02	9 06	7 45	5 16	2 17	0 32	1 28	2 89	5 18	8 17	10 34
21 50	56 02	138 0	156 32	114 58	10 38	10 06	9 09	7 47	5 17	2 17	0 32	1 29	2 91	5 21	8 21	10 38
21 60	55 98	137 48	155 49	114 52	10 43	10 10	9 13	7 50	5 19	2 17	0 33	1 30	2 93	5 24	8 26	10 43
21 70	55 94	137 36	154 67	114 47	10 47	10 14	9 17	7 53	5 21	2 17	0 33	1 30	2 94	5 26	8 30	10 47
21 80	55 90	137 23	153 86	114 42	10 52	10 19	9 21	7 56	5 23	2 17	0 33	1 31	2 96	5 29	8 35	10 52
21 90	55 86	137 11	153 04	114 36	10 56	10 23	9 25	7 59	5 24	2 16	0 33	1 31	2 97	5 32	8 40	10 56

Tangentes 60 mètres.

LONGUEUR de la bissectrice.	DEMI-CORDE.	ANGLE des alignements.	RAYON.	LONGUEUR de l'arc.	FLÈCHE.	ORDONNÉES SUR LA CORDE. La distance à partir de la flèche étant 10m	20m	30m	40m	50m	ORDONNÉES SUR LES TANGENTES. La distance à partir des points de tangence étant 10m	20m	30m	40m	50m	égale à la demi-corde
m.	m.	° '	m	m	m											
22.00	55.82	136 59	152.24	114.31	10.60	10.27	9.28	7.62	5.25	2.16	0.33	1.32	2.98	5.35	8.44	10.60
22.10	55.78	136 46	151.45	114.25	10.65	10.32	9.32	7.65	5.27	2.16	0.33	1.33	3.00	5.38	8.49	10.65
22.20	55.74	136 34	150.66	114.20	10.69	10.36	9.36	7.67	5.28	2.15	0.33	1.33	3.02	5.41	8.54	10.69
22.30	55.70	136 22	149.87	114.14	10.74	10.40	9.39	7.70	5.30	2.15	0.34	1.34	3.04	5.44	8.59	10.74
22.40	55.66	136 9	149.09	114.08	10.78	10.44	9.43	7.73	5.31	2.15	0.34	1.35	3.05	5.47	8.63	10.78
22.50	55.62	135 57	148.33	114.03	10.83	10.49	9.47	7.76	5.33	2.15	0.34	1.36	3.07	5.50	8.68	10.83
22.60	55.58	135 45	147.56	113.97	10.87	10.53	9.50	7.79	5.34	2.14	0.34	1.37	3.08	5.53	8.73	10.87
22.70	55.54	135 32	146.80	113.91	10.91	10.57	9.54	7.81	5.35	2.13	0.34	1.37	3.10	5.56	8.78	10.91
22.80	55.50	135 20	146.05	113.86	10.96	10.61	9.58	7.84	5.37	2.13	0.35	1.38	3.12	5.59	8.83	10.96
22.90	55.46	135 7	145.30	113.80	11.00	10.65	9.61	7.87	5.38	2.12	0.35	1.39	3.13	5.62	8.88	11.00
23.00	55.42	134 55	144.56	113.74	11.05	10.70	9.65	7.90	5.40	2.12	0.35	1.40	3.15	5.65	8.93	11.05
23.10	55.38	134 43	143.83	113.68	11.09	10.74	9.69	7.92	5.41	2.11	0.35	1.40	3.17	5.68	8.98	11.09
23.20	55.33	134 30	143.10	113.63	11.13	10.78	9.72	7.95	5.43	2.11	0.35	1.41	3.18	5.70	9.02	11.13
23.30	55.29	134 18	142.38	113.57	11.17	10.82	9.76	7.98	5.44	2.10	0.35	1.41	3.21	5.73	9.07	11.17
23.40	55.25	134 5	141.67	113.51	11.22	10.86	9.80	8.00	5.46	2.10	0.36	1.42	3.22	5.76	9.12	11.22
23.50	55.21	133 53	140.95	113.45	11.26	10.90	9.83	8.03	5.47	2.09	0.36	1.43	3.23	5.79	9.17	11.26
23.60	55.16	133 40	140.24	113.39	11.30	10.94	9.87	8.06	5.48	2.08	0.36	1.43	3.24	5.82	9.22	11.30
23.70	55.12	133 28	139.55	113.33	11.35	10.99	9.91	8.09	5.50	2.08	0.36	1.44	3.26	5.85	9.27	11.35
23.80	55.08	133 15	138.85	113.27	11.39	11.03	9.94	8.11	5.51	2.07	0.36	1.45	3.28	5.88	9.32	11.39
23.90	55.03	133 3	138.16	113.21	11.43	11.07	9.97	8.13	5.52	2.06	0.36	1.46	3.30	5.91	9.37	11.43
24.00	54.99	132 51	137.48	113.15	11.48	11.11	10.01	8.16	5.53	2.06	0.37	1.47	3.32	5.95	9.42	11.48
24.10	54.95	132 38	136.80	113.09	11.52	11.15	10.05	8.19	5.54	2.05	0.37	1.47	3.33	5.98	9.47	11.52
24.20	54.90	132 25	136.12	113.02	11.56	11.19	10.08	8.21	5.55	2.04	0.37	1.48	3.35	6.01	9.52	11.56
24.30	54.86	132 13	135.45	112.96	11.60	11.23	10.12	8.24	5.56	2.03	0.37	1.48	3.36	6.04	9.57	11.60
24.40	54.81	132 0	134.79	112.90	11.65	11.28	10.16	8.27	5.58	2.03	0.37	1.49	3.38	6.07	9.62	11.65
24.50	54.77	131 48	134.13	112.83	11.69	11.32	10.19	8.29	5.59	2.02	0.37	1.50	3.40	6.10	9.67	11.69
24.60	54.72	131 35	133.48	112.77	11.74	11.36	10.23	8.32	5.60	2.02	0.38	1.51	3.42	6.14	9.72	11.74
24.70	54.68	131 23	132.83	112.71	11.78	11.40	10.26	8.34	5.61	2.01	0.38	1.52	3.44	6.17	9.77	11.78
24.80	54.64	131 10	132.18	112.64	11.82	11.44	10.30	8.37	5.62	2.00	0.38	1.52	3.45	6.20	9.82	11.82
24.90	54.59	130 58	131.54	112.58	11.86	11.48	10.33	8.39	5.63	1.99	0.38	1.53	3.47	6.23	9.87	11.86

Tangentes 60 mètres.

LONGUEUR de la bissectrice.	DEMI-CORDE.	ANGLE des alignements.	RAYON.	LONGUEUR de l'arc.	FLÈCHE.	ORDONNÉES SUR LA CORDE. La distance à partir de la flèche étant 10m	20m	30m	40m	50m	ORDONNÉES SUR LES TANGENTES. La distance à partir des points de tangence étant 10m	20m	30m	40m	50m	égale à la demi-corde
m	m.	° ′	m	m	m											
25.00	54.54	130 45	130.91	112.52	11.90	11.52	10.36	8.42	5.64	1.98	0.38	1.54	3.48	6.26	9.92	11.90
25.10	54.50	130 32	130.28	112.45	11.95	11.56	10.40	8.45	5.66	1.97	0.39	1.55	3.50	6.29	9.98	11.95
25.20	54.45	130 20	129.65	112.38	11.99	11.60	10.44	8.47	5.67	1.86	0.39	1.55	3.52	6.32	10.03	11.99
25.30	54.40	130 7	129.02	112.32	12.03	11.64	10.47	8.50	5.68	1.95	0.39	1.56	3.53	6.35	10.08	12.03
25.40	54.36	129 54	128.40	112.25	12.07	11.68	10.50	8.52	5.68	1.94	0.39	1.57	3.55	6.39	10.13	12.07
25.50	54.31	129 42	127.78	112.19	12.12	11.72	10.54	8.55	5.69	1.93	0.40	1.58	3.57	6.43	10.19	12.12
25.60	54.26	129 29	127.18	112.12	12.16	11.76	10.57	8.57	5.70	1.92	0.40	1.59	3.59	6.46	10.24	12.16
25.70	54.22	129 16	126.58	112.05	12.20	11.80	10.61	8.59	5.71	1.91	0.40	1.59	3.61	6.49	10.29	12.20
25.80	54.17	129 4	125.98	111.99	12.24	11.84	10.64	8.62	5.72	1.89	0.40	1.60	3.62	6.52	10.35	12.24
25.90	54.12	128 51	125.38	111.92	12.28	11.88	10.68	8.64	5.73	1.88	0.40	1.60	3.64	6.55	10.40	12.28
26.00	54.07	128 38	124.78	111.85	12.33	11.92	10.71	8.66	5.74	1.87	0.40	1.61	3.66	6.58	10.45	12.32
26.10	54.03	128 26	124.20	111.78	12.37	11.96	10.75	8.69	5.75	1.86	0.41	1.62	3.68	6.62	10.51	12.37
26.20	53.98	128 13	123.64	111.71	12.41	12.00	10.78	8.71	5.76	1.84	0.41	1.63	3.70	6.65	10.57	12.41
26.30	53.93	128 0	123.03	111.64	12.45	12.04	10.81	8.73	5.76	1.83	0.41	1.64	3.72	6.69	10.62	12.45
26.40	53.88	127 47	122.45	111.57	12.49	12.08	10.85	8.76	5.77	1.82	0.41	1.64	3.73	6.72	10.67	12.49
26.50	53.83	127 35	121.88	111.50	12.53	12.12	10.88	8.78	5.78	1.80	0.41	1.63	3.75	6.75	10.73	12.53
26.60	53.78	127 22	121.31	111.43	12.57	12.16	10.91	8.80	5.79	1.79	0.41	1.66	3.77	6.78	10.78	12.57
26.70	53.73	127 9	120.75	111.36	12.62	12.20	10.95	8.83	5.80	1.78	0.42	1.67	3.79	6.82	10.84	12.62
26.80	53.68	126 56	120.18	111.29	12.66	12.24	10.98	8.85	5.80	1.76	0.42	1.68	3.81	6.86	10.90	12.66
26.90	53.63	126 44	119.63	111.22	12.70	12.28	11.01	8.88	5.81	1.75	0.42	1.69	3.82	6.89	10.95	12.70
27.00	53.58	126 31	119.07	111.15	12.74	12.32	11.04	8.90	5.82	1.73	0.42	1.70	3.84	6.92	11.01	12.74
27.10	53.53	126 18	118.52	111.08	12.78	12.36	11.08	8.92	5.82	1.71	0.42	1.70	3.86	6.96	11.07	12.78
27.20	53.48	126 5	117.97	111.00	12.82	12.39	11.11	8.94	5.83	1.70	0.43	1.71	3.88	6.99	11.12	12.82
27.30	53.43	125 52	117.43	110.93	12.86	12.43	11.14	8.96	5.84	1.68	0.43	1.72	3.90	7.02	11.18	12.86
27.40	53.38	125 39	116.89	110.86	12.90	12.47	11.17	8.98	5.84	1.66	0.43	1.73	3.92	7.06	11.24	12.90
27.50	53.32	125 26	116.35	110.78	12.94	12.51	11.21	9.00	5.85	1.65	0.43	1.73	3.94	7.09	11.29	12.94
27.60	53.27	125 13	115.81	110.71	12.98	12.55	11.24	9.03	5.85	1.63	0.43	1.74	3.95	7.13	11.35	12.98
27.70	53.22	125 1	115.28	110.64	13.02	12.59	11.27	9.05	5.86	1.61	0.43	1.75	3.97	7.16	11.41	13.02
27.80	53.17	124 48	114.76	110.56	13.06	12.62	11.30	9.07	5.86	1.59	0.44	1.76	3.99	7.20	11.47	13.06
27.90	53.12	124 35	114.23	110.49	13.10	12.66	11.34	9.09	5.87	1.58	0.44	1.76	4.01	7.23	11.52	13.10

Tangentes 60 mètres.

LONGUEUR de la bissectrice.	DEMI-CORDE.	ANGLE des alignements.	RAYON.	LONGUEUR de l'arc.	FLÈCHE.	ORDONNÉES SUR LA CORDE. La distance à partir de la flèche étant 10m	20m	30m	40m	50m	ORDONNÉES SUR LES TANGENTES. La distance à partir des points de tangence étant 10m	20m	30m	40m	50m	égale à la demi-corde
m	m	° '	m	m	m											
28.00	53.07	124.22	113.74	110.41	13.14	12.70	11.37	9.11	5.87	1.56	0.44	1.77	4.03	7.27	11.58	13.14
28 10	53 01	124 9	113 19	110 34	13 18	12 74	11 40	9 13	5 88	1 54	0 44	1 78	4 05	7 30	11 64	13 18
28 20	52 96	123 56	112 68	110 26	13 22	12 78	11 43	9 15	5 88	1 52	0 44	1 79	4 07	7 34	11 70	13 22
28 30	52 91	123 43	112 17	110 18	13 26	12 81	11 46	9 17	5 89	1 50	0 45	1 80	4 09	7 37	11 76	13 26
28 40	52 85	123 30	111 66	110 10	13 30	12 85	11 49	9 19	5 89	1 48	0 45	1 81	4 11	7 41	11 82	13 30
28 50	52 80	123 17	111 16	110 03	13 34	12 89	11 52	9 21	5 89	1 46	0 45	1 82	4 13	7 45	11 88	13 34
28 60	52 74	123 4	110 65	109 95	13 38	12 93	11 56	9 23	5 90	1 44	0 45	1 82	4 15	7 48	11 94	13 38
28 70	52 69	122 51	110 16	109 87	13 42	12 96	11 59	9 25	5 90	1 42	0 46	1 83	4 17	7 52	12 00	13 42
28 80	52 64	122 38	109 66	109 79	13 46	13 00	11 62	9 27	5 90	1 40	0 46	1 84	4 19	7 56	12 06	13 46
28 90	52 58	122 25	109 17	109 72	13 50	13 04	11 65	9 30	5 90	1 38	0 46	1 85	4 21	7 60	12 12	13 50
29 00	52 53	122 12	108 67	109 64	13 54	13 08	11 68	9 31	5 91	1 35	0 46	1 86	4 23	7 63	12 19	13 54
29 10	52 47	121 58	108 19	109 56	13 58	13 11	11 71	9 33	5 91	1 33	0 47	1 87	4 25	7 67	12 25	13 58
29 20	52 42	121 45	107 70	109 48	13 62	13 15	11 74	9 35	5 91	1 31	0 47	1 88	4 27	7 71	12 31	13 62
29 30	52 36	121 32	107 22	109 39	13 65	13 18	11 77	9 37	5 91	1 28	0 47	1 88	4 28	7 74	12 37	13 65
29 40	52 30	121 19	106 74	109 31	13 69	13 22	11 80	9 39	5 91	1 26	0 47	1 89	4 30	7 78	12 43	13 69
29 50	52 25	121 6	106 26	109 23	13 73	13 26	11 83	9 41	5 91	1 23	0 47	1 90	4 32	7 82	12 50	13 73
29 60	52 19	120 53	105 79	109 15	13 77	13 30	11 86	9 43	5 92	1 21	0 47	1 91	4 34	7 85	12 56	13 77
29 70	52 13	120 39	105 32	109 07	13 81	13 33	11 89	9 45	5 92	1 18	0 48	1 92	4 36	7 89	12 63	13 81
29 80	52 08	120 26	104 85	108 99	13 85	13 37	11 92	9 47	5 92	1 16	0 48	1 93	4 38	7 93	12 69	13 85
29 90	52 02	120 13	104 39	108 91	13 89	13 41	11 95	9 49	5 92	1 13	0 48	1 94	4 40	7 97	12 76	13 89
30 00	51 96	120 0	103 92	108 82	13 92	13 44	11 98	9 50	5 92	1 10	0 48	1 94	4 42	8 00	12 82	13 92
30 10	51 90	119 47	103 46	108 74	13 96	13 48	12 01	9 52	5 92	1 08	0 48	1 95	4 44	8 04	12 88	13 96
30 20	51 84	119 33	103 00	108 65	14 00	13 51	12 04	9 54	5 92	1 05	0 49	1 96	4 46	8 08	12 95	14 00
30 30	51 79	119 20	102 55	108 57	14 04	13 55	12 07	9 56	5 92	1 02	0 49	1 97	4 48	8 12	13 01	14 04
30 40	51 73	119 7	102 09	108 48	14 07	13 58	12 09	9 57	5 91	0 99	0 49	1 98	4 50	8 16	13 08	14 07
30 50	51 67	118 53	101 64	108 40	14 11	13 62	12 12	9 58	5 91	0 96	0 49	1 99	4 53	8 20	13 15	14 11
30 60	51 61	118 40	101 20	108 31	14 15	13 65	12 15	9 60	5 91	0 93	0 50	2 00	4 55	8 24	13 22	14 15
30 70	51 55	118 27	100 75	108 22	14 19	13 69	12 18	9 62	5 91	0 90	0 50	2 01	4 57	8 28	13 29	14 19
30 80	51 49	118 14	100 30	108 14	14 22	13 72	12 21	9 63	5 90	0 87	0 50	2 01	4 59	8 32	13 35	14 22
30 90	51 43	118 0	99 86	108 05	14 26	13 76	12 24	9 65	5 90	0 84	0 50	2 02	4 61	8 36	13 42	14 26

Tangentes 60 mètres.

LONGUEUR de la bissectrice.	DEMI-CORDE.	ANGLE des alignements.	RAYON.	LONGUEUR de l'arc.	FLÈCHE.	ORDONNÉES SUR LA CORDE La distance à partir de la flèche étant 10m	20m	30m	40m	50m	ORDONNÉES SUR LES TANGENTES La distance à partir des points de tangence étant 10m	20m	30m	40m	50m	égale à la demi-corde
m	m	° '	m	m	m											
31 00	51 37	117 47	99 43	107 97	14 30	13 79	12 27	9 67	5 90	0 81	0 51	2 03	4 63	8 40	13 49	14 30
31 10	51 31	117 33	98 99	107 88	14 33	13 82	12 29	9 68	5 89	0 78	0 51	2 04	4 65	8 44	13 55	14 33
31 20	51 25	117 20	98 56	107 79	14 37	13 86	12 32	9 70	5 89	0 75	0 51	2 05	4 67	8 48	13 62	14 37
31 30	51 19	117 7	98 13	107 70	14 41	13 90	12 35	9 71	5 88	0 72	0 51	2 06	4 70	8 53	13 69	14 41
31 40	51 13	116 53	97 70	107 61	14 45	13 93	12 38	9 73	5 88	0 69	0 52	2 07	4 72	8 57	13 76	14 45
31 50	51 07	116 40	97 27	107 52	14 48	13 96	12 40	9 74	5 87	0 65	0 52	2 08	4 74	8 61	13 83	14 48
31 60	51 00	116 26	96 84	107 43	14 52	14 00	12 43	9 76	5 87	0 61	0 52	2 09	4 76	8 65	13 91	14 52
31 70	50 94	116 13	96 42	107 34	14 56	14 04	12 46	9 77	5 87	0 58	0 52	2 10	4 79	8 69	13 98	14 56
31 80	50 88	115 59	96 00	107 25	14 59	14 07	12 48	9 78	5 86	0 54	0 52	2 11	4 81	8 73	14 05	14 59
31 90	50 82	115 46	95 58	107 16	14 63	14 10	12 51	9 80	5 86	0 51	0 53	2 12	4 83	8 77	14 12	14 63
32 00	50 75	115 32	95 16	107 07	14 66	14 13	12 53	9 81	5 85	0 47	0 53	2 13	4 85	8 81	14 19	14 66
32 10	50 69	115 19	94 75	106 97	14 70	14 17	12 56	9 83	5 84	0 43	0 53	2 14	4 87	8 86	14 27	14 70
32 20	50 63	115 5	94 34	106 88	14 74	14 21	12 59	9 84	5 84	0 40	0 53	2 15	4 90	8 90	14 34	14 74
32 30	50 56	114 51	93 93	106 78	14 77	14 24	12 61	9 85	5 83	0 36	0 53	2 16	4 92	8 94	14 41	14 77
32 40	50 50	114 38	93 52	106 69	14 81	14 27	12 64	9 87	5 82	0 32	0 54	2 17	4 94	8 99	14 49	14 81
32 50	50 44	114 24	93 11	106 59	14 84	14 30	12 67	9 88	5 81	0 28	0 54	2 17	4 96	9 03	14 56	14 84
32 60	50 37	114 10	92 71	106 50	14 88	14 34	12 70	9 89	5 80	0 24	0 54	2 18	4 99	9 08	14 64	14 88
32 70	50 31	113 57	92 31	106 40	14 91	14 37	12 72	9 90	5 79	0 20	0 54	2 19	5 01	9 12	14 71	14 91
32 80	50 25	113 43	91 91	106 31	14 95	14 40	12 75	9 92	5 79	0 16	0 55	2 20	5 03	9 16	14 79	14 95
32 90	50 18	113 30	91 51	106 21	14 98	14 43	12 77	9 93	5 78	0 12	0 55	2 21	5 05	9 20	14 86	14 98
33 00	50 11	113 16	91 11	106 12	15 02	14 47	12 80	9 94	5 77	0 08	0 55	2 22	5 08	9 25	14 94	15 02
33 10	50 05	113 2	90 71	106 02	15 05	14 50	12 82	9 95	5 76	0 03	0 55	2 23	5 10	9 29	15 02	15 05
33 20	49 98	112 48	90 32	105 92	15 09	14 53	12 85	9 96	5 75	»	0 56	2 24	5 13	9 34	»	15 09
33 30	49 91	112 35	89 93	105 82	15 12	14 56	12 87	9 97	5 74	»	0 56	2 25	5 15	9 38	»	15 12
33 40	49 84	112 21	89 54	105 72	15 16	14 60	12 89	9 98	5 73	»	0 56	2 26	5 18	9 43	»	15 16
33 50	49 78	112 7	89 15	105 62	15 19	14 63	12 92	9 99	5 71	»	0 56	2 27	5 20	9 48	»	15 19
33 60	49 71	111 53	88 77	105 52	15 22	14 66	12 94	10 00	5 70	»	0 56	2 28	5 22	9 52	»	15 22
33 70	49 64	111 39	88 38	105 42	15 26	14 69	12 97	10 01	5 69	»	0 57	2 29	5 25	9 57	»	15 26
33 80	49 57	111 25	88 00	105 32	15 29	14 72	12 99	10 02	5 67	»	0 57	2 30	5 27	9 62	»	15 29
33 90	49 50	111 12	87 62	105 22	15 32	14 75	13 01	10 03	5 66	»	0 57	2 31	5 29	9 66	»	15 32

20

Tangentes 60 mètres.

LONGUEUR de la bissectrice.	DEMI-CORDE.	ANGLE des alignements.	RAYON.	LONGUEUR de l'arc.	FLÈCHE.	ORDONNÉES SUR LA CORDE. La distance à partir de la flèche étant					ORDONNÉES SUR LES TANGENTES La distance à partir des points de tangence étant					
						10m	20m	30m	40m	50m	10m	20m	30m	40m	50m	égale à la demi-corde
m	m	° ′	m	m	m											
34.00	49.44	110.58	87.24	105.42	15.36	14.78	13.04	10.04	5.65	»	0.58	2.32	5.32	9.70	»	15.36
34 10	49 37	110 44	86 86	105 06	15 39	14 81	13 06	10 05	5 63	»	0 58	2 33	5 34	9 76	»	15 39
34 20	49 30	110 30	86 48	104 90	15 42	14 84	13 08	10 06	5 61	»	0 58	2 34	5 36	9 81	»	15 42
34 30	49 23	110 16	86 11	104 80	15 46	14 88	13 11	10 07	5 60	»	0 58	2 35	5 39	9 86	»	15 46
34 40	49 16	110 2	85 74	104 69	15 49	14 90	13 13	10 07	5 59	»	0 59	2 36	5 42	9 90	»	15 49
34 50	49 09	109 48	85 37	104 59	15 52	14 93	13 15	10 08	5 57	»	0 59	2 37	5 44	9 95	»	15 52
34 60	49 02	109 34	85 00	104 48	15 55	14 96	13 17	10 09	5 55	»	0 59	2 38	5 46	10 00	»	15 55
34 70	48 95	109 20	84 64	104 38	15 59	14 99	13 19	10 10	5 54	»	0 60	2 40	5 49	10 05	»	15 59
34 80	48 88	109 6	84 27	104 27	15 62	15 02	13 21	10 10	5 52	»	0 60	2 41	5 52	10 10	»	15 62
34 90	48 80	108 52	83 90	104 17	15 65	15 05	13 23	10 11	5 50	»	0 60	2 42	5 54	10 15	»	15 65
35 00	48 73	108 38	83 54	104 06	15 68	15 08	13 25	10 11	5 48	»	0 60	2 43	5 57	10 20	»	15 68
35 10	48 66	108 24	83 18	103 95	15 72	15 11	13 28	10 12	5 47	»	0 61	2 44	5 60	10 25	»	15 72
35 20	48 59	108 9	82 82	103 84	15 75	15 14	13 30	10 13	5 45	»	0 61	2 45	5 62	10 30	»	15 75
35 30	48 52	107 55	82 46	103 73	15 78	15 17	13 32	10 13	5 43	»	0 61	2 46	5 65	10 35	»	15 78
35 40	48 44	107 41	82 11	103 62	15 81	15 20	13 34	10 14	5 41	»	0 61	2 47	5 67	10 40	»	15 81
35 50	48 37	107 27	81 76	103 51	15 85	15 23	13 36	10 15	5 39	»	0 62	2 49	5 70	10 46	»	15 85
35 60	48 30	107 12	81 40	103 40	15 88	15 26	13 38	10 15	5 37	»	0 62	2 50	5 73	10 51	»	15 88
35 70	48 22	106 58	81 05	103 29	15 91	15 29	13 40	10 15	5 35	»	0 62	2 51	5 76	10 56	»	15 91
35 80	48 15	106 44	80 70	103 18	15 94	15 32	13 42	10 15	5 33	»	0 62	2 52	5 79	10 61	»	15 94
35 90	48 07	106 30	80 35	103 07	15 97	15 34	13 44	10 16	5 30	»	0 63	2 53	5 81	10 67	»	15 97
36 00	48 00	106 16	80 00	102 96	16 00	15 37	13 46	10 16	5 28	»	0 63	2 54	5 84	10 72	»	16 00
36 10	47 92	106 1	79 65	102 84	16 03	15 40	13 48	10 16	5 26	»	0 63	2 55	5 87	10 77	»	16 03
36 20	47 85	105 47	79 31	102 72	16 06	15 43	13 50	10 17	5 23	»	0 63	2 56	5 89	10 83	»	16 06
36 30	47 77	105 32	78 96	102 60	16 09	15 45	13 52	10 17	5 21	»	0 64	2 57	5 92	10 88	»	16 09
36 40	47 70	105 18	78 62	102 49	16 12	15 48	13 53	10 17	5 18	»	0 64	2 59	5 95	10 94	»	16 12
36 50	47 62	105 3	78 28	102 37	16 15	15 51	13 55	10 17	5 16	»	0 64	2 60	5 98	10 99	»	16 15
36 60	47 54	104 49	77 94	102 25	16 18	15 54	13 57	10 17	5 13	»	0 64	2 61	6 01	11 05	»	16 18
36 70	47 47	104 35	77 60	102 14	16 21	15 56	13 59	10 18	5 11	»	0 65	2 62	6 03	11 10	»	16 21
36 80	47 39	104 20	77 27	102 02	16 24	15 59	13 61	10 18	5 08	»	0 65	2 63	6 06	11 16	»	16 24
36 90	47 31	104 6	76 93	101 91	16 27	15 62	13 62	10 18	5 05	»	0 65	2 65	6 09	11 22	»	16 27

Tangentes 60 mètres.

Longueur de la bissectrice.	Demi-corde.	Angle des alignements.	Rayon.	Longueur de l'arc.	Flèche.	Ordonnées sur la corde. La distance à partir de la flèche étant 10m	20m	30m	40m	50m	Ordonnées sur les tangentes. La distance à partir des points de tangence étant 10m	20m	30m	40m	50m	égale à la demi-corde
m	m	° '	m	m	m											
37.00	47.23	103 54	76.59	101.79	16.30	15.64	13.64	10.18	5.02	»	0.66	2.66	6.12	11.28	»	16.30
37.10	47.15	103 37	76.26	101.65	16.33	15.67	13.66	10.18	4.99	»	0.66	2.67	6.15	11.34	»	16.33
37.20	47.08	103 22	75.93	101.54	16.35	15.69	13.67	10.17	4.96	»	0.66	2.68	6.18	11.39	»	16.35
37.30	47.00	103 7	75.60	101.42	16.38	15.72	13.69	10.17	4.93	»	0.66	2.69	6.21	11.45	»	16.38
37.40	46.92	102 52	75.27	101.30	16.41	15.74	13.70	10.17	4.90	»	0.67	2.71	6.24	11.51	»	16.41
37.50	46.84	102 38	74.94	101.17	16.44	15.77	13.72	10.17	4.87	»	0.67	2.72	6.27	11.57	»	16.44
37.60	46.76	102 23	74.64	101.05	16.47	15.80	13.74	10.17	4.84	»	0.67	2.73	6.30	11.63	»	16.47
37.70	46.68	102 8	74.29	100.93	16.50	15.82	13.76	10.17	4.81	»	0.68	2.74	6.33	11.69	»	16.50
37.80	46.59	101 54	73.96	100.81	16.52	15.84	13.77	10.16	4.77	»	0.68	2.75	6.36	11.75	»	16.52
37.90	46.51	101 39	73.64	100.68	16.55	15.87	13.78	10.16	4.74	»	0.68	2.77	6.39	11.81	»	16.55
38.00	46.43	101 24	73.32	100.56	16.58	15.89	13.80	10.16	4.70	»	0.69	2.78	6.42	11.88	»	16.58
38.10	46.35	101 9	72.99	100.43	16.60	15.91	13.81	10.15	4.66	»	0.69	2.79	6.45	11.94	»	16.60
38.20	46.27	100 55	72.67	100.30	16.63	15.94	13.82	10.15	4.63	»	0.69	2.81	6.48	12.06	»	16.63
38.30	46.18	100 40	72.35	100.17	16.66	15.96	13.84	10.15	4.60	»	0.70	2.82	6.51	12.06	»	16.66
38.40	46.10	100 25	72.03	100.04	16.68	15.98	13.85	10.14	4.56	»	0.70	2.83	6.54	12.12	»	16.68
38.50	46.02	100 10	71.72	99.91	16.71	16.01	13.87	10.13	4.52	»	0.70	2.84	6.58	12.19	»	16.71
38.60	45.93	99 55	71.40	99.78	16.74	16.03	13.88	10.13	4.48	»	0.71	2.86	6.61	12.26	»	16.74
38.70	45.85	99 40	71.08	99.65	16.76	16.05	13.89	10.12	4.44	»	0.71	2.87	6.64	12.32	»	16.76
38.80	45.77	99 25	70.77	99.52	16.79	16.08	13.91	10.12	4.40	»	0.71	2.88	6.67	12.39	»	16.79
38.90	45.68	99 10	70.45	99.39	16.81	16.10	13.92	10.11	4.36	»	0.71	2.89	6.70	12.45	»	16.81
39.00	45.59	98 55	70.14	99.26	16.84	16.12	13.93	10.10	4.32	»	0.72	2.91	6.74	12.52	»	16.84
39.10	45.51	98 40	69.83	99.13	16.86	16.14	13.94	10.09	4.27	»	0.72	2.93	6.77	12.59	»	16.86
39.20	45.42	98 25	69.53	98.99	16.89	16.17	13.95	10.08	4.23	»	0.72	2.94	6.81	12.66	»	16.89
39.30	45.34	98 9	69.22	98.85	16.92	16.19	13.96	10.08	4.19	»	0.73	2.96	6.84	12.73	»	16.92
39.40	45.25	97 54	68.91	98.72	16.94	16.21	13.97	10.07	4.14	»	0.73	2.97	6.87	12.80	»	16.94
39.50	45.16	97 39	68.60	98.58	16.96	16.23	13.98	10.06	4.09	»	0.73	2.98	6.90	12.87	»	16.96
39.60	45.08	97 24	68.30	98.44	16.99	16.25	13.99	10.05	4.05	»	0.74	3.00	6.94	12.94	»	16.99
39.70	44.99	97 8	67.99	98.31	17.01	16.27	14.00	10.03	4.00	»	0.74	3.01	6.98	13.01	»	17.01
39.80	44.90	96 53	67.68	98.17	17.03	16.29	14.01	10.02	3.95	»	0.74	3.02	7.01	13.08	»	17.03
39.90	44.81	96 38	67.38	98.03	17.06	16.31	14.02	10.01	3.90	»	0.75	3.04	7.05	13.16	»	17.06

Tangentes 60 mètres.

LONGUEUR de la bissectrice.	DEMI-CORDE.	ANGLE des alignements.	RAYON.	LONGUEUR de l'arc.	FLÈCHE.	ORDONNÉES SUR LA CORDE. La distance à partir de la flèche étant 10m	20m	30m	40m	50m	ORDONNÉES SUR L'UNE TANGENTE. La distance à partir des points de tangence étant 10m	20m	30m	40m	50m	égale à la demi-corde
m	m	° ′	m	m	m											
40.00	44.72	96.23	67.08	97.90	17.08	16.33	14.03	10.00	3.85	»	0.75	3.05	7.08	13.23	»	17.08
40 10	44 63	96 7	66 78	97 75	17 10	16 35	14 04	9 98	3 80	»	0 75	3 06	7 12	13 30	»	17 10
40 20	44 54	95 52	66 48	97 61	17 13	16 37	14 05	9 97	3 75	»	0 76	3 08	7 16	13 38	»	17 13
40 30	44 45	95 36	66 18	97 46	17 15	16 39	14 05	9 96	3 69	»	0 76	3 10	7 19	13 46	»	17 15
40 40	44 36	95 21	65 88	97 32	17 17	16 41	14 06	9 94	3 64	»	0 76	3 11	7 23	13 53	»	17 17
40 50	44 27	95 5	65 58	97 17	17 19	16 42	14 07	9 93	3 58	»	0 77	3 12	7 26	13 61	»	17 19
40 60	44 18	94 50	65 28	97 03	17 21	16 44	14 07	9 91	3 52	»	0 77	3 14	7 30	13 69	»	17 21
40 70	44 08	94 34	64 99	96 88	17 24	16 46	14 08	9 90	3 47	»	0 78	3 16	7 34	13 77	»	17 24
40 80	43 99	94 18	64 70	96 74	17 26	16 48	14 09	9 88	3 41	»	0 78	3 17	7 38	13 85	»	17 26
40 90	43 90	94 3	64 40	96 60	17 28	16 50	14 10	9 87	3 35	»	0 78	3 18	7 41	13 93	»	17 28
41 00	43 80	93 47	64 11	96 45	17 30	16 51	14 10	9 85	3 29	»	0 79	3 20	7 45	14 01	»	17 30
41 10	43 71	93 32	63 84	96 30	17 32	16 53	14 11	9 83	3 23	»	0 79	3 21	7 49	14 09	»	17 32
41 20	43 62	93 16	63 58	96 15	17 34	16 55	14 11	9 81	3 17	»	0 79	3 23	7 53	14 17	»	17 34
41 30	43 52	93 0	63 28	96 00	17 36	16 56	14 12	9 79	3 10	»	0 80	3 24	7 57	14 26	»	17 36
41 40	43 43	92 44	62 94	95 85	17 38	16 58	14 12	9 77	3.04	»	0 80	3 26	7 61	14 34	»	17 38
41 50	43 33	92 28	62 65	95 69	17 40	16 59	14 12	9 75	2 97	»	0 81	3 28	7 65	14 43	»	17 40
41 60	43 24	92 12	62 36	95 54	17 42	16 61	14 13	9 73	2 90	»	0 81	3 29	7 69	14 52	»	17 42
41 70	43 14	91 56	62 07	95 39	17 44	16 63	14 13	9 71	2 83	»	0 81	3 31	7 73	14 61	»	17 44
41 80	43 04	91 41	61 78	95 24	17 46	16 64	14 13	9 69	2 76	»	0 82	3 33	7 77	14 70	»	17 46
41 90	42 94	91 25	61 50	95 08	17 48	16 66	14 14	9 66	2 69	»	0 82	3 34	7 82	14 79	»	17 48
42 00	42 85	91 9	61 21	94 93	17 50	16 68	14 14	9 64	2 62	»	0 82	3 36	7 86	14 88	»	17 50
42 10	42 75	90 53	60 93	94 77	17 52	16 69	14 14	9 62	2 55	»	0 83	3 38	7 90	14 97	»	17 52
42 20	42 65	90 38	60 64	94 61	17 53	16 70	14 14	9 59	2 47	»	0 83	3 39	7 94	15 06	»	17 53
42 30	42 55	90 20	60 36	94 45	17 55	16 72	14 14	9 57	2 39	»	0 83	3 41	7 98	15 16	»	17 55
42 40	42 45	90 4	60 08	94 29	17 57	16 73	14 14	9 54	2 32	»	0 84	3 43	8 03	15 25	»	17 57

Tangentes 70 mètres.

LONGUEUR de la bissectrice.	DEMI-CORDE.	ANGLE des alignements.	RAYON.	LONGUEUR de l'arc.	FLÈCHE.	ORDONNÉES SUR LA CORDE La distance à partir de la flèche étant 10m	20m	30m	40m	50m	60m	ORDONNÉES SUR LES TANGENTES La distance à partir des points de tangence étant 10m	20m	30m	40m	50m	60m	égale à la demi-corde
m	m	° ′	m	m	m													
1.00	69.99	178.22	4899.56	139.90	0.50	0.49	0.46	0.44	0.34	0.24	0.13	0.01	0.04	0.09	0.16	0.26	0.37	0.50
1.10	69.99	178.12	4453.99	139.99	0.55	0.54	0.50	0.45	0.37	0.27	0.15	0.01	0.05	0.10	0.18	0.28	0.40	0.55
1.20	69.99	178.2	4082.73	139.99	0.60	0.59	0.55	0.49	0.40	0.29	0.16	0.01	0.05	0.11	0.20	0.31	0.44	0.60
1.30	69.99	177.52	3768.58	139.98	0.65	0.64	0.60	0.53	0.44	0.32	0.17	0.01	0.05	0.12	0.21	0.33	0.48	0.65
1.40	69.98	177.42	3499.30	139.98	0.70	0.69	0.64	0.57	0.47	0.34	0.19	0.01	0.06	0.13	0.23	0.36	0.51	0.70
1.50	69.98	177.33	3265.92	139.98	0.75	0.73	0.69	0.61	0.50	0.37	0.20	0.02	0.06	0.14	0.25	0.38	0.55	0.75
1.60	69.98	177.23	3061.70	139.97	0.80	0.78	0.73	0.65	0.54	0.39	0.21	0.02	0.07	0.15	0.26	0.41	0.59	0.80
1.70	69.98	177.13	2881.50	139.97	0.85	0.83	0.78	0.69	0.57	0.42	0.23	0.02	0.07	0.16	0.28	0.43	0.62	0.85
1.80	69.98	177.3	2721.32	139.97	0.90	0.88	0.83	0.73	0.61	0.44	0.24	0.02	0.07	0.17	0.29	0.46	0.66	0.90
1.90	69.97	176.53	2578.00	139.96	0.95	0.93	0.87	0.78	0.64	0.46	0.25	0.02	0.08	0.17	0.31	0.49	0.70	0.95
2.00	69.97	176.44	2449.00	139.96	1.00	0.98	0.92	0.82	0.67	0.49	0.26	0.02	0.08	0.18	0.33	0.51	0.74	1.00
2.10	69.97	176.34	2332.28	139.95	1.05	1.03	0.96	0.86	0.71	0.51	0.28	0.02	0.09	0.19	0.34	0.54	0.77	1.05
2.20	69.96	176.24	2226.17	139.95	1.10	1.08	1.01	0.90	0.74	0.54	0.29	0.02	0.09	0.20	0.36	0.56	0.81	1.10
2.30	69.96	176.14	2129.28	139.94	1.15	1.13	1.06	0.94	0.77	0.56	0.30	0.02	0.09	0.21	0.38	0.59	0.85	1.15
2.40	69.96	176.4	2040.47	139.94	1.20	1.18	1.10	0.98	0.81	0.59	0.32	0.02	0.10	0.22	0.39	0.61	0.88	1.20
2.50	69.95	175.54	1958.75	139.93	1.25	1.22	1.15	1.02	0.84	0.61	0.33	0.03	0.10	0.23	0.41	0.64	0.92	1.25
2.60	69.95	175.45	1883.34	139.93	1.30	1.27	1.19	1.06	0.87	0.64	0.34	0.03	0.11	0.25	0.43	0.66	0.96	1.30
2.70	69.95	175.35	1813.46	139.92	1.35	1.32	1.24	1.10	0.91	0.66	0.35	0.03	0.11	0.25	0.44	0.69	0.99	1.35
2.80	69.94	175.25	1748.60	139.92	1.40	1.37	1.29	1.14	0.94	0.68	0.37	0.03	0.11	0.26	0.46	0.72	1.03	1.40
2.90	69.94	175.15	1688.20	139.91	1.45	1.42	1.33	1.18	0.98	0.71	0.38	0.03	0.12	0.27	0.47	0.74	1.07	1.45
3.00	69.93	175.5	1631.83	139.91	1.50	1.47	1.38	1.22	1.01	0.73	0.40	0.03	0.12	0.28	0.49	0.77	1.10	1.50
3.10	69.93	174.55	1569.09	139.90	1.55	1.52	1.42	1.26	1.04	0.76	0.41	0.03	0.13	0.29	0.51	0.79	1.14	1.55
3.20	69.93	174.46	1529.65	139.89	1.60	1.57	1.47	1.31	1.08	0.78	0.42	0.03	0.13	0.30	0.52	0.82	1.18	1.60
3.30	69.92	174.36	1483.20	139.89	1.65	1.62	1.51	1.35	1.11	0.81	0.43	0.03	0.14	0.30	0.54	0.84	1.22	1.65
3.40	69.92	174.26	1439.48	139.88	1.70	1.67	1.56	1.39	1.14	0.83	0.45	0.03	0.14	0.31	0.56	0.87	1.25	1.70
3.50	69.91	174.16	1398.93	139.87	1.75	1.71	1.60	1.43	1.18	0.85	0.46	0.04	0.15	0.32	0.57	0.90	1.29	1.75
3.60	69.91	174.6	1359.34	139.87	1.80	1.76	1.65	1.47	1.21	0.88	0.47	0.04	0.15	0.33	0.59	0.92	1.33	1.80
3.70	69.90	173.56	1322.47	139.86	1.85	1.81	1.70	1.51	1.24	0.90	0.49	0.04	0.15	0.34	0.61	0.95	1.36	1.85
3.80	69.90	173.47	1287.57	139.85	1.90	1.86	1.74	1.55	1.28	0.93	0.50	0.04	0.16	0.35	0.62	0.97	1.40	1.90
3.90	69.89	173.37	1254.46	139.85	1.95	1.91	1.79	1.59	1.31	0.95	0.51	0.04	0.16	0.36	0.64	1.00	1.44	1.95

Tangentes 70 mètres.

LONGUEUR de la bissectrice.	DEMI-CORDE.	ANGLE des alignements.	RAYON.	LONGUEUR de l'arc.	FLÈCHE.	ORDONNÉES SUR LA CORDE. La distance à partir de la flèche étant 10m	20m	30m	40m	50m	60m	ORDONNÉES SUR LES TANGENTES. La distance à partir des points de tangence étant 10m	20m	30m	40m	50m	60m	égale à la demi-corde
m	m	° '	m	m	m													
4.00	69.89	173.27	1223.00	139.84	2.00	1.06	1.83	1.63	1.34	0.98	0.53	0.04	0.17	0.37	0.66	1.02	1.47	2.00
4 10	69 88	173 17	1193 07	139 83	2 05	2 01	1 88	1 67	1 38	1 00	0 54	0 04	0 17	0 38	0 67	1 05	1 51	2 05
4 20	69 87	173 7	1164 57	139 82	2 10	2 06	1 93	1 71	1 41	1 02	0 55	0 04	0 17	0 39	0 69	1 08	1 55	2 10
4 30	69 87	172 57	1137 38	139 81	2 15	2 11	1 97	1 75	1 44	1 05	0 56	0 04	0 18	0 40	0 71	1 10	1 59	2 15
4 40	69 86	172 48	1111 44	139 81	2 20	2 16	2 02	1 79	1 48	1 07	0 58	0 04	0 18	0 41	0 72	1 13	1 62	2 20
4 50	69 86	172 38	1086 64	139 80	2 25	2 20	2 06	1 83	1 51	1 10	0 59	0 05	0 19	0 42	0 74	1 15	1 66	2 25
4 60	69 85	172 28	1062 92	139 79	2 30	2 25	2 11	1 87	1 54	1 12	0 60	0 05	0 19	0 43	0 76	1 18	1 70	2 30
4 70	69 84	172 18	1040 20	139 78	2 35	2 30	2 16	1 92	1 58	1 15	0 62	0 05	0 19	0 43	0 77	1 20	1 73	2 35
4 80	69 84	172 8	1018 43	139 77	2 40	2 35	2 20	1 96	1 61	1 17	0 63	0 05	0 20	0 44	0 79	1 23	1 77	2 40
4 90	69 83	171 58	997 55	139 76	2 45	2 40	2 25	2 00	1 65	1 19	0 64	0 05	0 20	0 45	0 80	1 26	1 81	2 45
5 00	69 82	171 48	977 50	139 75	2 50	2 45	2 29	2 04	1 68	1 22	0.65	0 05	0 21	0 46	0 82	1 28	1 85	2 50
5 10	69 81	171 39	958 42	139 74	2 55	2 50	2 34	2 08	1 71	1 24	0 67	0 05	0 21	0 47	0 84	1 31	1 88	2 55
5 20	69 81	171 29	939 70	139 73	2 60	2 55	2 38	2 12	1 75	1 27	0 68	0 05	0 22	0 48	0 85	1 33	1 92	2 60
5 30	69 80	171 19	921 88	139 72	2 65	2 59	2 43	2 16	1 78	1 29	0 69	0 06	0 22	0 49	0 87	1 36	1 96	2 65
5 40	69 79	171 9	904 71	139 71	2 70	2 64	2 47	2 20	1 81	1 31	0 70	0 06	0 23	0 50	0 89	1 39	2 00	2 70
5 50	69 78	170 59	888 16	139 70	2 75	2 69	2 52	2 24	1 84	1 34	0 72	0 06	0 23	0 51	0 91	1 41	2 03	2 75
5 60	69 78	170 49	872 20	139 69	2 80	2 74	2 57	2 28	1 88	1 36	0 73	0 06	0 23	0 52	0 92	1 44	2 07	2 80
5 70	69 77	170 40	856 80	139 68	2 85	2 79	2 61	2 32	1 91	1 39	0 74	0 06	0 24	0 53	0 94	1 46	2 11	2 85
5 80	69 76	170 30	841 92	139 67	2 89	2 83	2 65	2 36	1 94	1 41	0 75	0 06	0 24	0 53	0 95	1 48	2 14	2 89
5 90	69 75	170 20	827 54	139 66	2 94	2 88	2 70	2 40	1 98	1 43	0 77	0 06	0 24	0 54	0 96	1 51	2 17	2 94
6 00	69 74	170 10	813 66	139 65	2 99	2 93	2 75	2 44	2 01	1 46	0 78	0 06	0 24	0 55	0 98	1 53	2 21	2 99
6 10	69 73	170 0	800 22	139 64	3 04	2 98	2 79	2 48	2 04	1 48	0 79	0 06	0 25	0 56	1 00	1 56	2 25	3 04
6 20	69 72	169 50	787 21	139 62	3 09	3 03	2 84	2 52	2 08	1 50	0 80	0 06	0 25	0 57	1 01	1 59	2 29	3 09
6 30	69 71	169 40	774 62	139 61	3 14	3 08	2 88	2 56	2 11	1 53	0 82	0 06	0 26	0 58	1 03	1 61	2 32	3 14
6 40	69 71	169 30	762 41	139 60	3 19	3 12	2 93	2 60	2 14	1 55	0 83	0 07	0 26	0 59	1 05	1 64	2 36	3 19
6 50	69 70	169 21	750 89	139 59	3 24	3 17	2 98	2 64	2 18	1 58	0 84	0 07	0 26	0 60	1 06	1 66	2 40	3 24
6 60	69 69	169 11	739 11	139 57	3 29	3 22	3 02	2,68	2 21	1 60	0 85	0 07	0 27	0 61	1 08	1 69	2 44	3 29
6 70	69 68	169 1	727 98	139 56	3 34	3 27	3 07	2 72	2 24	1 62	0 87	0 07	0 27	0 62	1 10	1 71	2 47	3 34
6 80	69 67	168 51	717 18	139 55	3 39	3 32	3 11	2 76	2 28	1 65	0 88	0 07	0 28	0 63	1 11	1 74	2 51	3 39
6 90	69 66	168 41	706 54	139 54	3 44	3 37	3 16	2 80	2 31	1 67	0 89	0 07	0 28	0 64	1 13	1 77	2 55	3 44

Tangentes 70 mètres.

LONGUEUR de la bissectrice.	DEMI-CORDE.	ANGLE des alignements.	RAYON.	LONGUEUR de l'arc.	FLÈCHE.	ORDONNÉES SUR LA CORDE. La distance à partir de la flèche étant 10m	20m	30m	40m	50m	60m	ORDONNÉES SUR LES TANGENTES. La distance à partir des points de tangence étant 10m	20m	30m	40m	50m	60m	égale à la demi-corde
m	m	° ′	m	m	m													
7.00	69.65	168.31	696.49	139.32	3.49	3.42	3.20	2.84	2 34	1.69	0.90	0.07	0.29	0.65	1.15	1.80	2.59	3.49
7 10	69 64	168 21	686 58	139 54	3 54	3 47	3 25	2 88	2 37	1 72	0 91	0 07	0 29	0 66	1 17	1 82	2 63	3 54
7 20	69 63	168 12	676 95	139 50	3 59	3 52	3 29	2 92	2 41	1 74	0 93	0 07	0 30	0 67	1 18	1 85	2 66	3 59
7 30	69 62	168 2	667 57	139 48	3 64	3 57	3 34	2 96	2 44	1 76	0 94	0 07	0 30	0 68	1 20	1 88	2 70	3 64
7 40	69 61	167 52	658 45	139 47	3 69	3 62	3 38	3 00	2 47	1 79	0 45	0 07	0 31	0 69	1 22	1 90	2 74	3 69
7 50	69 60	167 42	649 57	139 45	3 74	3 66	3 43	3 05	2 51	1 81	0 96	0 08	0 31	0 69	1 23	1 93	2 78	3 74
7 60	69 59	167 32	640 92	139 44	3 79	3 71	3 48	3 09	2 54	1 83	0 97	0 08	0 31	0 70	1 25	1 96	2 82	3 79
7 70	69 58	167 22	632 50	139 43	3 84	3 76	3 52	3 13	2 57	1 86	0 99	0 08	0 32	0 71	1 27	1 98	2 85	3 84
7 80	69 56	167 12	624 29	139 41	3 89	3 81	3 57	3 17	2 60	1 88	1 00	0 08	0 32	0 72	1 29	2 01	2 89	3 89
7 90	69 55	167 2	616 29	139 40	3 94	3 86	3 61	3 21	2 64	1 90	1 01	0 08	0 33	0 73	1 30	2 04	2 93	3 94
8 00	69 54	166 53	608 49	139 38	3 99	3 91	3 66	3 25	2.67	1 93	1 02	0 08	0 33	0 74	1 32	2 06	2 97	3 99
8 10	69 53	166 43	600 88	139 37	4 04	3 96	3 70	3 29	2 71	1 95	1 03	0 08	0 34	0 75	1 33	2 09	3 01	4 04
8 20	69 52	166 33	593 45	139 35	4 09	4 01	3 75	3 33	2 74	1 97	1 04	0 08	0 34	0 76	1 35	2 11	3 05	4 09
8 30	69 51	166 23	586 19	139 33	4 13	4 05	3 79	3 37	2 77	2 00	1 05	0 08	0 34	0 76	1 36	2 13	3 08	4 13
8 40	69 49	166 13	579 11	139 32	4 18	4 10	3 83	3 41	2 80	2 02	1 07	0.08	0 35	0 77	1 38	2 16	3 11	4 18
8 50	69 48	166 3	572 20	139 30	4 23	4 15	3 88	3 45	2 83	2 05	1 08	0 08	0 35	0 78	1 40	2 18	3 15	4 23
8 60	69 47	165 53	565 45	139 28	4 28	4 19	3 93	3 49	2 87	2 07	1 09	0 09	0 35	0 79	1 41	2 21	3 19	4 28
8 70	69 46	165 43	558 85	139 27	4 33	4 24	3 97	3 53	2 90	2 09	1 10	0 09	0 36	0 80	1 43	2 24	3 23	4 33
8 80	69 44	165 33	552 40	139 25	4 38	4 29	4 02	3 57	2 93	2 12	1 11	0 09	0 36	0 81	1 45	2 26	3 27	4 38
8 90	69 43	165 23	546 09	139 24	4 43	4 34	4 07	3 61	2 96	2 14	1 13	0 09	0 36	0 82	1 47	2 29	3 30	4 43
9 00	69 42	165 14	539 92	139 22	4 48	4 39	4 11	3 65	3 00	2 16	1 14	0 09	0 37	0 83	1 48	2 32	3 34	4 48
9 10	69 40	165 4	533 89	139 20	4 53	4 44	4 16	3 69	3 03	2 18	1 15	0 09	0 37	0 84	1 50	2 35	3 38	4 53
9 20	69 39	164 54	527 99	139 18	4 58	4 49	4 20	3 73	3 06	2 21	1 16	0 09	0 38	0 85	1 52	2 37	3 42	4 58
9 30	69 38	164 44	522 21	139 16	4 63	4 54	4 25	3 77	3 09	2 23	1 17	0 09	0 38	0 86	1 54	2 40	3 46	4 63
9 40	69 36	164 34	516 56	139 15	4 68	4 58	4 29	3 81	3 13	2 25	1 18	0 10	0 39	0 87	1 55	2 43	3 50	4 68
9 50	69 35	164 24	511 02	139 13	4 73	4 63	4 34	3 85	3 16	2 28	1 19	0 10	0 39	0 88	1 57	2 45	3 54	4 73
9 60	69 34	164 14	505 60	139 11	4 78	4 68	4 38	3 89	3 19	2 30	1 20	0 10	0 40	0 89	1 59	2 48	3 58	4 78
9 70	69 33	164 4	500 28	139 09	7 83	4 73	4 43	3 93	3 22	2 32	1 21	0 10	0 40	0 90	1 61	2 51	3 62	4 83
9 80	69 31	163 54	495 08	139 07	4 88	4 78	4 48	3 97	3 26	2 34	1 23	0 10	0 40	0 91	1 62	2 54	3 65	4 88
9 90	69 30	163 44	489 98	139 06	4 93	4 83	4 52	4 01	3 29	2 37	1 24	0 10	0 41	0 92	1 64	2 56	3 69	4 93

Tangentes 70 mètres.

LONGUEUR de la bissectrice.	DEMI-CORDE.	ANGLE des alignements.	RAYON.	LONGUEUR de l'arc.	FLÈCHE.	ORDONNÉES SUR LA CORDE La distance à partir de la flèche étant						ORDONNÉES SUR LES TANGENTES La distance à partir des points de tangence étant						
						10m	20m	30m	40m	50m	60m	10m	20m	30m	40m	50m	60m	égale à la demi-corde
m	m	° '	m	m	m													
10.00	69.28	163.34	484.97	139.04	4.97	4.87	4.36	4.05	3.32	2.39	1.25	0.10	0.41	0.92	1.65	2.58	3.72	4.97
10 10	69 27	163 24	480 07	139 02	5 02	4 92	4 61	4 09	3 35	2 41	1 26	0 10	0 41	0 93	1 67	2 61	3 76	5 02
10 20	69 25	163 15	475 26	139 00	5 07	4 97	4 65	4 13	3 39	2 43	1 27	0 10	0 42	0 94	1 68	2 64	3 80	5 07
10 30	69 24	163 5	470 55	138 98	5 12	5 01	4 70	4 17	3 42	2 46	1 28	0 11	0 42	0 95	1 70	2 66	3 84	5 12
10 40	69 22	162 55	465 92	138 96	5 17	5 06	4 74	4 21	3 45	2 48	1 29	0 11	0 43	0 96	1 72	2 69	3 88	5 17
10 50	69 21	162 45	461 39	138 94	5 22	5 11	4 79	4 25	3 48	2 50	1 30	0 11	0 43	0 97	1 74	2 72	3 92	5 22
10 60	69 19	162 35	456 93	138 92	5 27	5 16	4 83	4 28	3 52	2 52	1 31	0 11	0 44	0 99	1 75	2 75	3 96	5 27
10 70	69 18	162 25	452 56	138 90	5 32	5 21	4 88	4 32	3 55	2 55	1 32	0 11	0 44	1 00	1 77	2 77	4 00	5 32
10 80	69 16	162 15	448 27	138 88	5 37	5 26	4 92	4 36	3 58	2 57	1 33	0 11	0 45	1 01	1 79	2 80	4 04	5 37
10 90	69 15	162 5	444 06	138 85	5 42	5 31	4 97	4 40	3 61	2 59	1 34	0 11	0 45	1 02	1 81	2 83	4 08	5 42
11 00	69 13	161 55	439 92	138 83	5 47	5 35	5 01	4 44	3 64	2 61	1 36	0 12	0 46	1 03	1 83	2 86	4 11	5 47
11 10	69 11	161 45	435 86	138 81	5 52	5 40	5 06	4 48	3 68	2 64	1 37	0 12	0 46	1 04	1 84	2 88	4 15	5 52
11 20	69 10	161 35	431 87	138 79	5 57	5 45	5 10	4 52	3 71	2 66	1 38	0 12	0 47	1 05	1 86	2 91	4 19	5 57
11 30	69 08	161 25	427 95	138 77	5 62	5 50	5 15	4 56	3 74	2 68	1 39	0 12	0 47	1 06	1 88	2 94	4 23	5 62
11 40	69 06	161 15	424 08	138 75	5 66	5 54	5 19	4 60	3 77	2 70	1 40	0 12	0 47	1 06	1 89	2 96	4 26	5 66
11 50	69 05	161 5	420 30	138 72	5 71	5 59	5 23	4 64	3 80	2 73	1 41	0 12	0 48	1 07	1 91	2 98	4 30	5 71
11 60	69 03	160 55	416 57	138 70	5 76	5 64	5 28	4 68	3 84	2 75	1 42	0 12	0 48	1 08	1 92	3 01	4 34	5 76
11 70	69 01	160 45	412 91	138 68	5 81	5 69	5 32	4 72	3 87	2 77	1 43	0 12	0 49	1 09	1 94	3 04	4 38	5 81
11 80	69 00	160 35	409 31	138 66	5 86	5 74	5 37	4 76	3 90	2 79	1 44	0 12	0 49	1 10	1 96	3 07	4 42	5 86
11 90	68 98	160 25	405 77	138 63	5 91	5 78	5 41	4 80	3 93	2 81	1 45	0 13	0 50	1 11	1 98	3 10	4 46	5 91
12 00	68 96	160 16	402 29	138 61	5 96	5 83	5 46	4 84	3 96	2 84	1 46	0 13	0 50	1 12	2 00	3 12	4 50	5 96
12 10	68 95	160 6	398 86	138 59	6 00	5 87	5 50	4 87	3 99	2 86	1 46	0 13	0 50	1 13	2 01	3 14	4 54	6 00
12 20	68 93	159 56	395 49	138 56	6 05	5 92	5 55	4 91	4 02	2 88	1 47	0 13	0 50	1 14	2 03	3 17	4 58	6 05
12 30	68 91	159 46	392 17	138 54	6 10	5 97	5 59	4 95	4 06	2 90	1 48	0 13	0 51	1 15	2 04	3 20	4 62	6 10
12 40	68 89	159 36	388 91	138 52	6 15	6 02	5 64	4 99	4 09	2 92	1 49	0 13	0 51	1 16	2 06	3 23	4 66	6 15
12 50	68 87	159 26	385 70	138 49	6 20	6 07	5 68	5 03	4 12	2 94	1 50	0 13	0 52	1 17	2 08	3 26	4 70	6 20
12 60	68 86	159 16	382 94	138 47	6 25	6 12	5 73	5 07	4 15	2 96	1 51	0 13	0 52	1 18	2 10	4 29	4 74	6 25
12 70	68 84	159 6	379 43	138 44	6 30	6 17	5 77	5 11	4 18	2 99	1 52	0 13	0 53	1 19	2 12	3 31	4 78	6 30
12 80	68 82	158 56	376 36	138 42	6 35	6 21	5 82	5 15	4 21	3 01	1 53	0 14	0 53	1 20	2 14	3 34	4 82	6 35
12 90	68 80	158 46	373 34	138 39	6 40	6 26	5 86	5 19	4 25	3 03	1 54	0 14	0 54	1 21	2 15	3 37	4 86	6 40

Tangentes 70 mètres.

Longueur de la bissectrice.	Demi-corde.	Angle des alignements.	Rayon.	Longueur de l'arc.	Flèche.	Ordonnées sur la corde. La distance à partir de la flèche étant 10m	20m	30m	40m	50m	60m	Ordonnées sur les tangentes. La distance à partir des points de tangence étant 10m	20m	30m	40m	50m	60m	égale à la demi-corde
m.	m	° '	m	m	m													
13.00	68.78	158 35	370.87	138.37	6.45	6.31	5.91	5.23	4.28	3.05	1.55	0.14	0.54	1.22	2.17	3.40	4.90	6.45
13.10	68.76	158 26	367.44	138.34	6.49	6.35	5.95	5.26	4.31	3.07	1.56	0.14	0.54	1.23	2.18	3.42	4.93	6.49
13.20	68.74	158 16	364.65	138.32	6.54	6.40	5.99	5.30	4.34	3.09	1.57	0.14	0.55	1.24	2.20	3.45	4.97	6.54
13.30	68.72	158 6	361.74	138.29	6.59	6.45	6.04	5.34	4.37	3.12	1.58	0.14	0.55	1.25	2.22	3.47	5.01	6.59
13.40	68.70	157 56	358.91	138.26	6.64	6.50	6.08	5.38	4.40	3.14	1.59	0.14	0.56	1.26	2.24	3.50	5.05	6.64
13.50	68.69	157 46	356.14	138.24	6.68	6.54	6.12	5.42	4.43	3.16	1.59	0.14	0.56	1.26	2.25	3.52	5.09	6.68
13.60	68.67	157 36	353.42	138.21	6.73	6.59	6.17	5.46	4.46	3.18	1.60	0.14	0.56	1.27	2.27	3.55	5.13	6.73
13.70	68.65	157 26	350.74	138.18	6.78	6.64	6.21	5.50	4.50	3.20	1.61	0.14	0.57	1.28	2.28	3.58	5.17	6.78
13.80	68.63	157 16	348.10	138.16	6.83	6.68	6.26	5.54	4.53	3.22	1.62	0.15	0.57	1.29	2.30	3.61	5.21	6.83
13.90	68.61	157 6	345.50	138.13	6.88	6.73	6.30	5.58	4.56	3.24	1.63	0.15	0.58	1.30	2.32	3.64	5.25	6.88
14.00	68.59	156 56	342.93	138.10	6.93	6.78	6.34	5.62	4.59	3.26	1.64	0.15	0.59	1.31	2.34	3.67	5.29	6.93
14.10	68.56	156 46	340.40	138.08	6.98	6.83	6.39	5.66	4.62	3.28	1.65	0.15	0.59	1.32	2.35	3.70	5.33	6.98
14.20	68.54	156 35	337.89	138.05	7.02	6.87	6.43	5.69	4.65	3.30	1.65	0.15	0.59	1.33	2.37	3.72	5.37	7.02
14.30	68.52	156 25	335.43	138.02	7.07	6.92	6.47	5.73	4.68	3.33	1.66	0.15	0.60	1.34	2.39	3.74	5.41	7.07
14.40	68.50	156 15	333.00	137.99	7.12	6.97	6.52	5.77	4.71	3.35	1.67	0.15	0.60	1.35	2.41	3.77	5.45	7.12
14.50	68.48	156 5	330.60	137.96	7.17	7.02	6.56	5.81	4.74	3.37	1.68	0.15	0.61	1.36	2.43	3.80	5.49	7.17
14.60	68.46	155 55	328.24	137.92	7.22	7.07	6.61	5.84	4.77	3.39	1.69	0.15	0.61	1.38	2.45	3.83	5.53	7.22
14.70	68.44	155 45	325.90	137.90	7.27	7.11	6.65	5.88	4.80	3.41	1.70	0.16	0.62	1.39	2.47	3.86	5.57	7.27
14.80	68.42	155 35	323.60	137.87	7.32	7.16	6.70	5.92	4.83	3.43	1.71	0.16	0.62	1.40	2.49	3.89	5.61	7.32
14.90	68.40	155 25	321.32	137.84	7.36	7.20	6.74	5.95	4.86	3.45	1.71	0.16	0.62	1.41	2.50	3.91	5.65	7.36
15.00	68.37	155 15	319.08	137.81	7.41	7.25	6.78	5.99	4.89	3.47	1.72	0.16	0.63	1.42	2.52	3.94	5.69	7.41
15.10	68.35	155 5	316.86	137.78	7.46	7.30	6.83	6.03	4.93	3.49	1.73	0.16	0.63	1.43	2.53	3.97	5.73	7.46
15.20	68.33	154 55	314.68	137.75	7.51	7.35	6.87	6.07	4.96	3.51	1.73	0.16	0.64	1.44	2.55	4.00	5.78	7.51
15.30	68.31	154 45	312.52	137.72	7.56	7.40	6.92	6.11	4.99	3.53	1.74	0.16	0.64	1.45	2.57	4.03	5.82	7.56
15.40	68.28	154 35	310.38	137.69	7.60	7.44	6.96	6.14	5.02	3.55	1.74	0.16	0.64	1.46	2.58	4.05	5.86	7.60
15.50	68.26	154 25	308.28	137.66	7.65	7.49	7.00	6.18	5.05	3.57	1.75	0.16	0.65	1.47	2.60	4.08	5.90	7.65
15.60	68.24	154 15	306.20	137.63	7.70	7.54	7.05	6.22	5.08	3.59	1.76	0.16	0.65	1.48	2.62	4.11	5.94	7.70
15.70	68.22	154 5	304.15	137.60	7.75	7.58	7.09	6.26	5.11	3.61	1.77	0.17	0.66	1.49	2.64	4.14	5.98	7.75
15.80	68.19	153 55	302.12	137.57	7.80	7.63	7.14	6.30	5.14	3.63	1.78	0.17	0.66	1.50	2.66	4.17	6.02	7.80
15.90	68.17	153 45	300.12	137.54	7.85	7.68	7.18	6.34	5.17	3.65	1.79	0.17	0.67	1.51	2.68	4.20	6.06	7.85

Tangentes 70 mètres.

Longueur de la bissectrice.	Demi-corde.	Angle des alignements.	Rayon.	Longueur de l'arc.	Flèche.	Ordonnées sur la corde. La distance à partir de la flèche étant 10m	20m	30m	40m	50m	60m	Ordonnées sur les tangentes. La distance à partir des points de tangence étant 10m	20m	30m	40m	50m	60m	égale à la demi-corde
m	m	° '	m	m	m													
16.00	68.15	153.34	298.54	137.51	7.89	7.72	7.22	6.38	5.20	3.67	1.79	0.17	0.67	1.51	2.69	4.22	6.40	7.89
16 10	68 12	153 24	296 19	137 47	7 94	7 77	7 26	6 42	5 23	3 69	1 80	0 17	0 68	1 52	2 71	4 25	6 14	7 94
16 20	68 10	153 14	294 26	137 44	7 99	7 82	7 31	6 46	5 26	3 71	1 81	0 17	0 68	1 53	2 73	4 28	6 18	7 99
16 30	68 08	153 4	292 35	137 41	8 04	7 87	7 35	6 50	5 29	3 73	1 82	0 17	0 69	1 54	2 75	4 31	6 22	8 04
16 40	68 05	152 54	290 46	137 37	8 08	7 91	7 39	6 53	5 32	3 75	1 82	0 17	0 69	1 55	2 76	4 33	6 26	8 08
16 50	68 02	152 44	288 60	137 34	8 13	7 96	7 43	6 57	5 35	3 77	1 83	0 17	0 70	1 56	2 78	4 36	6 30	8 13
16 60	68 00	152 34	286 76	137 31	8 18	8 00	7 48	6 61	5 38	3 79	1 83	0 18	0 70	1 57	2 80	4 39	6 35	8 18
16 70	67 98	152 24	284 94	137 28	8 23	8 05	7 52	6 65	5 41	3 81	1 84	0 18	0 71	1 58	2 82	4 42	6 39	8 23
16 80	67 95	152 14	283 14	137 24	8 28	8 10	7 57	6 68	5 44	3 83	1 85	0 18	0 71	1 60	2 84	4 45	6 43	8 28
16 90	67 93	152 3	281 36	137 21	8 32	8 14	7 61	6 71	5 46	3 84	1 85	0 18	0 71	1 61	2 86	4 48	6 47	8 32
17 00	67 90	151 53	279 60	137 18	8 37	8 19	7 65	6 75	5 49	3 86	1 86	0 18	0 72	1 62	2 88	4 51	6 51	8 37
17 10	67 88	151 43	277 87	137 14	8 42	8 24	7 70	6 79	5 52	3 88	1 86	0 18	0 72	1 63	2 90	4 54	6 56	8 42
17 20	67 85	151 33	276 15	137 11	8 47	8 29	7 74	6 83	5 55	3 90	1 87	0 18	0 73	1 64	2 92	4 57	6 60	8 47
17 30	67 83	151 23	274 45	137 07	8 54	8 33	7 78	6 86	5 58	3 02	1 87	0 18	0 73	1 65	2 93	4 59	6 64	8 54
17 40	67 80	151 13	272 77	137 04	8 56	8 38	7 83	6 90	5 61	3 94	1 88	0 18	0 73	1 66	2 95	4 62	6 68	8 56
17 50	67 78	151 3	271 11	137 00	8 61	8 42	7 87	6 94	5 64	3 96	1 88	0 19	0 74	1 67	2 97	4 65	6 73	8 61
17 60	67 75	150 52	269 47	136 96	8 66	8 47	7 91	6 98	5 67	3 98	1 89	0 19	0 75	1 68	2 99	4 68	6 77	8 66
17 70	67 72	150 42	267 84	136 93	8 70	8 51	7 95	7 01	5 70	3 99	1 89	0 19	0 75	1 69	3 00	4 71	6 81	8 70
17 80	67 70	150 32	266 23	136 89	8 75	8 56	8 00	7 05	5 73	4 01	1 90	0 19	0 75	1 70	3 02	4 74	6 85	8 75
17 90	67 67	150 22	264 64	136 86	8 80	8 61	8 04	7 09	5 76	4 03	1 91	0 19	0 76	1 71	3 04	4 77	6 89	8 80
18 00	67 65	150 12	263 07	136 82	8 85	8 66	8 09	7 13	5 79	4 05	1 91	0 19	0 76	1 72	3 06	4 80	6 94	8 85
18 10	67 62	150 2	261 51	136 79	8 89	8 70	8 13	7 16	5 81	4 06	1 91	0 19	0 76	1 73	3 08	4 83	6 98	8 89
18 20	67 59	149 52	259 97	136 75	8 94	8 75	8 17	7 20	5 84	4 08	1 92	0 19	0 77	1 74	3 10	4 86	7 02	8 94
18 30	67 56	149 41	258 45	136 71	8 99	8 79	8 21	7 24	5 87	4 10	1 93	0 20	0 78	1 75	3 12	4 89	7 06	8 99
18 40	67 54	149 31	256 94	136 67	9 04	8 84	8 26	7 28	5 90	4 12	1 93	0 20	0 78	1 76	3 14	4 92	7 11	9 04
18 50	67 51	149 21	255 44	136 64	9 08	8 88	8 30	7 31	5 93	4 14	1 93	0 20	0 78	1 77	3 15	4 94	7 15	9 08
18 60	67 48	149 11	253 97	136 60	9 13	8 93	8 34	7 35	5 96	4 16	1 94	0 20	0 79	1 78	3 17	4 97	7 19	9 13
18 70	67 46	149 1	252 51	136 56	9 18	8 98	8 39	7 39	5 99	4 18	1 95	0 20	0 79	1 79	3 19	5 00	7 23	9 18
18 80	67 43	148 50	251 06	136 52	9 22	9 02	8 43	7 42	6 02	4 19	1 95	0 20	0 79	1 80	3 20	5 03	7 27	9 22
18 90	67 43	148 40	249 63	136 49	9.27	9.07	8 47	7 46	6 05	4 21	1 96	0 20	0 80	1 81	3 22	5 06	7 34	9 27

Tangentes 70 mètres.

LONGUEUR de la bissectrice.	DEMI-CORDE.	ANGLE des alignements.	RAYON.	LONGUEUR de l'arc.	FLÈCHE.	ORDONNÉES SUR LA CORDE La distance à partir de la flèche étant 10m	20m	30m	40m	50m	60m	ORDONNÉES SUR LES TANGENTES La distance à partir des points de tangence étant 10m	20m	30m	40m	50m	60m	égale à la demi-corde
m	m	° ′	m	m	m													
19.00	67.37	148.30	248.21	136.43	9.32	9.12	8.54	7.50	6.08	4.23	1.96	0.20	0.81	1.82	3.24	5.09	7.38	9.32
19 10	67 34	148 20	246 80	136 41	9 36	9 16	8 55	7 53	6 10	4 24	1 96	0 20	0 81	1 83	3 26	5 12	7 40	9 36
19 20	67 32	148 10	245 42	136 37	9 41	9 21	8 60	7 57	6 13	4 26	1 97	0 20	0 81	1 84	3 28	5 15	7 44	9 41
19 30	67 29	147 59	244 05	136 33	9 46	9 25	8 64	7 61	6 16	4 28	1 07	0 21	0 82	1 85	3 30	5 18	7 49	9 46
19 40	67 26	147 49	242 69	136 29	9 51	9 30	8 68	7 65	6 19	4 30	1 98	0 21	0 83	1 86	3 32	5 21	7 53	0 51
19 50	67 23	147 39	241 34	136 25	9 55	9 34	8 72	7 68	6 21	4 31	1 98	0 21	0 83	1 87	3 34	5 24	7 57	9 55
19 60	67 20	147 29	240 00	136 21	9 60	9 39	8 77	7 72	6 24	4 33	1 98	0 21	0 83	1 88	3 36	5 27	7 62	9 60
19 70	67 17	147 18	238 68	136 17	9 65	9 44	8 81	7 76	6 27	4 35	1 99	0 21	0 84	1 89	3 38	5 30	7 66	9 65
19 80	67 14	147 8	237 37	136 13	9 69	9 48	8 85	7 79	6 30	4 36	1 99	0 21	0 84	1 90	3 39	5 33	7 70	9 69
19 90	67 11	146 58	236 07	136 09	9 74	9 53	8 89	7 83	6 33	4 38	1 99	0 21	0 85	1 91	3 41	5 36	7 73	9 74
20 00	67 08	146 48	234 79	136 05	9 79	9 58	8 93	7 87	6 36	4 40	1 99	0 21	0 85	1 92	3 43	5 39	7 80	9 79
20 10	67 05	146 38	233 51	136 01	9 83	9 62	8 97	7 90	6 38	4 41	1 99	0 21	0 86	1 93	3 45	5 42	7 84	9 83
20 20	67 02	146 27	232 25	135 97	9 88	9 66	9 02	7 94	6 41	4 43	2 00	0 22	0 86	1 94	3 47	5 45	7 88	9 88
20 30	66 99	146 17	231 01	135 93	9 93	9 71	9 06	7 98	6 44	4 45	2 00	0 22	0 87	1 95	3 49	5 48	7 93	9 93
20 40	66 96	146 7	229 77	135 89	9 97	9 75	9 10	8 01	0 47	4 46	2 00	0 22	0 87	1 96	3 50	5 51	7 97	9 97
20 50	66 93	145 56	228 54	135 84	10 02	9 80	9 14	8 04	6 50	4 48	2 00	0 22	0 88	1 98	3 52	5 54	8 02	10 02
20 60	66 90	145 46	227 33	135 80	10 07	9 85	9 19	8 08	0 53	4 50	2 01	0 22	0 88	1 99	3 54	5 57	8 06	10 07
20 70	66 87	145 36	226 13	135 76	10 11	9 89	9 23	8 11	6 55	4 51	2 01	0 22	0 88	2 00	3 56	5 60	8 10	10 11
20 80	66 84	145 26	224 94	135 72	10 16	9 94	9 27	8 15	6 58	4 53	2 01	0 22	0 89	2 01	3 58	5 63	8 15	10 16
20 90	66 81	145 15	223 75	135 68	10 20	9 98	9 31	8 18	6 60	4 54	2 01	0 22	0 89	2 02	3 60	5 66	8 19	10 20
21 00	66 77	145 5	222 58	135 64	10 25	10 03	9 35	8 22	6 63	4 56	2 01	0 22	0 90	2 03	3 62	5 69	8 24	10 25
21 10	66 74	144 55	221 43	135 59	10 30	10 07	9 40	8 26	6 66	4 58	2 02	0 23	0 90	2 04	3 64	5 72	8 28	10 30
21 20	66 71	144 44	220 28	135 55	10 35	10 12	9 44	8 29	6 69	4 60	2 02	0 23	0 91	2 06	3 66	5 75	8 33	10 35
21 30	66 68	144 34	219 14	135 50	10 39	10 16	9 48	8 32	6 71	4 61	2 02	0 23	0 91	2 07	3 68	5 78	8 37	10 39
21 40	66 65	144 24	218 01	135 46	10 44	10 21	9 52	8 36	6 74	4 63	2 02	0 23	0 92	2 08	3 70	5 81	8 42	10 44
21 50	66 62	144 14	216 89	135 41	10 48	10 25	9 56	8 39	6 76	4 64	2 02	0 23	0 92	2 09	3 72	5 84	8 46	10 48
21 60	66 58	144 3	215 78	135 37	10 53	10 30	9 60	8 43	6 79	4 66	2 02	0 23	0 93	2 10	3 74	5 87	8 51	10 53
21 70	66 55	143 53	214 68	135 33	10 58	10 35	9 64	8 47	6 82	4 68	2 02	0 23	0 94	2 11	3 76	5 90	8 56	10 58
21 80	66 52	143 43	213 59	135 28	10 62	10 39	9 68	8 50	6 84	4 69	2 02	0 23	0 94	2 12	3.78	5 93	8 60	10 62
21 90	66 48	143 32	212 51	135 24	10 67	10 44	9.72	8 54	6 87	4 71	2 02	0 23	0 95	2 13	3 80	5 96	8 65	10 67

Tangentes 70 mètres.

LONGUEUR de la bissectrice.	DEMI-CORDE.	ANGLE des alignements.	RAYON.	LONGUEUR de l'arc.	FLÈCHE.	ORDONNÉES SUR LA CORDE. La distance à partir de la flèche étant						ORDONNÉES SUR LES TANGENTES. La distance à partir des points de tangence étant						
						10m	20m	30m	40m	50m	60m	10m	20m	30m	40m	50m	60m	égale à la demi-corde
m	m	° '	m	m	m													
22.00	66.45	143.22	211.44	135.19	10.71	10.48	9.76	8.57	6.89	4.72	2.02	0.23	0.95	2.14	3.82	5.99	8.69	10.71
22 10	66 42	143 12	210 38	135 15	10 76	10 52	9 81	8 64	6 92	4 73	2 02	0 24	0 95	2 15	3 84	6 03	8 74	10 76
22 20	66 39	143 1	209 33	135 10	10 81	10 57	9 85	8 65	6 95	4 75	2 02	0 24	0 96	2 16	3 86	6 06	8 79	10 81
22 30	66 35	142 51	208 28	135 05	10 85	10 61	9 89	8 68	6 97	4 76	2 02	0 24	0 96	2 17	3 88	6 09	8 83	10 85
22 40	66 32	142 40	207 25	135 01	10 90	10.66	9 93	8 72	7 00	4 78	2 02	0 24	0 97	2 18	3 90	6 12	8 88	10 90
22 50	66 29	142 30	206 22	134 96	10 94	10 70	9 97	8 75	7 02	4 79	2 02	0 24	0 97	2 19	3 92	6 15	8 92	10 94
22 60	66 25	142 20	205 20	134 91	10 99	10 75	10 01	8 79	7 05	4 81	2 02	0 24	0 98	2 20	3 94	6 18	8 97	10 99
22 70	66 22	142 9	204 19	134 87	11 03	10 79	10 05	8 82	7 07	4 82	2 02	0 24	0 98	2 21	3 96	6 21	9 01	11 03
22 80	66 18	141 59	203 19	134 82	11 08	10 83	10 09	8 85	7 10	4 83	2 02	0 25	0 99	2 23	3 98	6 25	9 06	11 08
22 90	66 15	141 49	202 20	134 77	11 13	10 88	10 14	8 89	7 13	4 85	2 02	0 25	0 99	2 24	4 00	6 28	9 11	11 13
23 00	66 11	141 38	201 21	134 73	11 17	10 92	10 17	8 92	7 16	4 86	2 02	0 25	1 00	2 25	4 02	6 31	9 15	11 17
23 10	66 08	141 28	200 24	134 68	11 22	10 97	10 22	8 96	7 18	4 88	2 02	0 25	1 00	2 26	4 04	6 34	9 20	11 22
23 20	66 04	141 17	199 27	134 63	11 26	11 01	10 26	8 99	7 20	4 89	2 01	0 25	1 00	2 27	4 06	6 37	9 25	11 26
23 30	66 01	141 7	198 31	134 58	11 31	11 06	10 30	9 03	7 23	4 90	2 01	0 25	1 01	2 28	4 08	6 41	9 30	11 31
23 40	65 97	140 56	197 33	134 53	11 35	11 10	10 34	9 06	7 25	4 91	2 01	0 25	1 01	2 29	4 10	6 44	9 34	11 35
23 50	65 94	140 46	196 41	134 48	11 40	11 15	10 38	9 10	7 28	4 93	2 01	0 25	1 02	2 30	4 12	6 47	9 39	11 40
23 60	65 90	140 36	195 47	134 43	11 44	11 19	10 42	9 13	7 30	4 94	2 01	0 25	1 02	2 31	4 14	6 50	9 43	11 44
23 70	65 87	140 25	194 54	134 38	11 49	11 23	10 46	9 17	7 33	4 96	2 01	0 26	1 03	2 32	4 16	6 53	9 48	11 49
23 80	65 83	140 15	193 61	134 33	11 53	11 27	10 50	9 20	7 35	4 97	2 00	0 26	1 03	2 33	4 18	6 56	9 53	11 53
23 90	65 79	140 4	192 70	134 28	11 58	11 32	10 54	9 23	7 38	4 98	2 00	0 26	1 04	2 35	4 20	6 60	9 58	11 58
24 00	65 76	139 54	191 79	134 23	11 63	11 37	10 58	9 26	7 41	4 99	2 00	0 26	1 05	2 37	4 22	6 64	9 63	11 63
24 10	65 72	139 43	190 89	134 18	11 67	11 41	10 62	9 29	7 43	5 00	2 00	0 26	1 05	2 38	4 24	6 67	9 67	11 67
24 20	65 68	139 33	190 00	134 13	11 72	11 46	10 66	9 33	7 46	5 02	2 00	0 26	1 06	2 39	4 26	6 70	9 72	11 72
24 30	65 65	139 22	189 11	134 08	11 76	11 50	10 70	9 36	7 48	5 03	1 99	0 26	1 06	2 40	4 28	6 73	9 77	11 76
24 40	65 61	139 12	188 23	134 03	11 81	11 54	10 74	9 40	7 51	5 04	1 99	0 27	1 07	2 41	4 30	6 77	9 82	11 81
24 50	65 57	139 1	187 35	133 98	11 85	11 58	10 78	9 43	7 53	5 05	1 98	0 27	1 07	2 42	4 32	6 80	9 87	11 85
24 60	65 53	138 51	186 49	133 93	11 90	11 63	10 82	9 47	7 56	5 07	1 98	0 27	1 08	2 43	4 34	6 83	9 92	11 90
24 70	65 50	138 40	185 63	133 87	11 94	11 67	10 86	9 50	7 58	5 08	1 97	0 27	1 08	2 44	4 36	6 86	9 97	11 94
24 80	65 46	138 30	184 77	133 82	11 99	11 72	10 90	9 54	7 61	5 09	1 97	0 27	1 09	2 45	4 38	6 90	10 02	11 99
24 90	65 42	138 20	183 92	133 77	12 03	11 76	10 94	9 57	7 63	5 10	1 97	0 27	1 09	2 46	4 40	6 93	10 06	12 03

Tangentes 70 mètres.

LONGUEUR de la bissectrice.	DEMI-CORDE.	ANGLE des alignements.	RAYON.	LONGUEUR de l'arc.	FLÈCHE.	ORDONNÉES SUR LA CORDE. La distance à partir de la flèche étant 10ᵐ	20ᵐ	30ᵐ	40ᵐ	50ᵐ	60ᵐ	ORDONNÉES SUR LES TANGENTES. La distance à partir des points de tangence étant 10ᵐ	20ᵐ	30ᵐ	40ᵐ	50ᵐ	60ᵐ	égale à la demi-corde
m	m	° ′	m	m	m													
25.00	65.38	138 9	183.07	133.72	12.07	11.80	10.98	9.60	7.65	5.41	1.96	0.27	1.09	2.47	4.42	6.96	10.11	12.07
25.10	65.34	137 58	182.24	133.66	12.12	11.85	11.02	9.64	7.68	5.43	1.96	0.27	1.10	2.48	4.44	6.99	10.16	12.12
25.20	65.31	137 48	181.41	133.61	12.16	11.89	11.06	9.67	7.70	5.14	1.95	0.27	1.10	2.49	4.46	7.02	10.21	12.16
25.30	65.27	137 37	180.59	133.56	12.21	11.93	11.10	9.70	7.73	5.15	1.95	0.28	1.11	2.51	4.48	7.06	10.26	12.20
25.40	65.23	137 27	179.77	133.50	12.25	11.97	11.14	9.73	7.75	5.16	1.94	0.28	1.11	2.52	4.50	7.09	10.31	12.25
25.50	65.19	137 16	178.96	133.45	12.30	12.02	11.18	9.77	7.77	5.17	1.94	0.28	1.12	2.53	4.53	7.13	10.36	12.30
25.60	65.15	137 6	178.15	133.39	12.34	12.06	11.21	9.80	7.79	5.18	1.93	0.28	1.13	2.54	4.55	7.16	10.41	12.34
25.70	65.11	136 55	177.34	133.34	12.38	12.10	11.25	9.83	7.81	5.19	1.92	0.28	1.13	2.55	4.57	7.19	10.46	12.38
25.80	65.07	136 45	176.55	133.28	12.43	12.15	11.29	9.86	7.84	5.20	1.92	0.28	1.14	2.57	4.59	7.23	10.51	12.43
25.90	65.03	136 34	175.76	133.23	12.47	12.19	11.33	9.89	7.86	5.21	1.91	0.28	1.14	2.58	4.61	7.26	10.56	12.47
26.00	64.99	136 24	174.98	133.17	12.52	12.23	11.37	9.93	7.88	5.22	1.91	0.29	1.15	2.59	4.64	7.30	10.61	12.52
26.10	64.95	136 13	174.20	133.12	12.56	12.27	11.41	9.96	7.90	5.23	1.90	0.29	1.15	2.60	4.66	7.33	10.66	12.56
26.20	64.91	136 2	173.43	133.06	12.61	12.32	11.45	10.00	7.93	5.24	1.90	0.29	1.16	2.61	4.68	7.37	10.71	12.61
26.30	64.87	135 52	172.66	133.00	12.65	12.36	11.49	10.03	7.95	5.25	1.89	0.29	1.16	2.62	4.70	7.40	10.76	12.65
26.40	64.83	135 41	171.90	132.95	12.69	12.40	11.52	10.06	7.97	5.26	1.88	0.29	1.17	2.63	4.72	7.43	10.81	12.69
26.50	64.79	135 30	171.15	132.89	12.74	12.45	11.56	10.09	8.00	5.27	1.88	0.29	1.18	2.65	4.74	7.47	10.86	12.74
26.60	64.75	135 20	170.40	132.83	12.78	12.49	11.60	10.12	8.02	5.28	1.87	0.29	1.18	2.66	4.76	7.50	10.91	12.78
26.70	64.71	135 9	169.65	132.78	12.83	12.53	11.64	10.15	8.05	5.29	1.86	0.30	1.19	2.68	4.78	7.54	10.97	12.83
26.80	64.67	134 59	168.91	132.72	12.87	12.57	11.68	10.18	8.07	5.30	1.85	0.30	1.19	2.69	4.80	7.57	11.02	12.87
26.90	64.62	134 48	168.17	132.66	12.91	12.61	11.71	10.21	8.09	5.31	1.84	0.30	1.20	2.70	4.82	7.60	11.07	12.91
27.00	64.58	134 37	167.43	132.61	12.95	12.65	11.75	10.24	8.11	5.32	1.83	0.30	1.20	2.71	4.84	7.63	11.12	12.95
27.10	64.54	134 27	166.71	132.55	13.00	12.70	11.79	10.28	8.13	5.33	1.83	0.30	1.21	2.72	4.87	7.67	11.17	13.00
27.20	64.50	134 16	165.99	132.49	13.04	12.74	11.83	10.31	8.15	5.33	1.82	0.30	1.21	2.73	4.89	7.71	11.22	13.04
27.30	64.46	134 5	165.28	132.43	13.09	12.79	11.87	10.34	8.17	5.34	1.81	0.30	1.22	2.75	4.92	7.75	11.28	13.09
27.40	64.41	133 55	164.56	132.37	13.13	12.83	11.91	10.37	8.19	5.35	1.80	0.30	1.22	2.76	4.94	7.78	11.33	13.13
27.50	64.37	133 44	163.85	132.31	13.17	12.87	11.95	10.40	8.21	5.36	1.79	0.30	1.22	2.77	4.96	7.81	11.38	13.17
27.60	64.33	133 33	163.15	132.25	13.22	12.91	11.99	10.44	8.24	5.37	1.78	0.31	1.23	2.78	4.98	7.85	11.44	13.22
27.70	64.29	133 23	162.45	132.19	13.26	12.95	12.02	10.47	8.26	5.38	1.77	0.31	1.24	2.79	5.00	7.88	11.49	13.26
27.80	64.24	133 12	161.76	132.13	13.30	12.99	12.06	10.50	8.28	5.38	1.76	0.31	1.24	2.80	5.02	7.92	11.54	13.30
27.90	64.20	133 1	161.08	132.07	13.35	13.04	12.10	10.53	8.30	5.39	1.75	0.31	1.25	2.82	5.05	7.96	11.60	13.35

Tangentes 70 mètres.

LONGUEUR de la bissectrice.	DEMI-CORDE.	ANGLE des alignements.	RAYON.	LONGUEUR de l'arc.	FLÈCHE.	Ordonnées sur la corde. La distance à partir de la flèche étant 10m	20m	30m	40m	50m	60m	Ordonnées sur les tangentes. La distance à partir des points de tangence étant 10m	20m	30m	40m	50m	60m	égale à la demi-corde.
m	m	° '	m	m	m													
28.00	64.16	132 51	160.39	132.01	13.39	13.08	12.14	10.56	8.32	5.40	1.74	0.31	1.25	2.83	5.07	7.99	11.65	13.39
28.10	64.11	132 40	159.71	131.95	13.43	13.12	12.17	10.59	8.34	5.40	1.73	0.31	1.26	2.84	5.09	8.03	11.70	13.43
28.20	64.07	132 29	159.04	131.88	13.48	13.16	12.22	10.62	8.36	5.41	1.72	0.32	1.26	2.86	5.12	8.07	11.76	13.48
28.30	64.02	132 18	158.36	131.82	13.52	13.20	12.25	10.65	8.38	5.42	1.71	0.32	1.27	2.87	5.14	8.10	11.81	13.52
28.40	63.98	132 08	157.70	131.76	13.56	13.24	12.29	10.68	8.40	5.43	1.70	0.32	1.27	2.88	5.16	8.13	11.86	13.56
28.50	63.93	131 57	157.03	131.70	13.60	13.28	12.32	10.71	8.42	5.43	1.69	0.32	1.28	2.89	5.18	8.17	11.91	13.60
28.60	63.89	131 46	156.38	131.63	13.65	13.33	12.36	10.74	8.44	5.44	1.68	0.32	1.29	2.91	5.21	8.21	11.97	13.65
28.70	63.84	131 35	155.72	131.57	13.69	13.37	12.40	10.77	8.46	5.44	1.67	0.32	1.29	2.92	5.23	8.25	12.02	13.69
28.80	63.80	131 25	155.07	131.51	13.73	13.41	12.44	10.80	8.48	5.45	1.65	0.32	1.29	2.93	5.25	8.28	12.08	13.73
28.90	63.75	131 14	154.42	131.45	13.77	13.45	12.47	10.83	8.50	5.45	1.64	0.32	1.30	2.94	5.27	8.32	12.13	13.77
29.00	63.71	131 03	153.78	131.38	13.82	13.49	12.51	10.86	8.52	5.46	1.63	0.33	1.31	2.96	5.30	8.36	12.19	13.82
29.10	63.66	130 52	153.14	131.32	13.86	13.53	12.55	10.89	8.54	5.47	1.62	0.33	1.31	2.97	5.32	8.39	12.24	13.86
29.20	63.62	130 41	152.51	131.25	13.90	13.57	12.58	10.92	8.56	5.47	1.60	0.33	1.32	2.98	5.34	8.43	12.30	13.90

LONGUEUR de la bissectrice.	DEMI-CORDE.	ANGLE des alignements.	RAYON.	LONGUEUR de l'arc.	FLÈCHE.	Ordonnées sur la corde. La distance à partir de la flèche étant 10m	20m	30m	40m	50m	60m	Ordonnées sur les tangentes. La distance à partir des points de tangence étant 10m	20m	30m	40m	50m	60m	égale à la demi-corde.
29.30	63.57	130 31	151.87	131.19	13.94	13.61	12.62	10.95	8.58	5.48	1.59	0.33	1.32	2.99	5.36	8.46	12.35	13.94
29.40	63.53	130 20	151.26	131.12	13.99	13.66	12.66	10.98	8.60	5.49	1.58	0.33	1.33	3.01	5.39	8.50	12.41	13.99
29.50	63.48	130 09	150.63	131.06	14.03	13.70	12.70	11.01	8.62	5.49	1.56	0.33	1.33	3.02	5.41	8.54	12.47	14.03
29.60	63.44	129 58	150.01	130.99	14.07	13.74	12.73	11.04	8.64	5.49	1.55	0.33	1.34	3.03	5.43	8.58	12.52	14.07
29.70	63.39	129 47	149.39	130.93	14.11	13.78	12.77	11.07	8.66	5.50	1.53	0.33	1.34	3.04	5.45	8.61	12.58	14.11
29.80	63.34	129 36	148.79	130.86	14.16	13.82	12.81	11.10	8.68	5.51	1.52	0.34	1.35	3.06	5.48	8.65	12.64	14.16
29.90	63.29	129 26	148.18	130.79	14.20	13.86	12.84	11.13	8.70	5.51	1.50	0.34	1.36	3.07	5.50	8.69	12.70	14.20
30.00	63.25	129 15	147.57	130.73	14.24	13.90	12.88	11.16	8.72	5.51	1.49	0.34	1.36	3.08	5.52	8.73	12.75	14.24
30.10	63.20	129 04	146.97	130.66	14.28	13.94	12.91	11.19	8.73	5.52	1.47	0.34	1.37	3.09	5.55	8.76	12.81	14.28
30.20	63.15	128 53	146.37	130.59	14.32	13.98	12.95	11.21	8.75	5.52	1.46	0.34	1.37	3.11	5.57	8.80	12.86	14.32
30.30	63.10	128 42	145.78	130.52	14.36	14.02	12.98	11.24	8.77	5.52	1.44	0.34	1.38	3.12	5.59	8.84	12.92	14.36
30.40	63.05	128 31	145.19	130.45	14.41	14.06	13.02	11.27	8.79	5.53	1.43	0.35	1.39	3.14	5.61	8.88	12.98	14.41
30.50	63.01	128 20	144.61	130.38	14.45	14.10	13.06	11.30	8.81	5.53	1.41	0.35	1.39	3.15	5.64	8.92	13.04	14.45
30.60	62.96	128 09	144.02	130.32	14.49	14.14	13.09	11.33	8.83	5.53	1.39	0.35	1.40	3.16	5.66	8.96	13.10	14.49
30.70	62.91	127 58	143.44	130.25	14.53	14.18	13.13	11.36	8.84	5.53	1.38	0.35	1.40	3.17	5.69	9.00	13.15	14.53
30.80	62.86	127 47	142.86	130.18	14.57	14.22	13.17	11.39	8.86	5.54	1.36	0.35	1.41	3.18	5.71	9.03	13.21	14.57
30.90	62.81	127 37	142.29	130.11	14.61	14.26	13.20	11.41	8.87	5.54	1.34	0.35	1.41	3.20	5.74	9.07	13.27	14.61

Tangentes 70 mètres.

LONGUEUR de la bissectrice.	DEMI-CORDE.	ANGLE des alignements.	RAYON.	LONGUEUR de l'arc.	FLÈCHE.	ORDONNÉES SUR LA CORDE. La distance à partir de la flèche étant						ORDONNÉES SUR LES TANGENTES. La distance à partir des points de tangence étant						
						10m	20m	30m	40m	50m	60m	10m	20m	30m	40m	50m	60m	égale à la demi-corde
m	m	° '	m	m	m													
31.00	62.76	127.26	141.71	130.04	14.63	14.30	13.24	11.44	8.89	5.54	1.33	0.35	1.41	3.21	5.76	9.11	13.32	14.63
31 10	62 71	127 15	141 15	129 97	14 69	14 34	13 27	11 47	8 91	5 54	1 31	0 35	1 42	3 22	5 78	9 15	13 38	14 69
31 20	62 66	127 4	140 59	129 90	14 74	14 38	13 31	11 50	8 93	5 55	1 29	0 36	1 43	3 24	5 81	9 19	13 45	14 74
31 30	62 61	125 53	140 03	129 82	14 78	14 42	13 34	11 53	8 94	5 55	1 27	0 36	1 44	3 25	5 84	9 23	13 51	14 78
31 40	62 56	126 42	139 47	129 75	14 82	14 46	13 38	11 55	8 96	5 55	1 25	0 36	1 44	3 27	5 86	9 27	13 57	14 82
31 50	62 51	126 31	138 92	129 68	14 86	14 50	13 41	11 58	8 98	5 55	1 23	0 36	1 45	3 28	5 88	9 31	13 63	14 86
31 60	62 46	126 20	138 36	129 61	14 90	14 54	13 45	11 61	8 99	5 55	1 21	0 36	1 45	3 29	5 91	9 35	13 69	14 90
31 70	62 41	126 9	137 81	129 54	14 94	14 58	13 48	11 63	9 01	5 55	1 19	0 36	1 46	3 31	5 93	9 39	13 75	14 94
31 80	62 35	125 58	137 27	129 46	14 98	14 62	13 52	11 66	9 02	5 55	1 17	0 36	1 46	3 32	5 96	9 43	13 81	14 98
31 90	62 31	125 47	136 72	129 39	15 02	14 65	13 55	11 69	9 04	5 55	1 15	0 37	1 47	3 33	5 98	9 47	13 87	15 02
32 00	62 26	125 36	136 19	129 32	15 06	14 69	13 59	11 72	9 06	5 55	1 13	0 37	1 47	3 34	6 00	9 51	13 93	15 06
32 10	62 21	125 25	135 65	129 25	15 10	14 73	13 62	11 74	9 07	5 55	1 11	0 37	1 48	3 36	6 03	9 55	13 99	15 10
32 20	62 15	125 13	135 11	129 17	15 14	14 77	13 65	11 77	9 09	5 55	1 09	0 37	1 49	3 37	6 05	9 59	14 05	15 14
32 30	62 10	125 2	134 58	129 09	15 18	14 81	13 69	11 80	9 10	5 55	1 07	0 37	1 49	3 38	6 08	9 63	14 11	15 18
32 40	62 05	124 51	134 06	129 02	15 22	14 85	13 72	11 82	9 12	5 55	1 05	0 37	1 50	3 40	6 10	9 67	14 17	15 22
32 50	62 00	124 40	133 53	128 94	15 26	14 89	13 76	11 85	9 13	5 55	1 02	0 37	1 50	3 41	6 13	9 71	14 24	15 26
32 60	61 94	124 29	133 01	128 87	15 30	14 93	13 79	11 88	9 15	5 55	1 00	0 37	1 51	3 42	6 15	9 75	14 30	15 30
32 70	61 89	124 18	132 49	128 79	15 34	14 97	13 83	11 90	9 16	5 55	0 98	0 37	1 51	3 44	6 18	9 79	14 36	15 34
32 80	61 84	124 7	131 97	128 72	15 38	15 00	13 86	11 93	9 18	5 55	0 96	0 38	1 52	3 45	6 20	9 83	14 42	15 38
32 90	61 79	123 56	131 46	128 64	15 42	15 04	13 89	11 95	9 19	5 54	0 93	0 38	1 53	3 46	6 23	9 88	14 49	15 42
33 00	61 73	123 45	130 95	128 57	15 46	15 08	13 93	11 98	9 20	5 54	0 91	0 38	1 53	3 48	6 26	9 92	14 55	15 46
33 10	61 68	123 34	130 44	128 49	15 50	15 12	13 96	12 01	9 22	5 54	0 89	0 38	1 54	3 49	6 28	9 96	14 61	15 50
33 20	61 63	123 22	129 93	128 41	15 54	15 16	14 00	12 03	9 23	5 54	0 86	0 38	1 54	3 51	6 31	10 00	14 68	15 54
33 30	61 57	123 11	129 43	128 33	15 58	15 20	14 03	12 06	9 25	5 53	0 84	0 38	1 55	3 52	6 33	10 05	14 74	15 58
33 40	61 52	123 0	128 93	128 25	15 62	15 23	14 06	12 08	9 26	5 53	0 81	0 39	1 56	3 54	6 36	10 09	14 81	15 62
33 50	61 46	122 49	128 43	128 17	15 66	15 27	14 10	12 11	9 27	5 53	0 79	0 39	1 56	3 55	6 39	10 13	14 87	15 66
33 60	61 41	122 38	127 93	128 10	15 70	15 31	14 13	12 13	9 29	5 53	0 76	0 39	1 57	3 57	6 41	10 17	14 94	15 70
33 70	61 35	122 26	127 44	128 02	15 74	15 35	14 16	12 16	9 30	5 52	0 73	0 39	1 58	3 58	6 44	10 22	15 01	15 74
33 80	61 30	122 15	126 95	127 94	15 78	15 39	14 20	12 18	9 31	5 52	0 71	0 39	1 58	3 60	6 47	10 26	15 07	15 78
33 90	61 24	122 4	126 46	127 86	15 82	15 43	14 23	12 21	9 33	5 51	0 68	0 39	1 59	3 61	6 49	10 31	15 14	15 82

Tangentes 70 mètres.

Longueur de la tangente.	Demi-corde.	Angle des alignements.	Rayon.	Longueur de l'arc.	Flèche.	Ordonnées sur la corde. La distance à partir de la flèche étant 10m	20m	30m	40m	50m	60m	Ordonnées sur les tangentes. La distance à partir des points de tangente étant 10m	20m	30m	40m	50m	60m	égale à la demi-corde
m	m	° '	m	m	m													
34.00	61.19	121 53	125.96	127.78	15.86	15.46	14.28	12.23	9.34	5.51	0.65	0.40	1.60	3.63	6.52	10.35	15.21	15.86
34 10	61 13	121 41	125 49	127 70	15 90	15 50	14 29	12 26	9 35	5 51	0 62	0 40	1 61	3 64	6 55	10 39	15 28	15 90
34 20	61 08	121 30	125 01	127 62	15 94	15 54	14 33	12 28	9 36	5 50	0 60	0 40	1 61	3 65	6 58	10 44	15 34	15 94
34 30	61 02	121 19	124 56	127 54	15 98	15 58	14 36	12 31	9 38	5 50	0 57	0 40	1 62	3 67	6 60	10 48	15 41	15 98
34 40	60 96	121 8	124 06	127 45	16 01	15 61	14 39	12 33	9 39	5 49	0 54	0 40	1 62	3 68	6 62	10 52	15 47	16 01
34 50	60 91	120 56	123 58	127 37	16 05	15 65	14 42	12 36	9 40	5 49	0 51	0 40	1 63	3 69	6 65	10 56	15 54	16 05
34 60	60 85	120 45	123 11	127 29	16 09	15 68	14 46	12 38	9 41	5 48	0 48	0 41	1 63	3 71	6 68	10 61	15 61	16 09
34 70	60 79	120 34	122 64	127 21	16 13	15 72	14 49	12 40	9 42	5 47	0 45	0 41	1 64	3 72	6 71	10 66	15 68	16 13
34 80	60 74	120 23	122 17	127 13	16 17	15 76	14 52	12 43	9 43	5 47	0 42	0 41	1 65	3 74	6 73	10 70	15 75	16 17
34 90	60 68	120 11	121 72	127 04	16 21	15 80	14 55	12 45	9 44	5 46	0 39	0 41	1 66	3 76	6 77	10 73	15 82	16 21
35 00	60 62	120 0	121 24	126 96	16 24	15 83	14 58	12 47	9 45	5 45	0 36	0 41	1 66	3 77	6 79	10 79	15 88	16 24
35 10	60 56	119 49	120 78	126 88	16 28	15 87	14 61	12 50	9 47	5 45	0 33	0 41	1 67	3 78	6 81	10 83	15 95	16 28
35 20	60 51	119 37	120 32	126 79	16 32	15 90	14 65	12 52	9 48	5 44	0 29	0 42	1 67	3 80	6 84	10 88	16 03	16 32

Longueur de la tangente.	Demi-corde.	Angle des alignements.	Rayon.	Longueur de l'arc.	Flèche.	Ordonnées sur la corde. La distance à partir de la flèche étant 10m	20m	30m	40m	50m	60m	Ordonnées sur les tangentes. La distance à partir des points de tangente étant 10m	20m	30m	40m	50m	60m	égale à la demi-corde
35 30	60 45	119 26	119 87	126 71	16 36	15 94	14 68	12 54	9 49	5 43	0,26	0 42	1 68	3 82	6 87	10 93	16,10	16 36
35 40	60 39	119 14	119 41	126 62	16 39	15 97	14 71	12 56	9 50	5 42	0 22	0 42	1 68	3 83	6 89	10 97	16,17	16 39
35 50	60 33	119 3	118 96	126 54	16 43	16 01	14 74	12 59	9 51	5 41	0,19	0 42	1 69	3 84	6 92	11 02	16,24	16 43
35 60	60 27	118 52	118 51	126 45	16 47	16 05	14 77	12 61	9 52	5 41	0,16	0 42	1 70	3 86	6 95	11 06	16 31	16 47
35 70	60 21	118 40	118 06	126 36	16 51	16 08	14 80	12 63	9 53	5 40	0,13	0 43	1 71	3 88	6 98	11 11	16, 38	16 51
35 80	60 15	118 29	117 61	126 28	16 54	16 11	14 83	12 65	9 53	5 39	0,09	0 43	1 71	3 89	7 01	11 15	16, 45	16 54
35 90	60 09	118 17	117 17	126 19	16 58	16 15	14 86	12 68	9, 54	5 38	0 06	0 43	1 72	3 90	7 04	11 20	16, 52	16 58
36 00	60 03	118 6	116 73	126 11	16 62	16 19	14 89	12 70	9 55	5 37	0 02	0 43	1 73	3 92	7 07	11 25	16, 60	16 62
36 10	59 97	117 55	116 29	126 02	16 66	16 23	14 92	12 72	9 56	5 36	»	0 43	1 73	3 94	7 10	11 30	»	16 66
36 20	59 91	117 43	115 85	125 93	16 69	16 26	14 95	12 74	9 57	5 35	»	0 43	1 74	3 95	7 12	11 34	»	16 69
36 30	59 85	117 32	115 42	125 84	16 73	16 29	14 99	12 76	9 58	5 34	»	0 44	1 74	3 97	7 15	11 39	»	16 73
36 40	59 79	117 20	114 98	125 75	16 77	16 33	15 02	12 79	9 59	5 33	»	0 44	1 75	3 98	7 18	11 44	»	16 77
36 50	59 73	117 9	114 55	125 66	16 80	16 36	15 05	12 81	9 59	5 31	»	0 44	1 75	3 99	7 21	11 49	»	16 80
36 60	59 67	116 57	114 12	125 57	16 84	16 40	15 08	12 83	9 60	5 30	»	0 44	1 76	4 01	7 24	11 54	»	16 84
36 70	59 61	116 45	113 69	125 48	16 88	16 44	15 11	12 85	9 61	5 29	»	0 44	1 77	4 03	7 27	11 59	»	16 88
36 80	59 55	116 34	113 27	125 40	16 92	16 47	15 14	12 87	9 62	5 28	»	0 45	1 78	4 05	7 30	11 64	»	16 92
36 90	59 48	116 22	112 84	125 31	16 95	16 50	15 17	12 89	9 62	5 27	»	0 45	1 78	4 06	7 33	11 68	»	16 95

Tangentes 70 mètres.

LONGUEUR de la bissectrice.	DEMI-CORDE.	ANGLE des alignements.	RAYON.	LONGUEUR de l'arc.	FLÈCHE.	ORDONNÉES SUR LA CORDE La distance à partir de la flèche étant						ORDONNÉES SUR LES TANGENTES La distance à partir des points de tangence étant						
						10m	20m	30m	40m	50m	60m	10m	20m	30m	40m	50m	60m	égale à la demi-corde
m	m	° '	m	m	m													
37.00	59.42	146.11	112.12	125.22	16.99	16.54	15.20	12.91	9.63	5.26	»	0.45	1.79	4.08	7.36	11.73	»	16.99
37.10	59.36	145.59	111.99	125.12	17.02	16.57	15.22	12.93	9.64	5.24	»	0.45	1.80	4.09	7.38	11.78	»	17.02
37.20	59.30	145.48	111.58	125.03	17.06	16.61	15.25	12.95	9.65	5.23	»	0.45	1.81	4.11	7.41	11.83	»	17.06
37.30	59.23	145.36	111.17	124.94	17.10	16.64	15.28	12.97	9.66	5.22	»	0.46	1.82	4.13	7.44	11.88	»	17.10
37.40	59.17	145.24	110.75	124.84	17.13	16.67	15.31	12.99	9.66	5.20	»	0.46	1.82	4.14	7.47	11.93	»	17.13
37.50	59.11	145.13	110.34	124.75	17.17	16.71	15.34	13.01	9.67	5.19	»	0.46	1.83	4.16	7.50	11.98	»	17.17
37.60	59.04	145 1	109.92	124.66	17.20	16.74	15.37	13.03	9.67	5.17	»	0.46	1.83	4.17	7.53	12.03	»	17.20
37.70	58.98	144.50	109.51	124.57	17.24	16.78	15.40	13.05	9.67	5.16	»	0.46	1.84	4.19	7.57	12.08	»	17.24
37.80	58.92	144.38	109.11	124.47	17.28	16.82	15.43	13.07	9.68	5.15	»	0.46	1.85	4.21	7.60	12.13	»	17.28
37.90	58.85	144.26	108.70	124.38	17.31	16.85	15.45	13.09	9.68	5.13	»	0.46	1.86	4.22	7.63	12.18	»	17.31
38.00	58.79	144.15	108.30	124.29	17.35	16.88	15.48	13.11	9.69	5.11	»	0.47	1.87	4.24	7.66	12.24	»	17.35
38.10	58.72	144 3	107.89	124.19	17.38	16.91	15.51	13.13	9.69	5.09	»	0.47	1.87	4.25	7.69	12.29	»	17.38
38.20	58.66	143.51	107.49	124.09	17.42	16.95	15.54	13.15	9.70	5.08	»	0.47	1.88	4.27	7.72	12.34	»	17.42
38.30	58.59	143.39	107.09	123.99	17.45	16.98	15.56	13.16	9.70	5.06	»	0.47	1.89	4.29	7.75	12.39	»	17.45
38.40	58.53	143.28	106.69	123.90	17.49	17.02	15.59	13.18	9.71	5.05	»	0.47	1.90	4.31	7.78	12.44	»	17.49
38.50	58.46	143.16	106.29	123.80	17.52	17.05	15.62	13.20	9.71	5.03	»	0.47	1.90	4.32	7.81	12.49	»	17.52
38.60	58.39	143 4	105.90	123.70	17.56	17.08	15.65	13.22	9.72	5.01	»	0.48	1.91	4.34	7.84	12.55	»	17.56
38.70	58.33	142.52	105.50	123.60	17.59	17.11	15.68	13.23	9.72	4.99	»	0.48	1.91	4.36	7.87	12.60	»	17.59
38.80	58.26	142.41	105.11	123.51	17.62	17.14	15.70	13.25	9.72	4.97	»	0.48	1.92	4.37	7.90	12.65	»	17.62
38.90	58.19	142.29	104.72	123.41	17.66	17.18	15.73	13.27	9.72	4.95	»	0.48	1.93	4.39	7.94	12.71	»	17.66
39.00	58.13	142.17	104.33	123.31	17.69	17.21	15.76	13.28	9.72	4.93	»	0.48	1.93	4.41	7.97	12.76	»	17.69
39.10	58.06	142 5	103.95	123.21	17.73	17.25	15.79	13.30	9.73	4.91	»	0.48	1.94	4.43	8.00	12.82	»	17.73
39.20	57.99	141.53	103.56	123.11	17.76	17.28	15.81	13.32	9.73	4.89	»	0.48	1.95	4.44	8.03	12.87	»	17.76
39.30	57.93	141.41	103.18	123.01	17.80	17.31	15.84	13.34	9.73	4.87	»	0.49	1.96	4.46	8.07	12.93	»	17.80
39.40	57.86	141.29	102.80	122.91	17.83	17.34	15.86	13.35	9.73	4.85	»	0.49	1.97	4.47	8.10	12.98	»	17.83
39.50	57.79	141.17	102.42	122.80	17.86	17.37	15.89	13.37	9.73	4.83	»	0.49	1.97	4.49	8.13	13.03	»	17.86
39.60	57.72	141 6	102.04	122.70	17.90	17.41	15.92	13.39	9.73	4.81	»	0.49	1.98	4.51	8.17	13.09	»	17.90
39.70	57.65	140.54	101.66	122.60	17.93	17.44	15.94	13.40	9.73	4.78	»	0.49	1.99	4.53	8.20	13.15	»	17.93
39.80	57.58	140.42	101.28	122.50	17.96	17.47	15.96	13.41	9.73	4.76	»	0.49	2.00	4.55	8.23	13.20	»	17.96
39.90	57.51	140.30	100.91	122.40	18.00	17.50	15.90	13.43	9.73	4.74	»	0.50	2.01	4.57	8.27	13.26	»	18.00

Tangentes 70 mètres.

LONGUEUR de la bissectrice.	DEMI-CORDE.	ANGLE des alignements.	RAYON.	LONGUEUR de l'arc.	FLÈCHE.	ORDONNÉES SUR LA CORDE. La distance à partir de la flèche étant : 10m	20m	30m	40m	50m	60m	ORDONNÉES SUR LES TANGENTES. La distance à partir des points de tangence étant : 10m	20m	30m	40m	50m	60m	égale à la [illegible] corde
m	m	° '	m	m	m													
40.00	57.44	110.18	100.53	122.29	18.03	17.53	16.02	13.43	9.73	4.71	»	0.50	2.04	4.58	8.30	13.32	»	18.03
40 10	57 37	110 5	100 15	122 19	18 06	17 56	16 04	13 46	9 73	4 69	»	0 50	2 02	4 60	8 33	13 37	»	18 06
40 20	57 30	109 54	99 78	122 08	18 09	17 59	16 06	13 47	9 73	4 66	»	0 50	2 03	4 62	8 36	13 43	»	18 09
40 30	57 23	109 42	99 42	121 98	18 13	17 62	16 09	13 49	9 73	4 64	»	0 51	2 04	4 64	8 40	13 49	»	18 12
40 40	57 16	109 30	99 05	121 87	18 16	17 65	16 12	13 51	9 72	4 61	»	0 51	2 04	4 65	8 44	13 55	»	18 16
40 50	57 09	109 18	98 68	121 75	18 19	17 68	16 14	13 52	9 72	4 59	»	0 51	2 05	4 67	8 47	13 60	»	18 19
40 60	57 02	109 5	98 31	121 66	18 22	17 71	16 16	13 53	9 72	4 56	»	0 51	2 06	4 69	8 50	13 66	»	18 22
40 70	56 93	108 54	97 95	121 55	18 26	17 74	16 19	13 55	9 72	4 54	»	0 52	2 07	4 71	8 54	13 72	»	18 26
40 80	56 88	108 42	97 59	121 44	18 29	17 77	16 22	13 56	9 72	4 51	»	0 52	2 07	4 73	8 57	13 78	»	18 29
40 90	56 81	108 30	97 22	121 34	18 32	17 80	16 24	13 58	9 71	4 48	»	0 52	2 08	4 74	8 61	13 84	»	18 32
41 00	56 74	108 18	96 85	121 23	18 35	17 83	16 26	13 59	9 71	4 45	»	0 52	2 09	4 76	8 64	13 90	»	18 35
41 10	56 66	108 05	96 50	121 12	18 38	17 86	16 28	13 60	9 70	4 42	»	0 52	2 10	4 78	8 68	13 96	»	18 38
41 20	56 59	107 53	96 14	121 01	18 41	17 89	16 31	13 61	9 70	4 39	»	0 52	2 10	4 80	8 71	14 02	»	18 42
41 30	56 52	107 41	95 79	120 90	18 45	17 92	16 34	13 63	9 70	4 36	»	0 53	2 11	4 82	8 75	14 09	»	18 45
41 40	56 44	107 29	95 44	120 79	18 48	17 95	16 36	13 64	9 69	4 33	»	0 53	2 12	4 84	8 79	14 15	»	18 48
41 50	56 37	107 17	95 08	120 67	18 51	17 98	16 38	13 66	9 69	4 30	»	0 53	2 13	4 85	8 82	14 21	»	18 51
41 60	56 30	107 4	94 73	120 56	18 54	18 01	16 41	13 67	9 68	4 27	»	0 53	2 13	4 87	8 86	14 27	»	18 54
41 70	56 22	106 52	94 38	120 45	18 57	18 04	16 43	13 68	9 68	4 24	»	0 53	2 14	4 89	8 89	14 33	»	18 57
41 80	56 15	106 40	94 03	120 34	18 60	18 07	16 45	13 69	9 67	4 21	»	0 53	2 15	4 91	8 93	14 39	»	18 60
41 90	56 07	106 28	93 68	120 23	18 64	18 10	16 48	13 70	9 67	4 18	»	0 54	2 16	4 94	8 97	14 46	»	18 64
42 00	56 00	106 16	93 34	120 12	18 67	18 13	16 50	13 71	9 66	4 14	»	0 54	2 17	4 96	9 01	14 53	»	18 67
42 10	55 92	106 3	92 99	120 00	18 70	18 16	16 52	13 72	9 66	4 11	»	0 54	2 18	4 98	9 04	14 59	»	18 70
42 20	55 85	105 51	92 64	119 88	18 73	18 19	16 54	13 73	9 65	4 07	»	0 54	2 19	5 00	9 08	14 66	»	18 73
42 30	55 77	105 39	92 30	119 77	18 76	18 22	16 56	13 74	9 64	4 04	»	0 54	2 20	5 02	9 12	14 72	»	18 76
42 40	55 70	105 26	91 96	119 65	18 79	18 24	16 59	13 75	9 63	4 01	»	0 55	2 20	5 04	9 16	14 78	»	18 79
42 50	55 62	105 14	91 61	119 54	18 82	18 27	16 61	13 76	9 62	3 97	»	0 55	2 21	5 06	9 20	14 85	»	18 82
42 60	55 54	105 1	91 27	119 42	18 85	18 30	16 63	13 77	9 61	3 93	»	0 55	2 22	5 08	9 24	14 92	»	18 85
42 70	55 47	104 49	90 93	119 30	18 88	18 33	16 65	13 78	9 61	3 89	»	0 55	2 23	5 10	9 27	14 99	»	18 88
42 80	55 39	104 37	90 60	119 19	18 91	18 36	16 67	13 79	9 60	3 86	»	0 55	2 24	5 12	9 31	15 05	»	18 91
42 90	55 31	104.24	90 26	119 07	18 94	18 38	16 69	13 80	9 59	3 82	»	0 56	2 25	5 14	9 35	15 12	»	18 94

Tangentes 70 mètres.

Longueur de la tangente.	Demi-corde.	Angle des alignements.	Rayon.	Longueur de l'arc.	Flèche.	Ordonnées sur la corde, la distance à partir de la flèche étant 10m	20m	30m	40m	50m	60m	Ordonnées sur les tangentes, la distance à partir des points de tangence étant 10m	20m	30m	40m	50m	60m	égale à la demi-corde
m	m	° '	m	m	m													
43 00	55 22	104 12	89 94	118 95	18 96	18 40	16 71	13 84	9 58	3 78	»	0 56	2 25	5 15	9 38	15 18	»	18 90
43 10	55 16	103 59	89 58	118 83	18 99	18 43	16 73	13 82	9 57	3 74	»	0 56	2 26	5 17	9 43	15 26	»	18 99
43 20	55 08	103 47	89 25	118 71	19 02	18 46	16 75	13 83	9 56	3 70	»	0 56	2 29	5 19	9 46	15 32	»	19 02
43 30	55 00	103 34	88 91	118 59	19 05	18 49	16 77	13 84	9 55	3 66	»	0 56	2 28	5 21	9 50	15 39	»	19 05
43 40	54 92	103 22	88 58	118 47	19 08	18 51	16 79	13 85	9 53	3 62	»	0 57	2 29	5 23	9 55	15 46	»	19 08
43 50	54 84	103 9	88 25	118 35	19 11	18 54	16 81	13 85	9 52	3 58	»	0 57	2 30	5 26	9 59	15 53	»	19 11
43 60	54 76	102 57	87 92	118 22	19 14	18 57	16 83	13 86	9 51	3 54	»	0 57	2 31	5 28	9 63	15 60	»	19 14
43 70	54 68	102 44	87 59	118 10	19 17	18 60	16 85	13 87	9 50	3 50	»	0 57	2 32	5 30	9 67	15 67	»	19 17
43 80	54 60	102 32	87 26	117 98	19 19	18 62	16 87	13 87	9 48	3 45	»	0 57	2 32	5 32	9 74	15 74	»	19 19
43 90	54 52	102 19	86 93	117 86	19 22	18 64	16 89	13 88	9 47	3 40	»	0 58	2 33	5 34	9 75	15 82	»	19 22
44 00	54 44	102 7	86 61	117 74	19 25	18 67	16 91	13 89	9 46	3 36	»	0 58	2 34	5 36	9 79	15 89	»	19 25
44 10	54 36	101 54	86 29	117 61	19 28	18 70	16 93	13 90	9 45	3 31	»	0 58	2 35	5 38	9 83	15 97	»	19 28
44 20	54 28	101 41	85 96	117 48	19 30	18 72	16 94	13 90	9 43	3 26	»	0 58	2 36	5 40	9 87	16 04	»	19 30
44 30	54 20	101 28	85 64	117 36	19 33	18 74	16 96	13 90	9 41	3 22	»	0 59	2 37	5 43	9 92	16 11	»	19 33
44 40	54 12	101 16	85 32	117 23	19 36	18 77	16 98	13 91	9 40	3 17	»	0 59	2 38	5 45	9 96	16 19	»	19 36
44 50	54 03	101 3	84 99	117 10	19 38	18 79	16 99	13 91	9 38	3 12	»	0 59	2 39	5 47	10 00	16 26	»	19 38
44 60	53 95	100 50	84 67	116 98	19 41	18 82	17 01	13 92	9 37	3 07	»	0 59	2 40	5 49	10 04	16 34	»	19 41
44 70	53 87	100 38	84 36	116 85	19 44	18 84	17 03	13 92	9 35	3 02	»	0 60	2 41	5 52	10 09	16 42	»	19 44
44 80	53 79	100 25	84 04	116 72	19 47	18 87	17 05	13 93	9 33	2 97	»	0 60	2 42	5 54	10 14	16 50	»	19 47
44 90	53 70	100 12	83 72	116 59	19 49	18 89	17 06	13 93	9 31	2 92	»	0 60	2 43	5 56	10 18	16 57	»	19 49
45 00	53 62	99 59	83 41	116 47	19 52	18 92	17 08	13 94	9 30	2 87	»	0 60	2 44	5 58	10 22	16 65	»	19 52
45 10	53 53	99 46	83 09	116 33	19 54	18 94	17 10	13 94	9 28	2 81	»	0 60	2 44	5 60	10 26	16 73	»	19 54
45 20	53 45	99 34	82 78	116 20	19 57	18 96	17 12	13 94	9 26	2 76	»	0 61	2 45	5 63	10 31	16 81	»	19 57
45 30	53 36	99 21	82 47	116 07	19 60	18 99	17 14	13 95	9 24	2 71	»	0 61	2 46	5 65	10 36	16 89	»	19 60
45 40	53 28	99 8	82 15	115 94	19 62	19 01	17 15	13 95	9 22	2 65	»	0 61	2 47	5 67	10 40	16 97	»	19 62
45 50	53 19	98 55	81 84	115 80	19 65	19 04	17 17	13 95	9 20	2 60	»	0 61	2 48	5 70	10 45	17 05	»	19 65
45 60	53 10	98 42	81 54	115 67	19 68	19 06	17 19	13 95	9 18	2 54	»	0 62	2 49	5 72	10 50	17 14	»	19 68
45 70	53 02	98 29	81 22	115 54	19 70	19 08	17 20	13 95	9 16	2 48	»	0 62	2 50	5 75	10 54	17 22	»	19 70
45 80	52 94	98 16	80 91	115 40	19 72	19 10	17 21	13 95	9 14	2 42	»	0 62	2 51	5 77	10 58	17 30	»	19 72
45 90	52 85	98 3	80 60	115 27	19 75	19 13	17 23	13 95	9 12	2 36	»	0 62	2 52	5 80	10 63	17 39	»	19 75

Tangentes 70 mètres.

LONGUEUR de la bissectrice.	DEMI-CORDE.	ANGLE des alignements.	RAYON.	LONGUEUR de l'arc.	FLÈCHE.	ORDONNÉES SUR LA CORDE. La distance à partir de la flèche étant 10m	20m	30m	40m	50m	60m	ORDONNÉES SUR LES TANGENTES. La distance à partir des points de tangence étant 10m	20m	30m	40m	50m	60m	égale à la demi-corde
m	m	° '	m	m	m													
46.00	52.76	97 50	80.29	115.14	19.77	19.44	17.24	13.95	9.10	2.30	»	0.63	2.53	5.82	10.67	17.47	»	19.77
46.10	52.68	97 37	79.98	115.00	19.79	19.16	17.25	13.95	9.07	2.24	»	0.63	2.54	5.84	10.72	17.55	»	19.79
46.20	52.59	97 24	79.68	114.86	19.82	19.19	17.27	13.95	9.05	2.18	»	0.63	2.55	5.87	10.77	17.64	»	19.82
46.30	52.50	97 11	79.37	114.72	19.84	19.21	17.28	13.95	9.02	2.11	»	0.63	2.56	5.89	10.82	17.73	»	19.84
46.40	52.41	96 58	79.07	114.58	19.87	19.23	17.30	13.95	9.00	2.05	»	0.04	2.57	5.92	10.87	17.82	»	19.87
46.50	52.32	96 44	78.77	114.44	19.89	19.25	17.36	13.95	8.98	1.98	»	0.64	2.58	5.94	10.94	17.91	»	19.89
46.60	52.23	96 31	78.46	114.30	19.91	19.27	17.32	13.95	8.95	1.92	»	0.64	2.59	5.96	10.96	17.99	»	19.91
46.70	52.14	96 18	78.16	114.16	19.94	19.30	17.34	13.95	8.93	1.85	»	0.64	2.60	5.99	11.01	18.09	»	19.94
46.80	52.06	96 5	77.86	114.02	19.96	19.32	17.35	13.95	8.90	1.78	»	0.64	2.61	6.01	11.06	18.18	»	19.96
46.90	51.96	95 52	77.56	113.88	19.99	19.34	17.37	13.95	8.87	1.74	»	0.65	2.62	6.04	11.12	18.28	»	19.99
47.00	51.87	95 39	77.26	113.74	20.01	19.36	17.38	13.94	8.84	1.64	»	0.65	2.63	6.07	11.17	18.37	»	20.01
47.10	51.78	95 25	76.96	113.60	20.03	19.38	17.39	13.94	8.82	1.57	»	0.65	2.64	6.09	11.21	18.46	»	20.03
47.20	51.69	95 12	76.66	113.48	20.05	19.40	17.40	13.94	8.79	1.50	»	0.65	2.65	6.11	11.26	18.55	»	20.05
47.30	51.60	94 59	76.36	113.30	20.07	19.41	17.41	13.93	8.76	1.43	»	0.66	2.66	6.14	11.31	18.64	»	20.07
47.40	51.51	94 45	76.07	113.16	20.09	19.43	17.42	13.93	8.73	1.35	»	0.66	2.67	6.16	11.36	18.74	»	20.09
47.50	51.42	94 32	75.77	113.01	20.11	19.45	17.43	13.92	8.70	1.28	»	0.66	2.68	6.19	11.41	18.83	»	20.11
47.60	51.32	94 18	75.48	112.86	20.14	19.47	17.44	13.92	8.67	1.20	»	0.67	2.70	6.22	11.47	18.94	»	20.14
47.70	51.23	94 5	75.18	112.72	20.16	19.49	17.45	13.91	8.63	1.12	»	0.67	2.71	6.25	11.53	19.04	»	20.16
47.80	51.14	93 52	74.89	112.57	20.18	19.51	17.46	13.91	8.60	1.04	»	0.67	2.72	6.27	11.58	19.14	»	20.18
47.90	51.04	93 38	74.60	112.42	20.20	19.53	17.47	13.90	8.57	0.96	»	0.67	2.73	6.30	11.63	19.24	»	20.20
48.00	50.95	93 25	74.30	112.27	20.22	19.54	17.48	13.89	8.53	0.88	»	0.68	2.74	6.33	11.69	19.34	»	20.22
48.10	50.85	93 11	74.01	112.12	20.24	19.56	17.49	13.89	8.50	0.79	»	0.68	2.75	6.35	11.74	19.45	»	20.24
48.20	50.76	92 58	73.72	111.97	20.26	19.58	17.49	13.88	8.46	0.71	»	0.68	2.77	6.38	11.80	19.55	»	20.26
48.30	50.66	92 44	73.43	111.82	20.28	19.60	17.50	13.87	8.43	0.62	»	0.68	2.78	6.41	11.85	19.66	»	20.28
48.40	50.57	92 31	73.14	111.66	20.30	19.61	17.51	13.86	8.39	0.54	»	0.69	2.79	6.44	11.91	19.76	»	20.30
48.50	50.47	92 17	72.85	111.51	20.32	19.63	17.52	13.85	8.35	0.45	»	0.69	2.80	6.47	11.97	19.87	»	20.32
48.60	50.38	92 3	72.56	111.36	20.34	19.65	17.53	13.84	8.32	0.36	»	0.69	2.81	6.50	12.02	19.98	»	20.34
48.70	50.28	91 50	72.28	111.20	20.36	19.66	17.53	13.84	8.28	0.27	»	0.70	2.83	6.52	12.08	20.09	»	20.36
48.80	50.19	91 36	71.99	111.05	20.38	19.68	17.54	13.83	8.24	0.18	»	0.70	2.84	6.55	12.14	20.20	»	20.38
48.90	50.09	91 22	71.70	110.90	20.39	19.69	17.54	13.82	8.20	0.08	»	0.70	2.85	6.57	12.19	20.31	»	20.39

Tangentes 70 mètres.

LONGUEUR de la bissectrice.	DEMI-CORDE.	ANGLE des alignements.	RAYON.	LONGUEUR de l'arc.	FLÈCHE.	ORDONNÉES SUR LA CORDE. La distance à partir de la flèche étant 10m	20m	30m	40m	50m	60m	ORDONNÉES SUR LES TANGENTES. La distance à partir des points de tangence étant 10m	20m	30m	40m	50m	60m	égale à la demi-corde
m	m	° '	m	m	m													
49.00	49.99	91 9	71.41	110.74	20.41	19.71	17.55	13.80	8.16	[illegible]	»	0.70	2.86	6.61	12.25	[illegible]	»	20.41
49.10	49.89	90 55	71.13	110.58	20.43	19.72	17.56	13.79	8.12	[illegible]	»	0.71	2.87	6.64	12.31	[illegible]	»	20.43
49.20	49.79	90 41	70.84	110.42	20.45	19.74	17.57	13.78	8.08	[illegible]	»	0.71	2.88	6.67	12.37	[illegible]	»	20.45
49.30	49.60	90 27	70.56	110.26	20.47	19.76	17.58	13.77	8.04	[illegible]	»	0.71	2.89	6.70	12.43	[illegible]	»	20.47
49.40	49.59	90 13	70.28	110.10	20.49	19.77	17.58	13.76	8.00	[illegible]	»	0.72	2.91	6.73	12.49	[illegible]	»	20.49
49.50	49.49	89 59	70.00	109.93	20.51	19.79	17.59	13.75	7.95	[illegible]	»	0.72	2.92	6.76	12.56	[illegible]	»	20.51

Tangentes 80 mètres.

LONGUEUR de la bissectrice.	DEMI-CORDE.	ANGLE des alignements.	RAYON.	LONGUEUR de l'arc.	FLÈCHE.	ORDONNÉES SUR LA CORDE. La distance à partir de la flèche étant 10m	20m	30m	40m	50m	60m	70m	ORDONNÉES SUR LES TANGENTES. La distance à partir des points de tangence étant 10m	20m	30m	40m	50m	60m	70m	égale à la demi-corde
m	m	° ′	m	m	m															
1.00	79.99	178.34	6399.50	159.99	0.50	0.49	0.47	0.43	0.37	0.30	0.22	0.12	0.01	0.03	0.07	0.13	0.20	0.28	0.38	0.50
1 10	79 99	178 25	5817 63	159 99	0 55	0 54	0 52	0 47	0 41	0 33	0 24	0 13	0 01	0 03	0 08	0 14	0 22	0 31	0 42	0 55
1 20	79 99	178 17	5332 73	159 98	0 60	0 59	0 56	0 52	0 45	0 37	0 26	0 14	0 01	0 04	0 08	0 15	0 23	0 34	0 46	0 60
1 30	79 99	178 8	4924 83	159 98	0 65	0 64	0 61	0 56	0 49	0 40	0 28	0 15	0 01	0 04	0 09	0 16	0 25	0 37	0 50	0 65
1 40	79 99	178 0	4570 73	159 98	0 70	0 69	0 66	0 60	0 52	0 43	0 31	0 16	0 01	0 04	0 10	0 18	0 27	0 39	0 54	0 70
1 50	79 99	177 51	4265 92	159 98	0 75	0 74	0 70	0 64	0 56	0 46	0 33	0 18	0 01	0 05	0 11	0 19	0 29	0 42	0 57	0 75
1 60	79 98	177 42	3999 20	159 97	0 80	0 79	0 75	0 69	0 60	0 49	0 35	0 19	0 01	0 05	0 11	0 20	0 31	0 45	0 61	0 80
1 70	79 98	177 34	3763 86	159 97	0 85	0 84	0 80	0 73	0 64	0 52	0 37	0 20	0 01	0 05	0 12	0 21	0 33	0 48	0 65	0 85
1 80	79 98	177 25	3554 65	159 97	0 90	0 89	0 84	0 77	0 67	0 55	0 39	0 21	0 01	0 06	0 13	0 23	0 35	0 51	0 69	0 90
1 90	79 97	177 17	3367 47	159 96	0 95	0 93	0 89	0 82	0 71	0 58	0 42	0 22	0 02	0 06	0 13	0 21	0 37	0 53	0 73	0 95
2 00	79 97	177 8	3199 00	159 96	1 00	0 98	0 94	0 86	0 75	0 61	0 44	0 23	0 02	0 06	0 14	0 25	0 39	0 56	0 77	1 00
2 10	79 97	177 0	3046 57	159 96	1 05	1 03	0 98	0 90	0 79	0 64	0 46	0 24	0 02	0 07	0 15	0 26	0 41	0 59	0 81	1 05
2 20	79 97	176 51	2907 99	199 95	1 10	1 08	1 03	0 95	0 82	0 67	0 48	0 26	0 02	0 07	0 15	0 28	0 43	0 62	0 84	1 10
2 30	79 97	176 42	2781 46	159 95	1 15	1 13	1 08	0 99	0 86	0 70	0 50	0 27	0 02	0 07	0 16	0 29	0 45	0 65	0 88	1 15
2 40	79 96	176 34	2665 47	159 94	1 20	1 18	1 12	1 03	0 90	0 73	0 52	0 28	0 02	0 08	0 17	0 30	0 47	0 68	0 92	1 20
2 50	79 96	176 25	2558 75	159 94	1 25	1 23	1 17	1 07	0 94	0 76	0 55	0 29	0 02	0 08	0 18	0 31	0 49	0 70	0 96	1 25
2 60	79 96	176 17	2460 24	159 94	1 30	1 28	1 22	1 12	0 97	0 79	0 57	0 30	0 02	0 08	0 18	0 33	0 51	0 73	1 00	1 30
2 70	79 95	176 8	2369 02	159 93	1 35	1 33	1 26	1 16	1 01	0 82	0 59	0 31	0 02	0 09	0 19	0 34	0 53	0 76	1 04	1 35
2 80	79 95	175 59	2284 31	159 93	1 40	1 38	1 31	1 20	1 05	0 85	0 61	0 33	0 02	0 09	0 20	0 35	0 55	0 79	1 07	1 40
2 90	79 95	175 51	2205 45	159 92	1 45	1 43	1 36	1 25	1 09	0 88	0 63	0 34	0 02	0 09	0 20	0 36	0 57	0 82	1 11	1 45
3 00	79 94	175 42	2131 83	159 92	1 50	1 47	1 40	1 29	1 12	0 91	0 65	0 35	0 03	0 10	0 21	0 38	0 59	0 85	1 15	1 50
3 10	79 94	175 34	2062 97	159 91	1 55	1 52	1 45	1 33	1 16	0 94	0 68	0 36	0 03	0 10	0 22	0 39	0 61	0 87	1 19	1 55
3 20	79 94	175 25	1998 40	159 91	1 60	1 57	1 50	1 37	1 20	0 97	0 70	0 37	0 03	0 10	0 23	0 40	0 63	0 90	1 23	1 60
3 30	79 93	175 16	1937 74	159 90	1 65	1 62	1 54	1 42	1 24	1 00	0 72	0 38	0 03	0 11	0 23	0 41	0 65	0 93	1 27	1 65
3 40	79 93	175 8	1880 65	159 90	1 70	1 67	1 59	1 46	1 27	1 03	0 74	0 40	0 03	0 11	0 24	0 43	0 67	0 96	1 30	1 70
3 50	79 92	174 59	1826 82	159 89	1 75	1 72	1 64	1 50	1 31	1 06	0 76	0 41	0 03	0 11	0 25	0 44	0 69	0 99	1 34	1 75
3 60	79 92	174 50	1775 98	159 89	1 80	1 77	1 69	1 54	1 35	1 10	0 78	0 42	0 03	0 11	0 26	0 45	0 70	1 02	1 38	1 80
3 70	79 91	174 42	1727 88	159 88	1 85	1 82	1 73	1 59	1 39	1 13	0 81	0 43	0 03	0 12	0 26	0 46	0 72	1 04	1 42	1 85
3 80	79 91	174 33	1682 31	159 88	1 90	1 87	1 78	1 63	1 42	1 16	0 83	0 44	0 03	0 12	0 27	0 48	0 74	1 07	1 46	1 90
3 90	79 90	174 25	1639 08	159 87	1 95	1 92	1 83	1 67	1 46	1 19	0 85	0 45	0 03	0 12	0 28	0 49	0 76	1 10	1 50	1 95

Tangentes 80 mètres.

Longueur de la bissectrice.	Demi-corde.	Angle des alignements.	Rayon.	Longueur de l'arc.	Flèche.	Ordonnées sur la corde. La distance à partir de la flèche étant 10m	20m	30m	40m	50m	60m	70m	Ordonnées sur les tangentes. La distance à partir des points de tangence étant 10m	20m	30m	40m	50m	60m	70m	égale à la demi-corde
m	m	° ′	m	m	m															
4.00	79.90	174.16	1598.00	159.86	2.00	1.97	1.87	1.71	1.50	1.22	0.87	0.46	0.03	0.13	0.29	0.50	0.78	1.13	1.54	2.00
4 10	79 89	174 7	1558 92	159 86	2 05	2 02	1 92	1 76	1 54	1 25	0 89	0 48	0 03	0 13	0 29	0 51	0 80	1 16	1 57	2 05
4 20	79 89	173 59	1521 71	159 85	2 10	2 07	1 97	1 80	1 57	1 28	0 92	0 49	0 03	0 13	0 30	0 53	0 82	1 18	1 61	2 10
4 30	79 88	173 50	1486 22	159 84	2 15	2 11	2 01	1 84	1 61	1 31	0 94	0 50	0 04	0 14	0 31	0 54	0 84	1 21	1 65	2 15
4 40	79 88	173 42	1452 34	159 83	2 20	2 16	2 06	1 89	1 65	1 34	0 96	0 51	0 04	0 14	0 31	0 55	0 86	1 24	1 69	2 20
4 50	79 87	173 33	1419 97	159 83	2 25	2 21	2 11	1 93	1 68	1 37	0 98	0 52	0 04	0 14	0 32	0 57	0 88	1 27	1 73	2 25
4 60	79 87	173 24	1389 00	159 82	2 30	2 26	2 16	1 97	1 72	1 40	1 00	0 53	0 04	0 14	0 33	0 58	0 90	1 30	1 77	2 30
4 70	79 86	173 16	1359 35	159 81	2 35	2 31	2 20	2 02	1 76	1 43	1 02	0 54	0 04	0 15	0 33	0 59	0 92	1 33	1 81	2 35
4 80	79 86	173 7	1330 93	159 81	2 40	2 36	2 25	2 06	1 80	1 46	1 04	0 56	0 04	0 15	0 34	0 60	0 94	1 36	1 84	2 40
4 90	79 85	172 59	1303 67	159 80	2 45	2 41	2 30	2 10	1 83	1 49	1 07	0 57	0 04	0 15	0 35	0 62	0 96	1 38	1 88	2 45
5 00	79 84	172 50	1277 50	159 79	2 50	2 46	2 34	2 15	1 87	1 52	1 09	0 58	0 04	0 16	0 35	0 63	0 98	1 41	1 92	2 50
5 10	79 84	172 41	1252 35	159 78	2 55	2 51	2 39	2 19	1 91	1 55	1 11	0 59	0 04	0 16	0 36	0 64	1 00	1 44	1 96	2 55
5 20	79 83	172 33	1228 17	159 77	2 60	2 56	2 44	2 23	1 95	1 58	1 13	0 60	0 04	0 16	0 37	0 65	1 02	1 47	2 00	2 60
5 30	79 82	172 24	1204 90	159 76	2 65	2 61	2 48	2 27	1 98	1 61	1 15	0 61	0 04	0 17	0 38	0 67	1 04	1 50	2 04	2 65
5 40	79 82	172 16	1182 48	159 75	2 70	2 66	2 53	2 32	2 02	1 64	1 17	0 62	0 04	0 17	0 38	0 68	1 06	1 53	2 08	2 70
5 50	79 81	172 7	1160 89	159 74	2 75	2 71	2 58	2 36	2 06	1 67	1 19	0 63	0 04	0 17	0 39	0 69	1 08	1 56	2 12	2 75
5 60	79 80	171 58	1140 06	159 74	2 80	2 76	2 62	2 40	2 10	1 70	1 22	0 65	0 04	0 18	0 40	0 70	1 10	1 58	2 15	2 80
5 70	79 80	171 50	1119 96	159 73	2 85	2 80	2 67	2 44	2 13	1 73	1 24	0 66	0 05	0 18	0 41	0 72	1 12	1 61	2 19	2 85
5 80	79 79	171 41	1100 55	159 72	2 90	2 85	2 72	2 49	2 17	1 76	1 26	0 67	0 05	0 18	0 41	0 73	1 14	1 64	2 23	2 90
5 90	79 78	171 32	1081 80	159 71	2 95	2 90	2 76	2 53	2 21	1 79	1 28	0 68	0 05	0 19	0 42	0 74	1 16	1 67	2 27	2 95
6 00	79 77	171 24	1063 66	159 70	3 00	2 95	2 81	2 57	2 24	1 82	1 30	0 69	0 05	0 19	0 43	0 76	1 18	1 70	2 31	3 00
6 10	79 77	171 15	1046 13	159 69	3 05	3 00	2 86	2 61	2 28	1 85	1 32	0 70	0 05	0 19	0 44	0 77	1 20	1 73	2 35	3 05
6 20	79 76	171 7	1029 16	159 68	3 10	3 05	2 91	2 66	2 32	1 88	1 34	0 71	0 05	0 19	0 44	0 78	1 22	1 76	2 39	3 10
6 30	79 75	170 58	1012 72	159 67	3 15	3 10	2 95	2 70	2 36	1 91	1 37	0 72	0 05	0 20	0 45	0 79	1 24	1 78	2 43	3 15
6 40	79 74	170 49	996 79	159 66	3 19	3 14	2 99	2 74	2 39	1 94	1 39	0 73	0 05	0 20	0 45	0 80	1 25	1 80	2 46	3 19
6 50	79 74	170 41	981 35	159 64	3 24	3 19	3 04	2 78	2 43	1 97	1 41	0 74	0 05	0 20	0 45	0 81	1 27	1 83	2 50	3 24
6 60	79 73	170 32	966 39	159 63	3 29	3 24	3 08	2 83	2 47	2 00	1 43	0 76	0 05	0 21	0 46	0 82	1 29	1 86	2 53	3 29
6 70	79 72	170 23	951 86	159 62	3 34	3 29	3 13	2 87	2 50	2 03	1 45	0 77	0 05	0 21	0 47	0 84	1 31	1 89	2 57	3 34
6 80	79 71	170 15	937 77	159 61	3 39	3 34	3 18	2 91	2 54	2 06	1 47	0 78	0 05	0 21	0 48	0 85	1 33	1 92	2 61	3 39
6 90	79 70	170 6	924 08	159 60	3 44	3 39	3 23	2 96	2 58	2 09	1 49	0 79	0 05	0 21	0 48	0 86	1 35	1 95	2 65	3 44

Tangentes 80 mètres.

LONGUEUR de la bissectrice.	DEMI-CORDE.	ANGLE des alignements.	RAYON.	LONGUEUR de l'arc.	FLÈCHE.	ORDONNÉES SUR LA CORDE La distance à partir de la flèche étant							ORDONNÉES SUR LES TANGENTES La distance à partir des points de tangence étant							
						10m	20m	30m	40m	50m	60m	70m	10m	20m	30m	40m	50m	60m	70m	égale à la demi-corde
m	m	° '	m	m	m															
7.00	79.69	169.58	910.78	159.59	3.49	3.44	3.27	3.00	2.64	2.12	1.51	0.80	0.05	0.22	0.49	0.88	1.37	1.98	2.69	3.49
7.10	79.68	169 49	897.63	159.58	3.54	3.48	3.32	3.04	2.65	2.15	1.53	0.81	0.06	0.22	0.50	0.89	1.39	2.01	2.73	3.54
7.20	79.67	169 40	885.28	159.57	3.59	3.53	3.37	3.08	2.69	2.18	1.56	0.82	0.06	0.22	0.51	0.90	1.41	2.03	2.77	3.59
7.30	79.66	169 32	873.05	159.55	3.64	3.58	3.41	3.13	2.72	2.21	1.58	0.83	0.06	0.23	0.51	0.92	1.43	2.06	2.81	3.64
7.40	79.66	169 23	861.15	159.54	3.69	3.63	3.46	3.17	2.76	2.24	1.60	0.84	0.06	0.23	0.52	0.93	1.45	2.09	2.85	3.69
7.50	79.65	169 14	849.57	159.53	3.74	3.68	3.51	3.21	2.80	2.27	1.62	0.85	0.06	0.23	0.53	0.94	1.47	2.12	2.89	3.74
7.60	79.64	169 6	838.30	159.51	3.79	3.73	3.55	3.25	2.84	2.30	1.64	0.86	0.06	0.24	0.54	0.95	1.49	2.15	2.93	3.79
7.70	79.63	168 57	827.31	159.50	3.84	3.78	3.60	3.30	2.87	2.33	1.66	0.87	0.06	0.24	0.54	0.97	1.51	2.18	2.97	3.84
7.80	79.62	168 49	816.60	159.49	3.89	3.83	3.65	3.34	2.91	2.36	1.68	0.88	0.06	0.24	0.55	0.98	1.53	2.21	3.01	3.89
7.90	79.61	168 40	806.17	159.48	3.94	3.88	3.69	3.38	2.95	2.39	1.70	0.90	0.06	0.25	0.56	0.99	1.55	2.24	3.04	3.94
8.00	79.60	168 31	795.99	159.46	3.99	3.93	3.74	3.42	2.98	2.42	1.73	0.91	0.06	0.25	0.57	1.01	1.57	2.26	3.08	3.99
8.10	79.59	168 23	786.06	159.45	4.04	3.98	3.78	3.47	3.02	2.45	1.75	0.92	0.06	0.26	0.57	1.02	1.59	2.29	3.12	4.04
8.20	79.58	168 14	776.38	159.43	4.09	4.03	3.83	3.51	3.06	2.48	1.77	0.93	0.06	0.26	0.58	1.03	1.61	2.32	3.16	4.09
8.30	79.57	168 5	766.93	159.42	4.14	4.07	3.88	3.55	3.09	2.51	1.79	0.94	0.07	0.26	0.59	1.03	1.63	2.35	3.20	4.14
8.40	79.56	167 57	757.69	159.41	4.19	4.12	3.92	3.59	3.13	2.54	1.81	0.95	0.07	0.27	0.60	1.06	1.65	2.38	3.24	4.19
8.50	79.55	167 48	748.68	159.39	4.24	4.17	3.97	3.64	3.17	2.57	1.83	0.96	0.07	0.27	0.60	1.07	1.67	2.41	3.28	4.24
8.60	79.53	167 39	739.88	159.38	4.29	4.22	4.02	3.68	3.20	2.60	1.85	0.97	0.07	0.27	0.61	1.09	1.69	2.44	3.32	4.29
8.70	79.52	167 31	731.27	159.36	4.34	4.27	4.06	3.73	3.24	2.63	1.87	0.98	0.07	0.28	0.61	1.10	1.71	2.47	3.36	4.34
8.80	79.51	167 22	722.86	159.35	4.39	4.32	4.11	3.77	3.28	2.66	1.89	0.99	0.07	0.28	0.62	1.11	1.73	2.50	3.40	4.39
8.90	79.50	167 14	714.64	159.33	4.44	4.37	4.16	3.81	3.32	2.69	1.91	1.00	0.07	0.28	0.63	1.12	1.75	2.53	3.44	4.44
9.00	79.49	167 5	706.59	159.32	4.48	4.41	4.20	3.85	3.35	2.71	1.93	1.01	0.07	0.28	0.63	1.13	1.77	2.55	3.47	4.48
9.10	79.48	166 56	698.73	159.30	4.53	4.46	4.24	3.89	3.39	2.74	1.95	1.02	0.07	0.29	0.64	1.14	1.79	2.58	3.51	4.53
9.20	79.47	166 48	691.04	159.28	4.58	4.51	4.29	3.93	3.43	2.77	1.97	1.03	0.07	0.29	0.65	1.15	1.81	2.61	3.55	4.58
9.30	79.46	166 39	683.50	159.27	4.63	4.56	4.34	3.97	3.46	2.80	1.99	1.04	0.07	0.29	0.66	1.17	1.83	2.64	3.59	4.63
9.40	79.44	166 30	676.13	159.25	4.68	4.61	4.38	4.02	3.50	2.83	2.01	1.05	0.07	0.30	0.66	1.18	1.85	2.67	3.63	4.68
9.50	79.43	166 22	668.91	159.24	4.73	4.66	4.43	4.06	3.54	2.86	2.04	1.06	0.07	0.30	0.67	1.19	1.87	2.69	3.67	4.73
9.60	79.42	166 13	661.85	159.22	4.78	4.71	4.48	4.10	3.57	2.89	2.06	1.07	0.07	0.30	0.68	1.21	1.89	2.72	3.71	4.78
9.70	79.41	166 4	654.92	159.20	4.83	4.75	4.52	4.14	3.61	2.92	2.08	1.08	0.08	0.31	0.69	1.22	1.91	2.75	3.75	4.83
9.80	79.40	165 56	648.14	159.19	4.88	4.80	4.57	4.19	3.64	2.95	2.10	1.09	0.08	0.31	0.69	1.24	1.93	2.78	3.79	4.88
9.90	79.38	165 47	641.40	159.17	4.98	4.85	4.62	4.23	3.68	2.98	2.12	1.10	0.08	0.31	0.70	1.25	1.95	2.81	3.83	4.93

Tangentes 80 mètres.

LONGUEUR de la bissectrice.	DEMI-CORDE.	ANGLE des alignements.	RAYON.	LONGUEUR de l'arc.	FLÈCHE.	ORDONNÉES SUR LA CORDE. La distance à partir de la flèche étant 10m	20m	30m	40m	50m	60m	70m	ORDONNÉES SUR LES TANGENTES. La distance à partir des points de tangence étant 10m	20m	30m	40m	50m	60m	70m	égale à la demi-corde
m	m	° '	m	m	m															
10.00	79.37	165 38	634.98	159.16	4.98	4.90	4.66	4.27	3.72	3.01	2.14	1.11	0.08	0.32	0.71	1.26	1.97	2.84	3.87	4.98
10.10	79.36	165 30	628.59	159.14	5.03	4.95	4.71	4.31	3.75	3.04	2.16	1.12	0.08	0.32	0.72	1.28	1.99	2.87	3.91	5.03
10.20	79.35	165 21	622.33	159.12	5.08	5.00	4.76	4.36	3.79	3.07	2.18	1.13	0.08	0.32	0.72	1.29	2.01	2.90	3.95	5.08
10.30	79.34	165 12	616.19	159.10	5.13	5.05	4.80	4.40	3.83	3.10	2.20	1.14	0.08	0.33	0.73	1.30	2.03	2.93	3.99	5.13
10.40	79.32	165 4	610.16	159.09	5.18	5.10	4.85	4.44	3.87	3.13	2.22	1.15	0.08	0.33	0.74	1.31	2.05	2.96	4.03	5.18
10.50	79.31	164 55	604.24	159.07	5.22	5.14	4.89	4.48	3.90	3.15	2.24	1.15	0.08	0.33	0.74	1.32	2.07	2.98	4.07	5.22
10.60	79.30	164 46	598.44	159.05	5.27	5.19	4.94	4.52	3.94	3.18	2.26	1.16	0.08	0.33	0.75	1.33	2.09	3.01	4.11	5.27
10.70	79.28	164 38	592.75	159.03	5.32	5.24	4.98	4.56	3.97	3.21	2.28	1.17	0.08	0.34	0.76	1.35	2.11	3.04	4.15	5.32
10.80	79.27	164 29	587.17	159.01	5.37	5.29	5.03	4.61	4.01	3.24	2.30	1.18	0.08	0.34	0.76	1.36	2.13	3.07	4.19	5.37
10.90	79.25	164 20	581.68	159.00	5.42	5.34	5.08	4.65	4.05	3.27	2.32	1.19	0.08	0.34	0.77	1.37	2.15	3.10	4.23	5.42
11.00	79.24	164 12	576.29	158.98	5.47	5.39	5.12	4.69	4.08	3.30	2.34	1.20	0.08	0.35	0.78	1.39	2.17	3.13	4.27	5.47
11.10	79.23	164 3	571.00	158.96	5.52	5.43	5.17	4.73	4.12	3.33	2.36	1.21	0.09	0.35	0.79	1.40	2.19	3.16	4.31	5.52
11.20	79.21	163 54	565.80	158.94	5.57	5.48	5.22	4.78	4.16	3.36	2.38	1.22	0.09	0.35	0.79	1.41	2.21	3.19	4.35	5.57
11.30	79.20	163 46	560.69	158.92	5.62	5.53	5.26	4.82	4.19	3.39	2.40	1.23	0.09	0.36	0.80	1.43	2.23	3.22	4.39	5.62
11.40	79.18	163 37	555.67	158.90	5.67	5.58	5.31	4.86	4.23	3.42	2.42	1.24	0.09	0.36	0.81	1.44	2.25	3.25	4.43	5.67
11.50	79.17	163 28	550.74	158.88	5.72	5.63	5.36	4.90	4.27	3.45	2.44	1.25	0.09	0.36	0.82	1.45	2.27	3.28	4.47	5.72
11.60	79.15	163 20	545.89	158.86	5.77	5.68	5.40	4.94	4.30	3.47	2.46	1.26	0.09	0.37	0.83	1.47	2.30	3.31	4.51	5.77
11.70	79.14	163 11	541.13	158.85	5.82	5.73	5.45	4.99	4.34	3.50	2.48	1.27	0.09	0.37	0.83	1.48	2.32	3.34	4.55	5.82
11.80	79.12	163 2	536.44	158.83	5.87	5.78	5.50	5.03	4.37	3.53	2.50	1.28	0.09	0.37	0.84	1.50	2.34	3.37	4.59	5.87
11.90	79.11	162 53	531.83	158.81	5.92	5.83	5.54	5.07	4.41	3.56	2.52	1.29	0.09	0.38	0.85	1.51	2.36	3.40	4.63	5.92
12.00	79.09	162 45	527.30	158.79	5.97	5.88	5.59	5.12	4.45	3.59	2.54	1.30	0.09	0.38	0.85	1.52	2.38	3.43	4.67	5.97
12.10	79.08	162 36	522.85	158.77	6.02	5.93	5.64	5.16	4.48	3.62	2.56	1.31	0.09	0.38	0.86	1.54	2.40	3.46	4.71	6.02
12.20	79.06	162 27	518.46	158.74	6.07	5.98	5.68	5.20	4.52	3.65	2.58	1.32	0.09	0.39	0.87	1.55	2.42	3.49	4.75	6.07
12.30	79.05	162 19	514.13	158.72	6.11	6.02	5.72	5.24	4.55	3.67	2.60	1.32	0.09	0.39	0.87	1.56	2.44	3.51	4.79	6.11
12.40	79.03	162 10	509.89	158.70	6.16	6.07	5.77	5.28	4.59	3.70	2.62	1.33	0.09	0.39	0.88	1.57	2.46	3.54	4.83	6.16
12.50	79.02	162 1	505.71	158.68	6.21	6.11	5.81	5.32	4.63	3.73	2.64	1.34	0.10	0.40	0.89	1.58	2.48	3.57	4.87	6.21
12.60	79.00	161 53	501.60	158.66	6.26	6.16	5.86	5.36	4.66	3.76	2.66	1.35	0.10	0.40	0.90	1.60	2.50	3.60	4.91	6.26
12.70	78.98	161 44	497.55	158.64	6.31	6.21	5.91	5.40	4.70	3.79	2.68	1.36	0.10	0.40	0.91	1.61	2.52	3.63	4.95	6.31
12.80	78.97	161 35	493.56	158.62	6.36	6.26	5.95	5.45	4.74	3.82	2.70	1.37	0.10	0.41	0.91	1.62	2.54	3.66	4.99	6.36
12.90	78.95	161 26	489.63	158.60	6.41	6.31	6.00	5.49	4.77	3.85	2.72	1.38	0.10	0.41	0.92	1.64	2.56	3.69	5.03	6.41

Tangentes 80 mètres.

LONGUEUR de la bissectrice.	DEMI-CORDE.	ANGLE des alignements.	RAYON.	LONGUEUR de l'arc.	FLÈCHE.	ORDONNÉES SUR LA CORDE. La distance à partir de la flèche étant 10m	20m	30m	40m	50m	60m	70m	ORDONNÉES SUR LES TANGENTES. La distance à partir des points de tangence étant 10m	20m	30m	40m	50m	60m	70m	égale à la demi-corde
m	m	° '	m	m	m															
13.00	78.93	161 18	483.77	158.58	6.46	6.36	6.05	5.53	4.81	3.88	2.74	1.39	0.10	0.41	0.93	1.65	2.58	3.72	5.07	6.46
13.10	78.92	161 9	481.96	158.55	6.51	6.41	6.09	5.57	4.85	3.91	2.76	1.40	0.10	0.42	0.94	1.66	2.60	3.75	5.11	6.51
13.20	78.90	161 0	478.20	158.53	6.55	6.45	6.13	5.64	4.88	3.93	2.77	1.40	0.10	0.42	0.94	1.67	2.62	3.78	5.15	6.55
13.30	78.89	160 52	474.30	158.51	6.60	6.50	6.18	5.65	4.91	3.96	2.79	1.41	0.10	0.42	0.95	1.69	2.64	3.81	5.19	6.60
13.40	78.87	160 43	470.86	158.48	6.65	6.55	6.22	5.69	4.95	3.99	2.81	1.42	0.10	0.43	0.96	1.70	2.66	3.84	5.23	6.65
13.50	78.85	160 34	467.27	158.46	6.70	6.60	6.27	5.73	4.98	4.02	2.83	1.43	0.10	0.43	0.97	1.72	2.68	3.87	5.27	6.70
13.60	78.83	160 25	463.74	158.44	6.75	6.64	6.32	5.78	5.02	4.04	2.85	1.44	0.11	0.43	0.97	1.73	2.71	3.90	5.31	6.75
13.70	78.82	160 17	460.25	158.42	6.80	6.69	6.36	5.82	5.06	4.07	2.87	1.44	0.11	0.44	0.98	1.74	2.73	3.93	5.36	6.80
13.80	78.80	160 8	456.82	158.39	6.85	6.74	6.41	5.86	5.09	4.10	2.89	1.45	0.11	0.44	0.99	1.76	2.75	3.96	5.40	6.85
13.90	78.78	159 59	453.43	158.37	6.90	6.79	6.46	5.90	5.13	4.13	2.91	1.46	0.11	0.44	1.00	1.77	2.77	3.99	5.34	6.90
14.00	78.77	159 51	450.09	158.35	6.95	6.84	6.50	5.95	5.17	4.16	2.93	1.47	0.11	0.45	1.00	1.78	2.79	4.02	5.48	6.95
14.10	78.75	159 42	446.80	158.32	7.00	6.89	6.55	5.99	5.20	4.19	2.95	1.48	0.11	0.45	1.01	1.80	2.81	4.05	5.52	7.00
14.20	78.73	159 33	443.55	158.30	7.05	6.94	6.60	6.03	5.24	4.22	2.97	1.49	0.11	0.45	1.02	1.81	2.83	4.08	5.56	7.05
14.30	78.71	159 24	440.34	158.27	7.09	6.98	6.64	6.07	5.27	4.24	2.98	1.49	0.11	0.45	1.02	1.82	2.85	4.11	5.60	7.09
14.40	78.69	159 16	437.19	158.25	7.14	7.03	6.68	6.11	5.31	4.27	3.00	1.50	0.11	0.46	1.03	1.83	2.87	4.14	5.64	7.14
14.50	78.67	159 7	434.07	158.22	7.19	7.08	6.73	6.15	5.34	4.30	3.02	1.51	0.11	0.46	1.04	1.85	2.89	4.17	5.68	7.19
14.60	78.66	158 58	431.00	158.20	7.24	7.13	6.78	6.20	5.38	4.33	3.04	1.52	0.11	0.46	1.04	1.86	2.91	4.20	5.72	7.24
14.70	78.64	158 49	427.96	158.17	7.29	7.17	6.82	6.24	5.42	4.36	3.06	1.52	0.12	0.47	1.05	1.87	2.93	4.23	5.77	7.29
14.80	78.62	158 41	424.97	158.15	7.34	7.22	6.87	6.28	5.45	4.39	3.08	1.53	0.12	0.47	1.06	1.89	2.95	4.26	5.81	7.34
14.90	78.60	158 32	422.02	158.12	7.39	7.27	6.91	6.32	5.49	4.42	3.10	1.54	0.12	0.48	1.07	1.90	2.97	4.29	5.85	7.39
15.00	78.58	158 23	419.10	158.10	7.43	7.31	6.95	6.36	5.52	4.44	3.11	1.54	0.12	0.48	1.07	1.91	2.99	4.32	5.89	7.43
15.10	78.56	158 14	416.22	158.07	7.48	7.36	7.00	6.40	5.56	4.47	3.13	1.55	0.12	0.48	1.08	1.92	3.01	4.35	5.93	7.48
15.20	78.54	158 6	413.38	158.05	7.53	7.41	7.05	6.44	5.59	4.49	3.15	1.56	0.12	0.48	1.09	1.94	3.04	4.38	5.97	7.53
15.30	78.52	157 57	410.58	158.02	7.58	7.46	7.09	6.48	5.63	4.52	3.17	1.57	0.12	0.49	1.10	1.95	3.06	4.41	6.01	7.58
15.40	78.50	157 48	407.81	157.99	7.62	7.50	7.13	6.52	5.66	4.54	3.18	1.57	0.12	0.49	1.10	1.96	3.08	4.44	6.05	7.62
15.50	78.48	157 39	405.07	157.97	7.67	7.55	7.18	6.56	5.69	4.57	3.20	1.58	0.12	0.49	1.11	1.98	3.10	4.47	6.09	7.67
15.60	78.46	157 31	402.38	157.94	7.72	7.60	7.22	6.60	5.73	4.60	3.22	1.59	0.12	0.50	1.12	1.99	3.12	4.50	6.13	7.72
15.70	78.44	157 22	399.71	157.91	7.77	7.65	7.27	6.65	5.77	4.63	3.24	1.59	0.12	0.50	1.12	2.00	3.14	4.53	6.18	7.77
15.80	78.42	157 13	397.08	157.89	7.82	7.69	7.32	6.69	5.80	4.66	3.26	1.60	0.13	0.50	1.13	2.02	3.16	4.56	6.22	7.82
15.90	78.40	157 4	394.49	157.86	7.87	7.74	7.36	6.73	5.84	4.69	3.28	1.61	0.13	0.51	1.14	2.03	3.18	4.59	6.26	7.87

Tangentes 80 mètres.

LONGUEUR de la bissectrice.	DEMI-CORDE.	ANGLE des alignements.	RAYON.	LONGUEUR de l'arc.	FLÈCHE.	ORDONNÉES SUR LA CORDE La distance à partir de la flèche étant							ORDONNÉES SUR LES TANGENTES La distance à partir des points de tangence étant							
						10m	20m	30m	40m	50m	60m	70m	10m	20m	30m	40m	50m	60m	70m	égale à la demi-corde
m	m	° '	m	m	m															
16.00	78.38	156.56	391.92	157.83	7.92	7.79	7.44	6.77	5.87	4.72	3.30	1.62	0.13	0.51	1.15	2.05	3.20	4.62	6.30	7.92
16 10	78 36	156 47	389 38	157 80	7 97	7 84	7 46	6 84	5 91	4 75	3 32	1 62	0 13	0 54	1 16	2 06	3 22	4 65	6 35	7 97
16 20	78 34	156 38	386 88	157 78	8 02	7 89	7 50	6 85	5 95	4 78	3 34	1 63	0 13	0 52	1 17	2 07	3 24	4 68	6 39	8 02
16 30	78 32	156 29	384 40	157 75	8 06	7 93	7 54	6 89	5 98	4 80	3 35	1 63	0 13	0 52	1 17	2 08	3 26	4 71	6 43	8 06
16 40	78 30	156 20	381 96	157 72	8 11	7 98	7 59	6 93	6 01	4 83	3 37	1 64	0 13	0 52	1 18	2 10	3 28	4 74	6 47	8 11
16 50	78 28	156 12	379 54	157 69	8 16	8 03	7 63	6 97	6 05	4 85	3 39	1 65	0 13	0 53	1 19	2 11	3 31	4 77	6 51	8 16
16 60	78 26	156 3	377 15	157 66	8 21	8 08	7 68	7 02	6 08	4 88	3 40	1 65	0 13	0 53	1 19	2 13	3 33	4 81	6 56	8 21
16 70	78 24	155 54	374 79	157 63	8 26	8 13	7 72	7 06	6 12	4 91	3 42	1 66	0 13	0 54	1 20	2 14	3 35	4 84	6 60	8 26
16 80	78 22	155 45	372 46	157 61	8 31	8 17	7 77	7 10	6 15	4 94	3 44	1 67	0 14	0 54	1 21	2 16	3 37	4 87	6 64	8 31
16 90	78 19	155 37	370 15	157 58	8 35	8 21	7 81	7 14	6 18	4 96	3 45	1 67	0 14	0 54	1 21	2 17	3 39	4 90	6 68	8 35
17 00	78 17	155 28	367 87	157 55	8 40	8 26	7 86	7 18	6 22	4 99	3 47	1 68	0 14	0 54	1 22	2 18	3 41	4 93	6 72	8 40
17 10	78 15	155 19	365 62	157 52	8 45	8 31	7 90	7 22	6 26	5 01	3 49	1 69	0 14	0 55	1 23	2 19	3 44	4 96	6 76	8 45
17 20	78 13	155 10	363 39	157 49	8 50	8 36	7 95	7 26	6 29	5 04	3 51	1 69	0 14	0 55	1 24	2 21	3 46	4 99	6 84	8 50
17 30	78 11	155 1	361 19	157 46	8 55	8 41	8 00	7 30	6 33	5 67	3 53	1 70	0 14	0 55	1 25	2 22	3 48	5 02	6 85	8 55
17 40	78 08	154 53	359 02	157 43	8 60	8 46	8 04	7 34	6 36	5 10	3 55	1 71	0 14	0 56	1 26	2 24	3 50	5 05	6 89	8 60
17 50	78 06	154 44	356 87	157 40	8 64	8 50	8 08	7 38	6 39	5 12	3 56	1 71	0 14	0 56	1 26	2 25	3 52	5 08	6 93	8 64
17 60	78 04	154 35	354 74	157 37	8 69	8 55	8 13	7 42	6 43	5 15	3 58	1 72	0 14	0 56	1 27	2 26	3 54	5 11	6 97	8 69
17 70	78 02	154 26	352 63	157 34	8 74	8 60	8 17	7 46	6 46	5 17	3 60	1 72	0 14	0 57	1 28	2 28	3 57	5 14	7 02	8 74
17 80	77 99	154 17	350 54	157 31	8 79	8 65	8 22	7 50	6 50	5 20	3 62	1 73	0 14	0 57	1 29	2 29	3 59	5 17	7 06	8 79
17 90	77 97	154 8	348 48	157 27	8 84	8 70	8 25	7 54	6 54	5 23	3 64	1 74	0 14	0 58	1 30	2 30	3 61	5 20	7 10	8 84
18 00	77 95	154 0	346 44	157 24	8 88	8 74	8 30	7 58	6 57	5 25	3 65	1 74	0 14	0 58	7 30	2 31	3 63	5 23	7 14	8 88
18 10	77 92	153 51	344 42	157 21	8 93	8 79	8 35	7 62	6 60	5 28	3 66	1 75	0 14	0 58	1 31	2 33	3 65	5 27	7 18	8 93
18 20	77 90	153 42	342 43	157 18	8 98	8 83	8 39	7 66	6 64	5 31	3 68	1 75	0 15	0 59	1 32	2 34	3 67	5 30	7 23	8 98
18 30	77 88	153 33	340 46	157 15	9 03	8 88	8 44	7 70	6 67	5 34	3 70	1 76	0 15	0 59	1 33	2 36	3 69	5 33	7 27	9 03
18 40	77 85	153 24	338 50	157 12	9 07	8 92	8 48	7 74	6 70	5 36	3 71	1 76	0 15	0 59	1 33	2 37	3 71	5 36	7 31	9 07
18 50	77 83	153 16	336 57	157 08	9 12	8 97	8 52	7 78	6 74	5 39	3 73	1 76	0 15	0 60	1 34	2 38	3 73	5 39	7 36	9 12
18 60	77 81	153 7	334 66	157 05	9 17	9 02	8 57	7 82	6 77	5 41	3 75	1 77	0 15	0 60	1 35	2 40	3 76	5 42	7 40	9 17
18 70	77 78	152 58	332 77	157 02	9 22	9 07	8 62	7 86	6 81	5 44	3 77	1 77	0 15	0 60	1 36	2 41	3 78	5 45	7 45	9 22
18 80	77 76	152 49	330 89	156 99	9 27	9 12	8 66	7 90	6 84	5 47	3 79	1 78	0 15	0 61	1 37	2 43	3 80	5 48	7 49	9 27
18 90	77 74	152 40	329 03	156 95	9 31	9 16	8 70	7 94	6 87	5 49	3 80	1 78	0 15	0 61	1 37	2 44	3 82	5 51	7 53	9 31

Tangentes 80 mètres.

LONGUEUR de la bissectrice.	DEMI-CORDE.	ANGLE des alignements.	RAYON.	LONGUEUR de l'arc.	FLÈCHE.	ORDONNÉES SUR LA CORDE. La distance à partir de la flèche étant 10m	20m	30m	40m	50m	60m	70m	ORDONNÉES SUR LES TANGENTES. La distance à partir des points de tangence étant 10m	20m	30m	40m	50m	60m	70m	égale à la demi-corde
m	m	° ′	m	m	m															
19.00	77.74	152.34	327.20	156.92	9.36	9.24	8.75	7.98	6.94	5.52	3.84	1.79	0.15	0.64	1.38	2.45	3.84	5.53	7.57	9.36
19 10	77 69	152 22	325 39	156 89	9 41	9 26	8 79	8 02	6 94	5 55	3 83	1 79	0 15	0 62	1 39	2 47	3 86	5 58	7 62	9 41
19 20	77 66	152 14	323 59	156 85	9 46	9 30	8 84	8 06	6 98	5 57	3 85	1 80	0 16	0 62	1 40	2 48	3 89	5 61	7 66	9 46
19 30	77 64	152 5	321 82	156 82	9 51	9 35	8 89	8 10	7 01	5 60	3 86	1 80	0 16	0 62	1 41	2 50	3 91	5 65	7 71	9 51
19 40	77 61	151 56	320 06	156 78	9 56	9 40	8 93	8 14	7 05	5 63	3 88	1 81	0 16	0 63	1 42	2 51	3 93	5 68	7 75	9 56
19 50	77 59	151 47	318 34	156 75	9 60	9 44	8 97	8 18	7 08	5 65	3 89	1 81	0 16	0 63	1 42	2 52	3 95	5 71	7 79	9 60
19 60	77 56	151 38	316 58	156 72	9 65	8 49	9 02	8 22	7 11	5 67	3 91	1 81	0 16	0 63	1 43	2 54	3 98	5 74	7 84	9 65
19 70	77 54	151 29	314 87	156 68	9 70	9 54	9 06	8 26	7 15	5 70	3 93	1 82	0 16	0 64	1 44	2 55	4 00	5 77	7 88	9 70
19 80	77 51	151 20	313 17	186 65	9 74	9 58	9 10	8 30	7 18	5 72	3 94	1 82	0 16	0 64	1 44	2 56	4 02	5 80	7 92	9 74
19 90	77 49	151 12	311 50	156 61	9 79	9 63	9 15	8 34	7 21	5 75	3 96	1 82	0 16	0 64	1 45	2 58	4 04	5 83	7 97	9 79
20 00	77 46	151 3	309 84	156 58	9 84	9 68	9 19	8 38	7 25	5 78	3 97	1 83	0 16	0 65	1 46	2 59	4 06	5 87	8 01	9 84
20 10	77 43	150 54	308 20	156 54	9 89	9 73	9 24	8 42	7 28	5 81	3 90	1 83	0 16	0 65	1 47	2 61	4 08	5 90	8 06	9 89
20 20	77 41	150 45	306 57	156 51	9 93	9 77	9 28	8 46	7 31	5 83	4 00	1 83	0 16	0 65	1 47	2 62	4 10	5 93	8 10	9 93
20 30	77 38	150 36	304 93	156 47	9 98	9 82	9 32	8 50	7 34	5 85	4 02	1 84	0 16	0 66	1 48	2 64	4 13	5 96	8 14	9 98
20 40	77 35	160 27	303 35	156 43	10 03	9 86	9 37	8 54	7 38	5 88	4 03	1 84	0 17	0 66	1 49	2 65	4 15	6 00	8 19	10 03
20 50	77 33	150 18	301 77	156 40	10 08	9 91	9 41	8 58	7 41	5 91	4 05	1 84	0 17	0 67	1 50	2 67	4 17	6 03	8 24	10 08
20 60	77 30	150 9	300 21	156 36	10 13	9 96	9 46	8 62	7 45	5 93	4 07	1 85	0 17	0 67	1 51	2 68	4 20	6 06	8 28	10 13
20 70	77 27	150 0	298 65	156 32	10 17	10 00	9 50	8 65	7 48	5 95	4 08	1 85	0 17	0 67	1 51	2 69	4 22	6 09	8 32	10 17
20 80	77 25	149 52	297 11	156 29	10 22	10 05	9 54	8 70	7 51	5 98	4 10	1 85	0 17	0 68	1 52	2 71	4 24	6 12	8 37	10 22
20 90	77 22	149 43	295 59	156 25	10 27	10 10	9 59	8 74	7 55	6 01	4 11	1 86	0 17	0 68	1 53	2 72	4 26	6 16	8 41	10 27
21 00	77 19	149 34	294 07	156 22	10 31	10 14	9 63	8 78	7 58	6 03	4 12	1 86	0 17	0 68	1 53	2 73	4 28	6 19	8 45	10 31
21 10	77 17	149 25	292 58	156 18	10 36	10 19	9 67	8 82	7 61	6 06	4 14	1 86	0 17	0 69	1 54	2 75	4 30	6 22	8 50	10 36
21 20	77 14	149 16	291 09	156 14	10 41	10 24	9 72	8 86	7 65	6 08	4 16	1 87	0 17	0 69	1 55	2 76	4 33	6 25	8 54	10 41
21 30	77 11	149 7	289 62	156 10	10 45	10 28	9 76	8 90	7 68	6 10	4 17	1 87	0 17	0 69	1 55	2 77	4 35	6 28	8 58	10 45
21 40	77 08	148 58	288 16	156 06	10 50	10 33	9 80	8 94	7 71	6 13	4 18	1 87	0 17	0 70	1 56	2 79	4 37	6 32	8 63	10 50
21 50	77 06	148 49	286 72	156 03	10 55	10 38	9 85	8 98	7 75	6 16	4 20	1 87	0 17	0 70	1 57	2 80	4 39	6 35	8 68	10 55
21 60	77 03	148 40	285 29	155 99	10 60	10 42	9 90	9 02	7 78	6 18	4 22	1 87	0 18	0 70	1 58	2 82	4 42	6 38	8 73	10 60
21 70	77 00	148 31	283 88	155 95	10 65	10 47	9 94	9 06	7 81	6 21	4 23	1 88	0 18	0 71	1 59	2 84	4 44	6 42	8 77	10 65
21 80	76 97	148 22	282 47	155 91	10 69	10 51	9 98	9 09	7 84	6 23	4 24	1 88	0 18	0 71	1 60	2 85	4 46	6 45	8 81	10 69
21 90	76 94	148 13	281 08	155 87	10 74	10 56	10 02	9 13	7 88	6 25	4 26	1 88	0 18	0 72	1 61	2 86	4 48	6 48	8 86	10 74

Tangentes 80 mètres.

LONGUEUR de la bissectrice.	DEMI-CORDE.	ANGLE des alignements.	RAYON.	LONGUEUR de l'arc.	FLÈCHE.	ORDONNÉES SUR LA CORDE. La distance à partir de la flèche étant 10m	20m	30m	40m	50m	60m	70m	ORDONNÉES SUR LES TANGENTES. La distance à partir des points de tangence étant 10m	20m	30m	40m	50m	60m	70m	égale à la demi-corde
m	m	° '	m	m	m															
22.00	76.91	148 5	279.70	155.84	10.78	10.60	10.06	9.17	7.91	6.28	4.27	1.88	0.18	0.72	1.61	2.87	4.50	6.51	8.90	10.78
22.10	76.89	147 56	278.32	155.80	10.83	10.65	10.11	9.21	7.94	6.30	4.29	1.88	0.18	0.72	1.62	2.89	4.53	6.54	8.95	10.83
22.20	76.86	147 47	276.97	155.76	10.88	10.70	10.15	9.25	7.98	6.33	4.30	1.88	0.18	0.73	1.63	2.90	4.55	6.58	9.00	10.88
22.30	76.83	147 38	275.62	155.72	10.92	10.74	10.19	9.29	8.01	6.35	4.31	1.88	0.18	0.73	1.63	2.91	4.57	6.61	9.04	10.92
22.40	76.80	147 29	274.29	155.68	10.97	10.79	10.24	9.33	8.04	6.38	4.33	1.89	0.18	0.73	1.64	2.93	4.59	6.64	9.08	10.97
22.50	76.77	147 20	272.96	155.64	11.02	10.84	10.28	9.37	8.07	6.40	4.34	1.89	0.18	0.74	1.65	2.95	4.62	6.68	9.13	11.02
22.60	76.74	147 11	271.65	155.60	11.06	10.88	10.32	9.40	8.10	6.42	4.35	1.89	0.18	0.74	1.66	2.96	4.64	6.71	9.17	11.06
22.70	76.71	147 2	270.35	155.56	11.11	10.93	10.37	9.44	8.13	6.45	4.37	1.89	0.18	0.74	1.67	2.98	4.66	6.74	9.22	11.11
22.80	76.68	146 53	269.06	155.52	11.16	10.97	10.41	9.48	8.17	6.47	4.38	1.89	0.19	0.75	1.68	2.99	4.69	6.78	9.27	11.16
22.90	76.65	146 44	267.79	155.48	11.21	11.02	10.46	9.52	8.20	6.50	4.40	1.89	0.19	0.75	1.69	3.01	4.71	6.81	9.32	11.21
23.00	76.62	146 35	266.51	155.44	11.25	11.06	10.50	9.56	8.23	6.52	4.41	1.89	0.19	0.75	1.69	3.02	4.73	6.84	9.36	11.25
23.10	76.59	146 26	265.26	155.39	11.30	11.11	10.54	9.60	8.27	6.54	4.42	1.89	0.19	0.76	1.70	3.03	4.76	6.88	9.41	11.30
23.20	76.56	146 17	264.01	155.35	11.35	11.16	10.59	9.64	8.30	6.57	4.44	1.90	0.19	0.76	1.71	3.05	4.78	6.91	9.45	11.35
23.30	76.53	146 8	262.77	155.31	11.39	11.20	10.63	9.67	8.33	6.59	4.45	1.90	0.19	0.76	1.72	3.06	4.80	6.94	9.49	11.39
23.40	76.50	145 59	261.54	155.27	11.44	11.25	10.67	9.71	8.36	6.61	4.46	1.90	0.19	0.77	1.73	3.08	4.83	6.98	9.54	11.44
23.50	76.47	145 50	260.32	155.23	11.48	11.29	10.71	9.75	8.39	6.63	4.47	1.90	0.19	0.77	1.73	3.09	4.85	7.01	9.58	11.48
23.60	76.44	145 41	259.12	155.18	11.53	11.34	10.76	9.79	8.43	6.66	4.49	1.90	0.19	0.77	1.74	3.10	4.87	7.04	9.63	11.53
23.70	76.41	145 32	257.92	155.14	11.58	11.39	10.80	9.83	8.46	6.68	4.50	1.90	0.19	0.78	1.75	3.12	4.90	7.08	9.68	11.58
23.80	76.38	145 23	256.73	155.10	11.62	11.43	10.84	9.86	8.49	6.70	4.51	1.90	0.19	0.78	1.76	3.13	4.92	7.11	9.72	11.62
23.90	76.35	145 14	255.55	155.06	11.67	11.47	10.89	9.90	8.52	6.73	4.53	1.90	0.20	0.78	1.77	3.15	4.94	7.14	9.77	11.67
24.00	76.31	145 5	254.38	155.02	11.72	11.52	10.93	9.94	8.55	6.75	4.54	1.90	0.20	0.79	1.78	3.17	4.97	7.18	9.82	11.72
24.10	76.28	144 56	253.22	154.97	11.76	11.56	10.97	9.98	8.58	6.77	4.55	1.89	0.20	0.79	1.78	3.18	4.99	7.21	9.87	11.76
24.20	76.25	144 47	252.07	154.93	11.81	11.61	11.01	10.02	8.62	6.80	4.56	1.89	0.20	0.80	1.79	3.19	5.01	7.25	9.92	11.81
24.30	76.22	144 38	250.93	154.88	11.86	11.66	11.06	10.06	8.65	6.83	4.58	1.89	0.20	0.80	1.80	3.21	5.03	7.28	9.97	11.86
24.40	76.19	144 29	249.80	154.84	11.90	11.70	11.10	10.09	8.68	6.85	4.59	1.89	0.20	0.80	1.81	3.22	5.05	7.31	10.01	11.90
24.50	76.15	144 20	248.67	154.80	11.95	11.75	11.14	10.13	8.71	6.87	4.60	1.89	0.20	0.81	1.82	3.24	5.08	7.35	10.06	11.95
24.60	76.12	144 11	247.55	154.75	11.99	11.79	11.18	10.17	8.74	6.89	4.61	1.89	0.20	0.81	1.82	3.25	5.10	7.38	10.10	11.99
24.70	76.09	144 2	246.45	154.71	12.04	11.84	11.23	10.21	8.77	6.92	4.63	1.89	0.20	0.81	1.83	3.27	5.12	7.41	10.15	12.04
24.80	76.06	143 53	245.35	154.66	12.09	11.89	11.27	10.25	8.81	6.94	4.64	1.89	0.20	0.82	1.84	3.28	5.15	7.45	10.20	12.09
24.90	76.02	143 44	244.27	154.62	12.14	11.94	11.32	10.29	8.84	6.97	4.65	1.89	0.20	0.82	1.85	3.30	5.17	7.49	10.25	12.14

Tangentes 80 mètres.

Longueur de la bissectrice.	Demi-corde.	Angle des alignements.	Rayon.	Longueur de l'arc.	Flèche.	Ordonnées sur la corde. La distance à partir de la flèche étant 10m	20m	30m	40m	50m	60m	70m	Ordonnées sur les tangentes. La distance à partir des points de tangence étant 10m	20m	30m	40m	50m	60m	70m	égale à la demi-corde
m	m	° ′	m	m	m															
25.00	75.99	143° 35′	243.18	154.58	12.18	11.98	11.35	10.32	8.87	6.99	4.66	1.88	0.20	0.83	1.86	3.31	5.19	7.52	10.30	12.18
25.10	75.96	143° 26′	242.11	154.53	12.23	12.02	11.40	10.36	8.90	7.01	4.67	1.88	0.21	0.83	1.87	3.33	5.22	7.56	10.35	12.23
25.20	75.93	143° 17′	241.04	154.48	12.27	12.06	11.44	10.40	8.93	7.03	4.68	1.88	0.21	0.83	1.87	3.34	5.24	7.59	10.39	12.27
25.30	75.89	143° 8′	239.98	154.44	12.32	12.11	11.48	10.44	8.96	7.05	4.69	1.88	0.21	0.84	1.88	3.36	5.27	7.63	10.44	12.32
25.40	75.86	142° 59′	238.93	154.39	12.36	12.15	11.52	10.47	8.99	7.07	4.70	1.88	0.21	0.84	1.89	3.37	5.29	7.66	10.48	12.36
25.50	75.83	142° 49′	237.89	154.34	12.41	12.20	11.57	10.51	9.02	7.10	4.72	1.88	0.21	0.84	1.90	3.39	5.31	7.69	10.53	12.41
25.60	75.79	142° 40′	236.85	154.30	12.45	12.24	11.61	10.54	9.05	7.12	4.73	1.87	0.21	0.84	1.91	3.40	5.33	7.72	10.58	12.45
25.70	75.76	142° 31′	235.83	154.25	12.50	12.29	11.65	10.58	9.08	7.14	4.74	1.87	0.21	0.85	1.92	3.42	5.36	7.76	10.63	12.50
25.80	75.73	142° 22′	234.80	154.21	12.54	12.33	11.69	10.62	9.11	7.16	4.75	1.87	0.21	0.85	1.92	3.43	5.38	7.79	10.67	12.54
25.90	75.69	142° 13′	233.79	154.16	12.59	12.38	11.73	10.66	9.14	7.18	4.76	1.87	0.21	0.86	1.93	3.45	5.41	7.83	10.72	12.59
26.00	75.66	142° 4′	232.79	154.11	12.63	12.42	11.77	10.69	9.17	7.20	4.77	1.86	0.21	0.86	1.94	3.46	5.43	7.86	10.77	12.63
26.10	75.62	141° 55′	231.79	154.07	12.68	12.47	11.82	10.73	9.20	7.22	4.78	1.86	0.21	0.86	1.95	3.48	5.46	7.90	10.82	12.68
26.20	75.59	141° 46′	230.80	154.02	12.73	12.51	11.86	10.77	9.24	7.25	4.79	1.86	0.22	0.87	1.96	3.49	5.48	7.94	10.87	12.73
26.30	75.55	141° 37′	229.82	153.97	12.77	12.55	11.90	10.80	9.27	7.27	4.80	1.85	0.22	0.87	1.97	3.50	5.50	7.97	10.92	12.77
26.40	75.52	141° 28′	228.84	153.92	12.82	12.60	11.94	10.84	9.30	7.29	4.81	1.85	0.22	0.88	1.98	3.52	5.53	8.01	10.97	12.82
26.50	75.48	141° 19′	227.88	153.87	12.87	12.65	11.98	10.88	9.33	7.32	4.82	1.85	0.22	0.88	1.99	3.54	5.55	8.05	11.02	12.87
26.60	75.45	141° 10′	226.91	153.82	12.91	12.69	12.03	10.92	9.36	7.34	4.83	1.84	0.22	0.88	1.99	3.55	5.57	8.08	11.07	12.91
26.70	75.41	141° 1′	225.96	153.78	12.96	12.74	12.07	10.96	9.39	7.36	4.84	1.84	0.22	0.89	2.00	3.57	5.60	8.12	11.12	12.96
26.80	75.38	140° 51′	225.01	153.73	13.00	12.78	12.11	10.99	9.42	7.38	4.85	1.83	0.22	0.89	2.01	3.58	5.62	8.15	11.17	13.00
26.90	75.34	140° 42′	224.07	153.68	13.05	12.83	12.15	11.03	9.45	7.40	4.86	1.83	0.22	0.90	2.02	3.60	5.65	8.19	11.22	13.05
27.00	75.31	140° 33′	223.13	153.63	13.09	12.87	12.19	11.07	9.48	7.42	4.87	1.83	0.22	0.90	2.02	3.61	5.67	8.22	11.26	13.09
27.10	75.27	140° 24′	222.19	153.58	13.13	12.91	12.23	11.10	9.51	7.44	4.88	1.82	0.22	0.90	2.03	3.62	5.69	8.25	11.31	13.13
27.20	75.23	140° 15′	221.28	153.53	13.18	12.96	12.27	11.14	9.54	7.46	4.89	1.82	0.22	0.91	2.04	3.64	5.72	8.29	11.36	13.18
27.30	75.20	140° 6′	220.36	153.48	13.23	13.00	12.32	11.18	9.57	7.48	4.90	1.81	0.23	0.91	2.05	3.66	5.75	8.33	11.41	13.23
27.40	75.16	139° 56′	219.45	153.43	13.27	13.04	12.36	11.21	9.60	7.50	4.91	1.81	0.23	0.91	2.06	3.67	5.77	8.36	11.46	13.27
27.50	75.12	139° 47′	218.55	153.38	13.32	13.09	12.40	11.25	9.63	7.52	4.92	1.81	0.23	0.92	2.07	3.69	5.80	8.40	11.51	13.32
27.60	75.09	139° 38′	217.65	153.33	13.36	13.13	12.44	11.28	9.66	7.54	4.93	1.80	0.23	0.92	2.08	3.70	5.82	8.43	11.56	13.36
27.70	75.05	139° 29′	216.75	153.28	13.40	13.17	12.48	11.32	9.68	7.56	4.93	1.79	0.23	0.92	2.08	3.72	5.84	8.47	11.61	13.40
27.80	75.01	139° 20′	215.87	153.23	13.45	13.22	12.52	11.36	9.71	7.58	4.94	1.79	0.23	0.93	2.09	3.74	5.87	8.51	11.66	13.45
27.90	74.98	139° 11′	214.99	153.18	13.50	13.27	12.57	11.40	9.74	7.60	4.95	1.78	0.23	0.93	2.10	3.76	5.90	8.55	11.72	13.50

Tangentes 80 mètres.

LONGUEUR de la bissectrice.	DEMI-CORDE.	ANGLE des alignements.	RAYON.	LONGUEUR de l'arc.	FLÈCHE.	ORDONNÉES SUR LA CORDE La distance à partir de la flèche étant 10m	20m	30m	40m	50m	60m	70m	ORDONNÉES SUR LES TANGENTES La distance à partir des points de tangence étant 10m	20m	30m	40m	50m	60m	70m	égale à la demi-corde
m	m	° '	m	m	m															
28.00	74.94	139. 2	214.12	153.12	13.54	13.31	12.61	11.43	9.77	7.62	4.96	1.77	0.23	0.93	2.11	3.77	5.92	8.58	11.77	13.54
28 10	74 90	138 52	213 25	153 07	13 59	13 36	12 65	11 47	9 80	7 64	4 97	1 77	0 23	0 94	2 12	3 79	5 95	8 62	11 82	13 59
28 20	74 86	138 43	212 38	153 02	13 63	13 40	12 69	11 50	9 83	7 66	4 98	1 76	0 23	0 94	2 13	3 80	5 97	8 65	11 87	13 63
28 30	74 82	138 34	211 53	152 97	13 68	13 44	12 73	11 54	9 86	7 68	4 99	1 76	0 24	0 95	2 14	3 82	6 00	8 69	11 92	13 68
28 40	74 78	138 25	210 67	152 91	13 72	13 48	12 77	11 57	9 89	7 70	5 00	1 75	0 24	0 95	2 15	3 83	6 02	8 72	11 97	13 72
28 50	74 74	138 16	209 83	152 86	13 77	13 53	12 81	11 61	9 92	7 72	5 01	1 75	0 24	0 96	2 16	3 85	6 05	8 76	12 02	13 77
28 60	74 71	138 6	208 99	152 81	13 81	13 57	12 85	11 64	9 95	7 74	5 01	1 74	0 24	0 96	2 17	3 86	6 07	8 80	12 07	13 81
28 70	74 67	137 57	208 16	152 75	13 86	13 62	12 89	11 68	9 98	7 76	5 02	1 74	0 24	0 97	2 18	3 88	6 10	8 84	12 12	13 86
28 80	74 64	137 48	207 32	152 70	13 90	13 66	12 93	11 72	10 00	7 78	5 03	1 73	0 24	0 97	2 18	3 90	6 12	8 87	12 17	13 90
28 90	74 60	137 39	206 49	152 65	13 94	13 70	12 97	11 75	10 03	7 80	5 03	1 72	0 24	0 97	2 19	3 91	6 14	8 91	12 22	13 94
29 00	74 56	137 30	205 68	152 59	13 99	13 75	13 01	11 79	10 06	7 82	5 04	1 71	0 24	0 98	2 20	3 93	6 17	8 95	12 28	13 99
29 10	74 52	137 20	204 86	152 54	14 03	13 79	13 05	11 82	10 09	7 84	5 05	1 70	0 24	0 98	2 21	3 94	6 19	8 98	12 33	14 03
29 20	74 48	137 11	204 06	152 48	14 08	13 83	13 10	11 86	10 12	7 86	5 06	1 70	0 25	0 98	2 22	3 96	6 22	9 02	12 38	14 08
29 30	74 44	137 2	203 26	152 43	14 13	13 88	13 14	11 90	10 15	7 88	5 07	1 69	0 25	0 99	2 23	3 98	6 25	9 06	12 44	14 13
29 40	74 40	136 53	202 48	152 37	14 17	13 92	13 18	11 93	10 18	7 90	5 07	1 68	0 25	0 99	2 24	3 99	6 27	9 10	12 49	14 17
29 50	74 36	136 43	201 66	152 32	14 21	13 96	13 22	11 96	10 20	7 91	5 08	1 67	0 25	0 99	2 25	4 01	6 30	9 13	12 54	14 21
29 60	74 32	136 34	200 87	152 26	14 26	14 01	13 26	12 00	10 23	7 93	5 09	1 66	0 25	1 00	2 26	4 03	6 33	9 17	12 60	14 26
29 70	74 28	136 25	200 09	152 21	14 30	14 05	13 30	12 04	10 26	7 95	5 09	1 65	0 25	1 00	2 26	4 04	6 35	9 21	12 65	14 30
29 80	74 24	136 16	199 31	152 15	14 34	14 09	13 34	12 07	10 28	7 97	5 10	1 64	0.25	1 00	2 27	4 06	6 37	9 24	12 70	14 34
29 90	74 20	136 6	198 54	152 10	14 39	14 14	13 38	12 11	10 31	7 99	5 11	1 64	0 25	1 01	2 28	4 08	6 40	9 28	12 75	14 39
30 00	74 16	135 57	197 77	152 04	14 43	14 18	13 42	12 14	10 34	8 01	5 11	1 63	0 25	1 01	2 29	4 09	6 42	9 32	12 80	14 43
30 10	74 12	135 48	197 00	151 98	14 48	14 22	13 46	12 18	10 37	8 03	5 12	1 62	0 26	1 02	2 30	4 11	6 45	9 36	12 86	14 48
30 20	74 08	135 39	196 24	151 93	14 52	14 26	13 50	12 21	10 40	8 04	5 12	1 61	0 26	1 02	2 31	4 12	6 48	9 40	12 91	14 52
30 30	74 04	135 29	195 49	151 87	14 57	14 31	13 54	12 25	10 43	8 06	5 13	1 60	0 26	1 03	2 32	4 14	6 51	9 44	12 97	14 57
30 40	74 00	135 20	194 73	151 81	14 61	14 35	13 58	12 28	10 46	8 08	5 13	1 59	0 26	1 03	2 33	4 15	6 53	9 48	13 02	14 61
30 50	73 96	135 11	193 99	151 75	14 65	14 39	13 62	12 32	10 48	8 10	5 14	1 58	0 26	1 03	2 33	4 17	6 55	9 51	13 07	14 65
30 60	73 92	135 1	193.25	151 70	14 70	14 44	13 66	12 36	10 51	8 12	5 14	1 57	0 26	1 04	2 34	4 19	6 58	9 56	13 13	14 70
30 70	73 88	134 52	192 51	151 64	14 74	14 48	13 70	12 39	10 54	8 13	5 15	1 56	0.26	1 04	2 35	4 20	6 61	9 59	13 18	14 74
30 80	73 83	134 43	191 77	151 58	14 78	14 52	13.74	12 42	10 56	8.15	5 15	1 55	0.26	1 04	2.36	4 22	6.63	9 63	13 23	14 78
30 90	73 79	134 33	191 05	151 52	14 83	14 57	13 78	12 46	10 59	8 17	5 16	1 54	0 26	1 05	2 37	4 24	6 66	9 67	13 29	14 83

Tangentes 80 mètres.

LONGUEUR de la bissectrice.	DEMI-CORDE.	ANGLE des alignements.	RAYON.	LONGUEUR de l'arc.	FLÈCHE.	ORDONNÉES SUR LA CORDE. La distance à partir de la flèche étant 10m	20m	30m	40m	50m	60m	70m	ORDONNÉES SUR LES TANGENTES. La distance à partir des points de tangence étant 10m	20m	30m	40m	50m	60m	70m	égale à la demi-corde
m	m	° '	m	m	m															
31.00	73.75	134 24	190.32	151.47	14.87	14.61	13.82	12.49	10.62	8.19	5.16	1.53	0.26	1.05	2.38	4.25	6.68	9.71	13.34	14.87
31.10	73.71	134 15	189.60	151.40	14.91	14.65	13.85	12.52	10.64	8.20	5.17	1.52	0.26	1.06	2.39	4.27	6.71	9.74	13.39	14.91
31.20	73.66	134 5	188.88	151.34	14.95	14.69	13.89	12.56	10.67	8.22	5.17	1.51	0.26	1.06	2.39	4.28	6.73	9.78	13.44	14.95
31.30	73.62	133 56	188.17	151.28	15.00	14.73	13.93	12.60	10.70	8.24	5.18	1.50	0.27	1.07	2.40	4.30	6.76	9.82	13.50	15.00
31.40	73.58	133 47	187.46	151.22	15.04	14.77	13.97	12.63	10.73	8.26	5.18	1.49	0.27	1.07	2.41	4.31	6.79	9.86	13.56	15.04
31.50	73.54	133 37	186.76	151.16	15.09	14.82	14.01	12.67	10.76	8.27	5.19	1.48	0.27	1.08	2.42	4.33	6.82	9.90	13.61	15.09
31.60	73.49	133 28	186.06	151.10	15.13	14.86	14.05	12.70	10.78	8.29	5.19	1.46	0.27	1.08	2.43	4.35	6.84	9.94	13.67	15.13
31.70	73.45	133 19	185.36	151.04	15.17	14.90	14.09	12.73	10.81	8.30	5.19	1.45	0.27	1.08	2.44	4.36	6.87	9.98	13.72	15.17
31.80	73.41	133 9	184.68	150.98	15.22	14.95	14.13	12.77	10.84	8.32	5.20	1.44	0.27	1.09	2.45	4.38	6.90	10.02	13.78	15.22
31.90	73.36	133 0	183.99	150.92	15.26	14.99	14.17	12.80	10.86	8.34	5.20	1.43	0.27	1.09	2.46	4.40	6.92	10.06	13.83	15.26
32.00	73.32	132 51	183.30	150.86	15.30	15.03	14.21	12.83	10.88	8.35	5.20	1.41	0.27	1.09	2.47	4.42	6.95	10.10	13.89	15.30
32.10	73.28	132 41	182.62	150.80	15.34	15.07	14.24	12.86	10.91	8.37	5.21	1.40	0.27	1.10	2.48	4.43	6.97	10.13	13.94	15.34
32.20	73.23	132 32	181.94	150.74	15.38	15.11	14.28	12.89	10.93	8.38	5.21	1.38	0.27	1.10	2.49	4.45	7.00	10.17	14.00	15.38
32.30	73.19	132 22	181.27	150.68	15.43	15.15	14.32	12.93	10.96	8.40	5.21	1.37	0.28	1.11	2.50	4.47	7.03	10.22	14.06	15.43
32.40	73.14	132 13	180.60	150.61	15.47	15.19	14.36	12.96	10.99	8.42	5.21	1.36	0.28	1.11	2.51	4.48	7.05	10.26	14.11	15.47
32.50	73.10	132 4	179.94	150.55	15.52	15.24	14.40	13.00	11.02	8.44	5.22	1.35	0.28	1.12	2.52	4.50	7.08	10.30	14.17	15.52
32.60	73.05	131 54	179.28	150.49	15.56	15.28	14.44	13.03	11.04	8.45	5.22	1.33	0.28	1.12	2.53	4.52	7.11	10.34	14.23	15.56
32.70	73.01	131 45	178.62	150.43	15.60	15.32	14.48	13.06	11.06	8.46	5.22	1.31	0.28	1.12	2.54	4.54	7.14	10.38	14.29	15.60
32.80	72.97	131 35	177.97	150.36	15.65	15.37	14.52	13.10	11.09	8.48	5.22	1.30	0.28	1.13	2.55	4.56	7.17	10.42	14.35	15.65
32.90	72.92	131 26	177.32	150.30	15.69	15.41	14.56	13.13	11.12	8.49	5.23	1.29	0.28	1.13	2.56	4.57	7.20	10.46	14.40	15.69
33.00	72.87	131 17	176.67	150.24	15.73	15.45	14.59	13.16	11.14	8.51	5.23	1.27	0.28	1.14	2.57	4.59	7.22	10.50	14.46	15.73
33.10	72.83	131 7	176.02	150.17	15.77	15.49	14.63	13.19	11.16	8.52	5.23	1.25	0.28	1.14	2.58	4.61	7.25	10.54	14.52	15.77
33.20	72.78	130 58	175.39	150.11	15.82	15.53	14.67	13.23	11.19	8.54	5.24	1.24	0.29	1.15	2.59	4.63	7.28	10.58	14.58	15.82
33.30	72.74	130 48	174.75	150.04	15.86	15.57	14.71	13.26	11.22	8.55	5.24	1.23	0.29	1.15	2.60	4.64	7.31	10.62	14.63	15.86
33.40	72.69	130 39	174.12	149.98	15.90	15.61	14.75	13.30	11.24	8.57	5.24	1.21	0.29	1.15	2.60	4.66	7.33	10.66	14.69	15.90
33.50	72.65	130 29	173.48	149.91	15.94	15.65	14.78	13.33	11.27	8.58	5.24	1.19	0.29	1.16	2.61	4.67	7.36	10.70	14.75	15.94
33.60	72.60	130 20	172.86	149.85	15.98	15.69	14.82	13.36	11.29	8.60	5.24	1.17	0.29	1.16	2.62	4.69	7.38	10.74	14.81	15.98
33.70	72.55	130 10	172.24	149.78	16.03	15.74	14.86	13.40	11.32	8.62	5.24	1.16	0.29	1.17	2.63	4.71	7.41	10.79	14.87	16.03
33.80	72.51	130 1	171.62	149.72	16.07	15.78	14.90	13.43	11.34	8.63	5.24	1.14	0.29	1.17	2.64	4.73	7.44	10.83	14.93	16.07
33.90	72.46	129 51	171.00	149.63	16.11	15.82	14.94	13.46	11.37	8.64	5.24	1.13	0.29	1.17	2.65	4.74	7.47	10.87	14.98	16.11

Tangentes 80 mètres.

Longueur de la bissectrice.	Demi-corde.	Angle des alignements.	Rayon.	Longueur de l'arc.	Flèche.	Ordonnées sur la corde. La distance à partir de la flèche étant 10m	20m	30m	40m	50m	60m	70m	Ordonnées sur les tangentes. La distance à partir des points de tangence étant 10m	20m	30m	40m	50m	60m	70m	égale à la demi-corde
m	m	° ′	m	m	m															
34.00	72.41	129.42	170.39	149.59	16.15	15.86	14.97	13.49	11.39	8.65	5.24	1.11	0.29	1.18	2.66	4.76	7.50	10.91	15.04	16.15
34 10	72 37	129 32	169 77	149 52	16 19	15 90	15 01	13 52	11 41	8 66	5 24	1 09	0 29	1 18	2 67	4 78	7 53	10 95	15 10	16 19
34 20	72 32	129 23	169 17	149 45	16 24	15 94	15 05	13 56	11 44	8 68	5 24	1 08	0 30	1 19	2 68	4 80	7 56	11 00	15 16	16 24
34 30	72 27	129 13	168 57	149 38	16 28	15 98	15 09	13 59	11 47	8 69	5 24	1 06	0 30	1 19	2 69	4 81	7 59	11 04	15 22	16 28
34 40	72 23	129 4	167 97	149 32	16 32	16 02	15 13	13 62	11 49	8 71	5 24	1 04	0 30	1 19	2 70	4 83	7 61	11 08	15 28	16 32
34 50	72 18	128 54	167 37	149 25	16 36	16 06	15 16	13 65	11 51	8 72	5 24	1 02	0 30	1 20	2 71	4 85	7 64	11 12	15 34	16 36
34 60	72 13	128 45	166 77	149 18	16 40	16 10	15 20	13 68	11 54	8 73	5 23	1 00	0 30	1 20	2 72	4 86	7 67	11 17	15 40	16 40
34 70	72 08	128 35	166 18	149 11	16 44	16 14	15 23	13 71	11 56	8 74	5 23	0 98	0 30	1 21	2 73	4 88	7 70	11 21	15 46	16 44
34 80	72 03	128 26	165 59	149 05	16 48	16 18	15 27	13 74	11 58	8 76	5 23	0 96	0 30	1 21	2 74	4 90	7 72	11 25	15 52	16 48
34 90	71 99	128 16	165 01	148 98	16 53	16 23	15 31	13 78	11 61	8 78	5 23	0 95	0 30	1 22	2 75	4 92	7 75	11 30	15 58	16 53
35 00	71 94	128 7	164 43	148 91	16 57	16 27	15 35	13 81	11 63	8 79	5 23	0 93	0 30	1 22	2 76	4 94	7 78	11 34	15 64	16 57
35 10	71 89	127 57	163 85	148 84	16 61	16 31	15 38	13 84	11 65	8 80	5 23	0 91	0 30	1 23	2 77	4 96	7 81	11 38	15 70	16 61
35 20	71 84	127 47	163 27	148 77	16 65	16 35	15 42	13 87	11 67	8 81	5 23	0 89	0 30	1 23	2 78	4 98	7 84	11 42	15 76	16 65
35 30	71 79	127 38	162 70	148 70	16 70	16 39	15 46	13 91	11 70	8 83	5 23	0 87	0 31	1 24	2 79	5 00	7 87	11 47	15 83	16 70
35 40	71 74	127 28	162 13	148 63	16 74	16 43	15 50	13 94	11 72	8 84	5 23	0 85	0 31	1 24	2 80	5 02	7 90	11 51	15 89	16 74
35 50	71 69	127 19	161 56	148 56	16 78	16 47	15 53	13 97	11 75	8 85	5 22	0 83	0 31	1 25	2 81	5 03	7 93	11 56	15 95	16 78
35 60	71 64	127 9	161 00	148 49	16 82	16 51	15 57	14 00	11 77	8 86	5 22	0 81	0 31	1 25	2 82	5 05	7 96	11 60	16 01	16 82
35 70	71 59	127 0	160 43	148 42	16 86	16 55	15 61	14 03	11 79	8 87	5 22	0 78	0 31	1 25	2 83	5 07	7 99	11 64	16 08	16 86
35 80	71 54	126 50	159 87	148 35	16 90	16 59	15 64	14 06	11 82	8 88	5 21	0 76	0 31	1 26	2 84	5 08	8 02	11 69	16 14	16 90
35 90	71 49	126 40	159 31	148 28	16 94	16 63	15 68	14 09	11 84	8 89	5 21	0 74	0 31	1 26	2 85	5 10	8 05	11 73	16 20	16 94
36 00	71 44	126 31	158 76	148 21	16 98	16 67	15 71	14 12	11 86	8 90	5 21	0 71	0 31	1 27	2 86	5 12	8 08	11 77	16 27	16 98
36 10	71 39	126 21	158 20	148 13	17 02	16 71	15 75	14 15	11 88	8 91	5 20	0 69	0 31	1 27	2 87	5 14	8 11	11 82	16 33	17 02
36 20	71 34	126 11	157 66	148 06	17 07	16 75	15 79	14 18	11 91	8 93	5 20	0 67	0 32	1 28	2 89	5 16	8 14	11 87	16 40	17 07
36 30	71 29	126 2	157 12	147 99	17 11	16 79	15 83	14 21	11 93	8 94	5 20	0 65	0 32	1 28	2 90	5 18	8 17	11 91	16 46	17 11
36 40	71 24	125 52	156 57	147 91	17 15	16 83	15 86	14 24	11 95	8 95	5 19	0 63	0 32	1 29	2 91	5 20	8 20	11 96	16 52	17 15
36 50	71 19	125 42	156 03	147 84	17 19	16 87	15 90	14 27	11 97	8 96	5 19	0 60	0 32	1 29	2 92	5 22	8 23	12 00	16 59	17 19
36 60	71 13	125 33	155 49	147 77	17 23	16 91	15 93	14 30	11 99	8 97	5 18	0 58	0 32	1 30	2 93	5 24	8 26	12 05	16 65	17 23
36 70	71 08	125 23	154 96	147 69	17 27	16 95	15 97	14 33	12 01	8 98	5 18	0 55	0 32	1 30	2 94	5 26	8 29	12 09	16 72	17 27
36 80	71 03	125 13	154 42	147 62	17 31	16 99	16 01	14 36	12 04	8 99	5 17	0 53	0 32	1 30	2 95	5 27	8 32	12 14	16 78	17 31
36 90	70 98	125 4	153 89	147 55	17 35	17 03	16 04	14 39	12 06	9 00	5 17	0 50	0 32	1 31	2 96	5 29	8 35	12 18	16 85	17 35

Tangentes 80 mètres.

LONGUEUR de la bissectrice.	DEMI-CORDE.	ANGLE des alignements.	RAYON.	LONGUEUR de l'arc.	FLÈCHE.	ORDONNÉES SUR LA CORDE La distance à partir de la flèche étant							ORDONNÉES SUR LES TANGENTES La distance à partir des points de tangence étant							
						10m	20m	30m	40m	50m	60m	70m	10m	20m	30m	40m	50m	60m	70m	égale à la demi-corde
m	m	° '	m	m	m														
37.00	70.93	124 .54	153.86	147.47	17.39	17.07	16.08	14.42	12.08	9.01	5.16	0.48	0.32	1.31	2.97	5.34	8.38	12.23	16.91	17.39
37 10	70 88	124 44	152 84	147 40	17 43	17 10	16 11	14 45	72 10	9 02	5 16	0 45	0 33	1 32	2 98	5 33	8 41	12 27	16 98	17 43
37 20	70 82	124 35	152 31	147 32	17 47	37 14	16 15	14 48	12 12	9 03	5 15	0 43	0 33	1 32	2 99	5 35	8 44	12 32	17 04	17 47
37 30	70 77	124 25	151 79	147 24	17 51	17 18	16 18	14 51	12 14	9 04	5 15	0 40	0 33	1 33	3 00	5 37	8 47	12 36	17 11	17 51
37 40	70 72	124 15	151 27	147 17	17 55	17 22	16 22	14 54	12 16	9 04	5 14	0 38	0 33	1 33	3 01	5 39	8 51	12 41	17 17	17 55
37 50	70 66	124 6	150 76	147 09	17 59	17 26	16 25	14 57	12 18	9 05	5 13	0 35	0 33	1 34	3 02	5 41	8 54	12 46	17 24	17 59
37 60	70 61	123 56	150 24	147 02	17 63	17 30	16 29	14 60	12 21	9 06	5 13	0 32	0 33	1 34	3 03	5 42	8 57	12 50	17 31	17 63
37 70	70 56	123 46	149 73	146 94	17 67	17 34	16 32	14 63	12 23	9 07	5 12	0 30	0 33	1 35	3 04	5 44	8 60	12 55	17 37	17 67
37 80	70 51	123 36	149 22	146 86	17 71	17 38	16 36	14 66	12 25	9 08	5 11	0 27	0 33	1 35	3 05	5 46	8 63	12 60	17 44	17 71
37 90	70 45	123 27	148 71	146 79	17 75	17 41	16 40	14 69	12 27	9 09	5 10	0 24	0 34	1 35	3 06	5 48	8 66	12 65	17 51	17 75
38 00	70 40	123 17	148 21	146 74	17 79	17 45	16 43	14 72	12 29	9 10	5 10	0 21	0 34	1 36	3 07	5 50	8 69	12 69	17 58	17 79
38 10	70 34	123 7	147 71	146 63	17 83	17 49	16 47	14 75	12 31	9 11	5 09	0 18	0 34	1 36	3 08	5 52	8 72	12 74	17 63	17 83
38 20	70 29	122 57	147 21	146 55	17 87	17 53	16 50	14 78	12 33	9 12	5 08	0 15	0 34	1 37	3 09	5 64	8 75	12 79	17 72	17 87
38 30	70 23	122 48	146 71	146 47	17 90	17 56	16 53	14 80	12 34	9 12	5 07	0 12	0 34	1 37	3 10	5 56	8 78	12 83	17 78	17 90
38 40	70 18	122 38	146 21	146 40	17 94	17 60	16 57	14 83	12 36	9 13	5 06	0 09	0 34	1 37	3 11	5 58	8 81	12 88	17 85	17 94
38 50	70 12	122 28	145 71	146 32	17 98	17 64	16 60	14 86	12 38	9 14	5 05	0 07	0 34	1 38	3 12	5 60	8 84	12 93	17 91	17 98
38 60	70 07	122 18	145 22	146 24	18 02	17 68	16 64	14 89	12 40	9 14	5 04	0 04	0 34	1 38	3 13	5 62	8 88	12 98	17 98	18 02
38 70	70 01	122 8	144 73	146 16	18 06	17 72	16 67	14 92	12 42	9 15	5 04	»	0 34	1 39	3 14	5 64	8 91	13 02	»	18 06
38 80	69 96	121 58	144 25	146 08	18 10	17 76	16 71	14 95	12 44	9 16	5 03	»	0 34	1 39	3 15	5 66	8 94	13 07	»	18 10
38 90	69 90	121 49	143 76	146 00	18 14	17 79	16 74	14 98	12 46	9 16	5 02	»	0 35	1 40	3 16	5 68	8 98	13 12	»	18 14
39 00	69 85	121 39	143 28	145 92	18 18	17 83	16 78	15 01	12 48	9 17	5 01	»	0 35	1 40	3 17	5 70	9 01	13 17	»	18 18
39 10	69 79	121 29	142 80	145 84	18 22	17 87	16 81	15 04	12 50	9 18	5 00	»	0 35	1 41	3 18	5 72	9 04	13 22	»	18 22
39 20	69 74	121 19	142 32	145 76	18 26	17 91	16 85	15 06	12 52	9 18	4 99	»	0 35	1 41	3 20	5 74	9 08	13 27	»	18 26
39 30	69 68	121 9	141 85	145 67	18 30	17 95	16 88	15 09	12 54	9 19	4 98	»	0 35	1 42	3 21	5 76	9 11	13 32	»	18 30
39 40	69 62	120 59	141 38	145 59	18 34	17 99	16 92	15 12	12 56	9 20	4 97	»	0 35	1 42	3 22	5 78	9 14	13 37	»	18 34
39 50	69 57	120 49	140 90	145 51	18 38	18 03	16 95	15 15	12 58	9 21	4 96	»	0 35	1 43	3 23	5 80	9 17	13 42	»	18 38
39 60	69 51	120 40	140 43	145 43	18 41	18 06	16 98	15 17	12 59	9 21	4 95	»	0 35	1 43	3 24	5 82	9 20	13 46	»	18 41
39 70	69 45	120 30	139 96	145 35	18 45	18 09	17 01	15 20	12 61	9 22	4 94	»	0 36	1 44	3 25	5 84	9 23	13 51	»	18 45
39 80	69 40	120 20	139 49	145 26	18 49	18 13	17 05	15 23	12 63	9 22	4 93	»	0 36	1 44	3 26	5 86	9 27	13 56	»	18 49
39 90	69 34	120 10	139 03	145 18	18 53	18 17	17 08	15 26	12 65	9 23	4 92	»	0 36	1 45	3 27	5 88	9 30	13 61	»	18 53

Tangentes 80 mètres.

LONGUEUR de la bissectrice.	DEMI-CORDE.	ANGLE des alignements.	RAYON.	LONGUEUR de l'arc.	FLÈCHE.	ORDONNÉES SUR LA CORDE. La distance à partir de la flèche étant 10m	20m	30m	40m	50m	60m	70m	ORDONNÉES SUR LES TANGENTES La distance à partir des points de tangence étant 10m	20m	30m	40m	50m	60m	70m	égale à la demi-corde
m	m	° '	m	m	m															
40.00	69.28	120. 0	138.36	145.40	18.56	18.20	17.41	15.28	12.66	9.22	4.90	»	0.36	1.45	3.28	5.90	9.33	13.66	»	18.56
40 10	69 22	119 50	138 10	145 04	18 60	18 24	17 44	15 30	12 68	9 23	4 89	»	0 36	1 46	3 30	5 92	9 37	13 71	»	18 60
40 20	69 16	119 40	137 64	144 93	18 64	18 28	17 18	15 33	12 70	9 24	4 88	»	0 36	1 46	3 31	5 94	9 40	13 76	»	18 64
40 30	69 11	119 30	137 19	144 84	18 68	18 32	17 21	15 36	12 72	9 24	4 87	»	0 36	1 47	3 32	5 96	9 44	13 81	»	18 68
40 40	69 05	119 20	136 73	144 76	18 71	18 35	17 24	15 38	12 73	9 24	4 85	»	0 36	1 47	3 33	5 98	9 47	13 86	»	18 71
40 50	68 99	119 10	136 27	144 67	18 75	18 38	17 27	15 41	12 75	9 25	4 83	»	0 37	1 48	3 34	6 00	9 50	13 92	»	18 75
40 60	68 93	119 0	135 82	144 39	18 79	18 42	17 31	15 44	12 77	9 25	4 82	»	0 37	1 48	3 35	6 02	9 54	13 97	»	18 79
40 70	68 87	118 50	135 38	144 50	18 83	18 46	17 34	15 47	12 79	9 26	4 81	»	0 37	1 49	3 36	6 04	9 57	14 02	»	18 83
40 80	68 81	118 40	134 93	144 42	18 86	18 49	17 37	15 49	12 80	9 26	4 79	»	0 37	1 49	3 37	6 06	9 60	14 07	»	18 86
40 90	68 76	118 30	134 49	144 33	18 90	18 53	17 40	15 52	12 82	9 26	4 78	»	0 37	1 50	3 38	6 08	9 64	14 12	»	18 90
41 00	68 70	118 20	134 04	144 25	18 94	18 57	17 44	15 54	12 83	9 27	4 76	»	0 37	1 50	3 40	6 11	9 67	14 18	»	18 94
41 10	68 64	118 10	133 60	144 16	18 98	18 61	17 47	15 57	12 85	9 27	4 75	»	0 37	1 51	3 41	6 13	9 71	14 23	»	18 98
41 20	68 59	118 0	133 16	144 07	19 02	18 64	17 51	15 60	12 87	9 27	4 73	»	0 38	1 51	3 42	6 15	9 75	14 29	»	19 02
41 30	68 52	117 50	132 72	143 98	19 06	18 68	17 54	15 62	12 89	9 28	4 72	»	0 38	1 52	3 44	6 17	9 78	14 34	»	19 06
41 40	68 46	117 40	132 28	143 89	19 09	18 71	17 57	15 64	12 90	9 28	4 70	»	0 38	1 52	3 45	6 19	9 81	14 39	»	19 09
41 50	68 40	117 30	131 85	143 81	19 13	18 75	17 60	15 67	12 92	9 28	4 68	»	0 38	1 53	3 46	6 21	9 85	14 45	»	19 13
41 60	68 33	117 20	131 41	143 72	19 16	18 78	17 63	15 69	12 93	9 28	4 66	»	0 38	1 53	3 47	6 23	9 88	14 50	»	19 16
41 70	68 27	117 10	130 98	143 63	19 20	18 82	17 66	15 72	12 95	9 28	4 65	»	0 38	1 54	3 48	6 25	9 92	14 55	»	19 20
41 80	68 21	117 0	130 54	143 54	19 23	18 85	17 69	15 74	12 96	9 28	4 63	»	0 38	1 54	3 49	6 27	9 95	14 60	»	19 23
41 90	68 15	116 50	130 11	143 45	19 27	18 89	17 72	15 77	12 98	9 28	4 61	»	0 38	1 55	3 50	6 29	9 99	14 66	»	19 27
42 00	68 09	116 40	129 69	143 36	19 31	18 92	17 76	15 79	12 99	9 28	4 60	»	0 39	1 55	3 52	6 32	10 03	14 71	»	19 31
42 10	68 03	116 30	129 27	143 27	19 35	18 96	17 79	15 82	13 01	9 28	4 58	»	0 39	1 56	3 53	6 34	10 07	14 77	»	19 35
42 20	67 96	116 20	128 84	143 18	19 38	18 99	17 82	15 84	13 02	9 28	4 56	»	0 39	1 56	3 54	6 36	10 10	14 82	»	19 38
42 30	67 90	116 9	128 42	143 09	19 42	19 03	17 85	15 87	13 03	9 29	4 54	»	0 39	1 57	3 55	6 39	10 13	14 88	»	19 42
42 40	67 84	115 59	128 00	143 00	19 45	19 06	17 88	15 89	13 04	9 29	4 52	»	0 39	1 57	3 56	6 41	10 16	14 93	»	19 45
42 50	67 78	115 49	127 57	142 90	19 49	19 10	17 91	15 91	13 06	9 29	4 50	»	0 39	1 58	3 58	6 43	10 20	14 99	»	19 49
42 60	67 71	115 39	127 16	142 81	19 53	19 14	17 95	15 94	13 07	9 29	4 48	»	0 39	1 58	3 59	6 46	10 24	15 05	»	19 53
42 70	67 65	115 29	126 75	142 72	19 57	19 17	17 98	15 97	13 09	9 29	4 46	»	0 40	1 59	3 60	6 48	10 28	15 11	»	19 57
42 80	67 59	115 19	126 33	142 63	19 60	19 20	18 01	15 99	13 10	9 29	4 44	»	0 40	1 59	3 61	6 50	10 31	15 16	»	19 60
42 90	67 52	115 8	125 92	142 54	19 64	19 24	18 04	16 01	13 11	9 29	4 42	»	0 40	1 60	3 63	6 53	10 35	15 22	»	19 64

Tangentes 80 mètres.

LONGUEUR de la bissectrice.	DEMI-CORDE.	ANGLE des alignements.	RAYON.	LONGUEUR de l'arc.	FLÈCHE.	ORDONNÉES SUR LA CORDE. La distance à partir de la flèche étant							ORDONNÉES SUR LES TANGENTES. La distance à partir des points de tangence étant							
						10m	20m	30m	40m	50m	60m	70m	10m	20m	30m	40m	50m	60m	70m	égale à la demi-corde
m	m	° '	m	m	m															
43.00	67.46	114 58	125 51	142.45	19.67	19.27	18.07	16.03	13.12	9.28	4.40	»	0.40	1.60	3.64	6.55	10.39	15.27	»	19.67
43 10	67 40	114 48	125 10	142 35	19 71	19 31	18 10	16 06	13 14	9 28	4 38	»	0 40	1 61	3 65	6 57	10 43	15 33	»	19 71
43 20	67 33	114 38	124 69	142 26	19 74	19 34	18 13	16 08	13 15	9 28	4 35	»	0 40	1 61	3 66	6 59	10 46	15 39	»	19 74
43 30	67 27	114 28	124 29	142 16	19 78	19 38	18 16	16 10	13 16	9 28	4 33	»	0 40	1 62	3 68	6 62	10 50	15 45	»	19 78
43 40	67 20	114 17	123 88	142 07	19 82	19 41	18 19	16 13	13 18	9 28	4 31	»	0 41	1 63	3 69	6 64	10 54	15 51	»	19 82
43 50	67 14	114 7	123 48	141 97	19 85	19 44	18 22	16 15	13 19	9 27	4 29	»	0 41	1 63	3 70	6 66	10 58	15 56	»	19 85
43 60	67 07	113 57	123 07	141 87	19 89	19 48	18 25	16 17	13 20	9 27	4 27	»	0 41	1 64	3 71	6 69	10 62	15 62	»	19 89
43 70	67 01	113 47	122 67	141 78	19 92	19 51	18 28	16 20	13 21	9 27	4 24	»	0 41	1 64	3 72	6 71	10 65	15 68	»	19 92
43 80	66 94	113 36	122 27	141 68	19 95	19 54	18 30	16 22	13 22	9 26	4 21	»	0 41	1 65	3 73	6 73	10 69	15 74	»	19 95
43 90	66 88	113 26	121 88	141 59	19 99	19 58	18 33	16 24	13 24	9 26	4 19	»	0 41	1 66	3 75	6 75	10 73	15 80	»	19 99
44 00	66 81	113 16	121 48	141 49	20 02	19 61	18 36	16 26	13 25	9 25	4 16	»	0 41	1 66	3 76	6 77	10 77	15 86	»	20 02
44 10	66 75	113 6	121 08	141 39	20 06	19 65	18 39	16 28	13 26	9 25	4 14	»	0 41	1 67	3 78	6 80	10 81	15 92	»	20 06
44 20	66 68	112 55	120 69	141 30	20 09	19 68	18 42	16 30	13 27	9 24	4 11	»	0 41	1 67	3 79	6 82	10 85	15 98	»	20 09

LONGUEUR de la bissectrice.	DEMI-CORDE.	ANGLE des alignements.	RAYON.	LONGUEUR de l'arc.	FLÈCHE.	10m	20m	30m	40m	50m	60m	70m	10m	20m	30m	40m	50m	60m	70m	égale à la demi-corde
44 30	66 61	112 45	120 30	141 20	20 13	19 71	18 45	16 33	13 28	9 24	4 09	»	0 42	1 68	3 80	6 85	10 89	16 04	»	20 13
44 40	66 55	112 35	119 91	141 10	20 16	19 74	18 48	16 35	13 29	9 23	4 06	»	0 42	1 68	3 81	6 87	10 93	16 10	»	20 16
44 50	66 48	112 24	119 52	141 00	20 20	19 78	18 51	16 37	13 30	9 23	4 04	»	0 42	1 69	3 83	6 90	10 97	16 16	»	20 20
44 60	66 41	112 14	119 13	140 90	20 23	19 81	18 54	16 39	13 31	9 22	4 01	»	0 42	1 69	3 84	6 92	11 01	16 22	»	20 23
44 70	66 35	112 3	118 75	140 80	20 27	19 85	18 57	16 41	13 32	9 22	3 99	»	0 42	1 70	3 86	6 95	11 05	16 28	»	20 27
44 80	66 28	111 53	118 36	140 70	20 30	19 88	18 60	16 43	13 33	9 22	3 96	»	0 42	1 70	3 87	6 97	11 08	16 34	»	20 30
44 90	66 21	111 43	117 97	140 60	20 33	19 91	18 62	16 45	13 34	9 21	3 93	»	0 42	1 71	3 88	6 99	11 12	16 40	»	20 33
45 00	66 14	111 32	117 59	140 50	20 37	19 94	18 65	16 47	13 35	9 21	3 91	»	0 43	1 72	3 90	7 02	11 16	16 46	»	20 37
45 10	66 07	111 22	117 21	140 40	20 40	19 97	18 68	16 49	13 36	9 20	3 88	»	0 43	1 72	3 91	7 04	11 20	16 52	»	20 40
45 20	66 01	111 12	116 83	140 29	20 43	20 00	18 70	16 51	13 37	9 19	3 85	»	0 43	1 73	3 92	7 06	11 24	16 58	»	20 43
45 30	65 94	111 1	116 44	140 19	20 46	20 03	18 73	16 53	13 38	9 18	3 82	»	0 43	1 73	3 93	7 08	11 28	16 64	»	20 46
45 40	65 87	110 51	116 07	140 09	20 50	20 07	18 76	16 55	13 39	9 18	3 79	»	0 43	1 74	3 95	7 11	11 32	16 71	»	20 50
45 50	65 80	110 40	115 69	139 98	20 53	20 10	18 79	16 57	13 40	9 17	3 76	»	0 43	1 74	3 96	7 13	11 36	16 77	»	20 53
45 60	65 73	110 30	115 32	139 88	20 57	20 13	18 82	16 59	13 41	9 16	3 73	»	0 44	1 75	3 98	7 16	11 41	16 84	»	20 57
45 70	65 66	110 19	114 94	139 78	20 60	20 16	18 85	16 61	13 42	9 15	3 70	»	0 44	1 75	3 99	7 18	11 45	16 90	»	20 60
45 80	65 59	110 9	114 57	139 68	20 63	20 19	18 87	16 63	13 42	9 14	3 66	»	0 44	1 76	4 00	7 21	11 49	16 97	»	20 63
45 90	65 52	109 58	114 19	139 57	20 66	20 22	18 90	16 65	13 43	9 13	3 63	»	0 44	1 76	4 01	7 23	11 53	17 03	»	20 66

Tangentes 80 mètres.

LONGUEUR de la bissectrice.	DEMI-CORDE.	ANGLE des alignements.	RAYON.	LONGUEUR de l'arc.	FLÈCHE.	ORDONNÉES SUR LA CORDE. La distance à partir de la flèche étant							ORDONNÉES SUR LES TANGENTES. La distance à partir des points de tangence étant							
						10m	20m	30m	40m	50m	60m	70m	10m	20m	30m	40m	50m	60m	70m	égale à la demi-corde
m	m	° ′	m	m	m															
46.00	65.45	109.48	113.83	139.47	20.70	20.26	18.93	16.67	13.41	9.43	3.60	»	0.44	1.77	4.03	7.26	11.57	17.40	»	20.70
46.10	65.38	109.37	113.46	139.36	20.73	20.29	18.96	16.69	13.45	9.12	3.57	»	0.44	1.77	4.04	7.28	11.64	17.16	»	20.73
46.20	65.31	109.27	113.09	139.25	20.76	20.32	18.98	16.71	13.45	9.11	3.53	»	0.44	1.78	4.05	7.31	11.65	17.23	»	20.76
46.30	65.24	109.16	112.72	139.15	20.79	20.35	19.01	16.73	13.46	9.10	3.50	»	0.44	1.78	4.06	7.33	11.69	17.29	»	20.79
46.40	65.17	109 6	112.86	139.04	20.83	20.38	19.04	16.75	13.47	9.09	3.47	»	0.45	1.79	4.08	7.36	11.74	17.36	»	20.83
46.50	65.09	108.55	111.99	138.93	20.86	20.41	19.06	16.77	13.48	9.08	3.43	»	0.45	1.80	4.09	7.38	11.78	17.43	»	20.86
46.60	65.02	108.45	111.63	138.82	20.89	20.44	19.09	16.79	13.48	9.07	3.40	»	0.45	1.80	4.10	7.41	11.82	17.49	»	20.89
46.70	64.95	108.34	111.27	138.72	20.93	20.48	19.12	16.81	13.49	9.06	3.37	»	0.45	1.81	4.12	7.44	11.87	17.56	»	20.93
46.80	64.88	108.23	110.91	138.61	20.96	20.51	19.14	16.83	13.50	9.05	3.33	»	0.45	1.82	4.13	7.46	11.91	17.63	»	20.96
46.90	64.81	108.13	110.55	138.50	20.99	20.54	19.17	16.84	13.50	9.04	3.29	»	0.45	1.82	4.15	7.49	11.95	17.70	»	20.99
47.00	64.74	108 2	110.19	138.39	21.02	20.57	19.19	16.86	13.50	9.03	3.25	»	0.45	1.83	4.16	7.52	11.99	17.77	»	21.02
47.10	64.66	107.52	109.83	138.28	21.05	20.60	19.22	16.87	13.51	9.01	3.22	»	0.45	1.83	4.18	7.54	12.04	17.83	»	21.05
47.20	64.59	107.41	109.48	138.17	21.08	20.63	19.24	16.89	13.51	9.00	3.18	»	0.45	1.84	4.19	7.57	12.08	17.90	»	21.08
47.30	64.52	107.30	109.13	138.06	21.12	20.66	19.27	16.91	13.52	8.99	3.14	»	0.46	1.85	4.21	7.60	12.13	17.98	»	21.12
47.40	64.43	107.20	108.77	137.95	21.15	20.69	19.30	16.93	13.53	8.98	3.10	»	0.46	1.85	4.22	7.62	12.17	18.05	»	21.15
47.50	64.37	107 9	108.42	137.83	21.18	20.72	19.32	16.95	13.53	8.96	3.06	»	0.46	1.86	4.23	7.65	12.22	18.12	»	21.18
47.60	64.30	106.58	108.07	137.72	21.21	20.75	19.35	16.96	13.54	8.95	3.02	»	0.46	1.86	4.25	7.67	12.26	18.19	»	21.21
47.70	64.22	106.48	107.71	137.61	21.24	20.78	19.37	16.98	13.54	8.93	2.98	»	0.46	1.87	4.26	7.70	12.31	18.26	»	21.24
47.80	64.15	106.37	107.36	137.50	21.27	20.81	19.30	17.00	13.54	8.92	2.94	»	0.46	1.88	4.27	7.73	12.35	18.33	»	21.27
47.90	64.07	106.26	107.01	137.39	21.30	20.83	19.42	17.01	13.55	8.90	2.90	»	0.47	1.88	4.29	7.75	12.40	18.40	»	21.30
48.00	64.00	106.16	106.67	137.28	21.33	20.86	19.44	17.03	13.55	8.89	2.86	»	0.47	1.89	4.30	7.78	12.44	18.47	»	21.33
48.10	63.92	106 5	106.32	137.16	21.36	20.89	19.47	17.04	13.55	8.87	2.82	»	0.47	1.89	4.32	7.81	12.49	18.54	»	21.36
48.20	63.85	105.54	105.97	137.04	21.39	20.92	19.49	17.06	13.55	8.86	2.77	»	0.47	1.90	4.33	7.84	12.53	18.62	»	21.39
48.30	63.77	105.43	105.62	136.93	21.42	20.95	19.51	17.07	13.56	8.84	2.73	»	0.47	1.91	4.35	7.86	12.58	18.09	»	21.42
48.40	63.70	105.32	105.28	136.81	21.45	20.98	19.54	17.09	13.56	8.82	2.68	»	0.47	1.91	4.36	7.89	12.63	18.77	»	21.45
48.50	63.62	105.22	104.94	136.70	21.48	21.00	19.56	17.10	13.56	8.81	2.64	»	0.48	1.92	4.38	7.92	12.67	18.84	»	21.48
48.60	63.55	105.11	104.60	136.58	21.51	21.03	19.58	17.12	13.56	8.79	2.59	»	0.48	1.93	4.39	7.95	12.72	18.92	»	21.51
48.70	63.47	105 0	104.26	136.47	21.54	21.06	19.61	17.13	13.57	8.77	2.55	»	0.48	1.93	4.41	7.97	12.77	18.99	»	21.54
48.80	63.39	104.49	103.92	136.35	21.57	21.09	19.63	17.15	13.57	8.75	2.50	»	0.48	1.94	4.42	8.00	12.82	19.07	»	21.57
48.90	63.31	104.38	103.58	136.23	21.60	21.12	19.65	17.16	13.57	8.73	2.46	»	0.48	1.95	4.44	8.03	12.87	19.14	»	21.60

Tangentes 80 mètres.

LONGUEUR de la bissectrice.	DEMI-CORDE.	ANGLE des alignements.	RAYON.	LONGUEUR de l'arc.	FLÈCHE.	ORDONNÉES SUR LA CORDE. La distance à partir de la flèche étant 10m	20m	30m	40m	50m	60m	70m	ORDONNÉES SUR LES TANGENTES. La distance à partir des points de tangence étant 10m	20m	30m	40m	50m	60m	70m	égale à la demi-corde
m	m	° '	m	m	m															
49.00	63.24	104.27	103.24	136.12	21.63	21.11	19.68	17.18	13.57	8.72	2.41	»	0.49	1.95	4.45	8.06	12.91	19.22	»	21.63
49 10	63 16	104 17	102 90	136 00	21 66	21 17	19 70	17 19	13 57	8 70	2 36	»	0 49	1 96	4 47	8 09	12 96	19 30	»	21 66
49 20	63 08	104 6	102 57	135 88	21 69	21 20	19 72	17 21	13 57	8 68	2 31	»	0 49	1 97	4 48	8 12	13 01	19 38	»	21 69
49 30	63 00	103 55	102 24	135 76	21 72	21 23	19 75	17 22	13 57	8 66	2 26	»	0 49	1 97	4 50	8 15	13 06	19 46	»	21 72
49 40	62 92	103 44	101 91	135 64	21 75	21 26	19 77	17 24	13 57	8 64	2 21	»	0 49	1 98	4 51	8 18	13 11	19 54	»	21 75
49 50	62 85	103 33	101 57	135 52	21 78	21 29	19 79	17 25	13 57	8 62	2 16	»	0 49	1 99	4 53	8 21	13 16	19 62	»	21 78
49 60	62 77	103 22	101 24	135 40	21 81	21 31	19 82	17 26	13 57	8 60	2 11	»	0 50	1 99	4 55	8 24	13 21	19 70	»	21 81
49 70	62 69	103 11	100 91	135 27	21 84	21 34	19 84	17 28	13 57	8 58	2 06	»	0 50	2 00	4 56	8 27	13 26	19 78	»	21 84
49 80	62 61	103 0	100 58	135 15	21 87	21 37	19 86	17 29	13 57	8 56	2 01	»	0 50	2 01	4 58	8 30	13 31	19 86	»	21 87
49 90	62 53	102 49	100 25	135 03	21 89	21 39	19 88	17 30	13 56	8 53	1 95	»	0 50	2 01	4 59	8 33	13 36	19 94	»	21 89
50 00	62 45	102 38	99 92	134 91	21 92	21 42	19 90	17 31	13 56	8 51	1 90	»	0 50	2 02	4 61	8 36	13 41	20 02	»	21 92
50 10	62 37	102 27	99 59	134 79	21 95	21 45	19 92	17 33	13 56	8 49	1 85	»	0 50	2 03	4 62	8 39	13 46	20 10	»	21 95
50 20	62 29	102 16	99 27	134 66	21 98	21 47	19 94	17 34	13 56	8 46	1 79	»	0 51	2 04	4 64	8 42	13 52	20 19	»	21 98
50 30	62 2[illegible]	102 [illegible]5	98 94	134 54	22 00	21 49	19 96	17 35	13 55	8 43	1 73	»	0 51	2 04	4 65	8 45	13 57	20 27	»	22 00
50 40	62 13	101 54	98 6	134 41	22 03	21 52	19 98	17 36	13 55	8 41	1 68	»	0 51	2 05	4 67	8 48	13 62	20 35	»	22 03
50 50	62 04	101 43	98 29	134 29	22 06	21 55	20 00	17 37	13 55	8 39	1 62	»	0 51	2 06	4 69	8 51	13 67	20 44	»	22 06
50 60	61 96	101 32	97 96	134 16	22 08	21 57	20 02	17 38	13 54	8 36	1 56	»	0 51	2 06	4 70	8 54	13 72	20 52	»	22 08
50 70	61 88	101 21	97 64	134 04	22 11	21 60	20 04	17 39	13 54	8 31	1 50	»	0 51	2 07	4 72	8 57	13 77	20 61	»	22 11
50 80	61 80	101 9	97 32	133 94	22 14	21 62	20 06	17 40	13 54	8 31	1 44	»	0 52	2 08	4 74	8 60	13 83	20 70	»	22 14
50 90	61 72	100 58	97 00	133 79	22 17	21 65	20 08	17 41	13 54	8 29	1 38	»	0 52	2 09	4 76	8 63	13 88	20 79	»	22 17
51 00	61 63	100 47	96 68	133 66	22 19	21 67	20 10	17 42	13 53	8 26	1 32	»	0 52	2 09	4 77	8 66	13 93	20 87	»	22 19
51 10	61 55	100 36	96 36	133 53	22 22	21 70	20 12	17 43	13 53	8 23	1 26	»	0 52	2 10	4 79	8 69	13 99	20 96	»	22 22
51 20	61 47	100 25	96 05	133 40	22 25	21 73	20 14	17 44	13 52	8 20	1 20	»	0 52	2 11	4 81	8 73	14 05	21 05	»	22 25
51 30	61 39	100 14	95 73	133 27	22 27	21 75	20 16	17 45	13 51	8 17	1 13	»	0 52	2 11	4 82	8 76	14 10	21 14	»	22 27
51 40	61 30	100 [illegible]	95 41	133 14	22 30	21 77	20 18	17 46	13 51	8 14	1 07	»	0 53	2 12	4 84	8 79	14 16	21 23	»	22 30
51 50	61 22	99 51	95 09	133 01	22 32	21 79	20 19	17 46	13 50	8 11	1 00	»	0 53	2 13	4 86	8 82	14 21	21 32	»	22 32
51 60	61 13	99 40	94 78	132 88	22 35	21 82	20 21	17 47	13 49	8 08	0 94	»	0 53	2 14	4 88	8 86	14 27	21 41	»	22 35
51 70	61 05	99 29	94 46	132 75	22 37	21 84	20 23	17 48	13 48	8 05	0 87	»	0 53	2 14	4 89	8 89	14 32	21 50	»	22 37
51 80	60 96	99 18	94 15	132 62	22 40	21 87	20 25	17 49	13 48	8 0[illegible]	0 80	»	0 53	2 15	4 91	8 92	14 38	21 60	»	22 40
51 90	60 88	99 6	93 84	132 49	22 43	21 90	20 27	17 50	13 47	8 00	0 74	»	0 53	2 16	4 93	8 96	14 43	21.69	»	22 43

Tangentes 80 mètres.

LONGUEUR de la bissectrice.	DEMI-CORDE.	ANGLE des alignements.	RAYON.	LONGUEUR de l'arc.	FLÈCHE.	ORDONNÉES SUR LA CORDE. La distance à partir de la flèche étant 10m	20m	30m	40m	50m	60m	70m	ORDONNÉES SUR LES TANGENTES. La distance à partir des points de tangence étant 10m	20m	30m	40m	50m	60m	70m	égale à la demi-corde
m	m	° '	m	m	m															
52.00	60.79	98.55	93.53	132.36	22.45	21.92	20.29	17.51	13.46	7.97	0.67	»	0.53	2.16	4.94	8.99	14.48	21.78	»	22.45
52.10	60.71	98.44	93.22	132.22	22.48	21.94	20.31	17.52	13.46	7.94	0.60	»	0.54	2.17	4.96	9.02	14.54	21.88	»	22.48
52.20	60.62	98.32	92.90	132.08	22.50	21.96	20.32	17.52	13.45	7.90	0.53	»	0.54	2.18	4.98	9.05	14.60	21.97	»	22.50
52.30	60.54	98.21	92.60	131.95	22.53	21.99	20.34	17.53	13.44	7.87	0.46	»	0.54	2.19	5.00	9.09	14.66	22.07	»	22.53
52.40	60.45	98. 9	92.29	131.81	22.55	22.01	20.36	17.54	13.43	7.83	0.39	»	0.54	2.19	5.04	9.12	14.72	22.16	»	22.55
52.50	60.36	97.58	91.98	131.68	22.58	22.03	20.38	17.55	13.42	7.80	0.32	»	0.55	2.20	5.03	9.16	14.78	22.26	»	22.58
52.60	60.27	97.47	91.67	131.54	22.60	22.05	20.39	17.55	13.41	7.76	0.24	»	0.55	2.21	5.05	9.19	14.84	22.36	»	22.60
52.70	00.49	97.35	91.37	131.40	22.63	22.08	20.41	17.56	13.40	7.73	0.17	»	0.55	2.22	5.07	9.23	14.90	22.46	»	22.63
52.80	60.10	97.24	91.06	131.27	22.65	22.10	20.42	17.56	13.39	7.69	0.09	»	0.55	2.23	5.09	9.26	14.96	22.56	»	22.65
52.90	60.01	97.13	90.75	131.13	22.67	22.12	20.44	17.57	13.38	7.65	»	»	0.53	2.23	5.10	9.29	15.02	»	»	22.67
53.00	59.92	97. 1	90.45	131.00	22.70	22.14	20.46	17.58	13.37	7.62	»	»	0.56	2.24	5.12	9.33	15.08	»	»	22.70
53.10	59.84	96.50	90.15	130.85	22.72	22.16	20.47	17.58	13.36	7.58	»	»	0.56	2.25	5.14	9.36	15.14	»	»	22.72
53.20	59.75	96.38	89.85	130.74	22.75	22.19	20.49	17.59	13.35	7.55	»	»	0.56	2.26	5.16	9.40	15.20	»	»	22.75
53.30	59.66	96.26	89.54	130.57	22.77	22.21	20.51	17.59	13.34	7.51	»	»	0.36	2.26	5.18	9.43	15.26	»	»	22.77
53.40	59.57	96.15	89.24	130.43	22.79	22.23	20.52	17.60	13.32	7.47	»	»	0.36	2.27	5.19	9.47	15.32	»	»	22.79
53.50	59.48	96. 3	88.94	130.29	22.81	22.25	20.53	17.60	13.31	7.43	»	»	0.56	2.28	5.21	9.50	15.38	»	»	22.81
53.60	59.39	95.52	88.64	130.15	22.84	22.27	20.55	17.61	13.30	7.39	»	»	0.57	2.29	5.23	9.54	15.45	»	»	22.84
53.70	59.30	95.40	88.34	130.00	22.86	22.29	20.57	17.61	13.28	7.35	»	»	0.57	2.29	5.25	9.58	15.51	»	»	22.86
53.80	59.21	95.29	88.04	129.86	22.88	22.31	20.58	17.61	13.27	7.30	»	»	0.37	2.30	5.27	9.61	15.58	»	»	22.88
53.90	59.11	95.17	87.74	129.72	22.90	22.33	20.59	17.61	13.25	7.26	»	»	0.37	2.31	5.29	9.65	15.64	»	»	22.90
54.00	59.02	95. 6	87.44	129.58	22.93	22.35	20.61	17.62	13.24	7.22	»	»	0.38	2.32	5.31	9.60	15.71	»	»	22.93
54.10	58.93	94.54	87.15	129.43	22.95	22.37	20.62	17.62	13.22	7.18	»	»	0.38	2.33	5.33	9.73	15.77	»	»	22.93
54.20	58.84	94.42	86.85	129.28	22.97	22.39	20.64	17.62	13.21	7.13	»	»	0.58	2.33	5.35	9.76	15.84	»	»	22.97
54.30	58.75	94.30	86.55	129.14	22.99	22.41	20.65	17.62	13.19	7.09	»	»	0.38	2.34	5.37	9.80	15.90	»	»	22.99
54.40	58.66	94.19	86.26	128.99	23.01	22.43	20.66	17.62	13.17	7.04	»	»	0.58	2.35	5.39	9.84	15.97	»	»	23.01
54.50	58.56	94. 7	85.97	128.84	23.04	22.45	20.68	17.63	13.16	7.00	»	»	0.59	2.36	5.41	9.88	16.04	»	»	23.04
54.60	58.47	93.55	85.68	128.69	23.06	22.47	20.69	17.63	13.14	6.95	»	»	0.59	2.37	5.43	9.92	16.11	»	»	23.06
54.70	58.38	93.43	85.38	128.55	23.08	22.49	20.70	17.63	13.13	6.90	»	»	0.59	2.38	5.45	9.95	16.18	»	»	23.08
54.80	58.28	93.32	85.09	128.40	23.10	22.51	20.71	17.63	13.11	6.85	»	»	0.59	2.39	5.47	9.99	16.25	»	»	23.10
54.90	58.19	93.20	84.80	128.25	23.12	22.53	20.72	17.63	13.09	6.80	»	»	0.59	2.40	5.49	10.03	16.32	»	»	23.12

Tangentes 80 mètres.

LONGUEUR de la bissectrice.	DEMI-CORDE.	ANGLE des alignements.	RAYON.	LONGUEUR de l'arc.	FLÈCHE.	ORDONNÉES SUR LA CORDE La distance à partir de la flèche étant 10m	20m	30m	40m	50m	60m	70m	ORDONNÉES SUR LES TANGENTES La distance à partir des points de tangence étant 10m	20m	30m	40m	50m	60m	70m	égale à la demi-corde
m	m	° ′	m	m	m															
55.00	58.09	93. 8	84.50	128.44	23.14	22.54	20.74	17.63	13.07	6.75	»	»	0.60	2.40	5.51	10.07	16.39	»	»	23.14
55 10	58 00	92 56	84 21	127 95	23 16	22 56	20 75	17 63	13 05	6 70	»	»	0 60	2 41	5 53	10 11	16 46	»	»	23 16
55 20	57 90	92 44	83 92	127 80	23 18	22 58	20 76	17 63	13 03	6 65	»	»	0 60	2 42	5 55	10 15	16 53	»	»	23 18
55 30	57 81	92 32	83 63	127 64	23 20	22 60	20 77	17 63	13 01	6 60	»	»	0 60	2 43	5 57	10 19	16 60	»	»	23 20
55 40	57 71	92 20	83 34	127 49	23 22	22 62	20 78	17 63	12 99	6 55	»	»	0 60	2 44	5 59	10 23	16 67	»	»	23 22
55 50	57 62	92 8	83 05	127 34	23 24	22 63	20 79	17 63	12 97	6 50	»	»	0 61	2 45	5 61	10 27	16 74	»	»	23 24
55 60	57 52	91 57	82 76	127 18	23 26	22 65	20 80	17 63	12 95	6 45	»	»	0 61	2 46	5 63	10 31	16 81	»	»	23 26
55 70	57 42	91 45	82 47	127 03	23 27	22 66	20 81	17 62	12 92	6 39	»	»	0 61	2 46	5 65	10 35	16 88	»	»	23 27
55 80	57 32	91 33	82 18	126 88	23 29	22 68	20 82	17 62	12 90	6 33	»	»	0 61	2 47	5 67	10 39	16 96	»	»	23 29
55 90	57 23	91 21	81 90	126 72	23 31	22 70	20 83	17 62	12 88	6 28	»	»	0 61	2 48	5 69	10 43	17 03	»	»	23 31
56 00	57 13	91 9	81 62	126 57	23 33	22 71	20 84	17 62	12 86	6 22	»	»	0 62	2 49	5 71	10 47	17 11	»	»	23 33
56 10	57 03	90 57	81 33	126 41	23 35	22 73	20 85	17 62	12 83	6 16	»	»	0 62	2 50	5 73	10 52	17 19	»	»	23 35
56 20	56 93	90 45	81 05	126 25	23 37	22 75	20 86	17 62	12 81	6 10	»	»	0 62	2 51	5 75	10 56	17 27	»	»	23 37
56 30	56 83	90 32	80 76	126 09	23 38	22 76	20 87	17 61	12 78	6 04	»	»	0 62	2 51	5 77	10 60	17 34	»	»	23 38
56 40	56 74	90 20	80 48	125 93	23 40	22 78	20 88	17 61	12 76	5 98	»	»	0 62	2 52	5 79	10 64	17 42	»	»	23 40
56 50	56 64	90 8	80 19	125 77	23 42	22 79	20 89	17 60	12 73	5 92	»	»	0 63	2 53	5 82	10 69	17 50	»	»	23 42
56 60	56 54	89 56	79 91	125 61	23 44	22 81	20 89	17 59	12 70	5 86	»	»	0 63	2 55	5 85	10 74	17 58	»	»	23 44

Tangentes 90 mètres.

Longueur de la bissectrice.	Demi-corde.	Angle des alignements.	Rayon.	Longueur de l'arc.	Flèche.	Ordonnées sur la corde. La distance à partir de la flèche étant 10m	20m	30m	40m	50m	60m	70m	80m	Ordonnées sur les tangentes. La distance à partir des points de tangence étant 10m	20m	30m	40m	50m	60m	70m	80m	égale à la demi-corde
m	m	° '	m	m	m																	
1.00	89.99	178 44	8099.50	179.99	0.50	0.49	0.48	0.44	0.40	0.35	0.28	0.20	0.10	0.01	0.02	0.06	0.10	0.15	0.22	0.30	0.40	0.50
1.10	89.99	178 36	7363.09	179.99	0.55	0.54	0.52	0.49	0.44	0.38	0.31	0.22	0.11	0.01	0.03	0.06	0.11	0.17	0.24	0.33	0.44	0.55
1.20	89.99	178 28	6749.40	179.98	0.60	0.59	0.57	0.53	0.48	0.42	0.33	0.24	0.13	0.01	0.03	0.07	0.12	0.18	0.27	0.36	0.47	0.60
1.30	89.99	178 21	6230.12	179.98	0.65	0.64	0.62	0.58	0.52	0.45	0.36	0.26	0.14	0.01	0.03	0.07	0.13	0.20	0.29	0.39	0.51	0.65
1.40	89.99	178 13	5785.01	179.98	0.70	0.69	0.66	0.62	0.56	0.49	0.39	0.28	0.15	0.01	0.04	0.08	0.14	0.21	0.31	0.42	0.55	0.70
1.50	89.99	178 5	5399.22	179.98	0.75	0.74	0.71	0.66	0.60	0.52	0.42	0.30	0.16	0.01	0.04	0.09	0.15	0.23	0.33	0.45	0.59	0.75
1.60	89.99	177 58	5061.79	179.98	0.80	0.79	0.76	0.71	0.64	0.55	0.45	0.32	0.17	0.01	0.04	0.09	0.16	0.25	0.35	0.48	0.63	0.80
1.70	89.98	177 50	4763.86	179.97	0.85	0.84	0.81	0.75	0.68	0.59	0.47	0.34	0.18	0.01	0.04	0.10	0.17	0.26	0.38	0.51	0.67	0.85
1.80	89.98	177 42	4499.16	179.97	0.90	0.89	0.85	0.80	0.72	0.62	0.50	0.36	0.19	0.01	0.05	0.10	0.18	0.28	0.40	0.54	0.71	0.90
1.90	89.98	177 35	4262.21	179.97	0.95	0.94	0.90	0.84	0.76	0.66	0.53	0.37	0.20	0.01	0.05	0.11	0.19	0.29	0.42	0.58	0.75	0.95
2.00	89.98	177 27	4049.00	179.97	1.00	0.99	0.95	0.89	0.80	0.69	0.56	0.39	0.21	0.01	0.05	0.11	0.20	0.31	0.44	0.61	0.79	1.00
2.10	89.98	177 20	3856.09	179.96	1.05	1.04	1.00	0.93	0.84	0.73	0.58	0.41	0.22	0.01	0.05	0.12	0.21	0.32	0.47	0.64	0.83	1.05
2.20	89.98	177 12	3680.72	179.96	1.10	1.09	1.04	0.98	0.88	0.76	0.61	0.43	0.23	0.01	0.06	0.12	0.22	0.34	0.49	0.67	0.87	1.10
2.30	89.97	177 4	3520.59	179.96	1.15	1.13	1.09	1.02	0.92	0.80	0.64	0.45	0.24	0.02	0.06	0.13	0.23	0.35	0.51	0.70	0.91	1.15
2.40	89.97	176 57	3373.80	179.95	1.20	1.18	1.14	1.07	0.96	0.83	0.67	0.47	0.25	0.02	0.06	0.13	0.24	0.37	0.53	0.72	0.95	1.20
2.50	89.96	176 49	3238.73	179.95	1.25	1.23	1.19	1.11	1.00	0.86	0.69	0.49	0.26	0.02	0.06	0.14	0.25	0.39	0.56	0.76	0.99	1.25
2.60	89.96	176 41	3114.08	179.95	1.30	1.28	1.23	1.15	1.04	0.90	0.72	0.51	0.27	0.02	0.07	0.15	0.26	0.40	0.58	0.79	1.03	1.30
2.70	89.96	176 34	2998.65	179.94	1.35	1.33	1.28	1.20	1.08	0.93	0.75	0.53	0.28	0.02	0.07	0.15	0.27	0.42	0.60	0.82	1.07	1.35
2.80	89.96	176 26	2891.46	179.94	1.40	1.38	1.33	1.24	1.12	0.97	0.78	0.55	0.29	0.02	0.07	0.16	0.28	0.43	0.62	0.85	1.11	1.40
2.90	89.95	176 18	2791.62	179.94	1.45	1.43	1.38	1.29	1.16	1.00	0.81	0.57	0.30	0.02	0.07	0.16	0.29	0.45	0.64	0.88	1.15	1.45
3.00	89.95	176 11	2698.50	179.93	1.50	1.48	1.42	1.33	1.20	1.04	0.83	0.59	0.31	0.02	0.08	0.17	0.30	0.46	0.67	0.91	1.19	1.50
3.10	89.95	176 3	2611.35	179.93	1.55	1.53	1.47	1.38	1.24	1.07	0.86	0.61	0.32	0.02	0.08	0.17	0.31	0.48	0.69	0.94	1.23	1.55
3.20	89.94	175 55	2529.65	179.92	1.60	1.58	1.52	1.42	1.28	1.11	0.89	0.63	0.33	0.02	0.08	0.18	0.32	0.49	0.71	0.97	1.27	1.60
3.30	89.94	175 48	2452.89	179.92	1.65	1.63	1.57	1.47	1.32	1.14	0.92	0.65	0.34	0.02	0.08	0.18	0.33	0.51	0.73	1.00	1.31	1.65
3.40	89.94	175 40	2380.65	179.91	1.70	1.68	1.62	1.51	1.36	1.17	0.94	0.67	0.35	0.02	0.08	0.19	0.34	0.53	0.76	1.03	1.35	1.70
3.50	89.93	175 33	2312.54	179.91	1.75	1.73	1.66	1.56	1.40	1.21	0.97	0.69	0.37	0.02	0.09	0.19	0.35	0.54	0.78	1.06	1.38	1.75
3.60	89.93	175 25	2248.20	179.90	1.80	1.78	1.71	1.60	1.44	1.24	1.00	0.71	0.38	0.02	0.09	0.20	0.36	0.56	0.80	1.09	1.42	1.80
3.70	89.92	175 17	2187.34	179.90	1.85	1.83	1.76	1.64	1.48	1.28	1.03	0.73	0.39	0.02	0.09	0.21	0.37	0.57	0.82	1.12	1.46	1.85
3.80	89.92	175 10	2129.68	179.89	1.90	1.88	1.81	1.69	1.52	1.31	1.05	0.75	0.40	0.02	0.09	0.21	0.38	0.59	0.85	1.15	1.50	1.90
3.90	89.92	175 2	2074.97	179.88	1.95	1.93	1.85	1.73	1.56	1.35	1.08	0.77	0.41	0.02	0.10	0.22	0.39	0.60	0.87	1.18	1.54	1.95

Tangentes 90 mètres.

LONGUEUR de la bissectrice.	DEMI-CORDE.	ANGLE des alignements.	RAYON.	LONGUEUR de l'arc.	FLÈCHE.	ORDONNÉES SUR LA CORDE. La distance à partir de la flèche étant 10m	20m	30m	40m	50m	60m	70m	80m	ORDONNÉES SUR LES TANGENTES. La distance à partir des points de tangence étant 10m	20m	30m	40m	50m	60m	70m	80m	égale à la demi-corde
m	m	° '	m	m	m																	
4.00	89.91	174.54	2023.00	179.88	2.00	1.97	1.90	1.78	1.60	1.38	1.11	0.79	0.42	0.03	0.10	0.22	0.40	0.62	0.89	1.21	1.58	2.00
4 10	89 91	174 47	1973 56	179 88	2 05	2 02	1 95	1 82	1 64	1 42	1 14	0 81	0 43	0 03	0 10	0 23	0 41	0 63	0 91	1 24	1 62	2 05
4 20	89 90	174 39	1926 47	179 87	2 10	2 07	2 00	1 87	1 68	1 45	1 16	0 83	0 44	0 03	0 10	0 23	0 42	0 63	0 94	1 27	1 66	2 10
4 30	89 90	174 31	1881 57	179 86	2 15	2 12	2 04	1 91	1 72	1 49	1 19	0 85	0 45	0 03	0 11	0 24	0 43	0 66	0 96	1 30	1 70	2 15
4 40	89 89	174 24	1838 71	179 86	2 20	2 17	2 09	1 96	1 76	1 52	1 22	0 87	0 46	0 03	0 11	0 24	0 44	0 68	0 98	1 33	1 74	2 20
4 50	89 89	174 16	1797 75	179 85	2 25	2 22	2 14	2 00	1 80	1 55	1 25	0 88	0 47	0 03	0 11	0 25	0 45	0 70	1 00	1 37	1 78	2 25
4 60	89 88	174 8	1758 57	179 84	2 30	2 27	2 19	2 04	1 84	1 59	1 27	0 90	0 48	0 03	0 11	0 26	0 46	0 74	1 03	1 40	1 82	2 30
4 70	89 88	174 1	1721 05	179 84	2 35	2 32	2 23	2 09	1 88	1 62	1 30	0 92	0 49	0 03	0 12	0 26	0 47	0 73	1 05	1 43	1 86	2 35
4 80	89 87	173 53	1685 10	179 83	2 40	2 37	2 28	2 13	1 92	1 66	1 33	0 94	0 50	0 03	0 12	0 27	0 48	0 74	1 07	1 46	1 90	2 40
4 90	89 87	173 45	1650 61	179 82	2 45	2 42	2 33	2 18	1 96	1 69	1 36	0 96	0 51	0 03	0 12	0 27	0 49	0 76	1 09	1 49	1 94	2 45
5 00	89 86	173 38	1617 50	179 82	2 50	2 47	2 38	2 22	2 00	1 72	1 38	0 98	0 52	0 03	0 12	0 28	0 50	0 78	1 12	1 52	1 98	2 50
5 10	89 86	173 30	1585 68	179 81	2 55	2 52	2 42	2 27	2 04	1 76	1 41	1 00	0 53	0 03	0 13	0 28	0 51	0 79	1 14	1 55	2 02	2 55
5 20	89 85	173 23	1555 09	179 80	2 60	2 57	2 47	2 31	2 08	1 79	1 44	1 02	0 34	0 03	0 13	0 29	0 52	0 81	1 16	1 58	2 06	2 60
5 30	89 84	173 15	1525 65	179 79	2 65	2 62	2 52	2 35	2 12	1 83	1 47	1 04	0 55	0 03	0 13	0 30	0 53	0 82	1 18	1 61	2 10	2 65
5 40	89 84	173 7	1497 30	179 79	2 70	2 67	2 57	2 40	2 16	1 86	1 49	1 06	0 56	0 03	0 13	0 30	0 54	0 84	1 21	1 64	2 14	2 70
5 50	89 83	173 0	1469 98	179 78	2 75	2 72	2 61	2 44	2 20	1 90	1 52	1 08	0 57	0 03	0 14	0 31	0 55	0 85	1 23	1 67	2 18	2 75
5 60	89 83	172 52	1443 63	179 77	2 80	2 76	2 66	2 49	2 24	1 93	1 55	1 10	0 58	0 04	0 14	0 31	0 56	0 87	1 25	1 70	2 22	2 80
5 70	89 82	172 44	1418 20	179 76	2 85	2 81	2 71	2 53	2 28	1 97	1 58	1 12	0 59	0 04	0 14	0 32	0 57	0 88	1 27	1 73	2 26	2 85
5 80	89 81	172 37	1393 65	179 75	2 90	2 86	2 76	2 57	2 32	2 00	1 60	1 14	0 60	0 04	0 14	0 33	0 58	0 90	1 30	1 76	2 30	2 90
5 90	89 81	172 29	1369 93	179 75	2 95	2 91	2 80	2 62	2 36	2 03	1 63	1 16	0 61	0 04	0 15	0 33	0 59	0 92	1 32	1 79	2 34	2 95
6 00	89 80	172 21	1347 00	179 74	3 00	2 96	2 85	2 66	2 40	2 07	1 66	1 18	0 62	0 04	0 15	0 34	0 60	0 93	1 34	1 82	2 38	3 00
6 10	89 79	172 14	1324 82	179 73	3 05	3 01	2 90	2 71	2 44	2 10	1 69	1 20	0 63	0 04	0 15	0 34	0 61	0 95	1 36	1 85	2 42	3 05
6 20	89 79	172 6	1303 35	179 72	3 10	3 06	2 95	2 75	2 48	2 14	1 71	1 21	0 64	0 04	0 15	0 35	0 62	0 96	1 39	1 89	2 46	3 10
6 30	89 78	171 58	1282 56	179 74	3 15	3 11	2 99	2 80	2 52	2 17	1 74	1 23	0 65	0 04	0 16	0 35	0 63	0 98	1 41	1 92	2 50	3 15
6 40	89 77	171 51	1262 42	179 70	3 20	3 16	3 04	2 84	2 56	2 21	1 77	1 25	0 66	0 04	0 16	0 36	0 64	0 99	1 43	1 95	2 54	3 20
6 50	89 76	171 43	1242 90	179 69	3 25	3 21	3 09	2 88	2 60	2 24	1 80	1 27	0 67	0 04	0 16	0 37	0 65	1 01	1 45	1 98	2 58	3 25
6 60	89 76	171 35	1223 97	179 68	3 30	3 26	3 14	2 93	2 64	2 27	1 82	1 29	0 68	0 04	0 16	0 37	0 66	1 03	1 48	2 01	2 62	3 30
6 70	89 75	171 28	1205 60	179 67	3 35	3 31	3 18	2 97	2 68	2 31	1 85	1 31	0 69	0 04	0 17	0 38	0 67	1 04	1 50	2 04	2 66	3 35
6 80	89 74	171 20	1187 78	179 66	3 40	3 36	3 23	3 02	2 72	2 34	1 88	1 33	0 70	0 04	0 17	0 38	0 68	1 06	1 52	2 07	2 70	3 40
6 90	89 73	171 12	1170 46	179 65	3 45	3 41	3 28	3 06	2 76	2 38	1 91	1 35	0 71	0 04	0 17	0 39	0 69	1 07	1 54	2 10	2 74	3 45

Tangentes 90 mètres.

LONGUEUR de la bissectrice.	DEMI-CORDE.	ANGLE des alignements.	RAYON.	LONGUEUR de l'arc.	FLÈCHE.	ORDONNÉES SUR LA CORDE La distance à partir de la flèche étant								ORDONNÉES SUR LES TANGENTES La distance à partir des points de tangence étant								
						10m	20m	30m	40m	50m	60m	70m	80m	10m	20m	30m	40m	50m	60m	70m	80m	égale à la demi-corde
m	m	d	m	m	m																	
7.09	89.73	171 3	1153.64	179.64	3.50	3.46	3.33	3.10	2.80	2.44	1.93	1.37	0.72	0.04	0.17	0.40	0.70	1.09	1.57	2.13	2.78	3.50
7.10	89.72	170 67	1137.29	179.63	3.55	3.51	3.37	3.15	2.84	2.45	1.96	1.39	0.73	0.04	0.18	0.40	0.71	1.10	1.59	2.16	2.82	3.55
7.20	89.71	170 49	1121.40	179.62	3.60	3.56	3.42	3.19	2.88	2.48	1.99	1.41	0.74	0.04	0.18	0.41	0.72	1.12	1.61	2.19	2.86	3.60
7.30	89.70	170 42	1105.94	179.61	3.65	3.60	3.47	3.24	2.92	2.52	2.02	1.43	0.75	0.05	0.18	0.41	0.73	1.13	1.63	2.22	2.90	3.65
7.40	89.69	170 34	1090.89	179.59	3.70	3.65	3.52	3.28	2.96	2.55	2.04	1.45	0.76	0.05	0.18	0.42	0.74	1.15	1.66	2.25	2.94	3.70
7.50	89.69	170 26	1076.25	179.58	3.75	3.70	3.56	3.33	3.00	2.58	2.07	1.47	0.77	0.05	0.19	0.42	0.75	1.17	1.68	2.28	2.98	3.75
7.60	89.68	170 19	1061.99	179.57	3.80	3.75	3.61	3.37	3.04	2.62	2.10	1.49	0.78	0.05	0.19	0.43	0.76	1.18	1.70	2.31	3.02	3.80
7.70	89.67	170 11	1048.10	179.56	3.85	3.80	3.66	3.41	3.08	2.65	2.13	1.51	0.79	0.05	0.19	0.44	0.77	1.20	1.72	2.34	3.06	3.85
7.80	89.66	170 3	1034.55	179.55	3.89	3.84	3.70	3.45	3.11	2.68	2.15	1.52	0.79	0.05	0.19	0.44	0.78	1.21	1.74	2.37	3.10	3.89
7.90	89.65	169 56	1021.36	179.54	3.94	3.89	3.74	3.49	3.15	2.72	2.18	1.54	0.80	0.05	0.20	0.45	0.79	1.22	1.76	2.40	3.14	3.91
8.00	89.64	169 48	1008.49	179.53	3.99	3.94	3.79	3.54	3.19	2.75	2.21	1.56	0.81	0.05	0.20	0.45	0.80	1.24	1.78	2.43	3.18	3.99
8.10	89.63	169 40	995.94	179.51	4.04	3.99	3.84	3.58	3.23	2.79	2.23	1.58	0.82	0.05	0.20	0.46	0.81	1.25	1.81	2.46	3.22	4.04
8.20	89.63	169 33	983.69	179.50	4.09	4.04	3.89	3.63	3.27	2.82	2.26	1.60	0.83	0.05	0.20	0.46	0.82	1.27	1.83	2.49	3.26	4.09

LONGUEUR de la bissectrice.	DEMI-CORDE.	ANGLE des alignements.	RAYON.	LONGUEUR de l'arc.	FLÈCHE.	10m	20m	30m	40m	50m	60m	70m	80m	10m	20m	30m	40m	50m	60m	70m	80m	égale à la demi-corde
8.30	89.62	169 25	971.74	179.49	4.14	4.09	3.93	3.67	3.31	2.85	2.29	1.62	0.84	0.05	0.20	0.47	0.83	1.29	1.85	2.52	3.30	4.14
8.40	89.61	169 17	960.08	179.47	4.19	4.14	3.98	3.72	3.35	2.89	2.31	1.64	0.85	0.05	0.21	0.47	0.84	1.30	1.88	2.55	3.34	4.19
8.50	89.60	169 10	948.68	179.46	4.24	4.19	4.03	3.76	3.39	2.92	2.34	1.66	0.86	0.05	0.21	0.48	0.85	1.32	1.90	2.59	3.38	4.24
8.60	89.59	169 2	937.55	179.45	4.29	4.24	4.08	3.81	3.43	2.96	2.37	1.67	0.87	0.05	0.21	0.48	0.86	1.33	1.92	2.62	3.42	4.29
8.70	89.58	168 94	926.67	179.44	4.34	4.29	4.12	3.85	3.47	2.99	2.39	1.69	0.88	0.05	0.22	0.49	0.87	1.35	1.95	2.65	3.46	4.34
8.80	89.57	168 87	916.04	179.42	4.39	4.34	4.17	3.90	3.51	3.02	2.42	1.71	0.89	0.05	0.22	0.49	0.88	1.37	1.97	2.68	3.50	4.39
8.90	89.56	168 79	905.65	179.41	4.44	4.38	4.22	3.94	3.55	3.06	2.45	1.73	0.90	0.06	0.22	0.50	0.89	1.38	1.99	2.71	3.54	4.44
9.00	89.55	168 71	895.49	179.40	4.49	4.43	4.27	3.99	3.59	3.09	2.48	1.75	0.91	0.06	0.22	0.50	0.90	1.40	2.01	2.74	3.58	4.49
9.10	89.54	168 64	885.55	179.38	4.54	4.48	4.31	4.03	3.63	3.13	2.50	1.77	0.92	0.06	0.23	0.51	0.91	1.41	2.04	2.77	3.62	4.54
9.20	89.53	168 16	875.82	179.37	4.59	4.53	4.36	4.07	3.67	3.16	2.53	1.79	0.93	0.06	0.23	0.52	0.92	1.43	2.06	2.80	3.66	4.59
9.30	89.52	168 48	866.31	179.35	4.64	4.58	4.41	4.12	3.71	3.19	2.56	1.80	0.94	0.06	0.23	0.52	0.93	1.45	2.08	2.84	3.70	4.64
9.40	89.51	168 41	856.99	179.34	4.69	4.63	4.46	4.16	3.75	3.23	2.58	1.82	0.95	0.06	0.23	0.53	0.94	1.46	2.11	2.87	3.74	4.69
9.50	89.50	167 53	847.87	179.33	4.74	4.68	4.50	4.21	3.79	3.26	2.61	1.84	0.96	0.06	0.24	0.53	0.95	1.48	2.13	2.90	3.78	4.74
9.60	89.49	167 45	838.94	179.31	4.79	4.73	4.55	4.25	3.83	3.30	2.64	1.86	0.97	0.06	0.24	0.54	0.96	1.49	2.15	2.93	3.82	4.79
9.70	89.47	167 38	830.18	179.30	4.83	4.77	4.59	4.29	3.86	3.33	2.66	1.87	0.97	0.06	0.24	0.54	0.97	1.50	2.17	2.96	3.86	4.83
9.80	89.46	167 30	821.61	179.28	4.88	4.82	4.64	4.33	3.90	3.36	2.69	1.89	0.98	0.06	0.24	0.55	0.98	1.52	2.19	2.99	3.90	4.88
9.90	89.45	167 22	814.22	179.27	4.93	4.87	4.68	4.38	3.94	3.40	2.72	1.91	0.99	0.06	0.25	0.55	0.99	1.53	2.21	3.02	3.94	4.93

Tangentes 90 mètres.

LONGUEUR de la bissectrice.	DEMI-CORDE.	ANGLE des alignements.	RAYON.	LONGUEUR de l'arc.	FLÈCHE.	ORDONNÉES SUR LA CORDE. La distance à partir de la flèche étant								ORDONNÉES SUR LES TANGENTES. La distance à partir des points de tangence étant								
						10m	20m	30m	40m	50m	60m	70m	80m	10m	20m	30m	40m	50m	60m	70m	80m	égale à la demi-corde
m	m	° '	m	m	m																	
10.00	89.44	167.14	804.98	179.25	4.98	4.92	4.73	4.42	3.98	3.43	2.74	1.93	1.00	0.06	0.25	0.56	1.00	1.53	2.24	3.05	3.98	4.98
10 10	80 43	167 7	796 94	179 24	5 03	4 97	4 78	4 47	4 02	3 46	2 77	1 95	1 01	0 06	0 25	0 56	1 01	1 57	2 26	3 08	4 02	5 03
10 20	89 42	166 59	789 00	179 22	5 08	5 02	4 83	4 51	4 06	3 50	2 80	1 97	1 02	0 06	0 25	0 57	1 02	1 58	2 28	3 11	4 06	5 08
10 30	89 41	166 51	781 24	179 21	5 13	5 07	4 87	4 56	4 10	3 53	2 82	1 99	1 02	0 06	0 26	0 57	1 03	1 60	2 31	3 14	4 11	5 13
10 40	89 40	166 44	773 63	179 19	5 18	5 12	4 92	4 60	4 14	3 56	2 85	2 01	1 03	0 06	0 26	0 58	1 04	1 62	2 33	3 17	4 15	5 18
10 50	89 39	166 36	766 16	179 17	5 23	5 16	4 97	4 64	4 18	3 60	2 88	2 03	1 04	0 07	0 26	0 59	1 05	1 63	2 35	3 20	4 19	5 23
10 60	89 37	166 28	758 63	179 16	5 28	5 21	5 02	4 69	4 22	3 63	2 90	2 04	1 05	0 07	0 26	0 59	1 06	1 65	2 38	3 24	4 23	5 28
10 70	89 36	166 21	751 64	179 14	5 33	5 26	5 06	4 73	4 26	3 66	2 93	2 06	1 06	0 07	0 27	0 60	1 07	1 67	2 40	3 27	4 27	5 33
10 80	89 35	166 13	744 58	179 13	5 38	5 31	5 11	4 78	4 30	3 70	2 96	2 08	1 07	0 07	0 27	0 60	1 08	1 68	2 42	3 30	4 31	5 38
10 90	89 34	166 5	737 65	179 11	5 43	5 36	5 16	4 82	4 34	3 73	2 98	2 10	1 08	0 07	0 27	0 61	1 09	1 70	2 45	3 33	4 35	5 43
11 00	89 32	165 58	730 84	179 10	5 48	5 41	5 21	4 86	4 38	3 76	3 01	2 12	1 09	0 07	0 27	0 62	1 10	1 72	2 47	3 36	4 39	5 48
11 10	89 31	165 50	724 16	179 08	5 53	5 46	5 25	4 91	4 42	3 80	3 04	2 14	1 10	0 07	0 28	0 62	1 11	1 73	2 49	3 39	4 43	5 53
11 20	89 30	165 42	717 59	179 06	5 58	5 51	5 30	4 95	4 46	3 83	3 06	2 16	1 10	0 07	0 28	0 63	1 12	1 75	2 52	3 42	4 48	5 58
11 30	89 29	165 34	711 14	179 04	5 63	5 56	5 35	4 99	4 50	3 87	3 09	2 17	1 11	0 07	0 28	0 64	1 13	1.76	2 54	3 45	4 52	5 63
11 40	89 27	165 27	704 81	179 03	5 68	5 61	5 40	5 04	4 54	3 90	3 12	2 19	1 12	0 07	0 28	0 64	1 14	1 78	2 56	3.49	4 56	5 68
11 50	89 26	165 19	698 38	179 01	5 73	5 66	5 44	5 08	4 58	3 93	3 14	2 21	1 13	0 07	0 29	0 65	1 15	1 80	2 59	3 52	4 60	5 73
11 60	89 25	165 11	692 46	178 99	5 78	5 71	5 49	5 13	4 62	3 97	3 17	2 23	1 14	0 07	0 29	0 65	1 16	1 81	2 61	3 55	4 64	5 78
11 70	89 24	165 4	686 44	178 97	5 83	5 76	5 54	5 17	4 66	4 00	3 20	2 25	1 15	0 07	0 29	0 66	1 17	1 83	2 63	3 58	4 68	5 83
11 80	80 22	164 56	680 51	178 96	5 87	5 80	5 58	5 21	4 69	4 03	3 22	2 26	1 15	0 07	0 29	0 66	1 18	1 84	2 65	3 61	4 72	5 87
11 90	89 21	164 48	674 69	178 94	5 92	5 85	5 62	5 25	4 73	4 06	3 25	2 28	1 16	0 07	0 30	0 67	1 19	1 86	2 67	3 64	4 76	5 92
12 00	89 20	164 41	668 97	178 92	5 97	5 90	5 67	5 30	4 77	4 10	3 28	2 30	1 17	0.07	0 30	0 67	1 20	1 87	2.69	3 67	4 80	5 97
12 10	80 18	164 33	663 34	178 90	6 02	5 95	5 72	5 34	4 81	4 13	3 30	2 32	1 18	0 07	0 30	0 68	1 21	1 89	2 72	3.70	4 84	6 02
12 20	89 17	164 25	657 80	178 88	6 07	5 99	5 77	5 39	4 85	4 17	3 33	2 34	1 19	0 08	0 30	0 68	1 22	1 90	2 74	3 73	4 88	6 07
12 30	89 16	164 17	652 36	178 86	6 12	6 04	5 81	5 43	4 89	4 20	3 36	2 35	1 20	0 08	0 31	0 69	1 23	1 92	2 76	3 77	4 92	6 12
12 40	89 14	164 10	647 00	178 85	6 17	6 09	5 86	5 47	4 93	4 23	3 38	2 37	1 20	0.08	0 31	0 70	1 24	1 94	2 79	3 80	4 97	6 17
12 50	89 13	164 2	641 72	178 83	6 22	6 14	5 94	5 52	4 97	4 27	3 41	2 39	1 21	0 08	0 31	0 70	1 25	1 96	2 81	3 83	5 01	6 22
12 60	89 11	163 54	636 80	178 81	6 27	6 19	5 96	5 56	5 01	4 30	3 43	2 41	1 22	0 08	0 31	0 71	1 26	1 97	2 84	3 86	5 05	6 27
12 70	89 10	163 47	631 41	178 79	6 32	6 24	6 00	5 60	5 05	4 33	3 46	2 42	1 23	0 08	0 32	0 72	1 27	1 99	2 86	3 90	5 09	6 32
12 80	89 09	163 39	626 38	178 77	6 37	6 29	6 05	5 65	5 09	4 37	3 49	2 44	1 24	0 08	0 32	0 72	1 28	2 00	2 88	3 93	5 13	6 37
12 90	89 07	163 31	621 43	178 75	6 42	6 34	6 10	5 69	5 13	4 40	3 52	2 46	1 25	0 08	0 32	0 73	1 29	2 02	2 90	3 96	5 17	6 42

Tangentes 90 mètres.

LONGUEUR de la bissectrice.	DEMI-CORDE.	ANGLE des alignements.	RAYON.	LONGUEUR de l'arc.	FLÈCHE.	ORDONNÉES SUR LA CORDE. La distance à partir de la flèche étant								ORDONNÉES SUR LES TANGENTES La distance à partir des points de tangence étant								
						10ᵐ	20ᵐ	30ᵐ	40ᵐ	50ᵐ	60ᵐ	70ᵐ	80ᵐ	10ᵐ	20ᵐ	30ᵐ	40ᵐ	50ᵐ	60ᵐ	70ᵐ	80ᵐ	égale à la demi-corde
m	m	° ′	m	m	m																	
13.00	89.40	163.23	646.54	178.73	6.46	6.38	6.44	5.73	5.16	4.43	3.54	2.47	1.25	0.08	0.32	0.73	1.30	2.03	2.92	3.99	5.21	6.46
13 10	89 04	163 16	611 73	178 74	6 51	6 43	6 19	5 77	5 20	4 46	3 57	2 49	1 26	0 08	0 32	0 74	1 31	2 05	2 94	4 02	5 25	6 51
13 20	89 03	163 8	607 00	178 60	6 56	6 48	6 23	5 82	5 24	4 50	3 59	2 51	1 27	0 08	0 33	0 74	1 32	2 06	2 97	4 05	5 29	6 56
13 30	89 01	163 0	603 33	178 67	6 61	6 53	6 28	5 86	5 28	4 53	3 62	2 53	1 28	0 08	0 33	0 75	1 33	2 08	2 99	4 08	5 33	6 61
13 40	89 00	162 52	597 74	178 65	6 66	6 58	6 33	5 91	5 32	4 57	3 64	2 55	1 28	0 08	0 33	0 75	1 34	2 09	3 02	4 11	8 38	6 66
13 50	88 98	162 45	593 21	178 63	6 71	6 63	6 37	5 95	5 36	4 60	3 67	2 57	1 29	9 08	0 34	0 76	1 35	2 11	3 04	4 14	5 42	6 71
13 60	88 97	162 37	588 75	178 64	6 76	6 68	6 42	6 00	5 40	4 63	3 70	2 59	1 30	0 08	0 34	0 76	1 36	2 13	3 06	4 17	5 46	6 76
13 70	88 95	162 29	584 35	178 59	6 81	6 73	6 47	6 04	5 44	4 67	3 72	2 60	1 31	0 08	0 34	0 77	1 37	2 14	3 09	4 21	5 50	6 81
13 80	88 93	162 22	580 02	178 57	6 86	6 77	6 52	6 08	5 48	4 70	3 75	2 62	1 32	0 09	0 34	0 78	1 38	2 16	3 11	4 24	5 54	6 86
13 90	88 92	162 14	575 74	178 55	6 91	6 82	6 56	6 13	5 52	4 73	3 77	2 64	1 33	0 09	0 35	0 78	1 39	2 18	3 14	4 27	5 58	6 91
14 00	88 90	162 6	571 53	178 53	6 96	6 87	6 61	6 17	5 56	4 77	3 80	2 66	1 34	0 09	0 35	0 79	1 40	2 19	3 16	4 30	5 62	6 96
14 10	88 89	161 58	567 37	178 51	7 00	6 91	6 65	6 21	5 59	4 80	3 82	2 67	1 34	0 09	0 35	0 79	1 41	2 20	3 18	4 33	5 66	7 00
14 20	88 87	161 54	563 27	178 48	7 05	6 96	6 70	6 25	5 63	4 83	3 85	2 69	1 35	0 09	0 35	0 80	1 42	2 22	3 20	4 36	5 70	7 05
14 30	88 86	161 43	559 23	178 46	7 10	7 01	6 74	6 30	5 67	4 87	3 88	2 71	1 36	0 09	0 36	0 80	1 43	2 23	3 22	4 39	5 74	7 10
14 40	88 84	161 35	555 25	178 44	7 15	7 06	6 79	6 34	5 71	4 90	3 90	2 72	1 37	0 09	0 36	0 81	1 44	2 25	3 25	4 43	5 78	7 15
14 50	88 82	161 27	551 32	178 42	7 20	7 11	6 84	6 39	5 75	4 93	3 93	2 74	1 37	0 09	0 36	0 81	1 45	2 27	3 27	4 46	5 83	7 20
14 60	88 81	161 20	547 44	178 40	7 25	7 16	6 89	6 43	5 79	4 97	3 95	2 76	1 38	0 09	0 36	0 82	1 46	2 28	3 30	4 49	5 87	7 25
14 70	88 79	161 12	543 62	178 37	7 30	7 21	6 93	6 48	5 83	5 00	3 98	2 78	1 39	0 09	0 37	0 82	1 47	2 30	3 32	4 52	5 91	7 30
14 80	88 77	191 4	539 88	178 35	7 35	7 26	6 98	6 52	5 87	5 03	4 01	2 80	1 40	0 09	0 37	0 83	1 48	2 32	3 34	4 55	5 95	7 35
14 90	88 76	160 56	536 11	178 33	7 39	7 30	7 02	6 56	5 90	5 06	4 03	2 81	1 40	0 09	0 37	0 83	1 49	2 33	3 36	4 58	5 99	7 39
15 00	88 74	160 49	532 44	178 31	7 44	7 35	7 07	6 60	5 94	5 09	4 05	2 83	1 41	0 09	0 37	0 84	1 50	2 35	3 39	4 61	6 03	7 44
15 10	88 72	160 41	528 81	178 29	7 49	7 40	7 11	6 64	5 98	5 13	4 08	2 84	1 41	0 09	0 38	0 85	1 51	2 36	3 41	4 65	6 08	7 49
15 20	88 71	160 33	525 23	178 26	7 54	7 45	7 16	6 69	6 02	5 16	4 11	2 86	1 42	0 09	0 38	0 85	1 52	2 38	3 43	4 68	6 12	7 54
15 30	88 69	160 25	521 70	178 24	7 59	7 50	7 21	6 73	6 06	5 19	4 13	2 88	1 43	0 00	0 38	0 86	1 53	2 40	3 46	4 71	6 16	7 59
15 40	88 67	160 18	518 21	178 21	7 64	7 55	7 26	6 77	6 10	5 22	4 16	2 89	1 43	0 09	0 38	0 87	1 54	2 42	3 48	4 73	6 21	7 64
15 50	88 66	160 10	514 77	178 19	7 69	7 59	7 30	6 82	6 14	5 26	4 18	2 91	1 44	0 10	0 39	0 87	1 55	2 43	3 51	4 78	6 25	7 69
15 60	88 64	160 2	511 37	178 17	7 74	7 64	7 35	6 86	6 17	5 29	4 21	2 93	1 45	0 10	0 39	0 88	1 57	2 45	3 53	4 81	6 29	7 74
15 70	88 62	159 54	508 01	178 14	7 79	7 69	7 40	6 90	6 21	5 32	4 23	2 94	1 45	0 10	0 39	0 89	1 58	2 47	3 56	4 85	6 34	7 79
15 80	88 60	159 47	504 70	178 12	7 84	7 74	7 45	6 95	6 25	5 35	4 26	2 96	1 46	0 10	0 39	0 89	1 59	2 49	3 58	4 88	6 38	7 84
15 90	88 58	159 39	501 42	178 10	7 89	7 79	7 49	6 99	6 29	5 39	4 28	2 98	1 46	0 10	0 40	0 90	1 60	2 50	3 61	4 91	6 43	7 89

Tangentes 90 mètres.

Longueur de la bissectrice.	Demi-corde.	Angle des alignements.	Rayon.	Longueur de l'arc.	Flèche.	Ordonnées sur la corde. La distance à partir de la flèche étant 10m	20m	30m	40m	50m	60m	70m	80m	Ordonnées sur les tangentes. La distance à partir des points de tangence étant 10m	20m	30m	40m	50m	60m	70m	80m	égale à la demi-corde
m	m	° '	m	m	m																	
46.00	88.57	159.31	498.19	178.07	7.94	7.84	7.54	7.03	6.33	5.42	4.31	2.99	1.47	0.10	0.40	0.91	1.61	2.52	3.63	4.95	6.47	7.94
46 10	88 55	159 23	494 98	178 05	7 98	7 88	7 58	7 07	6 36	5 45	4 33	3 01	1 47	0 10	0 40	0 91	1 62	2 53	3 65	4 97	6 51	7 98
46 20	88 53	159 16	491 83	178 02	8 03	7 93	7 63	7 11	6 40	5 48	4 36	3 03	1 48	0 10	0 40	0 92	1 63	2 55	3 67	5 00	6 55	8 03
46 30	28 51	159 8	488 71	178 00	8 08	7 98	7 67	7 16	6 44	5 52	4 38	3 04	1 49	0 10	0 41	0 92	1 64	2 56	3 70	5 04	6 59	8 08
46 40	88.49	159 0	485 63	177 97	8 13	8 03	7 72	7 20	6 48	5 55	4 41	3 06	1 49	0 10	0 41	0 93	1 65	2 58	3 72	5 07	6 64	8 13
46 50	88 47	158 52	482 59	177 95	8 18	8 08	7 77	7 25	6 52	5 58	4 43	3 08	1 50	0 10	0 41	0 93	1 66	2 60	3 75	5 10	6 68	8 18
46 60	88 46	158 45	479 58	177 93	8 23	8 13	7 81	7 29	6 56	5 62	4 46	3 09	1 51	0 10	0 42	0 94	1 67	2 61	3 77	5 14	6 72	8 23
46 70	88 44	158 37	476 64	177 90	8 28	8 18	7 86	7 33	6 60	5 65	4 48	3 11	1 52	0 10	0 42	0 95	1 68	2 63	3 80	5 17	6 76	8 28
46 80	88 42	158 29	473 66	177 88	8 32	8 22	7 90	7 37	6 63	5 68	4 50	3 12	1 52	0 10	0 42	0 95	1 69	2 64	3 82	5 20	6 80	8 32
46 90	88 40	158 21	470 76	177 85	8 37	8 27	7 95	7 41	6 67	5 71	4 53	3 14	1 53	0 10	0 42	0 96	1 70	2 66	3 84	5 23	6 84	8 37
47 00	88 38	158 13	467 89	177 83	8 42	8 32	7 99	7 46	6 71	5 74	4 56	3 16	1 53	0 10	0 43	0 96	1 71	2 68	3 86	5 26	6 89	8 42
47 10	88 36	158 6	465 05	177 80	8 47	8 36	8 04	7 50	6 75	5 78	4 58	3 17	1 54	0 11	0 43	0 97	1 72	2 69	3 89	5 30	6 93	8 47
47 20	88 34	157 58	462 25	177 77	8 52	8 41	8 09	7 55	6 79	5 81	4 61	3 19	1 54	0 11	0 43	0 97	1 73	2 71	3 91	5 33	6 98	8 52
17 30	88 32	157 50	459 48	477 75	8 57	8 46	8 14	7 59	6 82	5 84	4 63	3 20	1 55	0 11	0 43	0 98	1 75	2 73	3 94	5 37	7 02	8 57
17 40	88 30	157 42	456 74	477 72	8 62	8 51	8 18	7 63	6 86	5 87	4 66	3 22	1 56	0 11	0 44	0 99	1 76	2 75	3 96	5 40	7 06	8 62
17 50	88 28	157 35	454 03	477 69	8 67	8 56	8 23	7 68	6 90	5 91	4 68	3 24	1 56	0 11	0 44	0 99	1 77	2 76	3 99	5 43	7 11	8 67
17 60	88 26	157 27	451 35	477 67	8 72	8 61	8 28	7 72	6 94	5 94	4 71	3 25	1 57	0 11	0 44	1 00	1 78	2 78	4 01	5 47	7 15	8 72
17 70	88 24	157 19	448 69	477 64	8 76	8 65	8 32	7 76	6 97	5 97	4 73	3 26	1 57	0 11	0 44	1 00	1 79	2 79	4 03	5 50	7 19	8 76
17 80	88 22	157 11	446 07	477 61	8 81	8 70	8 36	7 80	7 01	6 00	4 76	3 28	1 58	0 11	0 45	1 01	1 80	2 81	4 05	5 53	7 23	8 81
17 90	88 20	157 3	443 47	477 59	8 86	8 75	8 41	7 84	7 05	6 03	4 78	3 30	1 38	0 11	0 45	1 02	1 81	2 83	4 08	5 56	7 28	8 86
18 00	88 18	156 56	440 94	477 56	8 91	8 80	8 46	7 89	7 09	6 07	4 81	3 32	1 59	0 11	0 45	1 02	1 82	2 84	4 10	5 59	7 32	8 91
18 10	88 16	156 48	438 37	477 53	8 96	8 85	8 50	7 93	7 13	6 10	4 83	3 33	1 60	0 11	0 46	1 03	1 83	2 80	4 13	5 63	7 36	8 96
18 20	88 14	156 40	435 85	477 50	9 00	8 89	8 54	7 97	7 16	6 13	4 85	3 34	1 60	0 11	0 46	1 03	1 84	2 87	4 15	5 66	7 40	9 00
18 30	88 12	156 32	433 37	477 47	9 05	8 94	8 59	8 01	7 20	6 16	4 88	3 36	1 64	0 11	0 46	1 04	1 85	2 89	4 17	5 69	7 44	9 05
18 40	88 10	156 24	430 92	477 44	9 10	8 99	8 64	8 06	7 24	6 19	4 90	3 38	1 61	0 11	0 46	1 04	1 86	2 91	4 20	5 72	7 49	9 10
18 50	88 08	156 17	428 49	477 42	9 15	9 04	8 68	8 10	7 28	6 22	4 93	3 39	1 62	0 11	0 47	1 05	1 87	2 93	4 22	5 76	7 53	9 15
18 60	88 06	156 9	426 08	477 39	9 20	9 08	8 73	8 14	7 32	6 25	4 95	3 41	1 62	0 12	0 47	1 06	1 88	2 95	4 25	5 79	7 58	9 20
18 70	88 04	156 1	423 70	477 36	9 25	9 13	8 78	8 19	7 35	6 29	4 98	3 42	1 63	0 12	0 47	1 06	1 90	2 96	4 27	5 83	7 62	9 25
18 80	88 01	155 53	421 35	477 33	9 30	9 18	8 82	8 23	7 39	6 32	5 00	3 44	1 64	0 12	0 48	1 07	1 91	2 98	4 30	5 86	7 66	9 30
18 90	87 99	155 45	419.01	477 30	9 34	9 22	8 86	8 27	7 42	6 35	5 02	3 45	1 64	0 12	0 48	1 07	1 92	2 99	4 32	5 89	7 70	9 34

Tangentes 90 mètres.

LONGUEUR de la bissectrice.	DEMI-CORDE.	ANGLE des alignements.	RAYON.	LONGUEUR de l'arc.	FLÈCHE.	ORDONNÉES SUR LA CORDE. La distance à partir de la flèche étant								ORDONNÉES SUR LES TANGENTES. La distance à partir des points de tangence étant								
						10m	20m	30m	40m	50m	60m	70m	80m	10m	20m	30m	40m	50m	60m	70m	80m	égale à la demi-corde
m	m	° '	m	m	m																	
19.00	87.97	155.38	416.70	177.27	9.39	9.27	8.94	8.34	7.46	6.38	5.03	3.47	1.64	0.12	0.48	1.08	1.93	3.04	4.34	5.92	7.75	9.39
19 10	87 95	155 30	414 42	177 24	9 44	9 32	8 96	8 35	7 50	6 41	5 07	3 49	1 65	0 12	0 48	1 09	1 94	3 03	4 37	5 95	7 79	9 44
19 20	87 93	155 22	412 16	177 21	9 49	9 37	9 00	8 40	7 54	6 45	5 10	3 50	1 65	0 12	0 49	1 09	1 95	3 04	4 39	5 99	7 84	9 49
19 30	87 91	155 14	409 93	177 18	9 54	9 42	9 05	8 44	7 58	6 48	5 12	3 52	1 66	0 12	0 49	1 10	1 96	3 06	4 42	6 02	7 88	9 54
19 40	87 88	155 6	407 74	177 15	9 58	9 46	9 09	8 48	7 61	6 51	5 14	3 53	1 66	0 12	0 49	1 10	1 97	3 07	4 44	6 05	7 92	9 58
19 50	87 86	154 58	405 51	177 12	9 63	9 51	9 14	8 32	7 65	6 54	5 17	3 55	1 67	0 12	0 49	1 11	1 98	3 09	4 46	6 08	7 96	9 63
19 60	87 84	154 51	403 34	177 09	9 68	9 56	9 18	8 56	7 09	6 57	5 19	3 56	1 67	0 12	0 50	1 12	1 99	3 11	4 49	6 12	8 01	9 68
19 70	87 82	154 43	401 20	177 06	9 73	9 61	9 23	8 61	7 73	6 61	5 22	3 58	1 68	0 12	0 50	1 12	2 00	3 12	4 51	6 15	8 05	9 73
19 80	87 79	154 35	399 07	177 03	9 78	9 66	9 28	8 65	7 77	6 64	5 24	3 59	1 68	0 12	0 50	1 13	2 01	3 14	4 54	6 19	8 10	9 78
19 90	87 77	154 27	396 93	177 00	9 82	9 70	9 32	8 69	7 80	6 67	5 26	3 60	1 68	0 12	0 50	1 13	2 02	3 15	4 56	6 22	8 14	9 82
20 00	87 75	154 19	394 87	176 97	9 87	9 75	9 36	8 73	7 84	6 70	5 29	3 62	1 69	0 12	0 51	1 14	2 03	3 17	4 58	6 25	8 18	9 87
20 10	87 73	154 11	392 80	176 94	9 92	9 80	9 41	8 77	7 88	6 73	5 31	3 63	1 69	0 12	0 51	1 15	2 04	3 19	4 61	6 29	8 23	9 92
20 20	87 70	154 4	390 76	176 94	9 97	9 84	9 46	8 82	7 92	6 76	5 33	3 65	1 69	0 13	0 51	1 15	2 05	3 21	4 64	6 32	8 28	9 97
20 30	87 68	153 56	388 73	176 88	10 02	9 89	9 50	8 86	7 95	6 79	5 36	3 66	1 70	0 13	0 52	1 16	2 07	3 23	4 66	6 36	8 32	10 02
20 40	87 66	153 48	386 73	176 85	10 07	9 94	9 55	8 90	7 99	6 82	5 38	3 68	1 70	0 13	0 52	1 17	2 08	3 25	4 09	6 39	8 37	10 07
20 50	87 63	153 40	384 73	176 81	10 11	9 98	9 59	8 94	8 02	6 85	5 40	3 69	1 70	0 13	0 52	1 17	2 09	3 26	4 71	6 42	8 41	10 11
20 60	87 61	153 32	382 76	176 78	10 16	10 03	9 64	8 98	8 06	6 88	5 43	3 70	1 71	0.13	0 52	1 18	2 10	3 28	4 73	6 46	8 45	10 16
20 70	87 59	153 24	380 81	176 75	10 21	10 08	9 68	9 03	8 10	6 91	5 45	3 72	1 71	0 13	0 53	1 18	2 11	3 30	4 76	6 49	8 50	10 21
20 80	87 56	153 16	378 88	176 72	10 26	10 13	9 73	9 07	8 14	6 94	5 48	3 73	1 72	0 13	0 53	1 19	2 12	3 32	4 78	6 53	8 54	10 26
20 90	87 54	153 9	376 96	176 69	10 30	10 17	9 77	9 11	8 17	6 97	5 50	3 74	1 72	0 13	0 53	1 19	2 13	3 33	4 80	6 56	8 58	10 30
21 00	87 52	153 1	375 06	176 66	10 35	10 22	9 82	9 15	8 21	7 00	5 52	3 76	1 72	0 13	0 53	1 20	2 14	3 35	4 83	6 59	8 63	10 35
21 10	87 49	152 53	373 19	176 62	10.40	10 27	9 86	9 20	8 25	7 04	5 55	3 77	1 73	0 13	9 54	1 20	2 15	3 36	4 85	6 63	8 67	10 40
21 20	87 47	152 45	371 32	176 59	10 45	10 32	9 91	9 24	8 29	7 07	5 57	3 79	1 73	0 13	0 54	1 21	2 16	3 38	4 88	6 66	8 72	10 45
21 30	87 44	152 37	369 47	176 56	10 49	10 36	9 95	9 28	8 32	7 10	5 59	3 80	1 73	0 13	0 54	1 21	2 17	3 39	4 90	6 69	8 76	10 49
21 40	87 42	152 29	367 64	176 52	10 54	10 41	10 00	9 32	8 35	7 13	5 62	3 82	1 74	0 13	0 54	1 22	2 18	3 41	4 92	6 72	8 80	10 54
21 50	87 39	152 21	365 83	176 49	10 59	10 46	10 04	9 36	8 40	7 16	5 64	3 83	1 74	0.13	0 55	1 23	2 19	3 43	4 95	6 76	8 85	10 59
21 60	87 37	152 14	364 03	176 46	10 63	10 50	10 08	9 40	8 43	7 19	5 66	3 84	1 74	0 13	0 55	1 23	2 20	3 44	4 97	6 79	8 89	10 63
21 70	87 34	152 6	362 25	176 42	10 68	10 55	10 13	9 44	8 47	7 22	5 68	3 86	1 74	0 13	0 55	1 24	2 21	3 46	5 00	6 82	8 94	10 68
21 80	87 32	151 58	360 49	176 39	10 73	10 59	10 18	9 48	8 51	7 25	5 71	3 87	1 75	0 14	0 55	1 25	2 22	3 48	5 02	6 86	8 98	10 73
21 90	87 29	151 50	358 74	176 36	10 78	10 64	10 22	9 53	8 54	7 28	5 73	3 89	1 75	0 14	0 56	1 25	2 24	3 50	5 05	6 89	9 03	10 78

Tangentes 90 mètres.

LONGUEUR de la bissectrice.	DEMI-CORDE.	ANGLE des alignements.	RAYON.	LONGUEUR de l'arc.	FLÈCHE.	Ordonnées sur la corde. La distance à partir de la flèche étant : 10m	20m	30m	40m	50m	60m	70m	80m	Ordonnées sur les tangentes. La distance à partir des points de tangence étant : 10m	20m	30m	40m	50m	60m	70m	80m	égale à la demi-corde
m	m	° ′	m	m	m																	
22.00	87.27	151 42	357.01	176.32	10.83	10.69	10.27	9.57	8.58	7.31	5.75	3.90	1.75	0.14	0.56	1.26	2.25	3.52	5.08	6.93	9.08	10.83
22.10	87.24	151 34	355.30	176.29	10.88	10.74	10.32	9.61	8.62	7.34	5.78	3.91	1.75	0.14	0.56	1.27	2.26	3.54	5.10	6.97	9.13	10.88
22.20	87.22	151 26	353.58	176.25	10.92	10.78	10.36	9.65	8.65	7.37	5.80	3.93	1.76	0.14	0.56	1.27	2.27	3.55	5.12	6.99	9.18	10.92
22.30	87.19	151 18	351.90	176.22	10.97	10.83	10.40	9.69	8.69	7.40	5.83	3.94	1.76	0.14	0.57	1.28	2.28	3.57	5.15	7.03	9.22	10.97
22.40	87.17	151 11	350.23	176.18	11.02	10.88	10.45	9.73	8.73	7.43	5.84	3.95	1.76	0.14	0.57	1.29	2.29	3.59	5.18	7.07	9.25	11.02
22.50	87.14	151 3	348.56	176.15	11.06	10.92	10.49	9.77	8.76	7.46	5.86	3.96	1.76	0.14	0.57	1.29	2.30	3.60	5.20	7.10	9.30	11.06
22.60	87.11	150 55	346.92	176.12	11.11	10.97	10.54	9.81	8.80	7.49	5.89	3.98	1.77	0.14	0.57	1.30	2.31	3.62	5.22	7.13	9.34	11.11
22.70	87.09	150 47	345.29	176.08	11.16	11.02	10.58	9.86	8.84	7.52	5.91	3.99	1.77	0.14	0.58	1.30	2.32	3.64	5.25	7.17	9.39	11.16
22.80	87.06	150 39	343.67	176.05	11.21	11.07	10.63	9.90	8.88	7.55	5.93	4.01	1.77	0.14	0.58	1.31	2.33	3.66	5.28	7.20	9.44	11.21
22.90	87.04	150 31	342.06	176.01	11.25	11.11	10.67	9.94	8.91	7.58	5.95	4.02	1.77	0.14	0.58	1.31	2.34	3.67	5.30	7.23	9.48	11.25
23.00	87.01	150 23	340.47	175.98	11.30	11.16	10.71	9.98	8.95	7.61	5.97	4.03	1.77	0.14	0.59	1.32	2.35	3.69	5.32	7.27	9.53	11.30
23.10	86.98	150 15	338.90	175.94	11.35	11.21	10.76	10.02	8.98	7.64	6.00	4.04	1.77	0.14	0.59	1.32	2.37	3.71	5.35	7.31	9.58	11.35
23.20	86.96	150 7	337.34	175.91	11.40	11.25	10.81	10.07	9.02	7.67	6.02	4.06	1.78	0.15	0.59	1.33	2.38	3.73	5.38	7.34	9.62	11.40
23.30	86.93	149 59	335.79	175.87	11.45	11.30	10.85	10.11	9.06	7.70	6.04	4.07	1.78	0.15	0.60	1.34	2.39	3.75	5.41	7.38	9.67	11.45
23.40	86.90	149 52	334.24	175.83	11.49	11.34	10.89	10.15	9.09	7.73	6.06	4.08	1.78	0.15	0.60	1.34	2.40	3.76	5.43	7.41	9.74	11.49
23.50	86.88	149 44	332.72	175.79	11.54	11.39	10.94	10.19	9.13	7.76	6.09	4.10	1.78	0.15	0.60	1.35	2.41	3.78	5.46	7.44	9.79	11.54
23.60	86.85	149 36	331.21	175.76	11.59	11.44	10.98	10.23	9.17	7.79	6.11	4.11	1.78	0.15	0.60	1.36	2.42	3.80	5.48	7.48	9.81	11.59
23.70	86.82	149 28	329.74	175.72	11.64	11.49	11.03	10.27	9.21	7.82	6.13	4.12	1.78	0.15	0.61	1.37	2.43	3.82	5.51	7.52	9.86	11.64
23.80	86.79	149 20	328.28	175.68	11.68	11.53	11.07	10.31	9.24	7.85	6.15	4.13	1.78	0.15	0.61	1.37	2.44	3.83	5.53	7.55	9.90	11.68
23.90	86.77	149 12	326.74	175.65	11.73	11.58	11.12	10.35	9.27	7.88	6.17	4.14	1.78	0.15	0.61	1.38	2.46	3.85	5.56	7.59	9.95	11.73
24.00	86.74	149 4	325.28	175.61	11.78	11.63	11.16	10.39	9.31	7.91	6.20	4.16	1.79	0.15	0.62	1.39	2.47	3.87	5.58	7.62	9.99	11.78
24.10	86.71	148 56	323.82	175.57	11.82	11.67	11.20	10.43	9.34	7.94	6.22	4.17	1.79	0.15	0.62	1.39	2.48	3.88	5.60	7.65	10.03	11.82
24.20	86.68	148 48	322.38	175.53	11.87	11.72	11.25	10.47	9.38	7.97	6.24	4.18	1.79	0.15	0.62	1.40	2.49	3.90	5.63	7.69	10.08	11.87
24.30	86.66	148 40	320.95	175.49	11.92	11.77	11.30	10.51	9.42	8.00	6.26	4.19	1.79	0.15	0.62	1.41	2.50	3.92	5.66	7.73	10.13	11.92
24.40	86.63	148 32	319.54	175.45	11.97	11.82	11.34	10.56	9.45	8.03	6.28	4.20	1.79	0.15	0.63	1.41	2.52	3.94	5.69	7.77	10.18	11.97
24.50	86.60	148 24	318.13	175.42	12.02	11.86	11.38	10.60	9.49	8.06	6.30	4.22	1.79	0.16	0.63	1.42	2.53	3.96	5.72	7.80	10.23	12.02
24.60	86.57	148 16	316.73	175.38	12.06	11.90	11.43	10.64	9.52	8.09	6.32	4.23	1.79	0.16	0.63	1.42	2.54	3.97	5.74	7.83	10.27	12.06
24.70	86.54	148 9	315.34	175.34	12.11	11.95	11.47	10.68	9.56	8.12	6.34	4.24	1.79	0.16	0.64	1.43	2.55	3.99	5.77	7.87	10.32	12.11
24.80	86.52	148 1	313.97	175.30	12.16	12.00	11.52	10.72	9.60	8.15	6.37	4.25	1.79	0.16	0.64	1.44	2.56	4.01	5.79	7.91	10.37	12.16
24.90	86.49	147 53	312.60	175.26	12.20	12.04	11.56	10.76	9.63	8.18	6.39	4.26	1.79	0.16	0.64	1.44	2.57	4.02	5.81	7.94	10.41	12.20

Tangentes 90 mètres.

LONGUEUR de la bissectrice.	DEMI-CORDE.	ANGLE des alignements.	RAYON.	LONGUEUR de l'arc.	FLÈCHE.	ORDONNÉES SUR LA CORDE. La distance à partir de la flèche étant 10m	20m	30m	40m	50m	60m	70m	80m	ORDONNÉES SUR LES TANGENTES La distance à partir des points de tangence étant 10m	20m	30m	40m	50m	60m	70m	80m	égale à la demi-corde
m	m	° '	m	m	m																	
25.00	86.46	147 45	311.25	175.22	12.25	12.09	11.61	10.80	9.67	8.21	6.41	4.27	1.79	0.16	0.64	1.45	2.58	4.04	5.84	7.98	10.46	12.25
25.10	86.43	147 37	309.91	175.18	12.30	12.14	11.65	10.84	9.71	8.24	6.43	4.28	1.79	0.16	0.65	1.46	2.59	4.06	5.87	8.02	10.51	12.30
25.20	86.40	147 29	308.57	175.14	12.34	12.18	11.69	10.88	9.74	8.26	6.45	4.29	1.79	0.16	0.65	1.46	2.60	4.08	5.89	8.05	10.55	12.34
25.30	86.37	147 21	307.25	175.10	12.39	12.23	11.74	10.92	9.77	8.29	6.47	4.31	1.79	0.16	0.65	1.47	2.62	4.10	5.92	8.08	10.60	12.39
25.40	86.34	147 13	305.94	175.06	12.44	12.28	11.78	10.96	9.81	8.32	6.49	4.32	1.79	0.16	0.66	1.48	2.63	4.12	5.95	8.12	10.65	12.44
25.50	86.31	147 5	304.63	175.02	12.48	12.32	11.82	11.00	9.84	8.35	6.51	4.33	1.79	0.16	0.66	1.48	2.64	4.13	5.97	8.15	10.69	12.48
25.60	86.28	146 57	303.34	174.98	12.53	12.37	11.87	11.04	9.88	8.38	6.53	4.34	1.79	0.16	0.66	1.49	2.65	4.15	6.00	8.19	10.74	12.53
25.70	86.25	146 49	302.05	174.94	12.57	12.41	11.91	11.08	9.91	8.41	6.55	4.35	1.79	0.16	0.66	1.49	2.66	4.16	6.02	8.22	10.78	12.57
25.80	86.22	146 41	300.77	174.90	12.62	12.46	11.95	11.12	9.95	8.44	6.57	4.36	1.79	0.16	0.67	1.50	2.67	4.18	6.05	8.26	10.83	12.62
25.90	86.19	146 33	299.51	174.86	12.67	12.50	12.00	11.16	9.99	8.47	6.60	4.37	1.79	0.17	0.67	1.51	2.68	4.20	6.07	8.30	10.88	12.67
26.00	86.16	146 25	298.26	174.82	12.72	12.55	12.05	11.20	10.02	8.50	6.62	4.39	1.79	0.17	0.67	1.52	2.70	4.22	6.10	8.33	10.93	12.72
26.10	86.13	146 17	297.02	174.78	12.76	12.59	12.09	11.24	10.05	8.52	6.64	4.40	1.78	0.17	0.67	1.52	2.71	4.24	6.12	8.36	10.98	12.76
26.20	86.10	146 9	295.78	174.73	12.81	12.64	12.13	11.28	10.09	8.55	6.66	4.41	1.78	0.17	0.68	1.53	2.72	4.26	6.15	8.40	11.03	12.81

LONGUEUR de la bissectrice.	DEMI-CORDE.	ANGLE des alignements.	RAYON.	LONGUEUR de l'arc.	FLÈCHE.	Corde 10m	20m	30m	40m	50m	60m	70m	80m	Tangentes 10m	20m	30m	40m	50m	60m	70m	80m	égale à la demi-corde
26.30	86.07	146 1	294.54	174.69	12.86	12.69	12.18	11.32	10.13	8.58	6.68	4.42	1.78	0.17	0.68	1.54	2.73	4.28	6.18	8.44	11.08	12.86
26.40	86.04	145 53	293.32	174.65	12.90	12.73	12.22	11.36	10.16	8.61	6.70	4.43	1.78	0.17	0.68	1.54	2.74	4.29	6.20	8.47	11.12	12.90
26.50	86.01	145 45	292.11	174.61	12.95	12.78	12.26	11.40	10.20	8.64	6.72	4.44	1.78	0.17	0.69	1.55	2.75	4.31	6.23	8.54	11.17	12.95
26.60	85.98	145 37	290.91	174.56	13.00	12.83	12.31	11.44	10.23	8.67	6.74	4.45	1.78	0.17	0.69	1.56	2.77	4.33	6.26	8.55	11.22	13.00
26.70	85.95	145 29	289.71	174.52	13.04	12.87	12.35	11.48	10.26	8.69	6.76	4.46	1.77	0.17	0.69	1.56	2.78	4.35	6.28	8.58	11.27	13.04
26.80	85.92	145 21	288.53	174.48	13.09	12.92	12.40	11.52	10.30	8.72	6.78	4.47	1.77	0.17	0.69	1.57	2.79	4.37	6.31	8.62	11.32	13.09
26.90	85.89	145 13	287.35	174.44	13.14	12.97	12.44	11.56	10.34	8.75	6.80	4.48	1.77	0.17	0.70	1.58	2.80	4.39	6.34	8.60	11.37	13.14
27.00	85.86	145 5	286.18	174.40	13.18	13.01	12.48	11.60	10.37	8.78	6.82	4.49	1.77	0.17	0.70	1.58	2.81	4.40	6.36	8.69	11.41	13.18
27.10	85.83	144 57	285.02	174.35	13.23	13.06	12.53	11.64	10.41	8.81	6.84	4.50	1.77	0.17	0.70	1.59	2.82	4.42	6.39	8.73	11.46	13.23
27.20	85.79	144 49	283.86	174.31	13.27	13.10	12.57	11.68	10.44	8.83	6.86	4.51	1.76	0.17	0.70	1.59	2.83	4.44	6.41	8.76	11.51	13.27
27.30	85.76	144 41	282.72	174.26	13.32	13.14	12.61	11.72	10.48	8.86	6.88	4.52	1.76	0.18	0.71	1.60	2.84	4.46	6.44	8.80	11.56	13.32
27.40	85.73	144 33	281.59	174.22	13.37	13.19	12.66	11.76	10.51	8.89	6.90	4.53	1.76	0.18	0.71	1.61	2.86	4.48	6.47	8.84	11.61	13.37
27.50	85.70	144 25	280.46	174.18	13.41	13.23	12.70	11.80	10.54	8.92	6.92	4.54	1.76	0.18	0.71	1.61	2.87	4.49	6.49	8.87	11.65	13.41
27.60	85.66	144 17	279.34	174.13	13.46	13.28	12.74	11.84	10.58	8.95	6.94	4.55	1.76	0.18	0.72	1.62	2.88	4.51	6.52	8.94	11.70	13.46
27.70	85.63	144 9	278.23	174.09	13.51	13.33	12.79	11.88	10.62	8.98	6.96	4.56	1.76	0.18	0.72	1.63	2.89	4.53	6.55	8.95	11.75	13.51
27.80	85.60	144 1	277.12	174.04	13.55	13.37	12.83	11.92	10.65	9.00	6.98	4.57	1.75	0.18	0.72	1.63	2.90	4.55	6.57	8.98	11.80	13.55
27.90	85.57	143 53	276.02	174.00	13.60	13.42	12.87	11.96	10.68	9.03	7.00	4.58	1.75	0.18	0.73	1.64	2.92	4.57	6.60	9.02	11.85	13.60

Tangentes 90 mètres.

LONGUEUR de la bissectrice.	DEMI-CORDE.	ANGLE des alignements.	RAYON.	LONGUEUR de l'arc.	FLÈCHE.	ORDONNÉES SUR LA CORDE. La distance à partir de la flèche étant								ORDONNÉES SUR LES TANGENTES La distance à partir des points de tangence étant								
						10m	20m	30m	40m	50m	60m	70m	80m	10m	20m	30m	40m	50m	60m	70m	80m	égale à la demi-corde
m	m	° ′	m	m	m																	
28.00	85.53	143.45	274.93	173.96	13.64	13.46	12.91	12.00	10.71	9.06	7.04	4.58	1.74	0.18	0.73	1.64	2.93	4.38	6.63	9.06	11.90	13.64
28 10	85 50	143 37	273 85	173 91	13 60	13 51	12 96	12 04	10 75	9 09	7 63	4 59	1 74	0 18	0 73	1 65	2 94	4 60	6 66	9 10	11 95	13 69
28 20	85 47	143 29	272 77	173 86	13 74	13 56	13 00	12 08	10 79	9 12	7 05	4 60	1 74	0 18	0 74	1 66	2 95	4 62	6 69	9 14	12 00	13 74
28 30	85 43	143 21	271 70	173 82	13 78	13 60	13 04	12 12	10 82	9 14	7 07	4 61	1 74	0 18	0 74	1 66	2 96	4 64	6 71	9 17	12 04	13 78
28 40	85 40	143 13	270 64	173 77	13 83	13 65	13 09	12 16	10 86	9 17	7 09	4 62	1 74	0 18	0 74	1 67	2 97	4 66	6 74	9 21	12 09	13 83
28 50	85 37	143 5	269 58	173 73	13 87	13 69	13 13	12 20	10 89	9 19	7 11	4 62	1 73	0 18	0 74	1 67	2 98	4 68	6 76	9 25	12 14	13 87
28 60	85 33	142 56	268 54	173 68	13 92	13 73	13 17	12 24	10 92	9 22	7 13	4 63	1 73	0 19	0 75	1 68	3 00	4 70	6 79	9 29	12 19	13 92
28 70	85 30	142 48	267 50	173 63	13 97	13 78	13 22	12 28	10 96	9 25	7 15	4 64	1 73	0 19	0 75	1 69	3 01	4 72	6 82	9 33	12 24	13 97
28 80	85 27	142 40	266 47	173 59	14 01	13 82	13 26	12 32	10 99	9 28	7 17	4 65	1 72	0 19	0 75	1 69	3 02	4 73	6 84	9 36	12 29	14 01
28 90	85 23	142 32	265 46	173 54	14 06	13 87	13 30	12 36	11 03	9 31	7 19	4 66	1 72	0 19	0 76	1 70	3 03	4 75	6 87	9 40	12 34	14 06
29 00	85 20	142 24	264 42	173 50	14 10	13 91	13 34	12 39	11 06	9 33	7 20	4 67	1 71	0 19	0 76	1 71	3 04	4 77	6 90	9 43	12 39	14 10
29 10	85 17	142 16	263 40	173 45	14 5	13 96	13 39	12 43	11 10	9 36	7 22	4 68	1 71	0 19	0 76	1 72	3 05	4 79	6 93	9 47	22 44	14 15
29 20	85 13	142 8	262 39	173 40	14 19	14 00	13 43	12 47	11 13	9 38	7 24	4 68	1 70	0 19	0 76	1 72	3 06	4 81	6 95	9 51	12 49	14 19
29 30	85 10	142 0	261 39	173 35	14 24	14 05	13 47	12 51	11 16	9 41	7 26	4 69	1 70	0 19	0 77	1 73	3 08	4 83	6 98	9 55	12 54	14 24
29 40	85 06	141 52	260 39	173 30	14 28	14 09	13 51	12 55	11 15	9 44	7 28	4.70	1 69	0 19	0 77	1 73	3 09	4 84	7 00	9 58	12 59	14 28
29 50	85 03	141 44	259 41	173 26	14 33	14 14	13 56	12 59	11 23	9 47	7 30	4 71	1 69	0 19	0 77	1 74	3 10	4 86	7.03	9 62	12 64	14 33
29 60	84 99	141 36	258 43	173 21	14 38	14 19	13 60	12 63	11 27	9 50	7 32	4 72	1 69	0 19	0 78	1 75	3 11	4.88	7 06	9 66	12 69	14 38
29 70	84 96	141 28	257 45	173 16	14 42	14 23	13 64	12 67	11 30	9 52	7 33	4 72	1 68	0 19	0 78	1 75	3 12	4 90	7 09	9 70	12 74	14 42
29 80	84 92	141 20	256 48	173 11	14 47	14 28	13 69	12 71	11 33	9 55	7 35	4 73	1 68	0 19	0 78	1 76	3 14	4 92	7 12	9 74	12 79	14 47
29 90	84 89	141 12	255 51	173 06	14 51	14 32	13 73	12 74	11 36	9 57	7 37	4 73	1 67	0 19	0 78	1 77	3 15	4 94	7 14	9 78	12 84	14 51
30 00	84 85	141 3	254 56	173 02	14 56	14 36	13 77	12 78	11 40	9 60	7 39	4 74	1 67	0 20	0 79	1 78	3 16	4 96	7 17	9 82	12 89	14 56
30 10	84 82	140 55	253 61	172 97	14 60	14 40	13 81	12 82	11 43	9 62	7 40	4 75	1 66	0 20	0 79	1 78	3 17	4 98	7 20	9 85	12 94	14 60
30 20	84 78	140 47	252 66	172 92	14 65	14 45	13 86	12 86	11 47	9 65	7 42	4 76	1 66	0 20	0 79	1 79	3 18	5 00	7 23	9 89	12 99	14 65
30 30	84 75	140 39	251 72	172 87	14 69	14 49	13 90	12 90	11 50	9 68	7 44	4 76	1 65	0 20	0 79	1 79	3 19	5 01	7 25	9 93	13 04	14 69
30 40	84 71	140 31	250 78	172 82	14 74	14 54	13 94	12 94	11 53	9 71	7 46	4 77	1 65	0 20	0 80	1 80	3 21	5 03	7 28	9 97	13 09	14 74
30 50	84 67	140 23	249 85	172 77	14 78	14 58	13 98	12 97	11 56	9 73	7 47	4 78	1 64	0 20	0 80	1 81	3 22	5 05	7 31	10 00	13 14	14 78
30 60	84 64	140 15	248 93	172 72	14 83	14 63	14 03	13 01	11 60	9.76	7 49	4 79	1 63	0 20	0 80	1 82	3 23	5 07	7 34	10 04	13 20	14 83
30 70	84 60	140 7	248 01	172 67	14 87	14 67	14 07	13 05	11 63	9 78	7 51	4 79	1 62	0 20	0 80	1 82	3 24	5 09	7 36	10 08	13 25	14 87
30 80	84 57	139 58	247 11	172 62	14 92	14 72	14 11	13 09	11 66	9 81	7 53	4 80	1 62	0 20	0 81	1 83	3 26	5 11	7 39	10 12	13 30	14 92
30 90	84 53	139 50	246 20	172 57	14 96	14 76	14 15	13 13	11 60	9 83	7 54	4 80	1 61	0 20	0 81	1 83	3 27	5 13	7 42	10 16	13 35	14 96

Tangentes 90 mètres.

Longueur de la bissectrice.	Demi-corde.	Angle des alignements.	Rayon.	Longueur de l'arc.	Flèche.	Ordonnées sur la corde. La distance à partir de la flèche étant: 10m	20m	30m	40m	50m	60m	70m	80m	Ordonnées sur les tangentes. La distance à partir des points de tangence étant: 10m	20m	30m	40m	50m	60m	70m	80m	Angle à la demi-corde.
m	m	° '	m	m	m																	
31.00	84.49	139.42	245.30	172.02	15.01	14.81	14.20	13.17	11.73	9.86	7.50	4.81	1.80	0.20	0.81	1.84	3.28	5.15	7.45	10.10	13.41	15.44
31.10	84.45	139.34	244.41	172.46	15.06	14.86	14.24	13.21	11.76	9.89	7.53	4.82	1.60	0.20	0.82	1.85	3.30	5.17	7.48	10.24	13.46	15.06
31.20	84.42	139.26	243.52	172.44	15.10	14.90	14.28	13.25	11.79	9.91	7.59	4.82	1.59	0.20	0.82	1.85	3.31	5.19	7.51	10.28	13.51	15.10
31.30	84.38	139.18	242.63	172.36	15.14	14.94	14.32	13.28	11.82	9.93	7.61	4.83	1.58	0.20	0.82	1.86	3.32	5.21	7.53	10.31	13.56	15.14
31.40	84.34	139.10	241.75	172.31	15.19	14.98	14.36	13.32	11.86	9.96	7.63	4.84	1.58	0.20	0.83	1.87	3.33	5.23	7.56	10.35	13.61	15.19
31.50	84.31	139.1	240.87	172.26	15.23	15.02	14.40	13.36	11.89	9.98	7.64	4.84	1.57	0.21	0.83	1.87	3.34	5.25	7.59	10.39	13.66	15.23
31.60	84.27	138.53	240.01	172.20	15.28	15.07	14.45	13.40	11.92	10.01	7.66	4.85	1.56	0.21	0.83	1.88	3.36	5.27	7.62	10.43	13.72	15.28
31.70	84.23	138.45	239.14	172.15	15.32	15.11	14.49	13.43	11.95	10.04	7.67	4.85	1.55	0.21	0.83	1.89	3.37	5.28	7.65	10.47	13.77	15.32
31.80	84.19	138.37	238.29	172.10	15.37	15.16	14.53	13.47	11.99	10.07	7.69	4.86	1.54	0.21	0.84	1.90	3.38	5.30	7.68	10.51	13.83	15.37
31.90	84.16	138.29	237.43	172.05	15.41	15.20	14.57	13.51	12.02	10.09	7.70	4.86	1.53	0.21	0.84	1.90	3.39	5.32	7.70	10.55	13.88	15.41
32.00	84.12	138.21	236.58	172.00	15.46	15.25	14.62	13.55	12.05	10.12	7.73	4.87	1.52	0.21	0.84	1.91	3.41	5.34	7.73	10.59	13.94	15.46
32.10	84.08	138.12	235.74	171.94	15.51	15.30	14.66	13.59	12.09	10.15	7.75	4.88	1.52	0.21	0.85	1.92	3.42	5.36	7.76	10.63	13.99	15.51
32.20	84.05	138.4	234.90	171.89	15.55	15.34	14.70	13.62	12.12	10.17	7.76	4.88	1.51	0.21	0.85	1.93	3.43	5.38	7.79	10.67	14.04	15.55
32.30	84.01	137.56	234.06	171.83	15.59	15.38	14.74	13.66	12.15	10.19	7.77	4.88	1.50	0.21	0.85	1.93	3.44	5.40	7.82	10.71	14.09	15.59
32.40	83.97	137.48	233.24	171.78	15.64	15.43	14.78	13.70	12.18	10.22	7.79	4.88	1.49	0.21	0.86	1.94	3.46	5.42	7.85	10.75	14.15	15.64
32.50	83.93	137.40	232.41	171.73	15.68	15.47	14.82	13.74	12.21	10.24	7.81	4.89	1.48	0.21	0.86	1.94	3.47	5.44	7.87	10.79	14.20	15.68
32.60	83.89	137.3	231.59	171.67	15.72	15.51	14.86	13.77	12.24	10.26	7.82	4.89	1.47	0.21	0.86	1.95	3.48	5.46	7.90	10.83	14.25	15.72
32.70	83.85	137.23	230.78	171.62	15.77	15.55	14.90	13.81	12.28	10.29	7.84	4.90	1.46	0.22	0.87	1.96	3.49	5.48	7.93	10.87	14.31	15.77
32.80	83.81	137.15	229.96	171.57	15.81	15.59	14.94	13.85	12.31	10.31	7.85	4.90	1.45	0.22	0.87	1.96	3.50	5.50	7.96	10.91	14.36	15.81
32.90	83.77	137.7	229.15	171.51	15.85	15.63	14.98	13.88	12.34	10.33	7.86	4.90	1.44	0.22	0.87	1.97	3.51	5.52	7.99	10.95	14.41	15.85
33.00	83.73	136.59	228.35	171.46	15.90	15.68	15.02	13.92	12.37	10.36	7.88	4.91	1.43	0.22	0.88	1.98	3.53	5.54	8.02	10.99	14.47	15.90
33.10	83.69	136.51	227.56	171.40	15.95	15.73	15.07	13.96	12.41	10.39	7.90	4.91	1.42	0.22	0.88	1.99	3.54	5.56	8.05	11.04	14.53	15.95
33.20	83.65	136.42	226.7	171.35	15.99	15.77	15.11	14.00	12.44	10.41	7.91	4.91	1.41	0.22	0.88	1.99	3.55	5.58	8.08	11.08	14.58	15.99
33.30	83.61	136.34	225.96	171.29	16.04	15.82	15.15	14.04	12.47	10.44	7.93	4.92	1.40	0.22	0.89	2.00	3.57	5.61	8.11	11.12	14.64	16.03
33.40	83.57	136.26	225.19	171.24	16.08	15.86	15.19	14.07	12.50	10.46	7.94	4.92	1.39	0.22	0.89	2.01	3.58	5.63	8.14	11.16	14.69	16.08
33.50	83.53	136.18	224.41	171.18	16.12	15.90	15.23	14.11	12.53	10.48	7.95	4.92	1.38	0.22	0.89	2.01	3.59	5.64	8.17	11.20	14.74	16.12
33.60	83.49	136.9	223.64	171.12	16.17	15.95	15.27	14.15	12.56	10.51	7.97	4.93	1.37	0.22	0.90	2.02	3.61	5.66	8.20	11.24	14.80	16.17
33.70	83.45	136.1	222.8	171.07	16.21	15.99	15.31	14.18	12.59	10.53	7.98	4.93	1.36	0.22	0.90	2.03	3.62	5.68	8.23	11.28	14.85	16.21
33.80	83.41	135.53	222.09	171.01	16.25	16.03	15.35	14.22	12.62	10.55	7.99	4.93	1.35	0.22	0.90	2.03	3.63	5.70	8.26	11.32	14.90	16.25
33.90	83.37	135.45	221.33	170.96	16.30	16.08	15.39	14.26	12.65	10.58	8.01	4.94	1.34	0.22	0.91	2.04	3.65	5.72	8.29	11.36	14.96	16.30

Tangentes 90 mètres.

LONGUEUR de la bissectrice.	DEMI-CORDE.	ANGLE des alignements.	RAYON.	LONGUEUR de l'arc.	FLÈCHE.	ORDONNÉES SUR LA CORDE — La distance à partir de la flèche étant 10m	20m	30m	40m	50m	60m	70m	80m	ORDONNÉES SUR LES TANGENTES — La distance à partir des points de tangence étant 10m	20m	30m	40m	50m	60m	70m	80m	égale à la demi-corde
m	m	° '	m	m	m																	
34.00	83.33	135.36	220.57	170.90	16.34	16.12	15.43	14.29	12.68	10.60	8.02	4.94	1.33	0.22	0.91	2.03	3.66	5.74	8.32	11.40	15.01	16.34
34 10	83 29	135 28	219 82	170 84	16 39	16 16	15 48	14 33	12 72	10 63	8 04	4 94	1 32	0 23	0 91	2 06	3 67	5 76	8 35	11 45	15 07	16 39
34 20	83 25	135 20	219 07	170 79	16 43	16 20	15 52	14 37	12 75	10 65	8 05	4 94	1 30	0 23	0 91	2 06	3 68	5 78	8 38	11 49	15 13	16 43
34 30	83 21	135 12	218 33	170 73	16 48	16 25	15 56	14 41	12 78	10 68	8 07	4 95	1 29	0 23	0 92	2 07	3 70	5 80	8 41	11 53	15 19	16 48
34 40	83 17	135 3	217 58	170 67	16 52	16 29	15 60	14 44	12 81	10 70	8 08	4 95	1 28	0 23	0 92	2 08	3 71	5 82	8 44	11 57	15 24	16 52
34 50	83 12	134 55	216 84	170 61	16 56	16 33	15 64	14 48	12 84	10 72	8 09	4 95	1 26	0 23	0 92	2 08	3 72	5 84	8 47	11 61	15 30	16 56
34 60	83 08	134 47	216 11	170 55	16 61	16 38	15 68	14 52	12 87	10 75	8 11	4 96	1 25	0 23	0 93	2 09	3 74	5 86	8 50	11 65	15 36	16 61
34 70	83 04	134 39	215 38	170 50	16 65	16 42	15 72	14 55	12 90	10 77	8 13	4 96	1 24	0 23	0 93	2 10	3 75	5 88	8 52	11 69	15 41	16 65
34 80	83 00	134 30	214 65	170 44	16 69	16 46	15 76	14 59	12 93	10 79	8 14	4 96	1 23	0 23	0 93	2 10	3 76	5 90	8 55	11 73	15 46	16 69
34 90	82 96	134 22	213 93	170 38	16 74	16 51	15 80	14 63	12 96	10 82	8 16	4 96	1 22	0 23	0 94	2 11	3 78	5 92	8 58	11 78	15 52	16 74
35 00	82 91	134 13	213 21	170 32	16 78	16 55	15 84	14 66	12 99	10 84	8 17	4 96	1 20	0 23	0 94	2 12	3 79	5 94	8 61	11 82	15 58	16 78
35 10	82 87	134 5	212 49	170 26	16 82	16 59	15 88	14 70	13 02	10 86	8 18	4 96	1 19	0 23	0 94	2 12	3 80	5 96	8 64	11 86	15 63	16 82
35 20	82 83	133 57	211 78	170 20	16 87	16 64	15 92	14 74	13 06	10 88	8 20	4 97	1 18	0 23	0 95	2 13	3 81	5 99	8 67	11 90	15 69	16 87
35 30	82 79	133 49	211 07	170 14	16 91	16 68	15 96	14 77	13 09	10 90	8 21	4 97	1 16	0 23	0 95	2 14	3 82	6 01	8 70	11 94	15 75	16 91
35 40	82 74	133 40	210 36	170 08	16 95	16 72	16 00	14 80	13 12	10 92	8 22	4 97	1 15	0 23	0 95	2 15	3 83	6 03	8 73	11 98	15 80	16 95
35 50	82 70	133 32	209 67	170 02	17 00	16 76	16 04	14 84	13 15	10 95	8 24	4 97	1 14	0 24	0 96	2 16	3 85	6 05	8 76	12 03	15 86	17 00
35 60	82 66	133 24	208 97	169 96	17 04	16 80	16 08	14 88	13 18	10 97	8 25	4 97	1 12	0 24	0 96	2 16	3 86	6 07	8 79	12 07	15 92	17 04
35 70	82 62	133 16	208 27	169 90	17 08	16 84	16 12	14 91	13 21	10 99	8 26	4 97	1 10	0 24	0 96	2 17	3 87	6 09	8 82	12 11	15 98	17 08
35 80	82 57	133 7	207 59	169 84	17 13	16 89	16 16	14 95	13 24	11 02	8 27	4 97	1 09	0 24	0 97	2 18	3 89	6 11	8 86	12 16	16 04	17 13
35 90	82 53	132 59	206 90	169 78	17 17	16 93	16 20	14 99	13 27	11 04	8 28	4 97	1 08	0 24	0 97	2 18	3 90	6 13	8 89	12 20	16 09	17 17
36 00	82 49	132 51	206 22	169 72	17 21	16 97	16 24	15 02	13 30	11 06	8 29	4 97	1 06	0 24	0 97	2 19	3 91	6 15	8 92	12 24	16 15	17 21
36 10	82 44	132 42	205 54	169 66	17 26	17 02	16 28	15 06	13 33	11 09	8 31	4 97	1 05	0 24	0 98	2 20	3 93	6 17	8 95	12 29	16 21	17 26
36 20	82 40	132 34	204 86	169 60	17 30	17 06	16 32	15 09	13 36	11 11	8 32	4 97	1 03	0 24	0 98	2 21	3 94	6 19	8 98	12 33	16 27	17 30
36 30	82 35	132 26	204 18	169 54	17 34	17 10	16 36	15 13	13 39	11 13	8 33	4 97	1 01	0 24	0 98	2 21	3 95	6 21	9 01	12 37	16 33	17 34
36 40	82 31	132 17	203 52	169 47	17 39	17 15	16 40	15 17	13 42	11 15	8 35	4 97	1 00	0 24	0 99	2 22	3 97	6 24	9 04	12 42	16 39	17 39
36 50	82 27	132 9	202 85	169 41	17 43	17 19	16 44	15 20	13 45	11 17	8 36	4 97	0 99	0 24	0 99	2 23	3 98	6 26	9 07	12 46	16 44	17 43
36 60	82 22	132 0	202 18	169 35	17 47	17 23	16 48	15 23	13 48	11 19	8 37	4 97	0 97	0 24	0 99	2 24	3 99	6 28	9 10	12 50	16 50	17 47
36 70	82 18	131 52	201 53	169 29	17 52	17 27	16 52	15 27	13 51	11 22	8 38	4 97	0 96	0 25	1 00	2 25	4 01	6 30	9 14	12 55	16 56	17 52
36 80	82 13	131 44	200 87	169 23	17 56	17 31	16 56	15 31	13 54	11 24	8 39	4 97	0 94	0 25	1 00	2 25	4 02	6 32	9 17	12 59	16 62	17 56
36 90	82 09	131 36	200 21	169 16	17 60	17 35	16 60	15 34	13 57	11 26	8 40	4 97	0 92	0 25	1 00	2 26	4 03	6 34	9 20	12 63	16 68	17 60

Tangentes 90 mètres.

LONGUEUR de la bissectrice.	DEMI-CORDE.	ANGLE des alignements.	RAYON.	LONGUEUR de l'arc.	FLÈCHE.	ORDONNÉES SUR LA CORDE. La distance à partir de la flèche étant 10m	20m	30m	40m	50m	60m	70m	80m	ORDONNÉES SUR LES TANGENTES. La distance à partir des points de tangence étant 10m	20m	30m	40m	50m	60m	70m	30m	égale à la demi-corde
m	m	° '	m	m	m																	
37.00	82.04	131.27	199.37	169.40	7.65	17.40	16.64	15.38	13.60	11.28	8.44	4.97	0.91	0.25	1.01	2.27	4.05	6.37	9.24	12.68	16.74	17.65
37 10	82 00	131 19	198 92	169 04	17 69	17 41	16 68	15 41	13 62	11 30	8 42	4 97	0 89	0 25	1 0.	2 28	4 07	6 39	9 27	12 72	16 80	17 69
37 20	81 95	131 10	198 27	168 9	17 73	17 48	16 72	15 45	13 65	11 32	8 43	4 96	0 87	0 25	1 01	2 28	4 08	6 41	9 30	12 77	16 86	17 73
27 30	81 91	131 2	197 63	168 9	17 77	17 52	16 75	15 48	13 68	11 34	8 44	4 96	0 85	0 25	1 02	2 29	4 09	6 43	9 33	12 8	16 92	17 77
37 40	81 86	130 53	196 99	168 84	17 8	17 56	16 79	15 51	13 71	11 36	8 45	4 96	0 83	0 25	1 02	2 30	4 10	6 45	9 36	12 85	16 98	17 81
37 50	81 82	130 45	196 35	168 78	17 85	17 60	16 83	15 55	13 74	11 38	8 46	4 95	0 81	0 25	1 02	2 30	4 11	6 47	9 39	12 90	17 04	17 85
37 60	81 77	130 37	195 72	168 71	17 90	17 65	16 87	15 59	13 77	11 40	8 47	4 95	0 80	0 25	1 03	2 31	4 13	6 50	9 43	12 95	17 10	17 90
37 70	81 72	130 28	195 09	168 65	17 94	17 69	16 9	15 62	13 80	11 42	8 48	4 95	0 78	0 25	1 03	2 32	4 14	6 52	9 46	12 99	17 16	17 94
37 80	81 68	130 20	194 47	168 58	17 98	17 73	16 95	15 65	12 83	11 44	8 49	4 94	0 76	0 25	1 03	2 33	4 15	6 54	9 49	13 04	17 22	17 98
37 90	81 63	130 1	193 85	168 52	18 03	17 77	16 99	15 69	13 86	11 47	8 51	4 94	0 75	0 26	1 04	2 34	4 17	6 56	9 52	13 09	17 28	18 03
38 00	81 58	130 3	193 23	168 45	18 07	17 81	17 03	15 73	13 89	11 49	8 52	4 94	0 73	0 26	1 04	2 34	4 18	6 58	9 55	13 13	17 34	18 07
38 10	81 54	129 55	192 61	168 39	18 11	17 85	17 07	15 76	13 94	11 51	8 53	4 94	0 71	0 26	1 04	2 35	4 20	6 60	9 58	13 17	17 40	18 11
38 20	81 49	129 46	191 99	168 32	18 15	17 89	17 10	15 79	13 94	11 53	8 53	4 93	0 69	0 26	1 05	2 36	4 21	6 62	9 62	13 22	17 46	18 15

38 30	81 44	129 78	191 38	168 25	18 19	17 93	17 14	15 83	13 96	11 55	8 54	4 93	0 67	0 26	1 05	2 36	4 23	6 64	9 65	13 26	17 52	18 19
38 40	81 40	129 29	190 77	168 18	18 23	17 97	17 18	15 86	13 99	11 57	8 55	4 93	0 65	0 26	1 05	2 37	4 24	6 66	9 68	13 30	17 58	18 23
38 50	81 35	129 21	190 47	168 11	18 28	18 02	17 22	15 90	14 02	11 59	8 56	4 93	0 63	0 26	1 06	2 38	4 26	6 69	9 72	13 35	17 65	18 28
38 60	81 30	129 12	189 56	168 05	18 32	18 06	17 26	15 93	14 05	11 61	8 57	4 92	0 61	0 26	1 06	2 30	4 27	6 71	9 75	13 40	17 71	18 32
38 70	81 25	129 4	188 96	167 98	18 36	18 10	17 30	15 96	14 08	11 63	8 58	4 92	0 59	0 26	1 06	2 40	4 28	6 73	9 78	13 44	17 77	18 36
38 80	81 21	128 55	188 37	167 92	18 41	18 14	17 34	16 00	14 11	11 65	8 59	4 92	0 57	0 27	1 07	2 41	4 30	6 76	9 82	13 49	17 84	18 41
38 90	81 16	128 47	187 78	167 85	18 45	18 18	17 38	16 03	14 14	11 67	8 60	4 91	0 55	0 27	1 07	2 42	4 31	6 78	9 85	13 54	17 90	18 45
39 00	81 11	128 39	187 18	167 78	18 49	18 22	17 42	16 07	14 16	11 69	8 61	4 90	0 53	0 27	1 07	2 42	4 33	6 80	9 88	13 59	17 96	18 49
39 10	81 06	128 30	186 59	167 71	18 53	18 26	17 45	16 10	14 19	11 71	8 63	4 90	0 51	0 27	1 08	2 43	4 34	6 82	9 91	13 63	18 02	18 53
39 20	81 01	128 22	186 00	167 64	18 57	18 30	17 49	16 13	14 22	11 72	8 62	4 89	0 49	0 27	1 08	2 44	4 35	6 85	9 94	13 68	18 08	18 57
39 30	80 96	128 13	185 42	167 57	18 61	18 34	17 53	16 17	14 24	11 74	8 63	4 89	0 47	0 27	1 08	2 44	4 37	6 87	9 98	13 72	18 14	18 61
39 40	80 92	128 4	184 83	167 50	18 65	18 38	17 56	16 20	14 27	11 76	8 64	4 88	0 44	0 27	1 09	2 45	4 38	6 89	10 01	13 77	18 21	18 65
39 50	80 87	127 36	184 25	167 43	18 69	18 42	17 60	16 23	14 30	11 78	8 65	4 88	0 42	0 27	1 09	2 46	4 39	6 91	10 04	13 81	18 27	18 69
39 60	80 82	127 47	183 67	167 36	18 73	18 46	17 64	16 27	14 33	11 80	8 66	4 87	0 40	0 27	1 09	2 46	4 40	6 93	10 07	13 86	18 33	18 73
39 70	80 77	127 39	183 10	167 29	18 77	18 50	17 67	16 30	14 35	11 82	8 67	4 87	0 38	0 27	1 10	2 47	4 42	6 95	10 10	13 90	18 39	18 77
39 80	80 72	127 30	182 53	167 23	18 81	18 54	17 71	16 33	14 38	11 84	8 67	4 86	0 35	0 27	1 10	2 48	4 43	6 97	10 14	13 95	18 46	18 81
39 90	80 67	127 22	181 96	167 16	18 85	18 58	17 75	16 36	14 41	11 86	8 68	4 85	0 33	0 27	1 10	2 49	4 44	6 99	10 17	14 00	18 52	18 85

Tangentes 90 mètres.

LONGUEUR de la bissectrice.	DEMI-CORDE.	ANGLE des alignements.	RAYON.	LONGUEUR de l'arc.	FLÈCHE.	ORDONNÉES SUR LA CORDE. La distance à partir de la flèche étant 10m	20m	30m	40m	50m	60m	70m	80m	ORDONNÉES SUR LES TANGENTES. La distance à partir des points de tangence étant 10m	20m	30m	40m	50m	60m	70m	80m	égale à la demi-corde
m	m	° '	m	m	m																	
40.00	80.62	127.13	181.40	167.09	18.90	18.62	17.79	16.40	14.44	11.88	8.69	4.85	0.31	0.28	1.11	2.50	4.46	7.02	10.21	14.05	18.59	18.90
40 10	80 57	127 5	180 83	167 04	18 94	18 66	17 83	16 43	14 47	11 90	8 70	4 84	0 28	0 28	1 11	2 51	4 47	7 04	10 24	14 10	18 66	18 94
40 20	80 52	126 56	180 27	166 94	18 98	18 70	17 87	16 47	14 49	11 91	8 70	4 84	0 26	0 28	1 11	2 51	4 49	7 07	10 28	14 14	18 72	18 98
40 30	80 47	126 48	179 71	166 87	19 02	18 74	17 90	16 50	14 52	11 93	8 71	4 83	0 23	0 28	1 12	2 52	4 50	7 09	10 31	14 19	18 79	19 02
40 40	80 42	126 39	179 15	166 80	19 06	18 78	17 94	16 53	14 54	11 95	8 72	4 82	0 21	0 28	1 12	2 53	4 52	7 11	10 34	14 24	18 85	19 06
40 50	80 37	126 31	178 60	166 73	19 10	18 82	17 98	16 57	14 57	11 96	8 72	4 82	0 18	0 28	1 12	2 53	4 53	7 14	10 38	14 28	18 92	19 10
40 60	80 32	126 22	178 05	166 66	19 14	18 86	18 01	16 60	14 59	11 98	8 73	4 81	0 15	0 28	1 13	2 54	4 55	7 16	10 41	14 33	18 99	19 14
40 70	80 27	126 14	177 50	166 58	19 18	18 90	18 05	16 63	14 62	12 00	8 74	4 80	0 13	0 28	1 13	2 55	4 56	7 18	10 44	14 38	19 05	19 18
40 80	80 22	126 5	176 95	166 51	19 22	18 94	18 09	16 67	14 65	12 02	8 74	4 79	0 10	0 28	1 13	2 55	4 57	7 20	10 48	14 43	19 12	19 22
40 90	80 17	125 56	176 40	166 44	19 26	18 98	18 12	16 70	14 67	12 03	8 75	4 78	0 08	0 28	1 14	2 56	4 59	7 23	10 51	14 48	19 18	19 26
41 00	80 12	125 48	175 86	166 37	19 30	19 02	18 16	16 73	14 70	12 05	8 76	4 77	0 06	0 28	1 14	2 57	4 60	7 25	10 54	14 53	19 24	19 30
41 10	80 07	125 39	175 32	166 29	19 34	19 06	18 20	16 76	14 72	12 07	8 76	4 76	0 03	0 28	1 14	2 58	4 62	7 27	10 58	14 58	19 31	19 34
41 20	80 02	125 31	174 79	166 22	19 39	19 10	18 24	16 80	14 75	12 09	8 77	4 76	0 01	0 29	1 15	2 59	4 64	7 30	10 62	14 63	19 38	19 39
41 30	79 96	125 22	174 26	166 15	19 43	19 14	18 28	16 83	14 78	12 11	8 77	4 75	»	0 29	1 13	2 60	4 65	7 32	10 66	14 68	»	19 43
41 40	79 91	125 13	173 72	166 07	19 47	19 18	18 32	16 86	14 80	12 12	8 78	4 74	»	0 29	1 15	2 61	4 67	7 35	10 69	14 73	»	19 47
41 50	79 86	125 5	173 19	166 00	19 51	19 22	18 35	16 89	14 83	12 14	8 78	4 73	»	0 29	1 16	2 62	4 68	7 37	10 73	14 78	»	19 51
41 60	79 82	124 56	172 66	165 92	19 55	19 26	18 39	16 93	14 85	12 15	8 79	4 72	»	0 29	1 16	2 62	4 70	7 40	10 76	14 83	»	19 55
41 70	79 76	124 48	172 13	165 85	19 59	19 30	18 43	16 96	14 88	12 17	8 79	4 71	»	0 29	1 16	2 63	4 71	7 42	10 80	14 88	»	19 59
41 80	79 70	124 39	171 61	165 77	19 63	19 34	18 46	16 99	14 90	12 19	8 80	4 70	»	0 29	1 17	2 64	4 73	7 44	10 83	14 93	»	19 63
41 90	79 65	124 30	171 09	165 70	19 67	19 38	18 50	17 02	14 93	12 20	8 80	4 69	»	0 29	1 17	2 65	4 74	7 47	10 87	14 98	»	19 67
42 00	79 60	124 22	170 57	165 63	19 71	19 42	18 54	17 05	14 96	12 22	8 81	4 68	»	0 29	1 17	2 66	4 75	7 49	10 90	15 03	»	19 71
42 10	79 54	124 13	170 05	165 55	19 75	19 46	18 57	17 09	14 98	12 24	8 81	4 67	»	0 29	1 18	2 66	4 77	7 51	10 94	15 08	»	19 75
42 20	79 49	124 4	169 53	165 47	19 79	19 49	18 61	17 12	15 01	12 25	8 82	4 66	»	0 30	1 18	2 67	4 78	7 54	10 97	15 13	»	19 79
42 30	79 44	123 56	169 02	165 40	19 83	19 53	18 65	17 15	15 03	12 27	8 82	4 65	»	0 30	1 18	2 68	4 80	7 56	11 01	15 18	»	19 83
42 40	79 39	123 47	168 51	165 32	19 87	19 57	18 68	17 18	15 06	12 28	8 83	4 64	»	0 30	1 19	2 69	4 81	7 59	11 04	15 23	»	19 87
42 50	79 33	123 38	168 00	165 24	19 91	19 61	18 72	17 21	15 08	12 30	8 83	4 63	»	0 30	1 19	2 70	4 83	7 61	11 08	15 28	»	19 91
42 60	79 28	123 30	167 49	165 17	19 95	19 65	18 75	17 24	15 10	12 31	8 83	4 62	»	0 30	1 20	2 71	4 85	7 64	11 12	15 33	»	19 95
42 70	79 23	123 21	166 98	165 09	19 99	19 69	18 79	17 27	15 13	12 33	8 84	4 61	»	0 30	1 20	2 72	4 86	7 66	11 15	15 38	»	19 99
42 80	79 17	123 12	166 48	165 01	20 03	19 73	18 83	17 31	15 15	12 35	8 84	4 60	»	0 30	1 20	2 72	4 88	7 68	11 19	15 43	»	20 03
42 90	79 12	123 4	165 98	164 94	20 07	19 77	18 86	17 34	15 18	12 36	8 84	4 59	»	0 30	1 21	2 73	4 89	7 71	11 23	15 48	»	20 07

Tangentes 90 mètres.

LONGUEUR de la bissectrice.	DEMI-CORDE.	ANGLE des alignements.	RAYON.	LONGUEUR de l'arc.	FLÈCHE.	ORDONNÉES SUR LA CORDE. La distance à partir de la flèche étant : 10m	20m	30m	40m	50m	60m	70m	80m	ORDONNÉES SUR LES TANGENTES. La distance à partir des points de tangence étant : 10m	20m	30m	40m	50m	60m	70m	80m	égale à la demi-corde
m	m	° ′	m	m	m																	
43 00	79 06	122 55	165 48	164 86	20 11	19 81	18 90	17 37	15 20	12 38	8 84	4 57	»	0 30	1 21	2 74	4 94	7 73	11 27	15 54	»	20 11
43 10	79 01	122 46	164 98	164 78	20 15	19 85	18 93	17 40	15 23	12 39	8 85	4 56	»	0 30	1 22	2 75	4 92	7 76	11 30	15 59	»	20 15
43 20	78 95	122 38	164 49	164 70	20 19	19 89	18 97	17 43	15 25	12 41	8 85	4 55	»	0 30	1 22	2 76	4 94	7 78	11 34	15 64	»	20 19
43 30	78 90	222 29	164 00	164 62	20 23	19 92	19 01	17 46	15 27	12 42	8 86	4 53	»	0 31	1 22	2 77	4 96	7 81	11 37	15 70	»	20 23
43 40	78 84	122 20	163 51	164 54	20 27	19 96	19 04	17 49	15 30	12 43	8 86	4 52	»	0 31	1 23	2 78	4 97	7 84	11 41	15 75	»	20 27
43 50	78 79	122 12	163 02	164 46	20 31	20 00	19 08	17 52	15 32	12 45	8 86	4 51	»	0 31	1 23	2 79	4 99	7 86	11 45	15 80	»	20 31
43 60	78 73	122 3	162 53	164 38	20 35	20 04	19 11	17 55	15 35	12 46	8 87	4 50	»	0 31	1 24	2 80	5 00	7 89	11 48	15 85	»	20 35
43 70	78 68	121 54	162 03	164 30	20 38	20 07	19 14	17 58	15 37	12 47	8 87	4 48	»	0 31	1 24	2 80	5 01	7 91	11 51	15 90	»	20 38
43 80	78 62	121 45	161 55	164 22	20 42	20 11	19 18	17 61	15 39	12 49	8 87	4 47	»	0 31	1 24	2 81	5 03	7 93	11 55	15 95	»	20 42
43 90	78 57	121 37	161 07	164 14	20 46	20 15	19 21	17 64	15 41	72 50	8 87	4 45	»	0 31	1 25	2 82	5 05	7 96	11 59	16 01	»	20 46
44 00	78 51	121 28	160 59	164 06	20 50	20 19	19 25	17 67	15 44	12 52	8 87	4 44	»	0 31	1 25	2 83	5 06	7 98	11 63	16 06	»	20 50
44 10	78 46	121 19	160 11	163 98	20 54	20 23	19 28	17 70	15 46	12 53	8 87	4 42	»	0 31	1 26	2 84	5 08	8 01	11 67	16 12	»	20 54
44 20	78 40	121 10	159 64	163 90	20 58	20 27	19 32	17 73	15 49	12 55	8 87	4 41	»	0 31	1 26	2 85	5 09	8 03	11 71	16 17	»	20 58
44 30	78 34	121 2	159 15	163 81	20 61	20 30	19 35	17 76	15 51	12 56	8 87	4 39	»	0 31	1 26	2 85	5 10	8 05	11 74	16 22	»	20 61
44 40	78 29	120 53	158 68	163 73	20 65	20 33	19 38	17 79	15 53	12 57	8 87	4 38	»	0 32	1 27	2 86	5 12	8 08	11 78	16 27	»	20 65
44 50	78 23	120 44	158 21	163 65	20 69	20 37	19 42	17 82	15 55	12 58	8 87	4 36	»	0 32	1 27	2 87	5 14	8 11	11 82	16 33	»	20 69
44 60	78 17	120 35	157 74	163 57	20 73	20 41	19 46	17 85	15 57	12 60	8 87	4 35	»	0 32	1 27	2 88	5 16	8 13	11 86	16 38	»	20 73
44 70	78 11	120 26	157 28	163 49	20 77	20 45	19 49	17 88	15 60	12 61	8 87	4 33	»	0 32	1 28	2 89	5 17	8 16	11 90	16 44	»	20 77
44 80	78 06	120 18	156 81	163 40	20 81	20 49	19 53	17 91	15 62	12 62	8 87	4 32	»	0 32	1 28	2 90	5 19	8 19	11 94	16 49	»	20 81
44 90	78 00	120 9	156 35	163 32	20 85	20 53	19 56	17 94	15 64	12 63	8 87	4 30	»	0 32	1 29	2 91	5 21	8 22	11 98	16 55	»	20 85
45 00	77 94	120 0	155 88	163 24	20 88	20 56	19 59	17 97	15 66	12 64	8 87	4 28	»	0 32	1 29	2 91	5 22	8 24	12 01	16 60	»	20 88
45 10	77 88	119 51	155 42	163 15	20 92	20 60	19 63	18 00	15 68	12 66	8 87	4 26	»	0 32	1 29	2 92	5 24	8 26	12 05	16 66	»	20 92
45 20	77 83	119 42	154 96	163 07	20 96	20 64	19 66	18 03	15 71	12 67	8 87	4 25	»	0 32	1 30	2 93	5 25	8 29	12 09	16 71	»	20 96
45 30	77 77	119 33	154 51	162 98	21 00	20 68	19 70	18 06	15 73	12 68	8 87	4 23	»	0 32	1 30	2 94	5 27	8 32	12 13	16 77	»	21 00
45 40	77 71	119 25	154 04	162 90	21 03	20 71	19 73	18 08	15 75	12 69	8 87	4 21	»	0 32	1 30	2 95	5 28	8 34	12 16	16 82	»	21 03
45 50	77 65	119 16	153 59	162 81	21 07	20 74	19 76	18 11	15 77	12 71	8 87	4 19	»	0 33	1 31	2 96	5 30	8 36	12 20	16 88	»	21 07
45 60	77 59	119 7	153 14	162 73	21 11	20 78	19 80	18 14	15 79	12 72	8 87	4 18	»	0 33	1 31	2 97	5 32	8 39	12 24	16 93	»	21 11
45 70	77 53	118 58	152 69	162 64	21 15	20 82	19 83	18 17	15 82	12 73	8 87	4 16	»	0 33	1 32	2 98	5 33	8 42	12 28	16 99	»	21 15
45 80	77 47	118 49	152 25	162 56	21 19	20 86	19 87	18 20	15 84	12 74	8 87	4 14	»	0 33	1 32	2 99	5 35	8 45	12 32	17 05	»	21 19
45 90	77 41	118 40	151 79	162 48	21 22	20 89	19 90	18 23	15 86	12 75	8 86	4 12	»	0 33	1 32	2 99	5 36	8 47	12 36	17 10	»	21 22

Tangentes 90 mètres.

LONGUEUR de la bissectrice.	DEMI-CORDE.	ANGLE des alignements.	RAYON.	LONGUEUR de l'arc.	FLÈCHE.	ORDONNÉES SUR LA CORDE La distance à partir de la flèche étant 10m	20m	30m	40m	50m	60m	70m	80m	ORDONNÉES SUR LES TANGENTES La distance à partir des points de tangence étant 10m	20m	30m	40m	50m	60m	70m	80m	égale à la demi-corde
m	m	° ′	m	m	m																	
46.00	77.36	118.31	151.35	162.39	21.26	20.93	19.93	18.26	15.88	12.76	8.86	4.10	»	0.33	1.33	3.00	5.38	8.50	12.40	17.16	»	21.26
46 10	77 30	118 23	150 90	162 30	21 30	20 97	19 97	18 29	15 90	12 77	8 86	4 08	»	0 33	1 33	3 01	5 40	8 53	12 44	17 22	»	21 30
46 20	77 24	118 14	150 45	162 21	21 33	21 00	20 00	18 31	15 92	12 78	8 85	4 06	»	0 33	1 33	3 02	5 41	8 55	12 48	17 27	»	21 33
46 30	77 18	118 5	150 02	162 13	21 37	21 04	20 03	18 34	15 94	12 79	8 85	4 04	»	0 33	1 34	3 03	5 43	8 58	12 52	17 33	»	21 37
46 40	77 12	117 56	149 58	162 04	21 41	21 08	20 07	18 37	15 96	12 80	8 85	4 02	»	0 33	1 34	3 04	5 45	8 61	12 56	17 39	»	21 41
46 50	77 06	117 47	149 14	161 95	21 45	21 11	20 10	18 40	15 98	12 81	8 84	4 00	»	0 34	1 35	3 05	5 47	8 64	12 64	17 45	»	21 45
46 60	77 00	117 38	148 71	161 86	21 49	21 15	20 14	18 43	16 00	12 82	8 84	3 98	»	0 34	1 35	3 06	5 49	8 67	12 65	17 51	»	21 49
46 70	76 93	117 29	148 28	161 78	21 53	21 19	20 17	18 46	16 02	12 83	8 84	3 96	»	0 34	1 36	3 07	5 51	8 70	12 69	17 57	»	21 53
46 80	76 87	117 20	147 84	161 69	21 56	21 22	20 20	18 48	16 04	12 84	8 83	3 94	»	0 34	1 36	3 08	5 52	8 72	12 73	17 62	»	21 56
46 90	76 81	117 11	147 40	161 60	21 60	21 26	20 23	18 51	16 06	12 85	8 83	3 92	»	0 34	1 37	3 09	5 54	8 75	12 77	17 68	»	21 60
47 00	76 75	117 2	146 97	161 51	21 63	21 29	20 26	18 54	16 08	12 86	8 82	3 89	»	0 34	1 37	3 09	5 56	8 77	12 81	17 74	»	21 63
47 10	76 69	116 53	146 54	161 42	21 67	21 33	20 30	18 57	16 10	12 87	8 82	3 87	»	0 34	1 37	3 10	5 57	8 80	12 85	17 80	»	21 67
47 20	76 63	116 44	146 12	161 33	21 71	21 37	20 33	18.60	16 12	12 88	8 82	3 85	»	0 34	1 38	3 11	5 59	8 83	12 89	17 86	»	21 71
47 30	76 57	116 35	145 69	161 24	21 74	21 40	20 36	18 62	16 14	12 89	8 81	3 82	»	0 34	1 38	3 12	5 60	8 85	12 93	17 92	»	21 74
47 40	76 51	116 26	145 27	161 15	21 78	21 43	20 39	18 65	16 16	12 90	8 81	3 80	»	0 35	1 39	3 13	5 62	8 88	12 97	17 98	»	21 78
47 50	76 44	116 17	144 85	161 06	21 82	21 47	20 43	18 68	16 18	12 91	8 80	3 78	»	0 35	1 39	3 14	5 64	8 91	13 02	18 04	»	21 82
47 60	76 38	116 8	144 42	160 97	21 85	21 50	20 46	18 70	16 20	12 92	8 79	3 75	»	0 35	1 39	3 15	5 65	8 93	13 06	18 10	»	21 85
47 70	76 32	115 59	144 00	160 88	21 89	21 54	20 49	19 73	16 22	12 93	8 79	3 73	»	0 35	1 40	3 16	5 67	8 96	13 10	18 16	»	21 89
47 80	76 26	115 50	143 58	160 78	21 92	21 57	20 52	18 75	16 24	12 93	8 78	3 70	»	0 35	1 40	3 17	5 68	8 99	13 14	18 22	»	21 92
47 90	76 19	115 41	143 16	160 69	21 96	21 61	20 55	18 78	16 26	12 94	8 78	3 68	»	0 35	1 41	3 18	5 70	9 02	13 18	18 28	»	21 96
48 00	76 13	115 32	142 75	160 60	22 00	21 65	20 59	18 81	16 28	12 95	8 77	3 66	»	0 35	1 41	3 19	5 72	9 05	13 23	18 34	»	22 00
48 10	76 07	115 23	142 33	160 51	22 03	21 68	20 62	18 83	16 30	12 96	8 76	3 63	»	0 35	1 41	3 20	5 73	9 07	13 27	18 40	»	22 03
48 20	76 00	115 14	141 92	160 41	22 07	21 72	20 65	18 86	16 32	12 97	8 76	3 61	»	0 35	1 42	3 21	5 75	9 10	13 31	18 46	»	22 07
48 30	75 94	115 5	141 50	160 32	22 10	21 75	20 68	18 88	16 33	12 97	8 75	3 58	»	0 35	1 42	3 22	5 77	9 13	13 35	18 52	»	22 10
48 40	75 88	114 56	141 09	160 23	22 14	21 78	20 71	18 91	16 35	12 98	8 74	3 55	»	0 36	1 43	3 23	5 79	9 16	13 40	18 59	»	22 14
48 50	75 81	114 47	140 69	160 13	22 18	21 82	20 75	18 94	16 37	12 99	8 74	3 53	»	0 36	1 43	3 24	5 81	9 19	13 44	18 65	»	22 18
48 60	75 75	114 38	140 28	160 04	22 21	21 85	20 78	18 96	16 39	12 99	8 73	3 50	»	0 36	1 43	3 25	5 82	9 22	13 48	18 71	»	22 21
48 70	75 69	114 29	139 87	159 94	22 25	21 89	20 81	18 99	16 41	13 00	8 73	3 47	»	0 36	1 44	3 26	5 84	9 25	13 52	18 78	»	22 25
48 80	75 62	114 20	139 46	159 85	22 28	21 92	20 84	19 02	16 42	13 01	8 72	3 44	»	0 36	1 44	3 26	5 86	9 27	13 56	18 84	»	22 28
48 90	75 56	114 11	139 06	159 75	22 32	21 96	20 87	19 05	16 44	13 02	8 71	3 41	»	0 36	1 45	3 27	5 88	9 30	13 61	18 91	»	22 32

Tangentes 90 mètres.

LONGUEUR de la bissectrice.	DEMI-CORDE.	ANGLE des alignements.	RAYON.	LONGUEUR de l'arc.	FLÈCHE.	ORDONNÉES SUR LA CORDE. La distance à partir de la flèche étant 10m	20m	30m	40m	50m	60m	70m	80m	ORDONNÉES SUR LES TANGENTES La distance à partir des points de tangence étant 10m	20m	30m	40m	50m	60m	70m	80m	égale à la demi-corde
m	m	° '	m	m	m																	
49.00	75.49	114 2	138.66	159.66	22.35	21.99	20.90	19.07	16.46	13.02	8.70	3.38	»	0.36	1.45	3.28	6.89	9.33	13.65	18.97	»	22.35
49.10	75.43	113 52	138.26	159.56	22.39	22.03	20.93	19.10	16.48	13.03	8.69	3.36	»	0.36	1.46	3.29	5.91	9.36	13.70	19.03	»	22.39
49.20	75.36	113 43	137.85	150.47	22.42	22.06	20.96	19.12	16.49	13.03	8.68	3.33	»	0.36	1.40	5.30	5.93	9.39	13.74	19.09	»	22.42
49.30	75.30	113 34	137.45	159.37	22.46	22.09	20.99	19.15	16.51	13.04	8.67	8.30	»	0.37	1.47	3.31	5.95	9.42	13.79	19.16	»	22.46
49.40	75.23	113 25	137.06	159.27	22.49	22.12	21.02	19.17	16.53	13.04	8.66	3.27	»	0.37	1.47	3.32	5.96	9.45	13.83	19.22	»	22.49
49.50	75.16	113 16	136.67	159.17	22.53	22.16	21.05	19.20	16.55	13.05	8.65	3.24	»	0.37	1.48	3.33	5.98	9.48	13.88	19.29	»	22.53
49.60	75.10	113 7	136.27	159.08	22.56	22.19	21.08	19.22	16.56	13.05	8.64	3.21	»	0.37	1.48	3.34	6.00	9.51	13.92	19.35	»	22.56
49.70	75.04	112 58	135.88	158.98	22.60	22.23	21.11	19.25	16.58	13.06	8.63	3.18	»	0.37	1.49	3.35	6.02	9.54	13.97	19.42	»	22.60
49.80	74.97	112 48	135.48	158.88	22.63	22.26	21.14	19.27	16.59	13.07	8.62	3.14	»	0.37	1.49	3.36	6.04	9.56	14.01	19.49	»	22.63
49.90	74.90	112 39	135.08	158.78	22.66	22.29	21.17	19.29	16.61	13.07	8.04	3.11	»	0.37	1.49	3.37	6.05	9.59	14.05	19.55	»	22.66
50.00	74.83	112 30	134.70	158.68	22.70	22.33	21.20	19.32	16.63	14.08	8.60	3.08	»	0.37	1.50	3.38	6.07	9.62	14.10	19.62	»	22.70
50.10	74.77	112 21	134.31	158.58	22.73	22.36	21.23	19.34	16.64	13.08	8.58	3.05	»	0.37	1.50	3.39	6.09	9.65	14.15	19.68	»	22.73
50.20	74.70	112 12	133.92	158.48	22.77	22.39	21.26	19.37	16.66	13.09	8.57	3.02	»	0.38	1.51	3.40	6.11	9.68	14.20	19.75	»	22.77
50.30	74.63	112 2	133.53	158.38	22.80	22.42	21.29	19.39	16.67	13.09	8.56	2.98	»	0.38	1.51	3.41	6.13	9.71	14.24	19.82	»	22.80
50.40	74.56	111 53	133.15	158.28	22.84	22.46	21.32	19.42	16.69	13.10	8.55	2.95	»	0.38	1.52	3.42	6.15	9.74	14.29	19.89	»	22.84
50.50	74.50	111 44	132.77	158.18	22.87	22.49	21.35	19.44	16.70	13.10	8.54	2.92	»	0.38	1.52	3.43	6.17	9.77	14.33	19.95	»	22.87
50.60	74.43	111 35	132.38	158.08	22.90	22.52	21.38	19.46	16.71	13.10	8.52	2.88	»	0.38	1.52	3.44	6.19	9.80	14.38	20.02	»	22.90
50.70	74.36	111 26	132.00	157.98	22.94	22.56	21.41	19.49	16.73	13.10	8.51	2.85	»	0.38	1.53	3.45	6.21	9.84	14.43	20.09	»	22.94
50.80	74.29	111 16	131.62	157.88	22.97	22.59	21.44	19.51	16.74	13.11	8.50	2.81	»	0.38	1.53	3.46	6.23	9.87	14.47	20.16	»	22.97
50.90	74.23	111 7	131.24	157.78	23.01	22.63	21.47	19.53	16.76	13.11	8.49	2.78	»	0.38	1.54	3.48	6.25	9.90	14.52	20.23	»	23.01
51.00	74.16	110 58	130.86	157.68	23.04	22.66	21.50	19.55	16.77	13.11	8.47	2.74	»	0.38	1.54	3.49	6.27	9.93	14.57	20.30	»	23.04
51.10	74.09	110 49	130.48	157.57	23.07	22.69	21.53	19.57	16.79	13.11	8.46	2.70	»	0.38	1.54	3.50	6.28	9.96	14.61	20.37	»	23.07
51.20	74.02	110 39	130.11	157.47	23.11	22.72	21.56	19.60	16.81	13.12	8.45	2.67	»	0.39	1.55	3.51	6.30	9.99	14.66	20.44	»	23.11
51.30	73.95	110 30	129.73	157.37	23.14	22.75	21.59	19.62	16.82	13.12	8.43	2.63	»	0.39	1.55	3.52	6.32	10.02	14.71	20.51	»	23.14
51.40	73.88	110 21	129.37	157.26	23.18	22.79	21.62	19.65	16.84	13.12	8.42	2.60	»	0.39	1.56	3.53	6.34	10.06	14.76	20.58	»	23.18
51.50	73.81	110 11	128.99	157.16	23.21	22.82	21.65	19.67	16.85	13.12	8.40	2.56	»	0.39	1.56	3.54	6.36	10.09	14.81	20.65	»	23.21
51.60	73.74	110 2	128.62	157.05	23.24	22.85	21.67	19.69	16.86	13.12	8.38	2.52	»	0.39	1.57	3.55	6.38	10.12	14.86	20.72	»	23.24
51.70	73.67	109 53	128.24	156.95	23.27	22.88	21.70	19.71	16.87	13.12	8.37	2.48	»	0.39	1.57	3.56	6.40	10.15	14.90	20.79	»	23.27
51.80	73.60	109 43	127.87	156.84	23.30	22.91	21.73	19.73	16.88	13.12	8.35	2.44	»	0.39	1.57	3.57	6.42	10.18	14.95	20.86	»	23.30
51.90	73.53	109 34	127.51	156.74	23.34	22.95	21.76	19.76	16.90	13.13	8.34	2.40	»	0.39	1.58	3.58	6.44	10.21	15.00	20.94	»	23.34

Tangentes 90 mètres.

LONGUEUR de la bissectrice.	DEMI-CORDE.	ANGLE des alignements.	RAYON.	LONGUEUR de l'arc.	FLÈCHE.	ORDONNÉES SUR LA CORDE. La distance à partir de la flèche étant								ORDONNÉES SUR LES TANGENTES. La distance à partir des points de tangence étant								
						10m	20m	30m	40m	50m	60m	70m	80m	10m	20m	30m	40m	50m	60m	70m	80m	égale à la demi-corde
m	m	G	m	m	m																	
52.00	73.46	109.25	127.44	156.64	23.37	22.98	21.79	19.78	16.91	13.13	8.32	2.36	»	0.39	1.58	3.59	6.46	10.24	15.05	21.01	»	23.37
52 10	73 39	109 15	126 78	156 53	23 41	23 01	21 82	19 81	16 93	13 13	8 31	2 32	»	0 40	1 59	3 60	6 48	10 28	15 10	21 09	»	23 41
52 20	73 31	109 6	126 41	156 42	23 44	23 04	21 85	19 83	16 94	13 13	8 29	2 28	»	0 40	1 59	3 61	6 50	10 31	15 15	21 16	»	23 44
52 30	73 24	108 56	126 05	156 31	23 47	23 07	21 87	19 85	16 95	13 13	8 27	2 24	»	0 40	1 60	3 62	6 52	10 34	15 20	21 23	»	23 47
52 40	73 17	108 47	125 68	156 20	23 50	23 10	21 90	19 87	16 96	13 12	8 25	2 20	»	0 40	1 60	3 63	6 54	10 38	15 25	21 30	»	23 50
52 50	73 10	108 38	125 32	156 10	23 53	23 13	21 93	19 89	16 98	13 12	8 24	2 16	»	0 40	1 60	3 64	6 55	10 41	15 29	21 37	»	23 53
52 60	73 03	108 28	124 95	155 99	23 56	23 16	21 95	19 91	16 99	13 12	8 22	2 11	»	0 40	1 61	3 65	6 57	10 44	15 34	21 45	»	23 56
52 70	72 96	108 19	124 39	155 88	23 59	23 19	21 98	19 93	17 00	13 12	8 20	2 07	»	0 40	1 61	3 66	6 59	10 47	15 39	21 52	»	23 59
52 80	72 88	108 9	124 23	155 77	23 62	23 22	22 00	19 95	17 01	13 12	8 18	2 03	»	0 40	1 62	3 67	6 61	10 50	15 44	21 59	»	23 62
52 90	72 81	108 0	123 87	155 66	23 65	23 25	22 03	19 97	17 02	13 12	8 16	1 98	»	0 40	1 62	3 68	6 63	10 53	15 49	21 67	»	23 65
53 00	72 74	107 51	123 52	155 55	23 69	23 28	22 06	19 99	17 04	13 12	8 14	1 94	»	0 41	1 63	3 70	6 65	10 57	15 55	21 75	»	23 69
53 10	72 67	107 41	123 16	155 44	23 72	23 31	22 09	20 01	17 05	13 11	8 12	1 89	»	0 41	1 63	3 71	6 67	10 61	15 60	21 83	»	23 72
53 20	72 59	107 32	122 81	155 33	23 75	23 34	22 11	20 03	17 06	13 11	8 10	1 85	»	0 41	1 64	3 72	6 69	10 64	15 65	21 90	»	23 75
53 30	72 52	107 22	122 45	155 22	23 78	23 37	22 14	20 05	17 07	13 11	8 08	1 80	»	0 41	1 64	3 73	6 71	10 67	15 70	21 98	»	23 78
53 40	72 45	107 13	122 09	155 11	23 81	23 40	22 16	20 07	17 08	13 11	8 06	1 75	»	0 41	1 65	3 74	6 73	10 70	15 75	22 06	»	23 81
53 50	72 37	107 3	121 74	155 00	23 84	23 43	22 19	20 09	17 09	13 10	8 04	1 71	»	0 41	1 65	3 75	6 75	10 74	15 80	22 13	»	23 84
53 60	72 29	106 54	121 39	154 89	23 87	23 46	22 21	20 11	17 10	13 10	8 01	1 66	»	0 41	1 66	3 76	6 77	10 77	15 86	22 21	»	23 87
53 70	72 22	106 44	121 04	154 77	23 90	23 49	22 24	20 13	17 11	13 10	7 99	1 61	»	0 41	1 66	3 77	6 79	10 80	15 91	22 30	»	23 90
53 80	72 15	106 35	120 70	154 66	23 94	23 52	22 27	20 15	17 12	13 10	7 97	1 57	»	0 42	1 67	3 79	6 82	10 84	15 97	22 37	»	23 94
53 90	72 07	106 25	120 35	154 55	23 97	23 55	22 30	20 17	17 13	13 09	7 95	1 52	»	0 42	1 67	3 80	6 84	10 88	16 02	22 45	»	23 97
54 00	72 00	106 16	120 00	154 44	24 00	23 58	22 32	20 19	17 14	13 09	7 92	1 47	»	0 42	1 68	3 81	6 86	10 91	16 08	22 53	»	24 00
54 10	71 92	106 6	119 65	154 32	24 03	23 61	22 35	20 21	17 15	13 08	7 90	1 42	»	0 42	1 68	3 82	6 88	10 95	16 13	22 61	»	24 03
54 20	71 85	105 56	119 30	154 21	24 06	23 64	22 37	20 23	17 16	13 08	7 88	1 37	»	0 42	1 69	3 83	6 90	10 98	16 18	22 69	»	24 06
54 30	71 77	105 47	118 96	154 09	24 09	23 67	22 40	20 25	17 16	13 07	7 85	1 32	»	0 42	1 69	3 84	6 93	11 02	16 24	22 77	»	24 09
54 40	71 70	105 37	118 62	153 98	24 12	23 70	22 42	20 27	17 17	13 07	7 83	1 27	»	0 42	1 70	3 85	6 95	11 05	16 29	22 85	»	24 12
54 50	71 63	105 28	118 27	153 86	24 15	23 73	22 45	20 28	17 18	13 06	7 80	1 22	»	0 42	1 70	3 87	6 97	11 09	16 35	22 93	»	24 15
54 60	71 55	105 18	117 93	153 74	24 18	23 75	22 47	20 30	17 19	13 06	7 78	1 16	»	0 43	1 71	3 88	6 99	11 12	16 40	23 02	»	24 18
54 70	71 47	105 8	117 59	153 63	24 21	23 78	22 50	20 32	17 20	13 05	7 75	1 11	»	0 43	1 71	3 89	7 01	11 16	16 46	23 10	»	24 21
54 80	71 39	104 59	117 25	153 51	24 24	23 81	22 52	20 34	17 21	13 05	7 73	1 05	»	0 43	1 72	3 90	7 03	11 19	16 51	23 19	»	24 24
54 90	71 32	104 49	116 94	153 40	24 27	23 84	22 55	20 36	17 22	13 04	7 70	1 00	»	0 43	1 72	3 91	7 05	11 23	16 57	23 27	»	24 27

Tangentes 90 mètres.

LONGUEUR de la bissectrice.	DEMI-CORDE.	ANGLE des alignements.	RAYON.	LONGUEUR de l'arc.	FLÈCHE.	ORDONNÉES SUR LA CORDE. La distance à partir de la flèche étant 10m	20m	30m	40m	50m	60m	70m	80m	ORDONNÉES SUR LES TANGENTES. La distance à partir des points de tangence étant 10m	20m	30m	40m	50m	60m	70m	80m	égale à la demi-corde
m	m	° ′	m	m	m																	
55.00	71.24	104.40	116.57	153.28	24.30	23.87	22.57	20.37	17.22	13.63	7.67	0.94	»	0.43	1.73	3.93	7.08	11.27	16.63	23.36	»	24.30
55 10	71 16	104 30	116 23	153 16	24 33	23 90	22 60	20 39	17 23	13 03	7 64	0 89	»	0 43	1 73	3 94	7 10	11 30	16 69	23 44	»	24 33
55 20	71 08	104 20	115 90	153 04	24 36	23 93	22 62	20 41	17 24	13 02	7 62	0 83	»	0 43	1 74	3 95	7 12	11 34	16 74	23 53	»	24 36
55 30	71 01	104 10	115 56	152 92	24 39	23 96	22 65	20 43	17 24	13 01	7 59	0 77	»	0 43	1 74	3 96	7 15	11 38	16 80	23 62	»	24 39
55 40	70 93	104 1	115 23	152 80	24 42	23 98	22 67	20 44	17 25	13 01	7 56	0 72	»	0 44	1 75	3 98	7 17	11 41	16 86	23 70	»	24 42
55 50	70 85	103 51	114 90	152 68	24 45	24 01	22 70	20 46	17 26	13 00	7 53	0 66	»	0 44	1 75	3 99	7 19	11 45	16 92	23 79	»	24 45
55 60	70 77	103 41	114 56	152 56	24 48	24 04	22 72	20 48	17 27	12 99	7 51	0 60	»	0 44	1 76	4 00	7 21	11 49	16 97	23 88	»	24 48
55 70	70 70	103 32	114 22	152 44	24 50	24 06	22 74	20 49	17 27	12 98	7 48	0 54	»	0 44	1 76	4 01	7 23	11 52	17 02	23 96	»	24 50
55 80	70 62	103 22	113 89	152 32	24 53	24 09	22 76	20 51	17 28	12 97	7 45	0 48	»	0 44	1 77	4 02	7 25	11 56	17 08	24 05	»	24 53
55 90	70 54	103 12	113 56	152 20	24 56	24 12	22 79	20 53	17 28	12 96	7 42	0 42	»	0 44	1 77	4 03	7 28	11 60	17 14	24 14	»	24 56
56 00	70 46	103 3	113 23	152 08	24 59	24 15	22 81	20 54	17 29	12 95	7 39	0 36	»	0 44	1 78	4 05	7 30	11 64	17 20	24 23	»	24 59
56 10	70 38	102 53	112 90	151 96	24 62	24 17	22 84	20 56	17 29	12 94	7 36	0 30	»	0 45	1 78	4 06	7 33	11 68	17 26	24 32	»	24 62
56 20	70 30	102 43	112 57	151 83	24 65	24 20	22 86	20 58	17 30	12 93	7 33	0 24	»	0 45	1 79	4 07	7 35	11 72	17 32	24 41	»	24 65
56 30	70 22	102 33	112 24	151 71	24 67	24 22	22 88	20 59	17 30	12 92	7 29	0 17	»	0 45	1 79	4 08	7 37	11 75	17 38	24 50	»	24 67
56 40	70 14	102 23	111 92	151 58	24 70	24 25	22 90	20 61	17 31	12 91	7 26	0 11	»	0 45	1 80	4 09	7 39	11 79	17 44	24 59	»	24 70
56 50	70 05	102 13	111 59	151 46	24 73	24 28	22 92	20 62	17 31	12 90	7 23	0 04	»	0 45	1 81	4 11	7 42	11 83	17 50	24 69	»	24 73
56 60	69 97	102 4	111 27	151 34	24 76	24 31	22 95	20 64	17 32	12 89	7 19	»	»	0 45	1 81	4 12	7 44	11 87	17 57	»	»	24 76
56 70	69 89	101 54	110 95	151 21	24 79	24 34	22 97	20 66	17 32	12 88	7 16	»	»	0 45	1 82	4 13	7 47	11 91	17 63	»	»	24 79
56 80	69 81	101 44	110 62	151 09	24 81	24 36	22 99	20 67	17 32	12 87	7 12	»	»	0 45	1 82	4 14	7 49	11 94	17 69	»	»	24 81
56 90	69 73	101 34	110 29	150 96	24 84	24 38	23 01	20 68	17 33	12 86	7 09	»	»	0 46	1 83	4 16	7 51	11 98	17 75	»	»	24 84
57 00	69 65	101 24	109 96	150 84	24 86	24 40	23 03	20 69	17 33	12 84	7 05	»	»	0 46	1 83	4 17	7 53	12 02	17 81	»	»	24 86
57 10	69 57	101 14	109 64	150 71	24 89	24 43	23 05	20 71	17 34	12 83	7 02	»	»	0 46	1 84	4 18	7 55	12 06	17 87	»	»	24 89
57 20	69 48	101 5	109 33	150 58	24 92	24 46	23 08	20 73	17 34	12 82	6 98	»	»	0 46	1 84	4 19	7 58	12 10	17 94	»	»	24 92
57 30	69 40	100 55	109 01	150 45	24 95	24 49	23 10	20 74	17 34	12 80	6 95	»	»	0 46	1 85	4 21	7 61	12 15	18 00	»	»	24 95
57 40	69 32	100 45	108 69	150 33	24 98	24 52	23 12	20 76	17 35	12 79	6 91	»	»	0 46	1 86	4 22	7 63	12 19	18 07	»	»	24 98
57 50	69 24	100 35	108 37	150 20	25 00	24 54	23 14	20 77	17 35	12 77	6 87	»	»	0 46	1 86	4 23	7 65	12 23	18 13	»	»	25 00
57 60	69 15	100 25	108 05	150 07	25 03	24 56	23 16	20 78	17 35	12 76	6 84	»	»	0 47	1 87	4 25	7 68	12 27	18 19	»	»	25 03
57 70	69 07	100 15	107 73	149 94	25 05	24 58	23 18	20 79	17 35	12 74	6 80	»	»	0 47	1 87	4 26	7 70	12 31	18 25	»	»	25 05
57 80	68 99	100 5	107 42	149 81	25 08	24 61	23 20	20 81	17 36	12 73	6 76	»	»	0 47	1 88	4 27	7 72	12 35	18 32	»	»	25 08
57 90	68 90	99 55	107 11	149 68	25 11	24 64	23 22	20 82	17 36	12 72	6 72	»	»	0 47	1 89	4 29	7 75	12 39	18 39	»	»	25 11

Tangentes 90 mètres.

LONGUEUR de la bissectrice.	DEMI-CORDE.	ANGLE des alignements.	RAYON.	LONGUEUR de l'arc.	FLÈCHE.	ORDONNÉES SUR LA CORDE La distance à partir de la flèche étant								ORDONNÉES SUR LES TANGENTES La distance à partir des points de tangence étant								
						10m	20m	30m	40m	50m	60m	70m	80m	10m	20m	30m	40m	50m	60m	70m	80m	égale à la demi-corde
m	m	° '	m	m	m																	
58.00	68.82	99.45	106.78	149.56	25.43	24.66	23.24	20.83	17.36	12.70	6.68	»	»	0.47	1.89	4.30	7.77	12.53	18.45	»	»	25.43
58 10	68 73	99 35	106 47	149 42	25 46	24 69	23 26	20 84	17 36	12 69	6 64	»	»	0 47	1 90	4 32	7 80	12 47	18 52	»	»	25 46
58 20	68 65	99 25	106 15	149 29	25 48	24 71	23 28	20 85	17 36	12 67	6 60	»	»	0 47	1 90	4 33	7 82	12 54	18 58	»	»	25 48
58 30	68 56	99 15	105 85	149 16	25 21	24 74	23 30	20 87	17 36	12 65	6 56	»	»	0 47	1 91	4 34	7 85	12 56	18 65	»	»	25 21
58 40	68 48	99 5	105 54	149 02	25 24	24 76	23 32	20 88	17 36	12 64	6 52	»	»	0 48	1 92	4 36	7 88	12 60	18 72	»	»	25 24
58 50	68 39	98 55	105 22	148 89	25 26	24 78	23 34	20 89	17 36	12 62	6 47	»	»	0 48	1 92	4 37	7 90	12 64	18 79	»	»	25 26
58 60	68 31	98 45	104 91	148 76	25 29	24 81	23 36	20 90	17 36	12 60	6 43	»	»	0 48	1 93	4 39	7 93	12 69	18 86	»	»	25 29
58 70	68 22	98 35	104 60	148 63	25 31	24 83	23 38	20 91	17 36	12 58	6 39	»	»	0 48	1 93	4 40	7 95	12 73	18 92	»	»	25 31
58 80	68 14	98 25	104 29	148 49	25 34	24 86	23 40	20 93	17 36	12 57	6 35	»	»	0 48	1 94	4 41	7 98	12 77	18 99	»	»	25 34
58 90	68 05	98 15	103 98	148 36	25 36	24 88	23 42	20 94	17 36	12 55	6 30	»	»	0 48	1 94	4 42	8 00	12 81	19 06	»	»	25 36
59 00	67 97	98 5	103 68	148 23	25 38	24 90	23 43	20 95	17 35	12 53	6 26	»	»	0 48	1 95	4 43	8 03	12 85	19 12	»	»	25 38
59 10	67 88	97 54	103 37	148 09	25 41	24 92	23 45	20 96	17 35	12 54	6 22	»	»	0 49	1 96	4 45	8 06	12 90	19 19	»	»	25 41
59 20	67 79	97 44	103 05	147 95	25 43	24 94	23 47	20 97	17 35	12 49	6 17	»	»	0 49	1 96	4 46	8 08	12 94	19 26	»	»	25 43
59 30	67 71	97 34	102 75	147 82	25 46	24 97	23 49	20 98	17 35	12 47	6 12	»	»	0 49	1 97	4 48	8 11	12 99	19 34	»	»	25 46
59 40	67 62	97 24	102 44	147 68	25 48	24 99	23 51	20 99	17 35	12 45	6 07	»	»	0 49	1 97	4 49	8 13	13 03	19 41	»	»	25 48
59 50	67 53	97 14	102 14	147 54	25 50	25 01	23 52	21 00	17 34	12 43	6 02	»	»	0 49	1 98	4 50	8 16	13 07	19 48	»	»	25 50
59 60	67 44	97 3	101 84	147 40	25 53	25 04	23 54	21 01	17 34	12 41	5 98	»	»	0 49	1 99	4 52	8 19	13 12	19 55	»	»	25 53
59 70	67 35	96 53	101 53	147 26	25 55	25 06	23 56	21 02	17 34	12 39	5 93	»	»	0 49	1 99	4 53	8 21	13 16	19 62	»	»	25 55
59 80	67 26	96 43	101 23	147 13	25 58	25 08	23 58	21 03	17 34	12 37	5 88	»	»	0 50	2 00	4 55	8 24	13 21	19 70	»	»	25 58
59 90	67 17	96 33	100 92	146 99	25 60	25 10	23 60	21 04	17 33	12 35	5 83	»	»	0 50	2 00	4 56	8 27	13 25	19 77	»	»	25 60
60 00	67 08	96 23	100 62	146 85	25 62	25 12	23 61	21 05	17 33	12 32	5 78	»	»	0 50	2 01	4 57	8 29	13 30	19 84	»	»	25 62
60 10	66 99	96 12	100 31	146 71	25 64	25 14	23 63	21 06	17 32	12 37	5 72	»	»	0 50	2 01	4 58	8 32	13 34	19 92	»	»	25 64
60 20	66 90	96 2	100 02	146 56	25 67	25 17	23 65	21 07	17 32	12 28	5 67	»	»	0 50	2 02	4 60	8 35	13 39	20 00	»	»	25 67
60 30	66 81	95 52	99 72	146 42	25 69	25 19	23 66	21 07	17 32	12 25	5 62	»	»	0 50	2 03	4 61	8 37	13 44	20 07	»	»	25 69
60 40	66 72	95 41	99 42	146 28	25 71	25 21	23 68	21 08	17 31	12 22	5 56	»	»	0 50	2 03	4 63	8 40	13 49	20 15	»	»	25 71
60 50	66 63	95 31	99 12	146 13	25 74	25 23	23 70	21 09	17 31	12 20	5 51	»	»	0 51	2 04	4 65	8 43	13 54	20 23	»	»	25 74
60 60	66 54	95 21	98 81	145 99	25 76	25 25	23 71	21 10	17 30	12 17	5 46	»	»	0 51	2 05	4 66	8 46	13 59	20 30	»	»	25 76
60 70	66 45	95 11	98 52	145 85	25 78	25 27	23 73	21 10	17 29	12 15	5 40	»	»	0 51	2 05	4 68	8 49	13 63	20 38	»	»	25 78
60 80	66 36	95 0	98 22	145 70	25 80	25 29	23 74	21 11	17 29	12 12	5 35	»	»	0 51	2 06	4 69	8 51	13 68	20 45	»	»	25 80
60 90	66 27	94 50	97 92	145 56	25 82	25 31	23 76	21 12	17 28	12 09	5 29	»	»	0 51	2 06	4 70	8 54	13 73	20 53	»	»	25 82

Tangentes 90 mètres.

LONGUEUR de la bissectrice.	DEMI-CORDE.	ANGLE des alignements.	RAYON.	LONGUEUR de l'arc.	FLÈCHE.	ORDONNÉES SUR LA CORDE. La distance à partir de la flèche étant 10m	20m	30m	40m	50m	60m	70m	80m	ORDONNÉES SUR LES TANGENTES. La distance à partir des points de tangence étant 10m	20m	30m	40m	50m	60m	70m	80m	égale à la demi-corde.
m	m	° '	m	m	m																	
61.00	66.47	94 40	97.63	145.42	25.84	25.33	23.77	21.12	17.27	12.06	5.23	»	»	0.54	2.07	4.72	8.57	13.78	20.61	»	»	25.84
61 10	66 08	94 29	97 34	145 27	25 87	25 35	23 79	21 13	17 27	12 04	5 18	»	»	0 52	2 08	4 74	8 60	13 83	20 69	»	»	25 87
61 20	65 99	94 19	97 04	145 12	25 89	25 37	23 84	21 14	17 26	12 01	5 12	»	»	0 52	2 08	4 75	8 63	13 88	20 77	»	»	25 89
61 30	65 90	94 8	96 75	144 97	25 91	25 39	23 82	21 14	17 25	11 99	5 06	»	»	0 52	2 09	4 77	8 66	13 92	20 85	»	»	25 91
61 40	65 80	93 58	96 45	144 82	25 93	25 41	23 84	21 15	17 24	11 96	5 00	»	»	0 52	2 09	4 78	8 69	13 97	20 93	»	»	25 93
61 50	65 71	93 47	96 16	144 67	25 95	25 43	23 85	21 15	17 24	11 93	4 94	»	»	0 52	2 10	4 80	8 71	14 02	21 01	»	»	25 95
61 60	65 62	93 37	95 86	144 52	25 97	25 45	23 86	21 16	17 23	11 90	4 88	»	»	0 52	2 10	4 81	8 74	14 07	21 09	»	»	25 97
61 70	65 52	93 26	95 57	144 37	25 99	25 47	23 88	21 16	17 22	11 87	4 81	»	»	0 52	2 11	4 83	8 77	14 12	21 18	»	»	25 99
61 80	65 43	93 16	95 28	144 22	26 01	25 48	23 89	21 17	17 21	11 84	4 75	»	»	0 53	2 12	4 84	8 80	14 17	21 26	»	»	26 01
61 90	65 33	93 5	94 99	144 08	26 03	25 50	23 90	21 17	17 20	11 81	4 69	»	»	0 53	2 13	4 86	8 83	14 22	21 34	»	»	26 03
62 00	65 24	92 55	94 69	143 93	26 05	25 52	23 92	21 18	17 19	11 78	4 62	»	»	0 53	2 13	4 87	8 86	14 27	21 43	»	»	26 05
62 10	65 14	92 44	94 40	143 77	26 07	25 54	23 93	21 18	17 18	11 75	4 56	»	»	0 53	2 14	4 89	8 89	14 32	21 51	»	»	26 07
62 20	65 05	92 34	94 11	143 62	26 09	25 56	23 94	21 18	17 17	11 74	4 49	»	»	0 53	2 15	4 91	8 92	14 35	21 60	»	»	26 09
62 30	64 95	92 23	93 83	143 46	26 11	25 58	23 96	21 19	17 16	11 68	4 42	»	»	0 53	2 15	4 92	8 95	14 43	21 69	»	»	26 11
62 40	64 86	92 12	93 54	143 31	26 13	25 59	23 97	21 19	17 15	11 65	4 36	»	»	0 54	2 16	4 94	8 98	14 48	21 77	»	»	26 13
62 50	64 77	92 2	93 25	143 15	26 15	25 61	23 98	21 19	17 14	11 62	4 29	»	»	0 54	2 17	4 96	9 01	14 53	21 86	»	»	26 15
62 60	64 67	91 51	92 96	143 00	26 17	25 63	23 99	21 20	17 13	11 58	4 22	»	»	0 54	2 18	4 97	9 04	14 59	21 95	»	»	26 17
62 70	64 57	91 41	92 68	142 84	26 19	25 65	24 01	21 20	17 11	11 55	4 15	»	»	0 54	2 18	4 99	9 08	14 64	22 04	»	»	26 19
62 80	64 47	91 30	92 39	142 69	26 21	25 67	24 02	21 21	17 10	11 51	4 08	»	»	0 54	2 19	5 00	9 11	14 70	22 13	»	»	26 21
62 90	64 38	91 19	92 10	142 53	26 23	25 68	24 03	21 21	17 09	11 48	4 01	»	»	0 55	2 20	5 02	9 14	14 75	22 22	»	»	26 23
63 00	64 28	91 9	91 81	142 38	26 24	25 69	24 04	21 21	17 07	11 44	3 93	»	»	0 55	2 20	5 03	9 17	14 80	22 31	»	»	26 24
63 10	64 18	90 58	91 52	142 22	26 26	25 71	24 05	21 21	17 06	11 40	3 86	»	»	0 55	2 21	5 05	9 20	14 86	22 40	»	»	26 26
63 20	64 08	90 47	91 24	142 06	26 28	25 73	24 06	21 21	17 05	11 37	3 78	»	»	0 55	2 22	5 07	9 23	14 91	22 50	»	»	26 28
63 30	63 98	90 37	90 96	141 90	26 30	25 75	24 08	21 21	17 03	11 33	3 71	»	»	0 55	2 22	5 09	9 27	14 97	22 59	»	»	26 30
63 40	63 88	90 26	90 68	141 74	26 32	25 76	24 09	21 21	17 02	11 29	3 63	»	»	0 56	2 23	5 11	9 30	15 03	22 69	»	»	26 32
63 50	63 78	90 15	90 40	141 57	26 34	25 78	24 10	21 21	17 00	11 25	3 55	»	»	0 56	2 24	5 13	9 34	15 09	22 79	»	»	26 34
63 60	63 68	90 4	90 12	141 41	26 36	25 80	24 11	21 21	16 98	11 21	3 47	»	»	0 56	2 25	5 15	9 37	15 15	22 88	»	»	26 36

Tangentes 100 mètres.

LONGUEUR de la bissectrice.	DEMI-CORDE.	ANGLE des alignements.	RAYON.	LONGUEUR de l'arc.	FLÈCHE.	ORDONNÉES SUR LA CORDE. La distance à partir de la flèche étant									ORDONNÉES SUR LES TANGENTES. La distance à partir des points de tangence étant									
						10m	20m	30m	40m	50m	60m	70m	80m	90m	10m	20m	30m	40m	50m	60m	70m	80m	90m	égale à la demi-corde
m	m	° ′	m	m	m																			
1.00	99.99	178.51	9999.50	199.99	0.50	0.49	0.48	0.45	0.42	0.37	0.32	0.25	0.18	0.09	0.01	0.02	0.05	0.08	0.13	0.18	0.25	0.32	0.41	0.50
1 10	99 99	178 44	9090 36	199 99	0 55	0 54	0 53	0 50	0 46	0 41	0 35	0 28	0 20	0 10	0 01	0 02	0 05	0 09	0 14	0 20	0 27	0 35	0 45	0 55
1 20	99 99	178 38	8332 73	199 99	0 60	0 59	0 58	0 55	0 50	0 45	0 38	0 31	0 22	0 11	0 01	0 02	0 05	0 10	0 15	0 22	0 29	0 38	0 49	0 60
1 30	99 99	178 31	7691 66	199 99	0 65	0 64	0 62	0 59	0 55	0 49	0 42	0 33	0 23	0 12	0 01	0 03	0 06	0 10	0 16	0 23	0 32	0 41	0 53	0 65
1 40	99 99	178 24	7142 16	199 98	0 70	0 69	0 67	0 64	0 59	0 53	0 45	0 36	0 25	0 13	0 01	0 03	0 06	0 11	0 17	0 25	0 34	0 45	0 57	0 70
1 50	99 99	178 17	6665 92	199 98	0 75	0 74	0 72	0 68	0 63	0 56	0 48	0 38	0 27	0 14	0 01	0 03	0 07	0 12	0 19	0 27	0 37	0 48	0 61	0 75
1 60	99 99	178 10	6249 20	199 98	0 80	0 79	0 77	0 73	0 67	0 60	0 51	0 41	0 29	0 15	0 01	0 03	0 07	0 13	0 20	0 29	0 39	0 51	0 65	0 80
1 70	99 98	178 3	5881 50	199 98	0 85	0 84	0 82	0 77	0 71	0 64	0 54	0 43	0 31	0 16	0 01	0 03	0 08	0 14	0 21	0 31	0 42	0 54	0 69	0 85
1 80	99 98	177 56	5554 65	199 97	0 90	0 89	0 86	0 82	0 76	0 67	0 58	0 46	0 32	0 17	0 01	0 04	0 08	0 14	0 23	0 32	0 44	0 58	0 73	0 90
1 90	99 98	177 49	5262 21	199 97	0 95	0 94	0 91	0 86	0 80	0 71	0 61	0 48	0 34	0 18	0 01	0 04	0 09	0 15	0 24	0 34	0 47	0 61	0 77	0 95
2 00	99 98	177 42	4999 00	199 97	1 00	0 99	0 96	0 91	0 84	0 75	0 64	0 51	0 36	0 19	0 01	0 04	0 09	0 16	0 25	0 36	0 49	0 64	0 81	1 00
2 10	99 98	177 36	4760 85	199 97	1 05	1 04	1 01	0 96	0 88	0 79	0 67	0 54	0 38	0 20	0 01	0 04	0 09	0 17	0 26	0 38	0 51	0 67	0 85	1 05
2 20	99 97	177 29	4344 35	199 96	1 10	1 09	1 06	1 00	0 92	0 83	0 70	0 56	0 40	0 21	0 01	0 04	0 10	0 18	0 27	0 40	0 54	0 70	0 89	1 10
2 36	99 97	177 22	4346 68	199 96	1 15	1 14	1 10	1 05	0 97	0 86	0 74	0 59	0 41	0 22	0 01	0 05	0 10	0 18	0 29	0 41	0 56	0 74	0 93	1 15
2 40	99 97	177 15	4165 47	199 96	1 20	1 19	1 15	1 09	1 01	0 90	0 77	0 61	0 43	0 23	0 01	0 05	0 11	0 19	0 30	0 43	0 59	0 77	0 97	1 20
2 50	99 97	177 8	3998 75	199 95	1 25	1 24	1 20	1 14	1 05	0 94	0 80	0 64	0 45	0 24	0 01	0 05	0 11	0 20	0 31	0 45	0 61	0 80	1 01	1 25
2 60	99 96	177 1	3844 85	199 95	1 30	1 29	1 25	1 18	1 09	0 98	0 83	0 66	0 47	0 25	0 01	0 05	0 12	0 21	0 32	0 47	0 64	0 83	1 05	1 30
2 70	99 96	176 54	3702 35	199 95	1 35	1 34	1 30	1 23	1 13	1 01	0 86	0 69	0 49	0 26	0 01	0 05	0 12	0 22	0 34	0 49	0 66	0 86	1 09	1 35
2 80	99 96	176 47	3570 03	199 94	1 40	1 39	1 34	1 27	1 18	1 05	0 90	0 71	0 50	0 27	0 01	0 06	0 13	0 22	0 35	0 50	0 69	0 90	1 13	1 40
2 90	99 96	176 41	3446 83	199 94	1 45	1 44	1 39	1 32	1 22	1 09	0 93	0 74	0 52	0 27	0 01	0 06	0 13	0 23	0 36	0 52	0 71	0 93	1 18	1 45
3 00	99 95	176 34	3331 83	199 94	1 50	1 48	1 44	1 36	1 26	1 12	0 96	0 76	0 54	0 28	0 02	0 06	0 14	0 24	0 38	0 54	0 74	0 96	1 22	1 50
3 10	99 95	176 26	3224 26	199 93	1 55	1 53	1 49	1 41	1 30	1 16	0 99	0 79	0 56	0 29	0 02	0 06	0 14	0 25	0 39	0 56	0 76	0 99	1 26	1 55
3 20	99 95	176 20	3123 40	199 93	1 60	1 58	1 54	1 46	1 34	1 20	1 02	0 82	0 57	0 30	0 02	0 06	0 14	0 26	0 40	0 58	0 78	1 03	1 30	1 60
3 30	99 94	176 13	3028 65	199 92	1 65	1 63	1 58	1 50	1 39	1 24	1 06	0 84	0 59	0 31	0 02	0 07	0 15	0 26	0 41	0 59	0 81	1 06	1 34	1 65
3 40	99 94	176 6	2939 47	199 92	1 70	1 68	1 63	1 55	1 43	1 27	1 09	0 87	0 61	0 32	0 02	0 07	0 15	0 27	0 43	0 61	0 83	1 09	1 38	1 70
3 50	99 93	175 59	2855 39	199 91	1 75	1 73	1 68	1 59	1 47	1 31	1 12	0 89	0 63	0 33	0 02	0 07	0 16	0 28	0 44	0 63	0 86	1 12	1 42	1 75
3 60	99 93	175 52	2775 98	199 91	1 80	1 78	1 73	1 64	1 51	1 35	1 15	0 92	0 65	0 34	0 02	0 07	0 16	0 29	0 45	0 65	0 88	1 15	1 46	1 80
3 70	99 93	175 46	2700 85	199 90	1 85	1 83	1 78	1 68	1 55	1 39	1 18	0 94	0 66	0 35	0 02	0 07	0 17	0 30	0 46	0 67	0 91	1 19	1 50	1 85
3 80	99 93	175 39	2629 08	199 90	1 90	1 88	1 82	1 73	1 60	1 42	1 22	0 97	0 68	0 36	0 02	0 08	0 17	0 30	0 48	0 68	0 93	1 22	1 54	1 90
3 90	99 92	175 32	2562 45	199 89	1 95	1 93	1 87	1 77	1 64	1 46	1 25	0 99	0 70	0 37	0 02	0 08	0 18	0 31	0 49	0 70	0 96	1 25	1 58	1 95

Tangentes 100 mètres.

LONGUEUR de la bissectrice.	DEMI-CORDE.	ANGLE des alignements.	RAYON.	LONGUEUR de l'arc.	FLÈCHE.	ORDONNÉES SUR LA CORDE. La distance à partir de la flèche étant 10m	20m	30m	40m	50m	60m	70m	80m	90m	ORDONNÉES SUR LES TANGENTES. La distance à partir des points de tangence étant 10m	20m	30m	40m	50m	60m	70m	80m	90m	égale à la demi-corde
m	m	° '	m	m	m																			
4.00	99.92	175.25	2498.00	199.89	2.00	1.98	1.92	1.82	1.68	1.50	1.28	1.02	0.72	0.38	0.02	0.08	0.18	0.32	0.50	0.72	0.98	1.28	1.62	2.00
4 10	99 92	175 18	2436 97	199 88	2 05	2 03	1 97	1 86	1 72	1 54	1 31	1 04	0 74	0 39	0 02	0 08	0 19	0 33	0 51	0 74	1 01	1 31	1 66	2 05
4 20	99 91	175 11	2378 85	199 88	2 10	2 08	2 01	1 91	1 76	1 57	1 34	1 07	0 75	0 40	0 02	0 09	0 19	0 34	0 53	0 76	1 03	1 35	1 70	2 10
4 30	99 91	175 4	2323 43	199 87	2 15	2 13	2 06	1 96	1 80	1 61	1 37	1 09	0 77	0 40	0 02	0 09	0 19	0 35	0 54	0 78	1 06	1 38	1 75	2 15
4 40	99 90	174 57	2270 53	199 87	2 20	2 18	2 11	2 00	1 85	1 65	1 41	1 12	0 79	0 41	0 02	0 09	0 20	0 35	0 55	0 79	1 08	1 41	1 79	2 20
4 50	99 90	174 51	2219 97	199 86	2 25	2 23	2 16	2 05	1 89	1 69	1 44	1 14	0 81	0 42	0 02	0 09	0 20	0 36	0 56	0 81	1 11	1 44	1 83	2 25
4 60	99 89	174 44	2171 64	199 86	2 30	2 28	2 21	2 09	1 93	1 72	1 47	1 17	0 82	0 43	0 02	0 09	0 21	0 37	0 58	0 83	1 13	1 48	1 87	2 30
4 70	99 89	174 37	2125 33	199 85	2 35	2 33	2 25	2 14	1 97	1 76	1 50	1 20	0 84	0 44	0 02	0 10	0 21	0 38	0 59	0 85	1 15	1 51	1 91	2 35
4 80	99 88	174 30	2080 93	199 84	2 40	2 38	2 30	2 18	2 01	1 80	1 53	1 22	0 86	0 45	0 02	0 10	0 22	0 39	0 60	0 87	1 18	1 54	1 95	2 40
4 90	99 88	174 23	2038 37	199 84	2 45	2 42	2 35	2 23	2 06	1 83	1 57	1 25	0 88	0 46	0 03	0 10	0 22	0 39	0 62	0 88	1 20	1 57	1 99	2 45
5 00	99 87	174 16	1997 30	199 83	2 50	2 47	2 40	2 27	2 10	1 87	1 60	1 27	0 89	0 47	0 03	0 10	0 23	0 40	0 63	0 90	1 23	1 61	2 03	2 50
5 10	99 87	174 9	1958 23	199 82	2 55	2 52	2 45	2 32	2 14	1 91	1 63	1 30	0 91	0 48	0 03	0 10	0 23	0 41	0 64	0 92	1 25	1 64	2 07	2 55
5 20	99 86	174 2	1920 48	199 82	2 60	2 57	2 49	2 36	2 18	1 95	1 66	1 32	0 93	0 49	0 03	0 11	0 24	0 42	0 65	0 94	1 28	1 67	2 11	2 60
5 30	99 86	173 55	1884 44	199 81	2 65	2 62	2 54	2 41	2 22	1 98	1 69	1 35	0 95	0 50	0 03	0 11	0 24	0 43	0 67	0 96	1 30	1 70	2 15	2 65
5 40	99 85	173 49	1849 25	199 80	2 70	2 67	2 59	2 45	2 26	2 02	1 72	1 37	0 97	0 51	0 03	0 11	0 25	0 44	0 68	0 98	1 33	1 73	2 19	2 70
5 50	99 85	173 42	1815 43	199 80	2 75	2 72	2 64	2 50	2 31	2 06	1 76	1 40	0 98	0 52	0 03	0 11	0 25	0 44	0 69	0 99	1 35	1 77	2 23	2 75
5 60	99 84	173 35	1782 91	199 79	2 80	2 77	2 69	2 55	2 35	2 10	1 79	1 42	1 00	0 53	0 03	0 11	0 25	0 45	0 70	1 01	1 38	1 80	2 27	2 80
5 70	99 84	173 28	1751 54	199 78	2 85	2 82	2 73	2 59	2 39	2 13	1 82	1 45	1 02	0 53	0 03	0 12	0 26	0 46	0 72	1 03	1 40	1 83	2 32	2 85
5 80	99 83	173 21	1721 24	199 77	2 90	2 87	2 78	2 64	2 43	2 17	1 85	1 47	1 04	0 54	0 03	0 12	0 26	0 47	0 73	1 05	1 43	1 86	2 36	2 90
5 90	99 83	173 14	1691 96	199 77	2 95	2 92	2 83	2 68	2 48	2 21	1 88	1 50	1 06	0 55	0 03	0 12	0 27	0 47	0 74	1 07	1 45	1 89	2 40	2 95
6 00	99 82	173 7	1663 67	199 76	3 00	2 97	2 88	2 73	2 52	2 25	1 92	1 52	1 07	0 56	0 03	0 12	0 27	0 48	0 75	1 08	1 48	1 93	2 44	3 00
6 10	99 81	173 0	1636 29	199 75	3 05	3 02	2 93	2 77	2 56	2 28	1 95	1 55	1 09	0 57	0 03	0 12	0 28	0 49	0 77	1 10	1 50	1 96	2 48	3 05
6 20	99 81	172 53	1609 80	199 74	3 10	3 07	2 97	2 82	2 60	2 32	1 98	1 57	1 11	0 58	0 03	0 13	0 28	0 50	0 78	1 12	1 53	1 99	2 52	3 10
6 30	99 80	172 47	1584 15	199 73	3 15	3 12	3 02	2 86	2 64	2 36	2 01	1 60	1 12	0 59	0 03	0 13	0 29	0 51	0 79	1 14	1 55	2 03	2 56	3 15
6 40	99 79	172 40	1559 30	199 73	3 20	3 17	3 07	2 91	2 68	2 39	2 04	1 62	1 14	0 60	0 03	0 13	0 29	0 52	0 81	1 16	1 58	2 06	2 60	3 20
6 50	99 79	172 33	1535 21	199 72	3 25	3 22	3 12	2 95	2 72	2 43	2 07	1 65	1 16	0 61	0 03	0 13	0 30	0 53	0 82	1 18	1 60	2 09	2 65	3 25
6 60	99 78	172 26	1511 85	199 71	3 30	3 27	3 16	3 00	2 77	2 47	2 10	1 67	1 18	0 61	0 03	0 14	0 30	0 53	0 83	1 20	1 63	2 12	2 69	3 30
6 70	99 77	172 19	1489 19	199 70	3 35	3 32	3 21	3 04	2 81	2 51	2 14	1 70	1 20	0 62	0 03	0 14	0 31	0 54	0 84	1 21	1 65	2 15	2 73	3 35
6 80	99 77	172 12	1467 19	199 69	3 40	3 37	3 26	3 09	2 85	2 54	2 17	1 73	1 21	0 63	0 03	0 14	0 31	0 55	0 86	1 23	1 67	2 19	2 77	3 40
6 90	99 76	172 5	1445 82	199 68	3 45	3 41	3 31	3 14	2 89	2 58	2 20	1 75	1 23	0 64	0 04	0 14	0 31	0 56	0 87	1 25	1 70	2 22	2 81	3 45

Tangentes 100 mètres.

LONGUEUR de la bissectrice.	DEMI-CORDE.	ANGLE des alignements.	RAYON.	LONGUEUR de l'arc.	FLÈCHE.	ORDONNÉES SUR LA CORDE. La distance à partir de la flèche étant 10m	20m	30m	40m	50m	60m	70m	80m	90m	ORDONNÉES SUR LES TANGENTES. La distance à partir des points de tangence étant 10m	20m	30m	40m	50m	60m	70m	80m	90m	égale à la demi-corde
m	m	°	m	m	m																			
7.00	99.75	171.58	1425.07	199.67	3.50	3.46	3.36	3.18	2.93	2.62	2.23	1.78	1.25	0.65	0.04	0.14	0.32	0.57	0.88	1.27	1.72	2.25	2.85	3.50
7.10	99.75	171.51	1404.90	199.66	3.55	3.51	3.40	3.23	2.98	2.66	2.26	1.80	1.27	0.66	0.04	0.15	0.32	0.57	0.89	1.29	1.75	2.28	2.89	3.55
7.20	99.74	171.45	1385.29	199.65	3.60	3.56	3.45	3.27	3.02	2.69	2.30	1.83	1.28	0.67	0.04	0.15	0.33	0.58	0.91	1.30	1.77	2.32	2.93	3.60
7.30	99.73	171.38	1366.21	199.64	3.65	3.61	3.50	3.32	3.06	2.73	2.33	1.85	1.30	0.68	0.04	0.15	0.33	0.59	0.92	1.32	1.80	2.35	2.97	3.65
7.40	99.72	171.31	1347.65	199.63	3.70	3.66	3.55	3.36	3.10	2.77	2.36	1.88	1.32	0.69	0.04	0.15	0.34	0.60	0.93	1.34	1.82	2.38	3.01	3.70
7.50	99.72	171.24	1329.58	199.62	3.75	3.71	3.60	3.41	3.15	2.80	2.39	1.90	1.33	0.70	0.04	0.15	0.34	0.60	0.95	1.36	1.85	2.42	3.05	3.75
7.60	99.71	171.17	1311.99	199.61	3.80	3.76	3.64	3.46	3.19	2.84	2.43	1.93	1.35	0.71	0.04	0.16	0.34	0.61	0.96	1.37	1.87	2.45	3.09	3.80
7.70	99.70	171.10	1294.85	199.60	3.85	3.81	3.69	3.50	3.23	2.88	2.46	1.95	1.37	0.72	0.04	0.16	0.35	0.62	0.97	1.39	1.90	2.48	3.13	3.85
7.80	99.69	171.3	1278.14	199.59	3.89	3.85	3.73	3.54	3.27	2.91	2.49	1.97	1.38	0.72	0.04	0.16	0.35	0.62	0.98	1.40	1.92	2.51	3.17	3.89
7.90	99.69	170.56	1261.86	199.58	3.94	3.90	3.78	3.58	3.31	2.95	2.52	2.00	1.40	0.73	0.04	0.16	0.36	0.63	0.99	1.42	1.94	2.54	3.21	3.94
8.00	99.68	170.49	1245.99	199.57	3.99	3.95	3.83	3.63	3.35	2.99	2.55	2.02	1.42	0.74	0.04	0.16	0.36	0.64	1.00	1.44	1.97	2.57	3.25	3.99
8.10	99.67	170.42	1230.51	199.56	4.04	4.00	3.88	3.67	3.39	3.03	2.58	2.05	1.44	0.75	0.04	0.16	0.37	0.65	1.01	1.46	1.99	2.60	3.29	4.04
8.20	99.66	170.35	1215.40	199.55	4.09	4.05	3.92	3.72	3.43	3.06	2.61	2.07	1.46	0.76	0.04	0.17	0.37	0.66	1.03	1.48	2.02	2.63	3.33	4.09
8.30	99.65	170.29	1200.66	199.54	4.14	4.10	3.97	3.76	3.48	3.10	2.64	2.10	1.47	0.77	0.04	0.17	0.38	0.66	1.04	1.50	2.04	2.67	3.37	4.14
8.40	99.64	170.22	1186.27	199.53	4.19	4.15	4.02	3.81	3.52	3.14	2.67	2.12	1.49	0.77	0.04	0.17	0.38	0.67	1.05	1.52	2.07	2.70	3.42	4.19
8.50	99.64	170.15	1172.21	199.52	4.24	4.20	4.07	3.86	3.56	3.18	2.71	2.15	1.51	0.78	0.04	0.17	0.38	0.68	1.06	1.53	2.09	2.73	3.46	4.24
8.60	99.63	170.8	1158.48	199.51	4.29	4.25	4.12	3.90	3.60	3.21	2.74	2.17	1.53	0.79	0.04	0.17	0.39	0.69	1.08	1.55	2.12	2.76	3.50	4.29
8.70	99.62	170.1	1145.06	199.49	4.34	4.30	4.16	3.95	3.64	3.25	2.77	2.20	1.54	0.80	0.04	0.18	0.39	0.70	1.09	1.57	2.14	2.80	3.54	4.34
8.80	99.61	169.54	1131.93	199.48	4.39	4.35	4.21	3.99	3.69	3.29	2.80	2.23	1.56	0.81	0.04	0.18	0.40	0.70	1.10	1.59	2.16	2.83	3.58	4.39
8.90	99.60	169.47	1119.14	199.47	4.44	4.40	4.26	4.04	3.73	3.32	2.83	2.25	1.58	0.82	0.04	0.18	0.40	0.71	1.12	1.61	2.19	2.86	3.62	4.44
9.00	99.59	169.40	1106.60	199.46	4.49	4.45	4.31	4.08	3.77	3.36	2.86	2.27	1.60	0.82	0.04	0.18	0.41	0.72	1.13	1.63	2.22	2.89	3.67	4.49
9.10	99.58	169.33	1094.34	199.45	4.54	4.49	4.36	4.13	3.81	3.40	2.89	2.30	1.61	0.83	0.05	0.18	0.41	0.73	1.14	1.65	2.24	2.93	3.71	4.54
9.20	99.57	169.27	1082.35	199.43	4.59	4.54	4.40	4.17	3.85	3.44	2.93	2.32	1.63	0.84	0.05	0.19	0.42	0.74	1.15	1.66	2.27	2.96	3.75	4.59
9.30	99.56	169.20	1070.61	199.42	4.64	4.59	4.45	4.22	3.89	3.47	2.96	2.35	1.65	0.85	0.05	0.19	0.42	0.75	1.17	1.68	2.29	2.99	3.79	4.64
9.40	99.56	169.13	1059.12	199.41	4.69	4.64	4.50	4.26	3.93	3.51	2.99	2.37	1.66	0.86	0.05	0.19	0.43	0.76	1.18	1.70	2.32	3.03	3.83	4.69
9.50	99.55	169.6	1047.87	199.40	4.74	4.69	4.55	4.31	3.97	3.55	3.02	2.40	1.68	0.87	0.05	0.19	0.43	0.77	1.19	1.72	2.34	3.06	3.87	4.74
9.60	99.54	168.59	1036.85	199.38	4.79	4.74	4.60	4.35	4.02	3.58	3.05	2.42	1.70	0.87	0.05	0.19	0.44	0.77	1.21	1.74	2.37	3.09	3.92	4.79
9.70	99.53	168.52	1026.07	199.37	4.84	4.79	4.64	4.40	4.06	3.62	3.08	2.45	1.71	0.88	0.05	0.20	0.44	0.78	1.22	1.76	2.39	3.13	3.96	4.84
9.80	99.52	168.45	1015.50	199.36	4.89	4.84	4.69	4.44	4.10	3.66	3.11	2.47	1.73	0.89	0.05	0.20	0.45	0.79	1.23	1.78	2.42	3.16	4.00	4.89
9.90	99.51	168.38	1005.14	199.34	4.94	4.89	4.74	4.49	4.14	3.69	3.15	2.50	1.75	0.90	0.05	0.20	0.45	0.80	1.25	1.79	2.44	3.19	4.04	4.94

Taugentes 100 mètres.

Longueur de la bissectrice.	Demi-corde.	Angle des alignements.	Rayon.	Longueur de l'arc.	Flèche.	Ordonnées sur la corde. La distance à partir de la flèche étant 10m	20m	30m	40m	50m	60m	70m	80m	90m	Ordonnées sur les tangentes. La distance à partir des points de tangence étant 10m	20m	30m	40m	50m	60m	70m	80m	90m	égale à la demi-corde
m	m	o	m	m	m																			
10.00	99.50	168.31	994.99	199.33	4.99	4.94	4.79	4.54	4.18	3.73	3.18	2.52	1.77	0 91	0.05	0.20	0.45	0 81	1.26	1 81	2.47	3.22	4.08	4.99
10 10	99 49	168 24	985 04	199 32	5 04	4 99	4 84	4 58	4 23	3 77	3 21	2 55	1 78	0 92	0 05	0 20	0 46	0 81	1 27	1 83	2 40	3 26	4 12	5 04
10 20	99 48	168 17	975 28	199 30	5 09	5 04	4 88	4 63	4 27	3 80	3 24	2 57	1 80	0 93	0 05	0 21	0 46	0 82	1 29	1 85	2 52	3 29	4 16	5 09
10 30	99 47	168 11	965 71	199 29	5 14	5 09	4 93	4 67	4 31	3 84	3 27	2 60	1 82	0 93	0 05	0 21	0 47	0 83	1 30	1 87	2 54	3 32	4 21	5 14
10 40	99 46	168 4	956 33	199 27	5 19	5 14	4 98	4 72	4 35	3 88	3 30	2 62	1 83	0 94	0 05	0 21	0 47	0 84	1 31	1 89	2 57	3 36	4 25	5 19
10 50	99 45	167 57	947 12	199 26	5 24	5 19	5 03	4 76	4 39	3 91	3 33	2 65	1 85	0 95	0 05	0 21	0 48	0 85	1 32	1 91	2 59	3 39	4 29	5 24
10 60	99 44	167 50	938 08	199 25	5 28	5 23	5 07	4 80	4 43	3 95	3 36	2 67	1 86	0 95	0 05	0 21	0 48	0 85	1 33	1 92	2 61	3 42	4 33	5 28
10 70	99 43	167 43	929 21	199 23	5 33	5 28	5 12	4 85	4 47	3 99	3 39	2 69	1 88	0 96	0 05	0 21	0 48	0 86	1 34	1 94	2 64	3 45	4 37	5 33
10 80	99 42	167 36	920 51	199 22	5 38	5 33	5 16	4 89	4 51	4 03	3 42	2 72	1 90	0 97	0 05	0 22	0 49	0 87	1 35	1 96	2 66	3 48	4 41	5 38
10 90	99 40	167 29	911 96	199 20	5 43	5 38	5 21	4 94	4 55	4 06	3 45	2 74	1 92	0 98	0 05	0 22	0 49	0 88	1 37	1 98	2 69	3 51	4 45	5 43
11 00	99 39	167 22	903 57	199 19	5 48	5 43	5 26	4 98	4 59	4 10	3 49	2 77	1 93	0 99	0 05	0 22	0 50	0 89	1 38	1 99	2 71	3 55	4 49	5 48
11 10	99 38	167 15	895 33	199 17	5 53	5 48	5 31	5 03	4 64	4 14	3 52	2 79	1 95	1 00	0 05	0 22	0 50	0 89	1 39	2 01	2 74	3 58	4 53	5 53
11 20	99 37	167 8	887 24	199 16	5 58	5 53	5 36	5 07	4 68	4 47	3 55	2 82	1 97	1 01	0 05	0 22	0 51	0 90	1 41	2 03	2 76	3 61	4 57	5 58
11 30	99 36	167 1	879 29	199 14	5 63	5 57	5 40	5 12	4 72	4 21	3 58	2 84	1 98	1 04	0 06	0 23	0 51	0 94	1 42	2 05	2 79	3 64	4 62	5 63
11 40	99 35	166 54	871 47	199 13	5 68	5 62	5 45	5 16	4 76	4 25	3 61	2 86	2 00	1 02	0 06	0 23	0 52	0 92	1 43	2 07	2 82	3 68	4 66	5 68
11 50	99 34	166 48	863 79	199 11	5 73	5 67	5 50	5 21	4 80	4 28	3 64	2 89	2 02	1 03	0 06	0 23	0 52	0 93	1 45	2 09	2 84	3 71	4 70	5 73
11 60	99 32	166 41	856 25	199 10	5 78	5 72	5 55	5 25	4 85	4 32	3 68	2 91	2 03	1 04	0 06	0 23	0 53	0 93	1 46	2 10	2 87	3 75	4 74	5 78
11 70	99 31	166 34	848 83	199 08	5 83	5 77	5 60	5 30	4 89	4 36	3 71	2 94	2 05	1 04	0 06	0 23	0 53	0 94	1 47	2 12	2 89	3 78	4 79	5 83
11 80	99 30	166 27	841 54	199 06	5 88	5 82	5 64	5 35	4 93	4 39	3 74	2 96	2 07	1 05	0 06	0 24	0 53	0 95	1 49	2 14	2 92	3 81	4 83	5 88
11 90	99 29	166 20	834 37	199 05	5 93	5 87	5 60	5 39	4 97	4 43	3 77	2 99	2 08	[illegible]	0 06	0 24	0 54	0 96	1 50	2 16	2 94	3 85	4 87	5 93
12 00	99 28	166 13	827 31	199 03	5 98	5 92	5 74	5 44	5 01	4 47	3 80	3 01	2 10	1 07	0 06	0 24	0 54	0 97	1 51	2 18	2 97	3 88	4 91	5 98
12 10	99 27	166 6	820 38	199 02	6 03	5 97	5 79	5 48	5 06	4 50	3 83	3 04	2 12	1 08	0 06	0 24	0 55	0 97	1 53	2 20	2 99	3 91	4 95	6 03
12 20	99 25	165 50	813 53	199 00	6 08	6 02	5 84	5 53	5 10	4 54	3 86	3 06	2 13	1 08	0 06	0 24	0 55	0 98	1 54	2 22	3 02	3 95	5 00	6 08
12 30	99 24	165 52	806 84	198 98	6 13	6 07	5 88	5 57	5 14	4 58	3 89	3 08	2 15	1 09	0 06	0 25	0 56	0 99	1 55	2 24	3 05	3 98	5 04	6 13
12 40	99 23	165 45	800 23	198 97	6 18	6 12	5 93	5 62	5 18	4 62	3 92	3 11	2 17	1 10	0 06	0 25	0 56	1 00	1 56	2 26	3 07	4 01	5 08	6 18
12 50	99 22	165 38	793 72	198 95	6 22	6 16	5 97	5 66	5 22	4 65	3 95	3 13	2 18	1 10	0 06	0 25	0 56	1 00	1 57	2 27	3 09	4 04	5 12	6 22
12 60	99 20	165 31	787 32	198 93	6 27	6 21	6 02	5 70	5 26	4 69	3 98	3 15	2 20	1 11	0 06	0 25	0 57	1 01	1 58	2 29	3 12	4 07	5 16	6 27
12 70	99 19	165 24	781 02	198 91	6 32	6 26	6 07	5 75	5 30	4 72	4 01	3 18	2 22	1 12	0 06	0 25	0 57	1 02	1 60	2 31	3 14	4 10	5 20	6 32
12 80	99 18	165 17	774 82	198 90	6 37	6 31	6 11	5 79	5 34	4 76	4 04	3 21	2 23	1 13	0 06	0 26	0 58	1 03	1 61	2 33	3 16	4 14	5 24	6 37
12 90	99 17	165 11	768 71	198 88	6 42	6 36	6 16	5 84	5 38	4 80	4 07	3 23	2 25	1 14	0 06	0 26	0 58	1 04	1 62	2 35	3 19	4 17	5 28	6 42

Tangentes 100 mètres.

Longueur de la bissectrice	Demi-corde	Angle des alignements	Rayon	Longueur de l'arc	Flèche	Ordonnées sur la corde — La distance à partir de la flèche étant 10m	20m	30m	40m	50m	60m	70m	80m	90m	Ordonnées sur les tangentes — La distance à partir des points de tangence étant 10m	20m	30m	40m	50m	60m	70m	80m	90m	égale à la demi-corde
m	m	° '	m	m	m																			
13.00	99.15	165 4	762.70	198.86	6.47	6.44	6.21	5.88	5.42	4.83	4.10	3.25	2.26	1.14	0.06	0.26	0.59	1.05	1.64	2.37	3.22	4.21	5.33	6.47
13.10	99.14	164 57	756.78	198.85	6.52	6.46	6.26	5.93	5.46	4.87	4.14	3.28	2.28	1.15	0.06	0.26	0.59	1.06	1.65	2.38	3.24	4.24	5.37	6.52
13.20	99.13	164 50	750.95	198.83	6.57	6.50	6.31	5.97	5.51	4.91	4.17	3.30	2.30	1.16	0.07	0.26	0.60	1.06	1.66	2.40	3.27	4.27	5.41	6.57
13.30	99.11	164 43	745.20	198.81	6.62	6.55	6.35	6.02	5.55	4.94	4.20	3.33	2.31	1.17	0.07	0.27	0.60	1.07	1.68	2.42	3.29	4.31	5.45	6.62
13.40	99.10	164 36	739.54	198.79	6.67	6.60	6.40	6.06	5.59	4.98	4.23	3.35	2.33	1.17	0.07	0.27	0.60	1.08	1.69	2.44	3.32	4.34	5.50	6.67
13.50	99.08	164 29	733.96	198.77	6.72	6.65	6.45	6.11	5.63	5.01	4.26	3.37	2.35	1.18	0.07	0.27	0.61	1.09	1.71	2.46	3.35	4.37	5.54	6.72
13.60	99.07	164 22	728.46	198.75	6.77	6.70	6.50	6.15	5.67	5.05	4.29	3.40	2.36	1.19	0.07	0.27	0.61	1.10	1.72	2.48	3.37	4.41	5.58	6.77
13.70	99.06	164 15	723.05	198.73	6.82	6.75	6.55	6.20	5.72	5.09	4.32	3.42	2.38	1.19	0.07	0.27	0.62	1.10	1.73	2.49	3.40	4.44	5.63	6.82
13.80	99.04	164 8	717.71	198.72	6.87	6.80	6.59	6.24	5.76	5.12	4.36	3.44	2.39	1.20	0.07	0.28	0.63	1.11	1.75	2.51	3.43	4.48	5.67	6.87
13.90	99.03	164 1	712.44	198.70	6.92	6.85	6.64	6.29	5.80	5.16	4.39	3.47	2.41	1.21	0.07	0.28	0.63	1.12	1.76	2.53	3.45	4.51	5.71	6.92
14.00	99.02	163 54	707.26	198.68	6.97	6.90	6.69	6.33	5.84	5.20	4.42	3.49	2.43	1.21	0.07	0.28	0.64	1.13	1.77	2.55	3.48	4.54	5.75	6.97
14.10	99.00	163 47	702.13	198.66	7.01	6.94	6.73	6.37	5.88	5.23	4.45	3.51	2.44	1.22	0.07	0.28	0.64	1.13	1.78	2.57	3.50	4.57	5.79	7.01
14.20	98.99	163 40	697.08	198.64	7.06	6.99	6.78	6.41	5.92	5.27	4.48	3.54	2.46	1.23	0.07	0.28	0.65	1.14	1.79	2.58	3.53	4.60	5.83	7.06
14.30	98.97	163 33	692.11	198.62	7.11	7.04	6.83	6.46	5.96	5.30	4.51	3.56	2.48	1.24	0.07	0.29	0.65	1.15	1.81	2.60	3.55	4.63	5.87	7.11
14.40	98.96	163 26	687.20	198.60	7.16	7.09	6.87	6.50	6.00	5.34	4.54	3.59	2.49	1.24	0.07	0.29	0.66	1.16	1.82	2.62	3.57	4.67	5.92	7.16
14.50	98.94	163 20	682.36	198.58	7.21	7.14	6.92	6.55	6.04	5.38	4.57	3.61	2.51	1.25	0.07	0.29	0.66	1.17	1.83	2.64	3.60	4.70	5.96	7.21
14.60	98.93	163 13	677.59	198.56	7.26	7.19	6.97	6.60	6.08	5.41	4.60	3.64	2.52	1.25	0.07	0.29	0.66	1.18	1.85	2.66	3.62	4.74	6.00	7.26
14.70	98.91	163 6	672.88	198.54	7.31	7.24	7.01	6.64	6.13	5.45	4.63	3.66	2.54	1.26	0.07	0.30	0.67	1.18	1.86	2.68	3.65	4.77	6.05	7.31
14.80	98.90	162 59	668.24	198.52	7.36	7.29	7.06	6.69	6.17	5.49	4.66	3.68	2.55	1.27	0.07	0.30	0.67	1.19	1.87	2.70	3.68	4.81	6.09	7.36
14.90	98.88	162 52	663.65	198.50	7.41	7.33	7.11	6.73	6.21	5.52	4.69	3.71	2.57	1.28	0.08	0.30	0.68	1.20	1.89	2.72	3.70	4.84	6.13	7.41
15.00	98.87	162 45	659.13	198.48	7.46	7.38	7.16	6.78	6.25	5.56	4.72	3.73	2.58	1.28	0.08	0.30	0.68	1.21	1.90	2.74	3.73	4.88	6.18	7.46
15.10	98.85	162 38	654.66	198.46	7.51	7.43	7.21	6.82	6.29	5.59	4.75	3.75	2.60	1.29	0.08	0.30	0.69	1.22	1.92	2.76	3.76	4.91	6.22	7.51
15.20	98.84	162 31	650.25	198.44	7.56	7.48	7.25	6.87	6.33	5.63	4.78	3.78	2.62	1.30	0.08	0.31	0.69	1.23	1.93	2.78	3.78	4.94	6.26	7.56
15.30	98.82	162 24	645.90	198.42	7.61	7.53	7.30	6.91	6.37	5.67	4.81	3.80	2.63	1.30	0.08	0.31	0.70	1.24	1.94	2.80	3.81	4.98	6.31	7.61
15.40	98.81	162 17	641.60	198.40	7.65	7.57	7.34	6.95	6.41	5.70	4.84	3.82	2.64	1.31	0.08	0.31	0.70	1.24	1.95	2.81	3.83	5.01	6.34	7.65
15.50	98.79	162 10	637.36	198.38	7.70	7.62	7.39	6.99	6.45	5.74	4.87	3.85	2.66	1.32	0.08	0.31	0.71	1.25	1.96	2.83	3.85	5.04	6.38	7.70
15.60	98.78	162 3	633.18	198.35	7.75	7.67	7.44	7.04	6.49	5.77	4.90	3.87	2.68	1.32	0.08	0.31	0.71	1.26	1.98	2.85	3.88	5.07	6.43	7.75
15.70	98.76	161 56	629.04	198.33	7.80	7.72	7.48	7.08	6.53	5.81	4.93	3.89	2.69	1.33	0.08	0.32	0.72	1.27	1.99	2.87	3.91	5.11	6.47	7.80
15.80	98.74	161 49	624.96	198.31	7.85	7.77	7.53	7.13	6.57	5.85	4.96	3.92	2.71	1.34	0.08	0.32	0.72	1.28	2.00	2.89	3.93	5.14	6.51	7.85
15.90	98.73	161 42	620.93	198.29	7.90	7.82	7.58	7.17	6.61	5.88	4.99	3.94	2.72	1.35	0.08	0.32	0.73	1.29	2.02	2.91	3.96	5.18	6.55	7.90

Tangentes 100 mètres.

LONGUEUR de la bissectrice.	DEMI-CORDE.	ANGLE des alignements.	RAYON.	LONGUEUR de l'arc.	FLÈCHE.	ORDONNÉES SUR LA CORDE La distance à partir de la flèche étant 10m	20m	30m	40m	50m	60m	70m	80m	90m	ORDONNÉES SUR LES TANGENTES : La distance à partir des points de tangence étant 10m	20m	30m	40m	50m	60m	70m	80m	90m	égale à la demi-corde
m	m	° '	m	m	m																			
46.00	98.71	161.35	616.94	198.27	7.94	7.86	7.62	7.21	6.65	5.94	5.02	3.96	2.73	1.35	0.08	0.32	0.73	1.29	2.03	2.92	3.98	5.21	6.59	7.94
46.10	98.70	161.28	613.01	198.25	7.99	7.91	7.67	7.26	6.69	5.95	5.05	3.99	2.75	1.36	0.08	0.32	0.73	1.30	2.04	2.94	4.00	5.24	6.63	7.99
46.20	98.68	161.21	609.12	198.22	8.04	7.96	7.72	7.30	6.73	5.99	5.08	4.01	2.77	1.36	0.08	0.32	0.74	1.31	2.05	2.96	4.03	5.27	6.68	8.04
46.30	98.66	161.14	605.29	198.20	8.09	8.01	7.76	7.35	6.77	6.02	5.11	4.03	2.78	1.37	0.08	0.33	0.74	1.32	2.07	2.98	4.06	5.31	6.72	8.09
46.40	98.65	161.7	601.30	198.18	8.14	8.06	7.81	7.39	6.81	6.06	5.14	4.06	2.80	1.37	0.08	0.33	0.75	1.33	2.08	3.00	4.08	5.34	6.77	8.14
46.50	98.63	161.0	597.73	198.16	8.19	8.11	7.86	7.44	6.85	6.10	5.17	4.08	2.81	1.38	0.08	0.33	0.75	1.34	2.09	3.02	4.11	5.38	6.81	8.19
46.60	98.61	160.53	594.05	198.13	8.24	8.16	7.91	7.48	6.89	6.13	5.20	4.10	2.83	1.38	0.08	0.33	0.76	1.35	2.11	3.04	4.14	5.41	6.86	8.24
46.70	98.59	160.46	590.39	198.11	8.29	8.21	7.95	7.53	6.93	6.17	5.23	4.13	2.84	1.39	0.08	0.34	0.76	1.36	2.12	3.06	4.16	5.45	6.90	8.29
46.80	98.58	160.39	586.78	198.09	8.34	8.25	8.00	7.57	6.98	6.21	5.26	4.15	2.86	1.40	0.09	0.34	0.77	1.36	2.13	3.08	4.19	5.48	6.94	8.34
46.90	98.56	160.32	583.21	198.07	8.39	8.30	8.05	7.62	7.02	6.24	5.29	4.17	2.88	1.40	0.09	0.34	0.77	1.37	2.15	3.10	4.22	5.51	6.99	8.39
47.00	98.54	160.25	579.67	198.04	8.44	8.35	8.10	7.66	7.06	6.28	5.32	4.20	2.89	1.41	0.09	0.34	0.78	1.38	2.16	3.12	4.24	5.55	7.03	8.44
47.10	98.53	160.18	576.18	198.02	8.49	8.40	8.14	7.71	7.10	6.32	5.35	4.22	2.91	1.41	0.09	0.35	0.78	1.39	2.17	3.14	4.27	5.58	7.08	8.49
47.20	98.51	160.11	572.73	198.00	8.54	8.45	8.19	7.75	7.14	6.35	5.38	4.24	2.93	1.42	0.09	0.35	0.79	1.40	2.19	3.16	4.30	5.61	7.12	8.54
47.30	98.49	160.5	569.31	197.97	8.58	8.49	8.23	7.79	7.18	6.38	5.41	4.26	2.94	1.42	0.09	0.35	0.79	1.40	2.20	3.17	4.32	5.64	7.16	8.58
47.40	98.47	159.58	565.94	197.95	8.63	8.54	8.28	7.83	7.22	6.42	5.44	4.28	2.95	1.43	0.09	0.35	0.80	1.41	2.21	3.19	4.35	5.68	7.20	8.63
47.50	98.46	159.51	562.61	197.92	8.68	8.59	8.33	7.88	7.26	6.45	5.47	4.31	2.97	1.44	0.09	0.35	0.80	1.42	2.23	3.21	4.37	5.71	7.24	8.68
47.60	98.44	159.44	559.31	197.90	8.73	8.64	8.37	7.92	7.30	6.49	5.50	4.33	2.98	1.44	0.09	0.36	0.81	1.43	2.24	3.23	4.40	5.75	7.29	8.73
47.70	98.42	159.37	556.05	197.88	8.78	8.69	8.42	7.97	7.34	6.53	5.53	4.35	3.00	1.45	0.09	0.36	0.81	1.44	2.25	3.25	4.43	5.78	7.33	8.78
47.80	98.40	159.30	552.83	197.85	8.83	8.74	8.47	8.01	7.38	6.56	5.56	4.38	3.01	1.45	0.09	0.36	0.82	1.45	2.27	3.27	4.45	5.82	7.38	8.83
47.90	98.38	159.23	549.64	197.83	8.88	8.79	8.52	8.06	7.42	6.60	5.59	4.40	3.02	1.46	0.09	0.36	0.82	1.46	2.28	3.29	4.48	5.86	7.42	8.88
48.00	98.37	159.16	546.48	197.80	8.93	8.84	8.56	8.10	7.46	6.64	5.62	4.42	3.04	1.46	0.09	0.37	0.83	1.47	2.29	3.31	4.54	5.89	7.47	8.93
48.10	98.35	159.9	543.37	197.78	8.98	8.89	8.61	8.15	7.50	6.67	5.65	4.45	3.05	1.47	0.09	0.37	0.83	1.48	2.31	3.33	4.53	5.93	7.51	8.98
48.20	98.33	159.2	540.28	197.75	9.03	8.94	8.66	8.19	7.54	6.71	5.68	4.47	3.07	1.48	0.09	0.37	0.84	1.49	2.32	3.35	4.56	5.96	7.55	9.03
48.30	98.31	158.55	537.22	197.73	9.07	8.98	8.70	8.23	7.58	6.74	5.71	4.49	3.08	1.48	0.09	0.37	0.84	1.49	2.33	3.36	4.58	5.99	7.59	9.07
48.40	98.29	158.48	534.20	197.70	9.12	9.03	8.75	8.27	7.62	6.77	5.74	4.51	3.09	1.49	0.09	0.37	0.85	1.50	2.35	3.38	4.61	6.03	7.63	9.12
48.50	98.27	158.41	531.24	197.68	9.17	9.08	8.79	8.32	7.66	6.81	5.77	4.54	3.11	1.49	0.09	0.38	0.85	1.51	2.36	3.40	4.63	6.06	7.68	9.17
48.60	98.25	158.34	528.25	197.65	9.22	9.13	8.84	8.36	7.70	6.85	5.80	4.56	3.12	1.50	0.09	0.38	0.86	1.52	2.37	3.42	4.66	6.10	7.72	9.22
48.70	98.23	158.27	525.33	197.63	9.27	9.17	8.89	8.41	7.74	6.88	5.83	4.58	3.14	1.50	0.10	0.38	0.86	1.53	2.39	3.44	4.69	6.13	7.77	9.27
48.80	98.22	158.20	522.43	197.60	9.32	9.22	8.94	8.45	7.78	6.92	5.86	4.61	3.15	1.51	0.10	0.38	0.87	1.54	2.40	3.46	4.71	6.17	7.81	9.32
48.90	98.20	158.13	519.57	197.57	9.37	9.27	8.98	8.50	7.82	6.95	5.89	4.63	3.17	1.51	0.10	0.39	0.87	1.55	2.42	3.48	4.74	6.20	7.86	9.37

Tangentes 100 mètres.

LONGUEUR de la bissectrice.	DEMI-CORDE.	ANGLE des alignements.	RAYON.	LONGUEUR de l'arc.	FLÈCHE.	ORDONNÉES SUR LA CORDE. La distance à partir de la flèche étant 10m	20m	30m	40m	50m	60m	70m	80m	90m	ORDONNÉES SUR LES TANGENTES. La distance à partir des points de tangence étant 10m	20m	30m	40m	50m	60m	70m	80m	90m	égale à la demi-corde
m	m	° ′	m	m	m																			
19.00	98.18	158 6	516.74	197.55	9.42	9.32	9.03	8.54	7.86	6.99	5.92	4.65	3.18	1.52	0.10	0.39	0.88	1.56	2.43	3.50	4.77	6.24	7.90	9.42
19.10	98.16	157 59	513.92	197.52	9.46	9.36	9.07	8.58	7.90	7.02	5.95	4.67	3.19	1.52	0.10	0.39	0.88	1.56	2.44	3.51	4.79	6.27	7.94	9.46
19.20	98.14	157 52	511.14	197.50	9.51	9.41	9.12	8.63	7.94	7.06	5.98	4.69	3.21	1.52	0.10	0.39	0.88	1.57	2.45	3.53	4.82	6.30	7.99	9.51
19.30	98.12	157 45	508.39	197.47	9.56	9.46	9.17	8.67	7.98	7.09	6.01	4.72	3.22	1.53	0.10	0.39	0.89	1.58	2.47	3.55	4.84	6.34	8.03	9.56
19.40	98.10	157 38	505.67	197.44	9.61	9.51	9.21	8.72	8.02	7.13	6.04	4.74	3.24	1.53	0.10	0.40	0.89	1.59	2.48	3.57	4.87	6.37	8.08	9.61
19.50	98.08	157 31	502.98	197.42	9.66	9.56	9.26	8.76	8.06	7.17	6.07	4.76	3.25	1.54	0.10	0.40	0.90	1.60	2.49	3.59	4.90	6.41	8.12	9.66
19.60	98.06	157 24	500.30	197.39	9.70	9.60	9.30	8.80	8.10	7.20	6.09	4.78	3.26	1.54	0.10	0.40	0.90	1.60	2.50	3.61	4.92	6.44	8.16	9.70
19.70	98.04	157 17	497.66	197.36	9.75	9.65	9.35	8.84	8.14	7.23	6.12	4.80	3.28	1.55	0.10	0.40	0.91	1.61	2.52	3.63	4.95	6.47	8.20	9.75
19.80	98.02	157 10	495.05	197.34	9.80	9.70	9.40	8.89	8.18	7.27	6.15	4.83	3.29	1.55	0.10	0.40	0.91	1.62	2.53	3.65	4.97	6.51	8.25	9.80
19.90	98.00	157 3	492.46	197.31	9.85	9.75	9.44	8.93	8.22	7.31	6.18	4.85	3.31	1.56	0.10	0.41	0.92	1.63	2.54	3.67	5.00	6.54	8.29	9.85
20.00	97.98	156 56	489.90	197.28	9.90	9.80	9.49	8.98	8.26	7.34	6.21	4.87	3.32	1.56	0.10	0.41	0.92	1.64	2.56	3.69	5.03	6.58	8.34	9.90
20.10	97.96	156 49	487.36	197.25	9.95	9.85	9.54	9.02	8.30	7.38	6.24	4.90	3.34	1.57	0.10	0.41	0.93	1.65	2.57	3.71	5.05	6.61	8.38	9.95
20.20	97.94	156 42	484.84	197.23	9.99	9.89	9.58	9.06	8.34	7.41	6.26	4.92	3.35	1.57	0.10	0.41	0.93	1.65	2.58	3.73	5.07	6.64	8.42	9.99
20.30	97.92	156 35	482.35	197.20	10.04	9.94	9.63	9.10	8.38	7.44	6.29	4.94	3.36	1.57	0.10	0.41	0.94	1.66	2.60	3.75	5.10	6.68	8.47	10.04
20.40	97.90	156 27	479.89	197.17	10.09	9.99	9.67	9.15	8.42	7.48	6.32	4.96	3.38	1.58	0.10	0.42	0.94	1.67	2.61	3.77	5.13	6.71	8.51	10.09
20.50	97.87	156 20	477.44	197.14	10.14	10.04	9.72	9.19	8.46	7.51	6.35	4.98	3.39	1.58	0.10	0.42	0.95	1.68	2.63	3.79	5.16	6.75	8.56	10.14
20.60	97.85	156 13	475.03	197.11	10.19	10.08	9.77	9.24	8.50	7.55	6.38	5.00	3.40	1.59	0.11	0.42	0.95	1.69	2.64	3.81	5.19	6.79	8.60	10.19
20.70	97.83	156 6	472.63	197.08	10.24	10.13	9.82	9.28	8.54	7.58	6.41	5.03	3.42	1.59	0.11	0.42	0.96	1.70	2.66	3.83	5.21	6.82	8.65	10.24
20.80	97.81	155 59	470.26	197.06	10.29	10.18	9.86	9.33	8.58	7.62	6.44	5.05	3.43	1.59	0.11	0.43	0.96	1.71	2.67	3.85	5.24	6.86	8.70	10.29
20.90	97.79	155 52	467.91	197.03	10.34	10.23	9.91	9.37	8.62	7.66	6.47	5.07	3.45	1.60	0.11	0.43	0.97	1.72	2.68	3.87	5.27	6.89	8.74	10.34
21.00	97.77	155 45	465.57	197.00	10.38	10.27	9.95	9.41	8.66	7.69	6.50	5.09	3.46	1.60	0.11	0.43	0.97	1.72	2.69	3.88	5.29	6.92	8.78	10.38
21.10	97.75	155 38	463.26	196.97	10.43	10.32	10.00	9.46	8.70	7.72	6.53	5.11	3.47	1.60	0.11	0.43	0.97	1.73	2.71	3.90	5.32	6.96	8.83	10.43
21.20	97.73	155 31	460.98	196.94	10.48	10.37	10.05	9.50	8.74	7.76	6.56	5.14	3.48	1.61	0.11	0.43	0.98	1.74	2.72	3.92	5.34	7.00	8.87	10.48
21.30	97.71	155 24	458.71	196.91	10.53	10.42	10.09	9.55	8.78	7.79	6.59	5.16	3.50	1.61	0.11	0.44	0.98	1.75	2.74	3.94	5.37	7.03	8.92	10.53
21.40	97.68	155 17	456.47	196.88	10.58	10.47	10.14	9.59	8.82	7.83	6.62	5.18	3.51	1.62	0.11	[illegible]	0.99	1.76	2.75	3.96	5.40	7.07	8.96	10.58
21.50	97.66	155 10	454.24	196.85	10.62	10.51	10.18	9.63	8.86	7.86	6.64	5.20	3.52	1.62	0.11	0.44	0.99	1.76	2.76	3.98	5.42	7.10	9.00	10.62
21.60	97.64	155 3	452.03	196.82	10.67	10.56	10.23	9.67	8.90	7.89	6.67	5.22	3.53	1.62	0.11	0.44	1.00	1.77	2.78	4.00	5.45	7.14	9.05	10.67
21.70	97.62	154 56	449.85	196.79	10.72	10.61	10.28	9.72	8.04	7.93	6.70	5.24	3.55	1.63	0.11	0.44	1.00	1.78	2.79	4.02	5.48	7.17	9.09	10.72
21.80	97.59	154 49	447.68	196.76	10.77	10.66	10.32	9.76	8.98	7.97	6.73	5.26	3.56	1.63	0.11	0.45	1.01	1.79	2.80	4.04	5.51	7.21	9.14	10.77
21.90	97.57	154 42	445.53	196.73	10.82	10.71	10.37	9.81	9.02	8.00	6.76	5.28	3.58	1.63	0.11	0.45	1.01	1.80	2.82	4.06	5.54	7.24	9.19	10.82

Tangentes 100 mètres.

LONGUEUR de la bissectrice.	DEMI-CORDE.	ANGLE des alignements.	RAYON.	LONGUEUR * de l'arc.	FLÈCHE.	ORDONNÉES SUR LA CORDE. La distance à partir de la flèche étant									ORDONNÉES SUR LES TANGENTES. La distance à partir des points de tangence étant									
						10m	20m	30m	40m	50m	60m	70m	80m	90m	10m	20m	30m	40m	50m	60m	70m	80m	90m	égale à la demi-corde
m	m	° '	m	m	m																			
22.00	97.55	154.35	443.40	196.70	10.86	10.75	10.41	9.84	9.05	8.03	6.78	5.30	3.59	1.63	0.11	0.45	1.02	1.81	2.83	4.08	5.56	7.27	9.23	10.86
22 10	97 53	154 28	441 30	196 67	10 91	10 80	10 46	9 89	9 09	8 07	6 81	5 32	3 60	1 64	0 11	0 45	1 02	1 82	2 84	4 10	5 59	7 31	9 27	10 91
22 20	97 50	154 21	439 21	196 64	10 96	10 85	10 50	9 93	9 13	8 10	6 84	5 35	3 61	1 65	0 11	0 46	1 03	1 83	2 86	4 12	5 61	7 35	9 32	10 96
22 30	97 48	154 14	437 14	196 61	11 01	10 89	10 55	9 98	9 17	8 14	6 87	5 37	3 63	1 64	0 12	0 46	1 03	1 84	2 87	4 14	5 64	7 38	9 37	11 01
22 40	97 46	154 7	435 09	196 58	11 06	10 94	10 60	10 02	9 21	8 17	6 90	5 39	3 64	1 65	0 12	0 46	1 04	1 85	2 89	4 16	5 67	7 42	9 41	11 06
22 50	97 43	154 0	433 05	196 55	11 11	10 99	10 65	10 07	9 25	8 21	6 93	5 41	3 65	1 65	0 12	0 46	1 04	1 86	2 90	4 18	5 70	7 46	9 46	11 11
22 60	97 41	153 53	431 03	196 52	11 15	11 03	10 69	10 11	9 29	8 24	6 95	5 43	3 66	1 65	0 12	0 46	1 04	1 86	2 91	4 20	5 72	7 49	9 50	11 15
22 70	97 39	153 46	429 03	196 49	11 20	11 08	10 73	10 15	9 33	8 28	6 98	5 45	3 68	1 65	0 12	0 47	1 05	1 87	2 92	4 22	5 75	7 52	9 55	11 20
22 80	97 37	153 38	427 05	196 46	11 25	11 13	10 78	10 20	9 37	8 31	7 01	5 47	3 69	1 66	0 12	0 47	1 05	1 88	2 94	4 24	5 78	7 56	9 59	11 25
22 90	97 34	153 31	425 08	196 42	11 30	11 18	10 83	10 24	9 41	8 35	7 04	5 49	3 70	1 66	0 12	0 47	1 06	1 89	2 95	4 26	5 81	7 60	9 64	11 30
23 00	97 32	153 24	423 12	196 39	11 34	11 22	10 87	10 28	9 45	8 38	7 07	5 51	3 71	1 66	0 12	0 47	1 06	1 89	2 96	4 27	5 83	7 63	9 68	11 34
23 10	97 29	153 17	421 19	196 36	11 39	11 27	10 92	10 32	9 49	8 41	7 10	5 53	3 72	1 66	0 12	0 47	1 07	1 90	2 98	4 29	5 86	7 67	9 73	11 39
23 20	97 27	153 10	419 27	196 33	11 44	11 32	10 96	10 37	9 53	8 45	7 13	5 56	3 74	1 67	0 12	0 48	1 07	1 91	2 99	4 31	5 88	7 70	9 77	11 44
23 30	97 25	153 3	417 37	196 30	11 49	11 37	11 04	10 44	9 57	8 48	7 46	5 58	3 75	1 67	0 12	0 48	1 08	1 92	3 01	4 33	5 91	7 74	9 82	11 49
23 40	97 22	152 56	415 48	196 26	11 53	11 41	11 05	10 45	9 60	8 51	7 18	5 60	3 76	1 67	0 12	0 48	1 08	1 93	3 02	4 35	5 93	7 77	9 86	11 53
23 50	97 20	152 49	413 61	196 23	11 58	11 46	11 10	10 49	9 64	8 55	7 21	5 62	3 77	1 67	0 12	0 48	1 09	1 94	3 03	4 37	5 96	7 81	9 91	11 58
23 60	97 18	152 42	411 76	196 20	11 63	11 51	11 14	10 54	9 68	8 58	7 24	5 64	3 79	1 68	0 12	0 49	1 09	1 95	3 05	4 39	5 99	7 84	9 95	11 63
23.70	97 15	152 35	409 92	196 17	11 68	11 56	11 19	10 58	9 72	8 62	7 27	5 66	3 80	1 68	0.12	0 49	1 10	1 96	3 06	4 41	6 02	7 88	10 00	11 68
23 80	97 13	152 28	408 09	196 13	11 72	11 60	11 23	10 62	9 76	8 65	7 29	5 68	3 81	1 68	0 12	0 49	1 10	1 96	3 07	4 43	6 04	7 91	10 04	11 72
23 90	97 10	152 21	406 28	196 10	11 77	11 65	11 28	10 66	9 80	8 68	7 32	5 70	3 82	1 68	0 12	0 49	1 11	1 97	3 09	4 45	6 07	7 95	10 09	11 77
24 00	97 08	152 14	404 49	196 07	11 82	11 70	11 33	10 71	9 84	8 72	7 35	5 72	3 83	1 68	0 12	0 49	1 11	1 98	3 10	4 47	6 10	7 99	10 14	11 82
24 10	97 05	152 7	402 71	196 04	11 87	11 74	11 37	10 75	9 88	8 75	7 38	5 74	3 84	1 68	0 13	0 50	1 12	1 99	3 12	4 49	6 13	8 03	10 19	11 87
24 20	97 03	151 59	400 94	196 00	11 92	11 79	11 42	10 80	9 92	8 79	7 41	5 76	3 85	1 69	0 13	0 50	1 12	2 00	3 13	4 51	6 16	8 07	10 23	11 92
24 30	97 00	151 52	399 19	195 97	11 97	11 84	11 47	10 84	9 96	8 82	7 44	5 78	3 87	1 69	0 13	0 50	1 13	2 01	3 15	4 53	6 19	8 10	10 28	11 97
24 40	96 98	151 45	397 45	195 93	12 01	11 88	11 51	10 88	9 99	8 85	7 46	5 80	3 88	1 69	0 13	0 50	1 13	2 02	3 16	4 55	6 21	8 13	10 32	12 01
24 50	96 95	151 38	395 72	195 90	12 06	11 93	11 55	10 92	10 03	8 89	7 49	5 82	3 89	1 69	0 13	0 51	1 14	2 03	3 17	4 57	6 24	8 17	10 37	12 06
24 60	96 93	151 31	394 01	195 87	12 11	11 98	11 60	10 97	10 07	8 92	7 52	5 84	3 90	1 69	0 13	0 51	1 14	2 04	3 19	4 59	6 27	8 21	10 42	12 11
24 70	96 90	151 24	392 32	195 83	12 16	12 03	11 65	11 01	10 11	8 96	7 55	5 86	3 91	1 69	0 13	0 51	1 15	2 05	3 20	4 61	6 30	8 25	10 47	12 16
24 80	96 88	151 17	390 63	195 80	12 20	12 07	11 69	11 05	10 15	8 99	7 57	5 88	3 92	1 69	0 13	0 54	1 15	2 05	3 21	4 63	6 32	8 28	10 51	12 20
24 90	96 85	151 10	388 96	195 76	12 25	12 12	11 74	11 09	10 19	9 03	7 60	5 90	3 93	1 69	0 13	0 54	1 16	2 06	3 22	4 65	6 35	8 32	10 56	12 25

Tangentes 100 mètres.

Longueur de la bissectrice.	Demi-corde.	Angle des alignements.	Rayon.	Longueur de l'arc.	Flèche.	Ordonnées sur la corde. La distance à partir de la flèche étant 10m	20m	30m	40m	50m	60m	70m	80m	90m	Ordonnées sur les tangentes. La distance à partir des points de tangence étant 10m	20m	30m	40m	50m	60m	70m	80m	90m	égale à la demi-corde
m	m	° '	m	m	m																			
25.00	96.82	151 3	387.30	195.73	12.30	12.17	11.78	11.14	10.23	9.06	7.62	5.92	3.94	1.70	0.13	0.52	1.16	2.07	3.24	4.68	6.38	8.36	10.60	12.30
25.10	96.80	150 56	385.66	195.69	12.35	12.22	11.83	11.18	10.27	9.10	7.65	5.94	3.95	1.70	0.13	0.52	1.17	2.08	3.25	4.70	6.41	8.40	10.65	12.35
25.20	96.77	150 49	384.03	195.66	12.39	12.26	11.87	11.22	10.30	9.13	7.67	5.96	3.96	1.70	0.13	0.52	1.17	2.09	3.26	4.72	6.43	8.43	10.69	12.39
25.30	96.75	150 41	382.41	195.62	12.44	12.31	11.92	11.26	10.34	9.16	7.70	5.98	3.97	1.70	0.13	0.52	1.18	2.10	3.28	4.74	6.46	8.47	10.74	12.44
25.40	96.72	150 34	380.80	195.59	12.49	12.36	11.96	11.31	10.38	9.20	7.73	6.00	3.99	1.70	0.13	0.53	1.18	2.11	3.29	4.76	6.49	8.50	10.79	12.49
25.50	96.69	150 27	379.20	195.55	12.54	12.41	12.01	11.35	10.42	9.23	7.76	6.02	4.00	1.70	0.13	0.53	1.19	2.12	3.31	4.78	6.52	8.54	10.84	12.54
25.60	96.67	150 20	377.64	195.52	12.58	12.45	12.05	11.39	10.46	9.26	7.78	6.04	4.01	1.70	0.13	0.53	1.19	2.12	3.32	4.80	6.54	8.57	10.88	12.58
25.70	96.64	150 13	376.03	195.48	12.63	12.50	12.10	11.43	10.50	9.29	7.81	6.06	4.02	1.70	0.13	0.53	1.20	2.13	3.34	4.82	6.57	8.61	10.93	12.63
25.80	96.61	150 6	374.48	195.44	12.68	12.55	12.15	11.48	10.54	9.33	7.84	6.08	4.03	1.70	0.13	0.53	1.20	2.14	3.35	4.84	6.60	8.65	10.98	12.68
25.90	96.59	149 59	372.93	195.41	12.73	12.59	12.19	11.52	10.58	9.36	7.87	6.10	4.04	1.70	0.14	0.54	1.21	2.15	3.37	4.86	6.63	8.69	11.03	12.73
26.00	96.56	149 52	371.39	195.37	12.78	12.64	12.24	11.57	10.62	9.39	7.90	6.12	4.05	1.70	0.14	0.54	1.21	2.16	3.39	4.88	6.66	8.73	11.08	12.78
26.10	96.53	149 45	369.86	195.34	12.82	12.68	12.28	11.60	10.65	9.42	7.92	6.13	4.06	1.70	0.14	0.54	1.22	2.17	3.40	4.90	6.69	8.76	11.12	12.82
26.20	96.51	149 37	368.35	195.30	12.87	12.73	12.33	11.65	10.69	9.46	7.95	6.15	4.07	1.70	0.14	0.54	1.22	2.18	3.41	4.92	6.72	8.80	11.17	12.87
26.30	96.48	149 30	366.85	195.26	12.92	12.78	12.37	11.69	10.73	9.49	7.98	6.17	4.09	1.70	0.14	0.55	1.23	2.19	3.43	4.94	6.75	8.83	11.22	12.92
26.40	96.45	149 23	365.35	195.22	12.96	12.82	12.41	11.73	10.76	9.52	8.00	6.19	4.10	1.70	0.14	0.55	1.23	2.20	3.44	4.96	6.77	8.86	11.26	12.96
26.50	96.42	149 16	363.87	195.19	13.01	12.87	12.46	11.77	10.80	9.56	8.03	6.21	4.11	1.70	0.14	0.55	1.24	2.21	3.45	4.98	6.80	8.90	11.31	13.01
26.60	96.40	149 9	362.40	195.15	13.06	12.92	12.51	11.82	10.84	9.59	8.06	6.23	4.12	1.70	0.14	0.55	1.24	2.22	3.47	5.00	6.83	8.94	11.36	13.06
26.70	96.37	149 2	360.93	195.11	13.10	12.96	12.55	11.85	10.88	9.62	8.08	6.25	4.13	1.70	0.14	0.55	1.25	2.22	3.48	5.02	6.85	8.97	11.40	13.10
26.80	96.34	148 55	359.48	195.07	13.15	13.01	12.59	11.90	10.92	9.66	8.11	6.27	4.14	1.70	0.14	0.56	1.25	2.23	3.49	5.04	6.88	9.01	11.45	13.15
26.90	96.31	148 47	358.04	195.04	13.20	13.06	12.64	11.94	10.96	9.69	8.14	6.29	4.15	1.70	0.14	0.56	1.26	2.24	3.51	5.06	6.91	9.05	11.50	13.20
27.00	96.29	148 40	356.61	195.00	13.24	13.10	12.68	11.98	10.99	9.72	8.16	6.31	4.16	1.70	0.14	0.56	1.26	2.25	3.52	5.08	6.93	9.08	11.54	13.24
27.10	96.26	148 33	355.19	194.96	13.29	13.15	12.73	12.02	11.03	9.75	8.19	6.33	4.17	1.70	0.14	0.56	1.27	2.26	3.54	5.10	6.96	9.12	11.59	13.29
27.20	96.23	148 26	353.79	194.92	13.34	13.20	12.77	12.07	11.07	9.79	8.21	6.35	4.18	1.70	0.14	0.57	1.27	2.27	3.55	5.13	6.99	9.16	11.64	13.34
27.30	96.20	148 19	352.39	194.88	13.39	13.25	12.82	12.11	11.11	9.82	8.24	6.37	4.19	1.70	0.14	0.57	1.28	2.28	3.57	5.15	7.02	9.20	11.69	13.39
27.40	96.17	148 12	351.00	194.84	13.43	13.29	12.86	12.15	11.14	9.85	8.26	6.38	4.19	1.70	0.14	0.57	1.28	2.29	3.58	5.17	7.05	9.24	11.73	13.43
27.50	96.14	148 5	349.62	194.80	13.48	13.34	12.91	12.19	11.18	9.89	8.29	6.40	4.20	1.70	0.14	0.57	1.29	2.30	3.59	5.19	7.08	9.28	11.78	13.48
27.60	96.12	147 57	348.25	194.76	13.53	13.38	12.95	12.23	11.22	9.92	8.32	6.42	4.21	1.70	0.15	0.58	1.30	2.31	3.61	5.21	7.11	9.32	11.83	13.53
27.70	96.09	147 50	346.88	194.72	13.57	13.42	12.99	12.27	11.25	9.95	8.34	6.43	4.22	1.69	0.15	0.58	1.30	2.32	3.62	5.23	7.14	9.35	11.88	13.57
27.80	96.06	147 43	345.53	194.69	13.62	13.47	13.04	12.31	11.29	9.98	8.37	6.45	4.23	1.69	0.15	0.58	1.31	2.33	3.64	5.25	7.17	9.39	11.93	13.62
27.90	96.03	147 36	344.19	194.65	13.67	13.52	13.08	12.36	11.33	10.02	8.40	6.47	4.24	1.69	0.15	0.58	1.31	2.34	3.65	5.27	7.20	9.43	11.98	13.67

Tangentes 100 mètres.

Longueur de la bissectrice.	Demi-corde.	Angle des alignements.	Rayon.	Longueur de l'arc.	Flèche.	Ordonnées sur la corde — La distance à partir de la flèche étant 10m	20m	30m	40m	50m	60m	70m	80m	90m	Ordonnées sur les tangentes — La distance à partir des points de tangence étant 10m	20m	30m	40m	50m	60m	70m	80m	90m	égale à la demi-corde
m	m	° '	m	m	m																			
28.00	96.00	147 29	342.86	194.61	13.72	13.57	13.43	12.40	11.37	10.05	8.43	6.49	4.25	1.69	0.15	0.59	1.32	2.35	3.67	5.29	7.23	9.47	12.03	13.72
28.10	95.97	147 22	341.53	194.57	13.76	13.61	13.47	12.44	11.41	10.08	8.45	6.51	4.26	1.69	0.15	0.59	1.32	2.35	3.68	5.31	7.25	9.50	12.07	13.76
28.20	95.94	147 14	340.22	194.53	13.81	13.66	13.22	12.48	11.45	10.12	8.48	6.53	4.27	1.69	0.15	0.59	1.33	2.36	3.69	5.33	7.28	9.54	12.12	13.81
28.30	95.91	147 7	338.91	174.49	13.85	13.70	13.26	12.52	11.48	10.15	8.50	6.54	4.27	1.08	0.15	0.59	1.33	2.37	3.70	5.35	7.31	9.58	12.17	13.85
28.40	95.88	147 0	337.64	194.44	13.90	13.75	13.31	12.56	11.52	10.18	8.53	6.56	4.28	1.68	0.15	0.59	1.34	2.38	3.72	5.37	7.34	9.62	12.22	13.90
28.50	95.85	146 53	336.33	194.40	13.95	13.80	13.35	12.61	11.56	10.21	8.55	6.58	4.29	1.68	0.15	0.60	1.34	2.39	3.74	5.40	7.37	9.66	12.27	13.95
28.60	95.82	146 46	335.05	194.36	14.00	13.85	13.40	12.65	11.60	10.25	8.58	6.60	4.30	1.68	0.15	0.60	1.35	2.40	3.75	5.42	7.40	9.70	12.32	14.00
28.70	95.79	146 39	333.77	194.32	14.04	13.89	13.44	12.69	11.63	10.28	8.60	6.62	4.31	1.67	0.15	0.60	1.35	2.41	3.76	5.44	7.42	9.73	12.37	14.04
28.80	85.76	146 31	332.54	194.28	14.09	13.94	13.49	12.73	11.67	10.31	8.63	6.64	4.32	1.67	0.15	0.60	1.36	2.42	3.78	5.46	7.45	9.77	12.42	14.09
28.90	95.73	146 24	331.26	194.24	14.14	13.99	13.53	12.77	11.71	10.34	8.66	6.66	4.33	1.67	0.15	0.61	1.37	2.43	3.80	5.48	7.48	9.81	12.47	14.14
29.00	95.70	146 17	330.01	194.20	14.18	14.03	13.57	12.81	11.74	10.37	8.68	6.67	4.34	1.67	0.15	0.61	1.37	2.44	3.81	5.50	7.51	9.84	12.51	14.18
29.10	95.67	146 10	328.77	194.16	14.23	14.08	13.62	12.85	11.78	10.40	8.71	6.69	4.35	1.67	0.15	0.61	1.38	2.45	3.83	5.52	7.54	9.88	12.56	14.23
29.20	95.64	146 3	327.54	194.11	14.27	14.12	13.66	12.89	11.82	10.43	8.73	6.70	4.35	1.66	0.15	0.61	1.38	2.45	3.84	5.54	7.57	9.92	12.61	14.27
29.30	95.61	145 55	326.32	194.07	14.32	14.17	13.71	12.93	11.86	10.47	8.76	6.72	4.36	1.66	0.15	0.61	1.39	2.46	3.85	5.56	7.60	9.96	12.66	14.32
29.40	95.58	145 48	325.11	194.03	14.37	14.21	13.75	12.98	11.90	10.50	8.78	6.74	4.37	1.66	0.16	0.62	1.39	2.47	3.87	5.59	7.63	10.00	12.71	14.37
29.50	95.55	145 41	323.90	193.99	14.42	14.26	13.80	13.02	11.94	10.53	8.81	6.76	4.38	1.66	0.16	0.62	1.40	2.48	3.89	5.61	7.66	10.04	12.76	14.42
29.60	95.52	145 34	322.70	193.94	14.46	14.30	13.84	13.06	11.97	10.56	8.83	6.78	4.39	1.66	0.16	0.62	1.40	2.49	3.90	5.63	7.68	10.07	12.80	14.46
29.70	95.49	145 27	321.51	193.90	14.51	14.35	13.89	13.10	12.01	10.59	8.86	6.80	4.40	1.66	0.16	0.62	1.41	2.50	3.92	5.65	7.71	10.11	12.85	14.51
29.80	95.46	145 19	320.32	193.86	14.55	14.39	13.93	13.14	12.04	10.62	8.88	6.81	4.40	1.65	0.16	0.62	1.41	2.51	3.93	5.67	7.74	10.15	12.90	14.55
29.90	95.42	145 12	319.15	193.82	14.60	14.44	13.97	13.18	12.08	10.66	8.91	6.83	4.41	1.65	0.16	0.63	1.42	2.52	3.94	5.69	7.77	10.19	12.95	14.60
30.00	95.39	145 5	317.98	193.77	14.65	14.49	14.02	13.23	12.12	10.69	8.93	6.85	4.42	1.65	0.16	0.63	1.42	2.53	3.96	5.72	7.80	10.23	13.00	14.65
30.10	95.36	144 58	316.83	193.73	14.70	14.54	14.07	13.27	12.16	10.72	8.96	6.87	4.43	1.65	0.16	0.63	1.43	2.54	3.98	5.74	7.83	10.27	13.05	14.70
30.20	95.33	144 51	315.67	193.69	14.74	14.58	14.11	13.31	12.19	10.75	8.98	6.88	4.43	1.64	0.16	0.63	1.43	2.55	3.99	5.76	7.86	10.31	13.10	14.74
30.30	95.30	144 43	314.52	193.64	14.79	14.63	14.15	13.35	12.23	10.79	9.01	6.90	4.44	1.64	0.16	0.64	1.44	2.56	4.00	5.78	7.89	10.35	13.15	14.79
30.40	95.27	144 36	313.38	193.60	14.83	14.67	14.19	13.39	12.26	10.82	9.03	6.91	4.44	1.63	0.16	0.64	1.44	2.57	4.01	5.80	7.92	10.39	13.20	14.83
30.50	95.23	144 29	312.25	193.55	14.88	14.72	14.24	13.43	12.30	10.85	9.06	6.93	4.45	1.63	0.16	0.64	1.45	2.58	4.03	5.82	7.95	10.43	13.25	14.88
30.60	95.20	144 22	311.12	193.51	14.92	14.76	14.28	13.47	12.34	10.88	9.08	6.95	4.46	1.62	0.16	0.64	1.45	2.58	4.04	5.84	7.97	10.46	13.30	14.92
30.70	95.17	144 15	310.00	193.47	14.97	14.81	14.32	13.51	12.38	10.91	9.11	6.97	4.47	1.62	0.16	0.65	1.46	2.59	4.06	5.86	8.00	10.50	13.35	14.97
30.80	95.14	144 7	308.88	193.42	15.01	14.85	14.36	13.55	12.41	10.94	9.13	6.98	4.47	1.61	0.16	0.65	1.46	2.60	4.07	5.88	8.03	10.54	13.40	15.01
30.90	95.11	144 0	307.78	193.38	15.06	14.90	14.41	13.59	12.45	10.97	9.16	7.00	4.48	1.61	0.10	0.65	1.47	2.61	4.09	5.90	8.06	10.58	13.45	15.06

Tangentes 100 mètres.

LONGUEUR de la bissectrice.	DEMI-CORDE.	ANGLE des alignements.	RAYON.	LONGUEUR de l'arc.	FLÈCHE.	ORDONNÉES SUR LA CORDE. La distance à partir de la flèche étant									ORDONNÉES SUR LES TANGENTES La distance à partir des points de tangence étant									
						10m	20m	30m	40m	50m	60m	70m	80m	90m	10m	20m	30m	40m	50m	60m	70m	80m	90m	égale à la demi-corde
m	m	° ′	m	m	m																			
31.00	95.07	143.53	306.69	193.33	15.11	14.94	14.46	13.64	12.49	11.00	9.18	7.02	4.49	1.60	0.17	0.65	1.47	2.62	4.11	5.93	8.09	10.62	13.31	15.11
31 10	95 04	143 46	305 60	193 29	15 16	14 99	14 50	13 68	12 53	11 04	9 21	7 04	4 50	1 60	0 17	0 66	1 48	2 63	4 12	5 95	8 12	10 66	13 36	15 16
31 20	95 01	143 38	304 51	193 24	15 20	15 03	14 54	13 72	12 56	11 07	9 23	7 05	4 50	1 59	0 17	0 66	1 48	2 64	4 13	5 97	8 15	10 70	13 41	15 20
31 30	94 98	143 31	303 44	193 19	15 25	15 08	14 59	13 76	12 60	11 10	9 26	7 07	4 51	1 59	0 17	0 66	1 49	2 65	4 15	5 99	8 18	10 74	13 66	15 25
31 40	94 94	143 24	302 36	193 15	15 29	15 12	14 63	13 80	12 63	11 13	9 28	7 08	4 51	1 58	0 17	0 66	1 49	2 66	4 16	6 01	8 21	10 78	13 71	15 29
31 50	94 91	143 17	301 30	193 10	15 34	15 17	14 67	13 84	12 67	11 16	9 30	7 10	4 52	1 58	0 17	0 67	1 50	2 67	4 18	6 04	8 24	10 82	13 76	15 34
31 60	94 88	143 9	300 25	193 06	15 39	15 22	14 72	13 88	12 71	11 19	9 33	7 12	4 53	1 58	0 17	0 67	1 51	2 68	4 20	6 06	8 27	10 86	13 81	15 39
31 70	64 84	143 2	299 19	193 01	15 43	15 26	14 76	13 92	12 74	11 22	9 35	7 13	4 53	1 57	0 17	0 67	1 51	2 69	4 21	6 08	8 30	10 90	13 86	15 43
31 80	94 81	142 55	298 14	192 97	15 48	15 31	14 81	13 96	12 78	11 25	9 38	7 15	4 54	1 57	0 17	0 67	1 52	2 70	4 23	6 10	8 33	10 94	13 91	15 48
31 90	94 77	142 48	297 10	192 92	15 52	15 35	14 85	14 00	12 82	11 28	9 40	7 16	4 54	1 56	0 17	0 67	1 52	2 70	4 24	6 12	8 36	10 98	13 96	15 52
32 00	94 74	142 40	296 07	192 87	15 57	15 40	14 89	14 04	12 86	11 32	9 42	7 18	4 55	1 56	0 17	0 68	1 53	2 71	4 25	6 15	8 39	11 02	14 01	15 57
32 10	94 71	142 33	295 04	192 83	15 61	15 44	14 93	14 08	12 89	11 35	9 44	7 19	4 55	1 55	0 17	0 68	1 53	2 72	4 26	6 17	8 42	11 06	14 06	15 61
32 20	94 67	142 26	294 02	192 78	15 66	15 49	14 98	14 12	12 93	11 38	9 47	7 21	4 56	1 55	0 17	0 68	1 54	2 73	4 28	6 19	8 45	11 10	14 11	15 66
32 30	94 64	142 19	293 00	192 73	15 70	15 53	15 02	14 16	12 96	11 41	9 49	7 22	4 56	1 54	0 17	0 68	1 54	2 74	4 29	6 21	8 48	11 14	14 16	15 70
32 40	94 61	142 11	291 99	192 68	15 75	15 58	15 06	14 20	13 00	11 44	9 52	7 24	4 57	1 54	0 17	0 69	1 55	2 75	4 31	6 23	8 51	11 18	14 21	15 75
32 50	94 57	142 4	290 99	192 64	15 80	15 63	15 11	14 25	13 04	11 47	9 54	7 25	4 58	1 53	0 17	0 69	1 55	2 76	4 33	6 26	8 55	11 22	14 27	15 80
32 60	94 54	141 57	290 00	192 59	15 85	15 67	15 16	14 29	13 08	11 50	9 57	7 27	4 59	1 53	0 18	0 69	1 56	2 77	4 35	6 28	8 58	11 26	14 32	15 85
32 70	94 50	141 50	289 00	192 54	15 89	15 71	15 20	14 33	13 11	11 53	9 59	7 28	4 59	1 52	0 18	0 69	1 56	2 78	4 36	6 30	8 61	11 30	14 37	15 89
32 80	94 47	141 42	288 02	192 49	15 94	15 76	15 24	14 37	13 15	11 56	9 62	7 30	4 60	1 51	0 18	0 70	1 57	2 79	4 38	6 32	8 64	11 34	14 43	15 94
32 90	94 43	141 35	287 04	192 45	15 98	15 80	15 28	14 41	13 18	11 59	9 64	7 31	4 60	1 50	0 18	0 70	1 57	2 80	4 39	6 34	8 67	11 38	14 48	15 98
33 00	94 40	141 28	286 06	192 40	16 03	15 85	15 33	14 45	13 22	11 62	9 66	7 33	4 61	1 50	0 18	0 70	1 58	2 81	4 41	6 37	8 70	11 42	14 53	16 03
33 10	94 36	141 20	285 08	192 35	16 07	15 89	15 37	14 49	13 25	11 65	9 68	7 34	4 61	1 49	0 18	0 70	1 58	2 82	4 42	6 39	8 73	11 46	14 58	16 07
33 20	94 33	141 13	284 12	192 30	16 12	15 94	15 42	14 53	13 29	11 68	9 71	7 36	4 62	1 48	0 18	0 70	1 59	2 83	4 44	6 41	8 76	11 50	14 64	16 12
33 30	94 29	141 6	283 16	192 25	16 16	15 98	15 45	14 57	13 32	11 71	9 73	7 37	4 62	1 47	0 18	0 71	1 59	2 84	4 45	6 43	8 79	11 54	14 69	16 16
33 40	94 26	140 59	282 21	192 20	16 21	16 03	15 50	14 61	13 36	11 74	9 75	7 39	4 63	1 47	0 18	0 71	1 60	2 85	4 47	6 46	8 82	11 58	14 74	16 21
33 50	94 22	140 51	281 26	192 15	16 25	16 07	15 54	14 65	13 39	11 77	9 77	7 40	4 63	1 46	0 18	0 71	1 60	2 86	4 48	6 48	8 85	11 62	14 79	16 25
33 60	94 19	140 44	280 32	192 10	16 30	16 12	15 59	14 69	13 43	11 80	9 80	7 42	4 64	1 46	0 18	0 71	1 61	2 87	4 50	6 50	8 88	11 66	14 84	16 30
33 70	94 15	140 37	279 39	192 05	16 35	16 17	15 63	14 73	13 47	11 83	9 83	7 44	4 65	1 45	0 18	0 72	1 62	2 88	4 52	6 52	8 91	11 70	14 90	16 35
33 80	94 11	140 29	278 46	192 00	16 39	16 21	15 67	14 77	13 50	11 86	9 85	7 45	4 65	1 44	0 18	0 72	1 62	2 89	4 53	6 54	8 94	11 74	14 95	16 39
33 90	94 08	140 22	277 54	191 95	16 43	16 25	15 71	14 80	13 53	11 89	9 87	7 46	4 65	1 43	0 18	0 72	1 63	2 90	4 54	6 56	8 97	11 78	15 00	16 43

Tangentes 100 mètres.

LONGUEUR de la bissectrice.	DEMI-CORDE.	ANGLE des alignements.	RAYON.	LONGUEUR de l'arc.	FLÈCHE.	ORDONNÉES SUR LA CORDE. La distance à partir de la flèche étant 10m	20m	30m	40m	50m	60m	70m	80m	90m	ORDONNÉES SUR LES TANGENTES. La distance à partir des points de tangence étant 10m	20m	30m	40m	50m	60m	70m	80m	90m	égale à la demi-corde
m	m	° ′	m	m	m																			
34.00	94.04	140 13	276.60	191.90	16.48	16.30	15.76	14.85	13.57	11.92	9.89	7.47	4.66	1.43	0.18	0.72	1.63	2.91	4.56	6.59	9.01	11.82	15.05	16.48
34.10	94.01	140 7	275.69	191.85	16.53	16.35	15.80	14.89	13.61	11.95	9.92	7.49	4.66	1.42	0.18	0.73	1.64	2.92	4.58	6.61	9.04	11.87	15.11	16.53
34.20	93.97	140 0	274.77	191.80	16.57	16.39	15.84	14.93	13.64	11.98	9.94	7.50	4.66	1.41	0.18	0.73	1.64	2.93	4.59	6.63	9.07	11.91	15.16	16.57
34.30	93.93	139 53	273.86	191.75	16.62	16.43	15.89	14.97	13.68	12.01	9.96	7.52	4.67	1.40	0.19	0.73	1.65	2.94	4.61	6.66	9.10	11.95	15.22	16.62
34.40	93.90	139 45	272.96	191.70	16.66	16.47	15.93	15.01	13.71	12.04	9.98	7.53	4.67	1.39	0.19	0.73	1.65	2.95	4.62	6.68	9.13	11.99	15.27	16.66
34.50	93.86	139 38	272.06	191.65	16.71	16.52	15.97	15.05	13.75	12.07	10.01	7.54	4.68	1.39	0.19	0.74	1.66	2.96	4.64	6.70	9.17	12.03	15.32	16.71
34.60	93.82	139 31	271.17	191.60	16.75	16.56	16.01	15.09	13.78	12.10	10.03	7.55	4.68	1.38	0.19	0.74	1.66	2.97	4.65	6.72	9.20	12.07	15.37	16.75
34.70	93.79	139 24	270.28	191.55	16.80	16.61	16.06	15.13	13.82	12.13	10.05	7.57	4.69	1.37	0.19	0.74	1.67	2.98	4.67	6.75	9.23	12.11	15.43	16.80
34.80	93.75	139 16	269.40	191.50	16.84	16.65	16.10	15.17	13.85	12.16	10.07	7.58	4.69	1.36	0.19	0.74	1.67	2.99	4.68	6.77	9.26	12.15	15.48	16.84
34.90	93.71	139 9	268.52	191.45	16.89	16.70	16.14	15.21	13.89	12.19	10.10	7.60	4.69	1.35	0.19	0.75	1.68	3.00	4.70	6.79	9.29	12.20	15.54	16.89
35.00	93.67	139 2	267.64	191.39	16.93	16.74	16.18	15.24	13.92	12.22	10.12	7.61	4.69	1.34	0.19	0.75	1.69	3.01	4.71	6.81	9.32	12.24	15.59	16.93
35.10	93.64	138 54	266.77	191.34	16.97	16.78	16.22	15.28	13.95	12.24	10.14	7.62	4.69	1.33	0.19	0.75	1.69	3.02	4.73	6.83	9.35	12.28	15.64	16.97
35.20	93.60	138 47	265.91	191.29	17.02	16.83	16.27	15.32	13.99	12.27	10.16	7.64	4.70	1.32	0.19	0.75	1.70	3.03	4.75	6.86	9.38	12.32	15.70	17.02

LONGUEUR de la bissectrice.	DEMI-CORDE.	ANGLE des alignements.	RAYON.	LONGUEUR de l'arc.	FLÈCHE.	Corde 10m	20m	30m	40m	50m	60m	70m	80m	90m	Tangentes 10m	20m	30m	40m	50m	60m	70m	80m	90m	égale à la demi-corde
35.30	93.56	138 39	265.06	191.24	17.07	16.88	16.31	15.36	14.03	12.30	10.18	7.66	4.70	1.31	0.19	0.76	1.71	3.04	4.77	6.89	9.41	12.37	15.76	17.07
35.40	93.52	138 32	264.20	191.18	17.11	16.92	16.35	15.40	14.06	12.33	10.20	7.67	4.70	1.30	0.19	0.76	1.71	3.05	4.78	6.91	9.44	12.41	15.81	17.11
35.50	93.49	138 25	263.34	191.13	17.15	16.96	16.39	15.43	14.09	12.36	10.22	7.68	4.70	1.29	0.19	0.76	1.72	3.06	4.79	6.93	9.47	12.45	15.86	17.15
35.60	93.45	138 17	262.49	191.08	17.19	17.00	16.43	15.47	14.12	12.39	10.24	7.69	4.70	1.28	0.19	0.76	1.72	3.07	4.80	6.95	9.50	12.49	15.91	17.19
35.70	93.41	138 10	261.65	191.03	17.24	17.05	16.47	15.51	14.16	12.42	10.27	7.70	4.71	1.28	0.19	0.77	1.73	3.08	4.82	6.97	9.54	12.53	15.96	17.24
35.80	93.37	138 3	260.82	190.97	17.29	17.10	16.52	15.55	14.20	12.45	10.29	7.72	4.71	1.27	0.19	0.77	1.74	3.09	4.84	7.00	9.57	12.58	16.02	17.29
35.90	93.33	137 55	259.98	190.92	17.33	17.14	16.56	15.59	14.23	12.48	10.31	7.73	4.71	1.26	0.19	0.77	1.74	3.10	4.85	7.02	9.60	12.62	16.07	17.33
36.00	93.29	137 48	259.16	190.87	17.38	17.18	16.61	15.63	14.27	12.51	10.33	7.75	4.72	1.25	0.20	0.77	1.75	3.11	4.87	7.05	9.63	12.66	16.13	17.38
36.10	93.25	137 41	258.33	190.81	17.42	17.22	16.65	15.67	14.30	12.53	10.35	7.76	4.72	1.24	0.20	0.77	1.75	3.12	4.89	7.07	9.66	12.70	16.18	17.42
36.20	93.22	137 33	257.51	190.76	17.47	17.27	16.69	15.71	14.34	12.56	10.38	7.77	4.72	1.23	0.20	0.78	1.76	3.13	4.91	7.09	9.70	12.75	16.24	17.47
36.30	93.18	137 26	256.69	190.70	17.51	17.31	16.73	15.75	14.37	12.59	10.40	7.78	4.72	1.21	0.20	0.78	1.76	3.14	4.92	7.11	9.73	12.79	16.30	17.51
36.40	93.14	137 18	255.87	190.65	17.55	17.35	16.77	15.78	14.40	12.62	10.42	7.79	4.72	1.20	0.20	0.78	1.77	3.15	4.93	7.13	9.76	12.83	16.35	17.55
36.50	93.10	137 11	255.07	190.59	17.60	17.40	16.81	15.82	14.44	12.65	10.44	7.81	4.73	1.19	0.20	0.79	1.78	3.16	4.95	7.16	9.79	12.87	16.41	17.60
36.60	93.06	137 4	254.26	190.54	17.64	17.44	16.85	15.86	14.47	12.68	10.46	7.82	4.73	1.18	0.20	0.79	1.78	3.17	4.96	7.18	9.82	12.91	16.46	17.64
36.70	93.02	136 56	253.47	190.49	17.69	17.49	16.90	15.90	14.51	12.71	10.48	7.83	4.73	1.17	0.20	0.79	1.79	3.18	4.98	7.21	9.86	12.96	16.52	17.69
36.80	92.98	136 48	252.67	190.43	17.73	17.53	16.94	15.94	14.54	12.73	10.50	7.84	4.73	1.16	0.20	0.79	1.79	3.19	5.00	7.23	9.89	13.00	16.57	17.73
36.90	92.94	136 42	251.88	190.38	17.78	17.58	16.98	15.98	14.58	12.76	10.52	7.85	4.73	1.15	0.20	0.80	1.80	3.20	5.02	7.26	9.93	13.05	16.63	17.78

38

Tangentes 100 mètres.

LONGUEUR de la bissectrice.	DEMI-CORDE.	ANGLE des alignements.	RAYON.	LONGUEUR de l'arc.	FLÈCHE.	ORDONNÉES SUR L'ACCORDE. La distance à partir de la flèche étant 10m	20m	30m	40m	50m	60m	70m	80m	90m	ORDONNÉES SUR LES TANGENTES. La distance à partir des points de tangence étant 10m	20m	30m	40m	50m	60m	70m	80m	90m	égale à la demi-corde
m	m	° ′	m	m	m																			
37.00	92.90	136.34	251.09	190.32	17.82	17.62	17.01	16.02	14.61	12.79	10.54	7.86	4.73	1.14	0.20	0.80	1.80	3.21	5.03	7.28	9.96	13.09	16.68	17.82
37 10	92 86	136 27	250 34	190 27	17 87	17 67	17 07	16 06	14 65	12 82	10 57	7 88	4 73	1 13	0 20	0 80	1 81	3 22	5 05	7 30	9 99	13 14	16 74	17 87
37 20	92 82	136 19	249 53	190 21	17 91	17 71	17 11	16 10	14 68	12 85	10 59	7 89	4 73	1 11	0 20	0 80	1 81	3 23	5 06	7 32	10 02	13 18	16 80	17 91
37 30	92 78	136 12	248 76	190 15	17 96	17 76	17 15	16 14	14 72	12 88	10 61	7 90	4 74	1 10	0 20	0 81	1 82	3 24	5 08	7 35	10 06	13 23	16 85	17 96
37 40	92 74	136 5	247 98	190 10	18 00	17 80	17 19	16 18	14 75	12 90	10 63	7 91	4 74	1 09	0 20	0 81	1 82	3 25	5 10	7 37	10 09	13 26	16 91	18 00
37 50	92 70	135 57	247 21	190 04	18 04	17 84	17 23	16 21	14 78	12 93	10 65	7 92	4 74	1 07	0 20	0 81	1 83	3 26	5 11	7 39	10 12	13 30	16 97	18 04
37 60	92 66	135 50	246 44	189 98	18 08	17 88	17 27	16 25	14 81	12 96	10 67	7 93	4 74	1 06	0 20	0 81	1 83	3 27	5 12	7 41	10 15	13 34	17 02	18 08
37 70	92 62	135 42	245 68	189 93	18 13	17 92	17 31	16 29	14 85	12 99	10 69	7 94	4 74	1 05	0 21	0 82	1 84	3 28	5 14	7 44	10 19	13 39	17 08	18 13
37 80	92 58	135 35	244 93	189 87	18 18	17 97	17 36	16 33	14 89	13 02	10 71	7 96	4 74	1 04	0 21	0 82	1 85	3 29	5 16	7 47	10 22	13 44	17 14	18 18
37 90	92 54	135 27	244 17	189 82	18 22	18 01	17 40	16 37	14 92	13 04	10 73	7 97	4 74	1 02	0 21	0 82	1 85	3 30	5 18	7 49	10 25	13 48	17 19	18 22
38 00	92 50	135 20	243 42	189 76	18 26	18 05	17 44	16 40	14 95	13 07	10 75	7 98	4 74	1 01	0 21	0 82	1 86	3 31	5 19	7 51	10 28	13 52	17 25	18 26
38 10	92 46	135 13	242 68	189 70	18 31	18 10	17 48	16 44	14 99	13 10	10 77	7 99	4 74	1 00	0 21	0 83	1 87	3 32	5 21	7 54	10 32	13 57	17 31	18 31
38 20	92 42	135 5	241 93	189 64	18 35	18 14	17 52	16 48	15 02	13 13	10 79	8 00	4 74	0 98	0 21	0 83	1 87	3 33	5 22	7 56	10 35	13 61	17 37	18 35
38 30	92 37	134 58	241 19	189 59	18 39	18 18	17 56	16 51	15 05	13 15	10 81	8 01	4 74	0 97	0 21	0 83	1 88	3 34	5 24	7 58	10 38	13 65	17 42	18 39
38 40	92 33	134 50	240 45	189 53	18 43	18 22	17 60	16 55	15 08	13 18	10 83	8 02	4 74	0 95	0 21	0 83	1 88	3 35	5 25	7 60	10 41	13 69	17 48	18 43
38 50	92 29	134 43	239 72	189 47	18 48	18 27	17 64	16 59	15 12	13 21	10 85	8 03	4 74	0 94	0 21	0 84	1 89	3 36	5 27	7 63	10 45	13 74	17 54	18 48
38 60	92 25	134 35	238 99	189 41	18 52	18 31	17 68	16 63	15 15	13 23	10 87	8 04	4 73	0 92	0 21	0 84	1 89	3 37	5 29	7 65	10 48	13 79	17 60	18 52
38 70	92 21	134 28	238 27	189 35	18 57	18 36	17 73	16 67	15 19	13 26	10 89	8 05	4 73	0 91	0 21	0 84	1 90	3 38	5 31	7 68	10 52	13 84	17 66	18 57
38 80	92 17	134 20	237 54	189 29	18 61	18 40	17 77	16 71	15 22	13 29	10 91	8 06	4 73	0 89	0 21	0 84	1 90	3 39	5 32	7 70	10 55	13 88	17 72	18 61
38 90	92 12	134 13	236 83	189 24	18 66	18 45	17 81	16 75	15 25	13 32	10 93	8 07	4 73	0 88	0 21	0 85	1 91	3 40	5 34	7 73	10 59	13 93	17 78	18 66
39 00	92 08	134 5	236 11	189 18	18 70	18 49	17 85	16 78	15 28	13 34	10 95	8 08	4 73	0 87	0 21	0 85	1 92	3 42	5 36	7 75	10 62	13 97	17 83	18 70
39 10	92 04	133 58	235 40	189 12	18 74	18 53	17 89	16 82	15 31	13 37	10 96	8 09	4 73	0 85	0 21	0 85	1 92	3 43	5 37	7 78	10 65	14 01	17 89	18 74
39 20	92 00	133 50	234 69	189 06	18 79	18 57	17 93	16 86	15 35	13 40	10 98	8 10	4 73	0 84	0 22	0 86	1 93	3 44	5 39	7 81	10 69	14 06	17 95	18 79
39 30	91 95	133 43	233 98	189 00	18 83	18 61	17 97	16 90	15 38	13 42	11 00	8 11	4 73	0 82	0 22	0 86	1 93	3 45	5 41	7 83	10 72	14 10	18 01	18 83
39 40	91 91	133 36	233 28	188 94	18 87	18 65	18 01	16 93	15 41	13 45	11 02	8 12	4 72	0 81	0 22	0 86	1 94	3 46	5 42	7 85	10 75	14 15	18 06	18 87
39 50	91 87	133 28	232 57	188 88	18 91	18 69	18 05	16 97	15 44	13 47	11 04	8 13	4 72	0 79	0 22	0 86	1 94	3 47	5 44	7 87	10 78	14 19	18 12	18 91
39 60	91 82	133 21	231 88	188 82	18 96	18 74	18 09	17 01	15 48	13 50	11 06	8 14	4 72	0 78	0 22	0 87	1 95	3 48	5 46	7 90	10 82	14 24	18 18	18 96
39 70	91 78	133 13	231 19	188 76	19 00	18 78	18 13	17 04	15 51	13 53	11 08	8 15	4 72	0 76	0 22	0 87	1 96	3 49	5 47	7 92	10 85	14 28	18 24	19 00
39 80	91 74	133 6	230 50	188 70	19 04	18 82	18 17	17 08	15 54	13 55	11 09	8 16	4 71	0 74	0 22	0 87	1 96	3 50	5 49	7 95	10 88	14 33	18 30	19 04
39 90	91 69	132 58	229 81	188 64	19 08	18 86	18 21	17 11	15 57	13 58	11 11	8 18	4 71	0 73	0 22	0 87	1 97	3 51	5 50	7 97	10 92	14 37	18 36	19 08

Tangentes 100 mètres.

LONGUEUR de la bissectrice.	DEMI-CORDE.	ANGLE des alignements.	RAYON.	LONGUEUR de l'arc.	FLÈCHE.	Ordonnées sur la corde (la distance à partir de la flèche étant) 10m	20m	30m	40m	50m	60m	70m	80m	90m	Ordonnées sur les tangentes (la distance à partir des points de tangence étant) 10m	20m	30m	40m	50m	60m	70m	80m	90m	égale à la demi-corde
m	m	° '	m	m	m																			
40.00	91.65	132.51	229.13	188.58	19.13	18.91	18.25	17.16	15.61	13.61	11.13	8.17	4.71	0.71	0.22	0.88	1.97	3.52	5.52	8.00	10.96	14.42	18.42	19.13
40.10	91.61	132.43	228.45	188.52	19.17	18.95	18.29	17.19	15.64	13.63	11.15	8.18	4.71	0.70	0.22	0.88	1.98	3.53	5.54	8.02	10.99	14.46	18.47	19.17
40.20	91.56	132.36	227.77	188.45	19.21	18.99	18.33	17.23	15.67	13.66	11.17	8.19	4.70	0.68	0.22	0.88	1.98	3.54	5.55	8.04	11.02	14.51	18.53	19.21
40.30	91.52	132.28	227.09	188.39	19.25	19.03	18.37	17.26	15.70	13.68	11.19	8.20	4.70	0.66	0.22	0.88	1.99	3.55	5.57	8.06	11.05	14.55	18.59	19.26
40.40	91.48	132.21	226.42	188.33	19.30	19.08	18.41	17.30	15.74	13.71	11.21	8.21	4.70	0.65	0.22	0.89	2.00	3.56	5.59	8.09	11.09	14.60	18.65	19.30
40.50	91.43	132.13	225.75	188.27	19.34	19.12	18.45	17.34	15.77	13.74	11.23	8.22	4.69	0.63	0.22	0.89	2.00	3.57	5.60	8.11	11.12	14.65	18.71	19.34
40.60	91.39	132.6	225.09	188.21	19.39	19.17	18.50	17.38	15.80	13.77	11.25	8.23	4.69	0.61	0.23	0.89	2.01	3.59	5.62	8.14	11.16	14.70	18.78	19.39
40.70	91.34	131.58	224.43	188.15	19.43	19.21	18.54	17.42	15.83	13.79	11.26	8.23	4.68	0.59	0.22	0.89	2.01	3.60	5.64	8.17	11.20	14.75	18.84	19.43
40.80	91.30	131.50	223.78	188.08	19.48	19.25	18.58	17.46	15.87	13.82	11.28	8.24	4.68	0.58	0.23	0.90	2.02	3.61	5.66	8.20	11.24	14.80	18.90	19.48
40.90	91.25	131.43	223.12	188.02	19.52	19.29	18.62	17.49	15.90	13.84	11.30	8.25	4.68	0.56	0.23	0.90	2.03	3.62	5.68	8.22	11.27	14.84	18.96	19.52
41.00	91.21	131.35	222.46	187.96	19.56	19.33	18.66	17.53	15.93	13.86	11.31	8.26	4.67	0.54	0.23	0.90	2.03	3.63	5.70	8.25	11.30	14.89	19.02	19.56
41.10	91.16	131.28	221.81	187.89	19.60	19.37	18.70	17.56	15.96	13.89	11.33	8.26	4.67	0.52	0.22	0.90	2.04	3.64	5.71	8.27	11.34	14.93	19.08	19.60
41.20	91.12	131.20	221.17	187.83	19.65	19.42	18.74	17.60	16.00	13.92	11.35	8.27	4.67	0.50	0.23	0.91	2.05	3.65	5.73	8.30	11.38	14.98	19.16	19.65
41.30	91.07	131.13	220.52	187.77	19.69	19.46	18.78	17.64	16.03	13.94	11.36	8.28	4.66	0.48	0.23	0.91	2.05	3.66	5.75	8.33	11.41	15.03	19.21	19.69
41.40	91.03	131.5	219.88	187.70	19.73	19.50	18.82	17.67	16.06	13.97	11.38	8.29	4.66	0.46	0.23	0.91	2.06	3.67	5.76	8.35	11.44	15.07	19.27	19.73
41.50	90.98	130.58	219.23	187.64	19.77	19.54	18.85	17.71	16.09	13.99	11.40	8.29	4.65	0.44	0.23	0.92	2.06	3.68	5.78	8.37	11.48	15.12	19.33	19.77
41.60	90.94	130.50	218.59	187.57	19.81	19.58	18.89	17.74	16.12	14.02	11.41	8.30	4.65	0.42	0.23	0.92	2.07	3.69	5.79	8.40	11.51	15.16	19.39	19.81
41.70	90.89	130.43	217.96	187.51	19.85	19.62	18.93	17.78	16.15	14.04	11.43	8.31	4.64	0.40	0.23	0.92	2.07	3.70	5.81	8.42	11.54	15.21	19.45	19.85
41.80	90.84	130.35	217.32	187.45	19.89	19.66	18.97	17.81	16.18	14.06	11.45	8.32	4.64	0.38	0.23	0.92	2.08	3.71	5.83	8.44	11.57	15.25	19.51	19.89
41.90	90.80	130.27	216.70	187.38	19.94	19.71	19.01	17.85	16.22	14.09	11.47	8.33	4.64	0.37	0.23	0.93	2.09	3.72	5.85	8.47	11.61	15.30	19.57	19.94
42.00	90.75	130.20	216.07	187.32	19.98	19.75	19.05	17.89	16.25	14.12	11.48	8.33	4.63	0.35	0.23	0.93	2.09	3.73	5.86	8.50	11.65	15.35	19.63	19.98
42.10	90.71	130.12	215.45	187.25	20.02	19.79	19.09	17.92	16.28	14.14	11.50	8.34	4.62	0.33	0.23	0.93	2.10	3.74	5.88	8.52	11.68	15.40	19.69	20.02
42.20	90.66	130.5	214.83	187.19	20.06	19.83	19.13	17.96	16.31	14.16	11.51	8.34	4.61	0.31	0.23	0.93	2.10	3.75	5.90	8.55	11.72	15.45	19.75	20.06
42.30	90.61	129.57	214.22	187.12	20.11	19.87	19.17	18.00	16.34	14.19	11.53	8.35	4.61	0.29	0.24	0.94	2.11	3.77	5.92	8.58	11.76	15.50	19.82	20.11
42.40	90.57	129.49	213.60	187.05	20.15	19.91	19.21	18.03	16.37	14.22	11.55	8.36	4.60	0.27	0.24	0.94	2.12	3.78	5.93	8.60	11.79	15.55	19.88	20.15
42.50	90.52	129.42	212.98	186.99	20.19	19.95	19.25	18.07	16.40	14.24	11.56	8.36	4.59	0.24	0.24	0.94	2.12	3.79	5.95	8.63	11.83	15.60	19.95	20.19
42.60	90.47	129.34	212.38	186.92	20.24	20.00	19.29	18.11	16.44	14.27	11.58	8.37	4.59	0.22	0.24	0.95	2.13	3.80	5.97	8.66	11.87	15.65	20.02	20.24
42.70	90.42	129.27	211.77	186.85	20.28	20.04	19.33	18.14	16.47	14.29	11.60	8.38	4.58	0.20	0.24	0.95	2.14	3.81	5.99	8.68	11.90	15.70	20.08	20.28
42.80	90.38	129.19	211.16	186.79	20.32	20.08	19.37	18.18	16.50	14.31	11.61	8.38	4.57	0.17	0.24	0.95	2.14	3.82	6.01	8.71	11.94	15.75	20.15	20.32
42.90	90.33	129.11	210.56	186.72	20.36	20.12	19.41	18.21	16.53	14.34	11.63	8.39	4.57	0.15	0.24	0.95	2.15	3.83	6.02	8.73	11.97	15.79	20.21	20.36

Tangentes 100 mètres.

LONGUEUR de la bissectrice.	DEMI-CORDE.	ANGLE des alignements.	RAYON.	LONGUEUR de l'arc.	FLÈCHE.	ORDONNÉES SUR LA CORDE La distance à partir de la flèche étant									ORDONNÉES SUR LES TANGENTES La distance à partir des points de tangence étant									
						10m	20m	30m	40m	50m	60m	70m	80m	90m	10m	20m	30m	40m	50m	60m	70m	80m	90m	égale à la demi-corde
m	m	° '	m	m	m																			
43.00	90.28	129 4	209.96	186.65	20.40	20.16	19.44	18.24	16.56	14.36	11.64	8.39	4.56	0.43	0.24	0.96	2.16	3.84	6.04	8.76	12.04	15.84	20.27	20.40
43.10	90.23	128 56	209.36	186.58	20.44	20.20	19.48	18.28	16.59	14.39	11.66	8.40	4.56	0.41	0.24	0.96	2.16	3.85	6.05	8.78	12.05	15.88	20.33	20.44
43.20	90.19	128 49	208.76	186.52	20.48	20.24	19.52	18.31	16.62	14.41	11.67	8.40	4.55	0.09	0.24	0.96	2.17	3.86	6.07	8.81	12.08	15.93	20.39	20.48
43.30	90.14	128 41	208.17	186.45	20.52	20.28	19.56	18.35	16.65	14.43	11.69	8.40	4.54	0.07	0.24	0.96	2.17	3.87	6.09	8.83	12.12	15.98	20.45	20.52
43.40	90.09	128 33	207.58	186.38	20.57	20.33	19.60	18.39	16.68	14.46	11.71	8.41	4.54	0.05	0.24	0.97	2.18	3.89	6.11	8.86	12.16	16.03	20.52	20.57
43.50	90.04	128 26	206.99	186.31	20.61	20.37	19.64	18.42	16.71	14.48	11.72	8.41	4.53	0.03	0.24	0.97	2.19	3.90	6.13	8.89	12.20	16.08	20.58	20.61
43.60	89.99	128 18	206.44	186.24	20.65	20.41	19.68	18.46	16.74	14.50	11.74	8.42	4.52	»	0.24	0.97	2.19	3.91	6.15	8.91	12.23	16.13	»	20.65
43.70	89.95	128 10	205.82	186.17	20.69	20.45	19.72	18.49	16.77	14.52	11.76	8.42	4.51	»	0.24	0.97	2.20	3.92	6.17	8.94	12.27	16.18	»	20.69
43.80	89.90	128 3	205.25	186.10	20.74	20.49	19.76	18.53	16.80	14.55	11.77	8.43	4.51	»	0.25	0.98	2.21	3.94	6.19	8.97	12.31	16.23	»	20.74
43.90	89.85	127 55	204.67	186.04	20.78	20.53	19.80	18.57	16.83	14.57	11.78	8.43	4.50	»	0.25	0.98	2.21	3.95	6.21	9.00	12.35	16.28	»	20.78
44.00	89.80	127 48	204.09	185.97	20.82	20.57	19.84	18.60	16.86	14.60	11.80	8.44	4.49	»	0.25	0.98	2.22	3.96	6.22	9.02	12.38	16.33	»	20.82
44.10	89.75	127 40	203.52	185.90	20.86	20.61	19.87	18.63	16.89	14.62	11.81	8.44	4.48	»	0.25	0.99	2.23	3.97	6.24	9.05	12.42	16.38	»	20.86
44.20	89.70	127 31	202.94	185.82	20.90	20.65	19.91	18.67	16.92	14.64	11.83	8.45	4.47	»	0.25	0.99	2.23	3.98	6.26	9.07	12.45	16.43	»	20.90

LONGUEUR de la bissectrice.	DEMI-CORDE.	ANGLE des alignements.	RAYON.	LONGUEUR de l'arc.	FLÈCHE.	10m	20m	30m	40m	50m	60m	70m	80m	90m	10m	20m	30m	40m	50m	60m	70m	80m	90m	égale à la demi-corde
44.30	89.65	127 25	202.37	185.75	20.94	20.69	19.95	18.70	16.95	14.67	11.84	8.45	4.46	»	0.25	0.99	2.24	3.99	6.27	9.10	12.49	16.48	»	20.94
44.40	89.60	127 17	201.80	185.68	20.98	20.73	19.99	18.74	16.98	14.69	11.86	8.45	4.45	»	0.25	0.99	2.24	4.00	6.29	9.12	12.53	16.53	»	20.98
44.50	89.55	127 9	201.24	185.61	21.02	20.77	20.02	18.77	17.01	14.71	11.87	8.46	4.44	»	0.25	1.00	2.25	4.01	6.31	9.15	12.56	16.58	»	21.02
44.60	89.50	127 2	200.67	185.54	21.06	20.81	20.06	18.80	17.04	14.73	11.88	8.46	4.43	»	0.25	1.00	2.26	4.02	6.33	9.18	12.60	16.63	»	21.06
44.70	89.45	126 54	200.11	185.47	21.10	20.85	20.10	18.84	17.07	14.75	11.89	8.46	4.42	»	0.25	1.00	2.26	4.03	6.35	9.21	12.04	16.68	»	21.10
44.80	89.40	126 46	199.56	185.40	21.15	20.90	20.14	18.88	17.10	14.78	11.91	8.47	4.41	»	0.25	1.01	2.27	4.05	6.37	9.24	12.68	16.74	»	21.15
44.90	89.35	126 38	199.01	185.33	21.19	20.94	20.18	18.91	17.13	14.80	11.92	8.47	4.40	»	0.25	1.01	2.28	4.06	6.39	9.27	12.72	16.79	»	21.19
45.00	89.30	126 31	198.45	185.26	21.23	20.98	20.22	18.95	17.16	14.83	11.94	8.47	4.39	»	0.25	1.01	2.28	4.07	6.40	9.29	12.76	16.84	»	21.23
45.10	89.25	126 23	197.90	185.18	21.27	21.02	20.26	18.98	17.18	14.85	11.95	8.48	4.38	»	0.25	1.01	2.29	4.09	6.42	9.32	12.79	16.89	»	21.27
45.20	89.20	126 15	197.35	185.11	21.31	21.06	20.29	19.02	17.21	14.87	11.97	8.48	4.37	»	0.25	1.02	2.29	4.10	6.44	9.34	12.83	16.94	»	21.31
45.30	89.15	126 8	196.80	185.04	21.35	21.09	20.33	19.05	17.24	14.89	11.98	8.48	4.36	»	0.26	1.02	2.30	4.11	6.46	9.37	12.87	16.99	»	21.35
45.40	89.10	126 0	196.25	184.96	21.39	21.13	20.37	19.08	17.27	14.91	11.99	8.48	4.34	»	0.26	1.02	2.31	4.12	6.48	9.40	12.91	17.05	»	21.39
45.50	89.05	125 52	195.17	184.89	21.43	21.17	20.41	19.12	17.30	14.94	12.01	8.48	4.33	»	0.26	1.02	2.31	4.13	6.49	9.42	12.95	17.10	»	21.43
45.60	89.00	125 44	195.71	184.82	21.47	21.21	20.44	19.15	17.32	14.96	12.02	8.49	4.32	»	0.26	1.03	2.32	4.15	6.51	9.45	12.98	17.15	»	21.47
45.70	88.95	125 37	194.63	184.74	21.51	21.25	20.48	19.19	17.35	14.98	12.03	8.49	4.31	»	0.26	1.03	2.32	4.16	6.53	9.48	13.02	17.20	»	21.51
45.80	88.89	125 29	194.09	184.67	21.55	21.29	20.52	19.22	17.38	15.00	12.05	8.49	4.30	»	0.26	1.03	2.33	4.17	6.55	9.50	13.06	17.25	»	21.55
45.90	88.84	125 21	193.55	184.60	21.59	21.33	20.55	19.25	17.41	15.02	12.06	8.49	4.29	»	0.26	1.04	2.34	4.18	6.57	9.53	13.10	17.30	»	21.59

Tangentes 100 mètres.

LONGUEUR de la bissectrice.	DEMI-CORDE.	ANGLE des alignements.	RAYON.	LONGUEUR de l'arc.	FLÈCHE.	ORDONNÉES SUR LA CORDE. La distance à partir de la flèche étant 10m	20m	30m	40m	50m	60m	70m	80m	90m	ORDONNÉES SUR LES TANGENTES. La distance à partir des points de tangence étant 10m	20m	30m	40m	50m	60m	70m	80m	90m	égale à la demi-corde
m	m	° '	m	m	m																			
46.00	88.79	125.13	193.02	184.52	21.63	21.37	20.59	19.29	17.44	15.05	12.07	8.49	4.28	»	0.26	1.04	2.34	4.19	6.58	9.56	13.14	17.35	»	21.63
46 10	88 74	125 6	192 49	184 45	21 67	21 41	20 63	19 32	17 47	15 07	12 08	8 49	4 26	»	0 26	1 04	2 35	4 20	6 60	9 59	13 18	17 41	»	21 67
46 20	88 69	124 58	191 96	184 37	21 71	21 45	20 67	19 35	17 49	15 09	12 10	8 49	4 25	»	0 26	1 04	2 36	4 22	6 62	9 61	13 22	17 46	»	21 71
46 30	88 64	124 50	191 43	184 30	21 75	21 49	20 70	19 39	17 52	15 11	12 11	8 49	4 24	»	0 26	1 05	2 36	4 23	6 64	9 64	13 26	17 51	»	21 75
46 40	88 58	124 42	190 91	184 22	21 79	21 53	20 74	19 42	17 55	15 13	12 12	8 49	4 23	»	0 26	1 05	2 37	4 24	6 66	9 67	13 30	17 56	»	21 79
46 50	88 53	124 35	190 38	184 15	21 83	21 57	20 78	19 45	17 58	15 15	12 13	8 49	4 21	»	0 26	1 05	2 38	4 25	6 68	9 70	13 34	17 62	»	21 83
46 60	88 48	124 27	189 87	184 07	21 88	21 61	20 82	19 49	17 61	15 18	12 15	8 50	4 20	»	0 27	1 06	2 39	4 27	6 70	9 73	13 38	17 68	»	21 88
46 70	88 42	124 19	189 35	184 00	21 92	21 65	20 86	19 53	17 64	15 20	12 16	8 50	4 19	»	0 27	1 06	2 39	4 28	6 72	9 76	13 42	17 73	»	21 92
46 80	88 37	124 11	188 83	183 92	21 96	21 69	20 90	19 56	17 67	15 22	12 17	8 50	4 17	»	0 27	1 06	2 40	4 29	6 74	9 79	43 46	17 79	»	21 96
46 90	88 32	124 4	188 32	183 84	22 00	21 73	20 94	19 59	17 70	15 24	12 18	8 50	4 16	»	0 27	1 06	2 41	4 30	6 76	9 82	13 50	17 84	»	22 00
47 00	88 27	123 56	187 81	183 77	22 04	21 77	20 97	19 63	17 73	15 26	12 19	8 59	4 14	»	0 27	1 07	2 41	4 31	6 78	9 85	13 54	17 90	»	22 04
47 10	88 21	123 48	187 29	183 69	22 08	21 81	21 01	19 66	17 75	15 28	12 20	8 50	4 13	»	0 27	1 07	2 42	4 33	6 80	9 88	13 58	17 95	»	22 08
47 20	88 16	123 40	186 78	183 61	22 12	21 85	21 05	19 69	17 78	15 30	12 22	8 50	4 12	»	0 27	1 07	2 43	4 34	6 82	9 90	13 62	18 00	»	22 12

LONGUEUR de la bissectrice.	DEMI-CORDE.	ANGLE des alignements.	RAYON.	LONGUEUR de l'arc.	FLÈCHE.	Corde 10m	20m	30m	40m	50m	60m	70m	80m	90m	Tangentes 10m	20m	30m	40m	50m	60m	70m	80m	90m	égale à la demi-corde
47 30	88 11	123 32	186 28	183 54	22 16	21 89	21 08	19 73	17 81	15 32	12 23	8 50	4 10	»	0 27	1 08	2 43	4 35	6 84	9 93	13 66	18 05	»	22 16
47 40	88 05	123 25	185 77	183 46	22 20	21 93	21 12	19 76	17 84	15 34	12 24	8 50	4 09	»	0 27	1 08	2 44	4 36	6 86	9 96	13 70	18 11	»	22 20
47 50	88 00	123 17	185 26	183 38	22 23	21 96	21 15	19 79	17 86	15 36	12 25	8 49	4 07	»	0 27	1 08	2 44	4 37	6 87	9 98	13 74	18 16	»	22 23
47 60	87 94	123 9	184 75	183 30	22 27	22 00	21 19	19 82	17 89	15 38	12 26	8 49	4 06	»	0 27	1 08	2 45	4 38	6 89	10 01	13 78	18 21	»	22 27
47 70	87 89	123 1	184 23	183 22	22 31	22 04	21 22	19 85	17 92	15 40	12 27	8 49	4 04	»	0 27	1 09	2 46	4 39	6 91	10 04	13 82	18 27	»	22 31
47 80	87 83	122 53	183 75	183 15	22 35	22 08	21 26	19 89	17 95	15 42	12 28	8 49	4 02	»	0 27	1 09	2 46	4 40	6 93	10 07	13 86	18 33	»	22 35
47 90	87 78	122 46	183 26	183 07	22 39	22 12	21 30	19 92	17 97	15 44	12 29	8 49	4 01	»	0 27	1 09	2 47	4 42	6 95	10 10	13 90	18 38	»	22 39
48 00	87 73	122 38	182 76	182 99	22 43	22 16	21 33	19 95	18 00	15 46	12 30	8 49	3 99	»	0 27	1 10	2 48	4 43	6 97	10 13	13 94	18 44	»	22 43
48 10	87 67	122 30	182 17	182 91	22 47	22 20	21 37	19 99	18 03	15 48	12 31	8 49	3 98	»	0 27	1 10	2 48	4 44	6 99	10 16	13 98	18 49	»	22 47
48 20	87 62	122 22	181 78	182 83	22 51	22 23	21 41	20 02	18 05	15 50	12 32	8 49	3 96	»	0 28	1 10	2 49	4 46	7 01	10 19	14 02	18 55	»	22 51
48 30	87 56	122 14	181 29	182 75	22 55	22 27	21 44	20 05	18 08	15 52	12 33	8 49	3 04	»	0 28	1 11	2 50	4 47	7 03	10 22	14 06	18 61	»	22 55
48 40	87 51	122 6	180 80	182 67	22 59	22 31	21 48	20 08	18 11	15 54	12 34	8 49	3 93	»	0 28	1 11	2 51	4 48	7 05	10 25	14 10	18 66	»	22 59
48 50	87 45	121 58	180 32	182 59	22 63	22 35	21 52	20 12	18 13	15 56	12 35	8 49	3 91	»	0 28	1 11	2 51	4 50	7 07	10 28	14 14	18 72	»	22 63
48 60	87 39	121 51	179 83	182 51	22 67	22 39	21 56	20 15	18 16	15 58	12 36	8 48	3 89	»	0 28	1 11	2 52	4 51	7 09	10 31	14 19	18 78	»	22 67
48 70	87 34	121 43	179 35	182 43	22 71	22 43	21 59	20 18	18 19	15 60	12 37	8 48	3 87	»	0 28	1 12	2 53	4 52	7 11	10 34	14 23	18 84	»	22 71
48 80	87 28	121 35	178 85	182 35	22 74	22 46	21 62	20 21	18 21	15 61	12 38	8 47	3 85	»	0 28	1 12	2 53	4 53	7 13	10 36	14 27	18 89	»	22 74
48 90	87 23	121 27	178 38	182 27	22 78	22 50	21 66	20 24	18 24	15 63	12 39	8 47	3 83	»	0 28	1 12	2 54	4 55	7 15	10 39	14 31	18 95	»	22 78

Tangentes 100 mètres.

Longueur de la bissectrice.	Demi-corde.	Angle des alignements.	Rayon.	Longueur de l'arc.	Flèche.	Ordonnées sur la corde. La distance à partir de la flèche étant 10m	20m	30m	40m	50m	60m	70m	80m	90m	Ordonnées sur les tangentes. La distance à partir des points de tangence étant 10m	20m	30m	40m	50m	60m	70m	80m	90m	égale à la demi-corde.
m	m	° '	m	m	m																			
49 00	87 17	121 19	477 90	182 19	22 82	22 54	21 69	20 27	18 27	15 65	12 40	8 47	3 82	»	0 28	1 13	2 55	4 55	7 17	10 42	14 35	19 00	»	22 82
49 10	87 12	121 11	477 43	182 11	22 86	22 58	21 73	20 31	18 29	15 67	12 41	8 47	3 80	»	0 28	1 13	2 55	4 57	7 19	10 45	14 39	19 06	»	22 86
49 20	87 06	121 3	476 95	182 03	22 90	22 62	21 77	20 34	18 32	15 69	12 42	8 46	3 78	»	0 28	1 13	2 56	4 58	7 21	10 48	14 44	19 12	»	22 90
49 30	87 00	120 55	476 48	181 94	22 94	22 66	21 80	20 37	18 35	15 71	12 43	8 46	3 76	»	0 28	1 14	2 57	4 59	7 23	10 51	14 48	19 18	»	22 94
49 40	86 95	120 47	476 00	181 86	22 97	22 69	21 83	20 40	18 37	15 72	12 43	8 45	3 74	»	0 28	1 14	2 57	4 60	7 25	10 54	14 52	19 23	»	22 97
49 50	86 89	120 40	475 53	181 78	23 01	22 73	21 87	20 43	18 39	15 74	12 44	8 45	3 72	»	0 28	1 14	2 58	4 62	7 27	10 57	14 56	19 29	»	23 01
49 60	86 83	120 32	475 06	181 70	23 05	22 76	21 91	20 46	18 42	15 76	12 45	8 45	3 70	»	0 29	1 14	2 59	4 63	7 29	10 60	14 60	19 35	»	23 05
49 70	86 77	120 24	474 60	181 62	23 09	22 80	21 94	20 49	18 45	15 78	12 46	8 44	3 68	»	0 29	1 15	2 60	4 64	7 31	10 63	14 65	19 41	»	23 09
49 80	86 72	120 16	474 13	181 53	23 13	22 84	21 98	20 52	18 47	15 80	12 46	8 44	3 66	»	0 29	1 15	2 60	4 66	7 33	10 67	14 69	19 47	»	23 13
49 90	86 66	120 8	473 67	181 45	23 17	22 88	22 02	20 56	18 50	15 81	12 47	8 43	3 64	»	0 29	1 15	2 61	4 67	7 36	10 70	14 74	19 53	»	23 17
50 00	86 60	120 0	473 21	181 37	23 21	22 92	22 05	20 59	18 52	15 83	12 48	8 43	3 62	»	0 29	1 16	2 62	4 69	7 38	10 73	14 78	19 59	»	23 21
50 10	86 54	119 52	472 74	181 28	23 24	22 95	22 08	20 62	18 54	15 84	12 48	8 42	3 60	»	0 29	1 16	2 62	4 70	7 40	10 76	14 82	19 64	»	23 24
50 20	86 49	119 44	472 28	181 20	23 28	22 99	22 12	20 65	18 57	15 86	12 49	8 42	3 58	»	0 29	1 16	2 63	4 71	7 42	10 79	14 86	19 70	»	23 28

Longueur de la bissectrice.	Demi-corde.	Angle des alignements.	Rayon.	Longueur de l'arc.	Flèche.	Corde 10m	20m	30m	40m	50m	60m	70m	80m	90m	Tangentes 10m	20m	30m	40m	50m	60m	70m	80m	90m	égale à la demi-corde.
50 30	86 43	119 36	471 83	181 11	23 32	23 02	22 15	20 68	18 60	15 88	12 50	8 41	3 56	»	0 29	1 17	2 64	4 72	7 44	10 82	14 91	19 76	»	23 32
50 40	86 37	119 28	471 37	181 03	23 36	23 07	22 19	20 71	18 62	15 90	12 51	8 41	3 54	»	0 29	1 17	2 65	4 74	7 46	10 85	14 95	19 82	»	23 36
50 50	86 31	119 20	470 91	180 94	23 39	23 10	22 22	20 74	18 64	15 91	12 51	8 40	3 51	»	0 29	1 17	2 65	4 75	7 48	10 88	14 99	19 88	»	23 39
50 60	86 25	119 12	470 46	180 86	23 43	23 14	22 25	20 77	18 67	15 93	12 52	8 40	3 49	»	0 29	1 18	2 66	4 76	7 50	10 91	15 03	19 94	»	23 43
50 70	86 19	119 4	470 01	180 77	23 47	23 18	22 29	20 80	18 70	15 95	12 53	8 39	3 47	»	0 29	1 18	2 67	4 77	7 52	10 94	15 08	20 00	»	23 47
50 80	86 14	118 56	469 56	180 69	23 51	23 21	22 33	20 83	18 72	15 97	12 54	8 38	3 45	»	0 30	1 18	2 68	4 79	7 54	10 97	15 13	20 06	»	23 51
50 90	86 08	118 48	469 11	180 61	23 55	23 25	22 36	20 86	18 75	15 99	12 55	8 38	3 43	»	0 30	1 19	2 69	4 80	7 56	11 00	15 17	20 12	»	23 55
51 00	86 02	118 40	468 66	180 52	23 58	23 28	22 39	20 89	18 77	16 00	12 55	8 37	3 40	»	0 30	1 19	2 69	4 81	7 58	11 03	15 21	20 18	»	23 58
51 10	85 96	118 32	468 21	180 43	23 62	23 32	22 43	20 92	18 80	16 02	12 56	8 36	3 38	»	0 30	1 19	2 70	4 82	7 60	11 06	15 26	20 24	»	23 62
51 20	85 90	118 24	467 77	180 35	23 66	23 36	22 46	20 95	18 82	16 03	12 56	8 36	3 36	»	0 30	1 20	2 71	4 84	7 63	11 10	15 30	20 30	»	23 66
51 30	85 84	118 16	467 33	180 26	23 70	23 40	22 50	20 98	18 85	16 05	12 57	8 35	3 34	»	0 30	1 20	2 72	4 85	7 65	11 13	15 35	20 36	»	23 70
51 40	85 78	118 8	466 88	180 17	23 73	23 43	22 53	21 01	18 87	16 06	12 57	8 34	3 31	»	0 30	1 20	2 72	4 86	7 67	11 16	15 39	20 42	»	23 73
51 50	85 72	118 00	466 44	180 08	23 77	23 47	22 56	21 04	18 89	16 08	12 58	8 33	3 28	»	0 30	1 21	2 73	4 88	7 69	11 19	15 44	20 49	»	23 77
51 60	85 66	117 52	466 00	180 00	23 81	23 51	22 60	21 07	18 92	16 10	12 59	8 33	3 26	»	0 30	1 21	2 74	4 89	7 71	11 22	15 48	20 55	»	23 81
51 70	85 60	117 44	465 56	179 91	23 84	23 54	22 63	21 10	18 94	16 11	12 59	8 32	3 23	»	0 30	1 21	2 74	4 90	7 73	11 25	15 52	20 61	»	23 84
51 80	85 54	117 36	465 13	179 82	23 88	23 58	22 66	21 13	18 96	16 13	12 60	8 31	3 21	»	0 30	1 22	2 75	4 92	7 75	11 28	15 57	20 67	»	23 88
51 90	85 48	117 28	464 70	179 73	23 92	23 62	22 70	21 16	18 99	16 15	12 60	8 30	3 19	»	0 30	1 22	2 76	4 93	7 77	11 32	15 62	20 73	»	23 92

Tangentes 100 mètres.

Longueur de la bissectrice.	Demi-corde.	Angle des alignements.	Rayon.	Longueur de l'arc.	Flèche.	Ordonnées sur la corde. La distance à partir de la flèche étant 10m	20m	30m	40m	50m	60m	70m	80m	90m	Ordonnées sur les tangentes. La distance à partir des points de tangence étant 10m	20m	30m	40m	50m	60m	70m	80m	90m	égale à la demi-corde
m.	m.	° '	m.	m.	m.																			
52 00	85 42	117 20	164 26	179 64	23 95	23 65	22 73	21 19	19 04	16 16	12 60	8 29	3 16	»	0 30	1 22	2 76	4 94	7 79	11 35	15 66	20 79	»	23 95
52 10	85 36	117 12	163 83	179 55	23 99	23 68	22 76	21 22	19 04	16 18	12 61	8 28	3 13	»	0 31	1 23	2 77	4 95	7 81	11 38	15 71	20 86	»	23 99
52 20	85 20	117 4	163 40	179 46	24 03	23 72	22 80	21 25	19 06	16 19	12 64	8 27	3 11	»	0 31	1 23	2 78	4 97	7 84	11 42	15 76	20 92	»	24 03
52 30	85 23	116 56	162 96	179 37	24 06	23 75	22 83	21 28	19 08	16 20	12 64	8 26	3 08	»	0 31	1 23	2 78	4 98	7 86	11 45	15 80	20 98	»	24 06
52 40	85 17	116 48	162 54	179 28	24 10	23 79	22 86	21 31	19 10	16 22	12 62	8 25	3 05	»	0 31	1 24	2 79	5 00	7 88	11 48	15 85	21 05	»	24 10
52 50	85 12	116 40	162 12	179 19	24 14	23 83	22 90	21 34	19 13	16 24	12 63	8 25	3 03	»	0 31	1 24	2 80	5 01	7 90	11 51	15 89	21 11	»	24 14
52 60	85 05	116 32	161 68	179 10	24 17	23 86	22 93	21 37	19 15	16 25	12 63	8 24	3 00	»	0 31	1 24	2 80	5 02	7 92	11 54	15 93	21 17	»	24 17
52 70	84 99	116 24	161 26	179 01	24 21	23 90	22 96	21 40	19 17	16 27	12 64	8 23	2 97	»	0 31	1 25	2 81	5 04	7 94	11 57	15 98	21 24	»	24 21
52 80	84 92	116 16	160 83	178 92	24 24	23 93	22 99	21 42	19 19	16 28	12 64	2 22	2 94	»	0 31	1 25	2 82	5 05	7 96	11 60	16 02	21 30	»	24 24
52 90	84 86	116 7	160 42	178 83	24 28	23 97	23 03	21 45	19 22	16 29	12 64	8 21	2 91	»	0 31	1 25	2 83	5 06	7 99	11 64	16 07	21 37	»	24 28
53 00	84 80	115 59	160 00	178 74	24 32	24 01	23 06	21 48	19 24	16 31	12 65	8 20	2 89	»	0 31	1 26	2 84	5 08	8 01	11 67	16 12	21 43	»	24 32
53 10	84 74	115 51	159 57	178 65	24 35	24 04	23 09	21 51	19 26	16 32	12 65	8 18	2 86	»	0 31	1 26	2 84	5 09	8 03	11 70	16 17	21 49	»	24 35
53 20	84 67	115 43	159 16	178 56	24 39	24 08	23 13	21 54	19 28	16 34	12 65	8 17	2 83	»	0 31	1 26	2 85	5 11	8 05	11 74	16 22	21 56	»	24 39
53 30	84 61	115 35	158 75	178 46	24 43	24 11	23 16	21 57	19 31	16 35	12 65	8 16	2 80	»	0 32	1 27	2 86	5 12	8 08	11 78	16 27	21 63	»	24 43
53 40	84 55	115 27	158 34	178 37	24 47	24 15	23 20	21 60	19 33	16 37	12 66	8 15	2 77	»	0 32	1 27	2 87	5 14	8 10	11 81	16 32	21 70	»	24 47
53 50	84 48	115 19	157 92	178 28	24 50	24 18	23 23	21 62	19 35	16 38	12 66	8 14	2 74	»	0 32	1 27	2 88	5 15	8 12	11 84	16 36	21 76	»	24 50
53 60	84 42	115 11	157 51	178 18	24 54	24 22	23 26	21 65	19 37	16 39	12 66	8 13	2 71	»	0 32	1 28	2 89	5 17	8 15	11 88	16 41	21 83	»	24 54
53 70	84 36	115 2	157 10	178 09	24 58	24 26	23 30	21 68	19 40	16 41	12 66	8 12	2 68	»	0 32	1 28	2 90	5 18	8 17	11 92	16 46	21 90	»	24 58
53 80	84 29	114 54	156 68	178 00	24 61	24 29	23 33	21 71	19 42	16 42	12 66	8 10	2 64	»	0 32	1 28	2 90	5 19	8 19	11 95	16 51	21 97	»	24 61
53 90	84 23	114 46	156 28	177 91	24 65	24 33	23 36	21 74	19 44	16 43	12 67	8 09	2 61	»	0 32	1 29	2 91	5 21	8 22	11 98	16 56	22 04	»	24 65
54 00	84 17	114 38	155 86	177 81	24 68	24 36	23 39	21 76	19 46	16 44	12 67	8 07	2 58	»	0 32	1 29	2 92	5 22	8 24	12 01	16 61	22 10	»	24 68
54 10	84 10	114 30	155 45	177 72	24 71	24 39	23 42	21 79	19 48	16 45	12 67	8 06	2 55	»	0 32	1 29	2 92	5 23	8 26	12 04	16 65	22 16	»	24 71
54 20	84 04	114 22	155 05	177 62	24 75	24 43	23 45	21 82	19 50	16 46	12 67	8 05	2 52	»	0 32	1 30	2 93	5 25	8 29	12 08	16 70	22 23	»	24 75
54 30	83 97	114 13	154 64	177 53	24 78	24 46	23 48	21 84	19 52	16 47	12 67	8 03	2 48	»	0 32	1 30	2 94	5 26	8 31	12 11	16 75	22 30	»	24 78
54 40	83 91	114 5	154 24	177 43	24 82	24 50	23 52	21 87	19 54	16 49	12 67	8 02	2 45	»	0 32	1 30	2 95	5 28	8 33	12 15	16 80	22 37	»	24 82
54 50	83 84	113 57	153 85	177 34	24 86	24 53	23 55	21 90	19 57	16 50	12 67	8 01	2 42	»	0 33	1 31	2 96	5 29	8 36	12 19	16 85	22 44	»	24 86
54 60	83 78	113 49	153 44	177 24	24 89	22 56	23 58	21 93	19 59	16 51	12 67	7 99	2 38	»	0 33	1 31	2 96	5 30	8 38	12 22	16 90	22 51	»	24 89
54 70	83 71	113 11	153 03	177 15	24 92	24 59	23 61	21 95	19 61	16 52	12 67	7 97	2 35	»	0 33	1 31	2 97	5 31	8 40	12 25	16 95	22 57	»	24 92
54 80	83 65	113 32	152 64	177 05	24 96	24 63	23 64	21 98	19 63	16 54	12 67	7 96	2 32	»	0 33	1 32	2 98	5 33	8 42	12 29	17 00	22 64	»	24 96
54 90	83 58	113 24	152 24	176 96	24 99	24 66	23 67	22 01	19 65	16 55	12 67	7 94	2 28	»	0 33	1 32	2 98	5 34	8 44	12 32	17 05	22 71	»	24 99

Tangentes 100 mètres.

Longueur de la bissectrice.	Demi-corde.	Angle des alignements.	Rayon.	Longueur de l'arc.	Flèche.	Ordonnées sur la corde — La distance à partir de la flèche étant									Ordonnées sur les tangentes — La distance à partir des points de tangence étant									
						10m	20m	30m	40m	50m	60m	70m	80m	90m	10m	20m	30m	40m	50m	60m	70m	80m	90m	égale à la demi-corde
m	m	° ′	m	m	m																			
55 00	83 32	113 16	151 85	176 86	25 03	24 70	23 71	22 04	19 67	16 56	12 67	7 93	2 25	»	0 33	1 32	2 99	5 36	8 47	12 36	17 40	22 78	»	25 03
55 10	83 45	113 8	151 46	176 76	25 07	24 74	23 74	22 07	19 69	16 58	12 67	7 92	2 22	»	0 33	1 33	3 00	5 38	8 49	12 40	17 45	22 85	»	25 07
55 20	83 38	112 59	151 06	176 66	25 10	24 77	23 77	22 09	19 71	16 59	12 67	7 90	2 18	»	0 33	1 33	3 01	5 39	8 51	12 43	17 20	22 92	»	25 10
55 30	83 32	112 51	150 66	176 57	25 13	24 80	23 80	22 11	19 73	16 60	12 67	7 88	2 14	»	0 33	1 33	3 02	5 40	8 53	12 46	17 25	22 99	»	25 13
55 40	83 25	112 43	150 27	176 47	25 17	24 84	23 83	22 14	19 75	16 61	12 67	7 87	2 11	»	0 33	1 34	3 03	5 42	8 56	12 50	17 30	23 06	»	25 17
55 50	83 18	112 35	149 88	176 37	25 20	24 87	23 86	22 17	19 77	16 62	12 67	7 85	2 07	»	0 33	1 34	3 03	5 43	8 58	12 53	17 35	23 13	»	25 20
55 60	83 11	112 26	149 49	176 27	25 23	24 90	23 89	22 19	19 79	16 63	12 67	7 83	2 03	»	0 33	1 34	3 04	5 44	8 60	12 56	17 40	23 20	»	25 23
55 70	83 05	112 18	149 10	176 17	25 27	24 94	23 92	22 22	19 81	16 64	12 67	7 82	1 99	»	0 33	1 35	3 05	5 46	8 63	12 60	17 45	23 28	»	25 27
55 80	82 98	112 10	148 72	176 07	25 31	24 97	23 96	22 25	19 83	16 65	12 67	7 80	1 96	»	0 34	1 35	3 06	5 48	8 66	12 64	17 51	23 35	»	25 31
55 90	82 92	112 2	148 33	175 98	25 34	25 00	23 99	22 27	19 85	16 66	12 66	7 78	1 92	»	0 34	1 35	3 07	5 49	8 68	12 68	17 56	23 42	»	25 34
56 00	82 85	111 53	147 95	175 88	25 38	25 04	24 02	22 30	19 87	16 67	12 66	7 77	1 88	»	0 34	1 36	3 08	5 51	8 71	12 72	17 61	23 50	»	25 38
56 10	82 78	111 45	147 56	175 78	25 41	25 07	24 05	22 33	19 89	16 68	12 66	7 75	1 84	»	0 34	1 36	3 08	5 52	8 73	12 75	17 66	23 57	»	35 41
56 20	82 71	111 37	147 18	175 67	25 44	25 10	24 08	22 35	19 90	16 69	12 65	7 73	1 80	»	0 34	1 36	3 09	5 54	8 75	12 79	17 71	23 64	»	25 44
56 30	82 65	111 28	146 80	175 57	25 48	25 14	24 11	22 38	19 92	16 70	12 65	7 71	1 76	»	0 34	1 37	3 10	5 56	8 78	12 83	17 77	23 72	»	25 48
56 40	82 58	111 20	146 41	175 47	25 51	25 17	24 14	22 40	19 94	16 71	12 65	7 69	1 72	»	0 34	1 37	3 11	5 57	8 80	12 86	17 82	23 79	»	25 51
56 50	82 51	111 12	146 03	175 37	25 54	25 20	24 17	22 42	19 96	16 71	12 64	7 67	1 68	»	0 34	1 37	3 12	5 58	8 83	12 90	17 87	23 86	»	25 54
56 60	82 44	111 3	145 66	175 27	25 58	25 24	24 20	22 45	19 98	16 72	12 64	7 65	1 64	»	0 34	1 38	3 13	5 60	8 86	12 94	17 93	23 94	»	25 58
56 70	82 37	110 55	145 28	175 16	25 61	25 27	24 23	22 48	19 99	16 73	12 64	7 63	1 60	»	0 34	1 38	3 13	5 62	8 88	12 97	17 98	24 01	»	25 61
56 80	82 30	110 47	144 90	175 06	25 64	25 30	24 26	22 50	20 01	16 74	12 63	7 61	1 56	»	0 34	1 38	3 14	5 63	8 90	13 01	18 03	24 08	»	25 64
56 90	82 23	110 38	144 53	174 96	25 68	25 33	24 29	22 53	20 03	16 75	12 63	7 59	1 52	»	0 35	1 39	3 15	5 65	8 93	13 05	18 09	24 16	»	25 68
57 00	82 16	110 30	144 15	174 86	25 71	25 36	24 32	22 55	20 05	16 76	12 63	7 57	1 48	»	0 35	1 39	3 16	5 66	8 95	13 08	18 14	24 23	»	25 71
57 10	82 09	110 22	143 77	174 75	25 74	25 39	24 34	22 58	20 07	16 77	12 62	7 55	1 43	»	0 35	1 40	3 16	5 67	8 97	13 12	18 19	24 31	»	25 74
57 20	82 03	110 13	143 40	174 65	25 77	25 42	24 37	22 60	20 08	16 77	12 62	7 53	1 39	»	0 35	1 40	3 17	5 69	9 00	13 15	18 24	24 38	»	25 77
57 30	81 96	110 5	143 02	174 54	25 80	25 45	24 40	22 62	20 10	16 78	12 61	7 51	1 34	»	0 35	1 40	3 18	5 70	9 02	13 19	18 29	24 46	»	25 80
57 40	81 88	109 56	142 66	174 44	25 84	25 49	24 43	22 65	20 12	16 79	12 61	7 49	1 30	»	0 35	1 41	3 19	5 72	9 05	13 23	18 35	24 54	»	25 84
57 50	81 81	109 48	142 28	174 33	25 87	25 52	24 46	22 67	20 13	16 80	12 60	7 46	1 25	»	0 35	1 41	3 20	5 74	9 07	13 27	18 41	24 62	»	25 87
57 60	81 74	109 40	141 91	174 23	25 90	25 55	24 49	22 70	20 15	16 80	12 59	7 44	1 20	»	0 35	1 41	3 20	5 75	9 10	13 31	18 46	24 70	»	25 90
57 70	81 67	109 31	141 53	174 12	25 94	25 59	24 52	22 73	20 17	16 81	12 59	7 42	1 16	»	0 35	1 42	3 21	5 77	9 13	13 35	18 52	24 78	»	25 94
57 80	81 60	109 23	141 18	174 01	25 97	25 62	24 55	22 75	20 19	16 82	12 58	7 40	1 12	»	0 35	1 42	3 22	5 78	9 15	13 39	18 57	24 85	»	25 97
57 90	81 53	109 14	140 81	173 91	26 00	25 65	24 58	22 77	20 20	16 83	12 58	7 37	1 07	»	0 35	1 42	3 23	5 80	9 17	13 42	18 63	24 93	»	26 00

Tangentes 100 mètres.

LONGUEUR de la bissectrice.	DEMI-CORDE.	ANGLE des alignements.	RAYON.	LONGUEUR de l'arc.	FLÈCHE.	ORDONNÉES SUR LA CORDE. La distance à partir de la flèche étant									ORDONNÉES SUR LES TANGENTES. La distance à partir des points de tangence étant									
						10m	20m	30m	40m	50m	60m	70m	80m	90m	10m	20m	30m	40m	50m	60m	70m	80m	90m	égale à la demi-corde
m	m	o	m	m	m																			
58 00	84 46	109 6	140 45	173 80	26 04	25 68	24 61	22 80	20 22	16 84	12 58	7 35	1 03	»	0 36	1 43	3 24	5 82	9 20	13 46	18 69	25 01	»	26 04
58 10	84 39	108 57	140 09	173 70	26 07	25 71	24 64	22 82	20 24	16 84	12 57	7 33	0 98	»	0 36	1 43	3 25	5 83	9 23	13 50	18 74	25 09	»	26 07
58 20	84 32	108 49	139 72	173 59	26 10	25 74	24 66	22 84	20 25	16 85	12 56	7 30	0 93	»	0 36	1 44	3 26	5 85	9 25	13 54	18 80	25 17	»	26 10
58 30	84 25	108 40	139 36	173 48	26 13	25 77	24 69	22 86	20 27	16 85	12 55	7 27	0 88	»	0 36	1 44	3 27	5 86	9 28	13 58	18 86	25 25	»	26 13
58 40	84 18	108 32	139 00	173 37	26 17	25 81	24 72	22 89	20 29	16 86	12 55	7 25	0 84	»	0 36	1 45	3 28	5 88	9 31	13 62	18 92	25 33	»	26 17
58 50	84 10	108 24	138 64	173 26	26 20	25 84	24 75	22 91	20 30	16 87	12 54	7 23	0 79	»	0 36	1 45	3 29	5 90	9 33	13 66	18 97	25 41	»	26 20
58 60	84 03	108 15	138 28	173 15	26 23	25 87	24 78	22 94	20 32	16 87	12 53	7 20	0 74	»	0 36	1 45	3 29	5 91	9 36	13 70	19 03	25 49	»	26 23
58 70	80 96	108 7	137 92	173 05	26 26	25 90	24 80	22 96	20 33	16 88	12 52	7 18	0 69	»	0 36	1 46	3 30	5 93	9 38	13 74	19 08	25 37	»	26 26
58 80	80 89	107 58	137 56	172 94	26 29	25 93	24 83	22 98	20 35	16 88	12 51	7 15	0 64	»	0 36	1 46	3 31	5 94	9 41	13 78	19 14	25 65	»	26 29
58 90	80 81	107 50	137 21	172 83	26 33	25 96	24 86	23 04	20 37	16 89	12 51	7 13	0 59	»	0 37	1 47	3 32	5 96	9 44	13 82	19 20	25 74	»	26 33
59 00	80 74	107 41	136 85	172 72	26 36	25 99	24 89	23 03	20 38	16 90	12 50	7 10	0 54	»	0 37	1 47	3 33	5 98	9 46	13 86	19 26	25 82	»	26 36
59 10	80 67	107 33	136 49	172 61	26 39	26 02	24 91	23 05	20 39	16 90	12 49	7 07	0 49	»	0 37	1 48	3 34	6 00	9 49	13 90	19 32	25 90	»	26 39
59 20	80 59	107 24	136 14	172 50	26 42	26 05	24 94	23 07	20 41	16 91	12 48	7 04	0 43	»	0 37	1 48	3 35	6 01	9 54	13 94	19 38	25 99	»	26 42
59 30	80 52	107 16	135 78	172 39	26 45	26 08	24 97	23 10	20 42	16 94	12 47	7 01	0 38	»	0 37	1 48	3 35	6 03	9 54	13 98	19 44	26 07	»	26 45
59 40	80 45	107 7	135 43	172 27	26 48	26 11	24 99	23 12	20 44	16 91	12 46	6 99	0 33	»	0 37	1 49	3 36	6 04	9 57	14 02	19 49	26 15	»	26 48
59 50	80 37	106 58	135 08	172 16	26 51	26 14	25 02	23 14	20 45	16 92	12 45	6 96	0 27	»	0 37	1 49	3 37	6 06	9 59	14 06	19 55	26 24	»	26 51
59 60	80 30	106 50	134 72	172 05	26 54	26 17	25 04	23 16	20 47	16 92	12 44	6 93	0 22	»	0 37	1 50	3 38	6 07	9 62	14 10	19 61	26 32	»	26 54
59 70	80 22	106 41	134 37	171 94	26 57	26 20	25 07	23 18	20 48	16 93	12 43	6 90	0 17	»	0 37	1 50	3 39	6 09	9 64	14 14	19 67	26 40	»	26 57
59 80	80 15	106 33	134 02	171 83	26 60	26 23	25 10	23 20	20 49	16 93	12 42	6 87	0 11	»	0 37	1 50	3 40	6 11	9 67	14 18	19 73	26 49	»	26 60
59 90	80 07	106 24	133 68	171 72	26 64	26 26	25 13	23 23	20 51	16 94	12 41	6 84	0 06	»	0 38	1 51	3 41	6 13	9 70	14 23	19 80	26 58	»	26 64
60 00	80 00	106 16	133 34	171 60	26 67	26 29	25 16	23 25	20 52	16 94	12 40	6 81	»	»	0 38	1 51	3 42	6 15	9 73	14 27	19 86	»	»	26 67
60 10	79 92	106 7	132 99	171 49	26 70	26 32	25 18	23 27	20 54	16 94	12 39	6 78	»	»	0 38	1 52	3 43	6 16	9 76	14 31	19 92	»	»	26 70
60 20	79 85	105 58	132 64	171 37	26 73	26 35	25 21	23 29	20 55	16 94	12 38	6 75	»	»	0 38	1 52	3 44	6 18	9 79	14 35	19 98	»	»	26 73
60 30	79 77	105 50	132 30	171 26	26 76	26 38	25 24	23 31	20 56	16 94	12 37	6 72	»	»	0 38	1 52	3 45	6 20	9 82	14 39	20 04	»	»	26 76
60 40	79 70	105 41	131 95	171 14	26 79	26 41	25 26	23 33	20 58	16 95	12 36	6 69	»	»	0 38	1 53	3 46	6 21	9 84	14 43	20 10	»	»	26 79
60 50	79 62	105 32	131 61	171 03	26 82	26 44	25 29	23 35	20 59	16 95	12 34	6 66	»	»	0 38	1 53	3 47	6 23	9 87	14 48	20 16	»	»	26 82
60 60	79 55	105 24	131 27	170 91	26 85	26 47	25 31	23 37	20 60	16 95	12 33	6 62	»	»	0 38	1 54	3 48	6 25	9 90	14 52	20 23	»	»	26 85
60 70	79 47	105 15	130 92	170 80	26 88	26 50	25 34	23 39	20 62	16 95	12 32	6 59	»	»	0 38	1 54	3 40	6 26	9 93	14 56	20 29	»	»	26 88
60 80	79 39	105 7	130 58	170 68	26 91	26 53	25 37	23 42	20 63	16 95	12 31	6 56	»	»	0 38	1 54	3 49	6 28	9 96	14 60	20 35	»	»	26 94
60 90	79 32	104 58	130 24	170 57	26 94	26 55	25 39	23 44	20 64	16 96	12 29	6 53	»	»	0 39	1 55	3 50	6 30	9 98	14 65	20 41	»	»	26 94

Tangentes 100 mètres.

Longueur de la bissectrice.	Demi-corde.	Angle des alignements.	Rayon.	Longueur de l'arc.	Flèche.	Ordonnées sur la corde. La distance à partir de la flèche étant									Ordonnées sur les tangentes. La distance à partir des points de tangence étant									
						10m	20m	30m	40m	50m	60m	70m	80m	90m	10m	20m	30m	40m	50m	60m	70m	80m	90m	égale à la demi-corde
m	m	°	m	m	m																			
61 00	79 24	104 49	129 90	170 45	26 97	26 58	25 42	23 46	20 65	16 96	12 28	6 49	»	»	0 39	1 55	3 51	6 32	10 01	14 69	20 48	»	»	26 97
61 10	79 16	104 40	129 57	170 33	27 00	26 61	25 44	23 48	20 67	16 96	12 27	6 46	»	»	0 39	1 56	3 52	6 33	10 04	14 73	20 54	»	»	27 00
61 20	79 09	104 32	129 23	170 21	27 03	26 64	25 47	23 50	20 68	16 96	12 25	6 42	»	»	0 39	1 56	3 53	6 35	10 07	14 78	20 61	»	»	27 03
61 30	79 01	104 23	128 88	170 09	27 05	26 66	25 49	23 51	20 69	16 96	12 23	6 38	»	»	0 39	1 56	3 54	6 36	10 09	14 82	20 67	»	»	27 05
61 40	78 93	104 14	128 55	169 98	27 08	26 69	25 51	23 53	20 70	16 96	12 22	6 35	»	»	0 39	1 57	3 55	6 38	10 12	14 86	20 73	»	»	27 08
61 50	78 85	104 6	128 21	169 86	27 11	26 72	25 54	23 55	20 72	16 96	12 21	6 32	»	»	0 39	1 57	3 56	6 39	10 15	14 90	20 79	»	»	27 11
61 60	78 77	103 57	127 88	169 74	27 14	26 75	25 56	23 57	20 73	16 96	12 19	6 28	»	»	0 39	1 58	3 57	6 41	10 18	14 95	20 86	»	»	27 14
61 70	78 70	103 48	127 54	169 62	27 17	26 78	25 59	23 59	20 74	16 96	12 18	6 25	»	»	0 39	1 58	3 58	6 43	10 21	14 99	20 92	»	»	27 17
61 80	78 62	103 40	127 21	169 50	27 20	26 81	25 62	23 61	20 75	16 96	12 16	6 21	»	»	0 39	1 58	3 59	6 45	10 24	15 04	20 99	»	»	27 20
61 90	78 54	103 31	126 88	169 38	27 23	26 83	25 64	23 63	20 76	16 96	12 15	6 17	»	»	0 40	1 59	3 60	6 47	10 27	15 08	21 06	»	»	27 23
62 00	78 46	103 22	126 55	168 26	27 26	26 86	25 67	23 65	20 77	16 96	12 13	6 13	»	»	0 40	1 59	3 61	6 49	10 30	15 13	21 13	»	»	27 26
62 10	78 38	103 13	126 22	169 14	27 29	26 89	25 69	23 67	20 78	16 96	12 12	6 10	»	»	0 40	1 60	3 62	6 51	10 33	15 17	21 19	»	»	27 29
62 20	78 30	103 5	125 88	169 04	27 31	26 91	25 71	23 69	20 79	16 96	12 10	6 06	»	»	0 40	1 60	3 62	6 52	10 35	15 21	21 25	»	»	27 31
62 30	78 22	102 56	125 55	168 89	27 34	26 94	25 74	23 71	20 80	16 96	12 08	6 02	»	»	0 40	1 60	3 63	6 54	10 38	15 26	21 32	»	»	27 34
62 40	78 14	102 47	125 23	168 77	27 37	26 97	25 76	23 73	20 81	16 96	12 06	5 98	»	»	0 40	1 61	3 64	6 56	10 41	15 31	21 39	»	»	27 37
62 50	78 06	102 38	124 90	168 65	27 40	27 00	25 79	23 75	20 82	16 96	12 05	5 94	»	»	0 40	1 61	3 65	6 58	10 44	15 35	21 46	»	»	27 40
62 60	77 98	102 29	124 57	168 52	27 43	27 03	25 81	23 77	20 83	16 96	12 03	5 90	»	»	0 40	1 62	3 66	6 60	10 47	15 40	21 53	»	»	27 43
62 70	77 90	102 21	124 24	168 40	27 45	27 05	25 83	23 78	20 84	16 95	12 01	5 86	»	»	0 40	1 62	3 67	6 61	10 50	15 44	21 59	»	»	27 45
62 80	77 82	102 12	123 92	168 28	27 48	27 08	25 86	23 80	20 85	16 95	11 99	5 82	»	»	0 40	1 62	3 68	6 63	10 53	15 49	21 66	»	»	27 48
62 90	77 74	102 4	123 59	168 15	27 51	27 11	25 88	23 82	20 86	16 95	11 97	5 78	»	»	0 40	1 63	3 69	6 65	10 56	15 54	21 73	»	»	27 51
63 00	77 66	101 54	123 27	168 03	27 54	27 13	25 91	23 84	20 87	16 94	11 95	5 74	»	»	0 41	1 63	3 70	6 67	10 60	15 59	21 80	»	»	27 54
63 10	77 58	101 45	122 95	167 90	27 57	27 16	25 93	23 86	20 88	16 94	11 93	5 70	»	»	0 41	1 64	3 71	6 69	10 63	15 64	21 87	»	»	27 57
63 20	77 50	101 36	122 62	167 78	27 59	27 18	25 95	23 87	20 88	16 93	11 91	5 65	»	»	0 41	1 64	3 72	6 71	10 66	15 68	21 94	»	»	27 59
63 30	77 42	101 27	122 30	167 65	27 62	27 21	25 97	23 88	20 89	16 93	11 89	5 61	»	»	0 41	1 65	3 74	6 73	10 69	15 73	22 01	»	»	27 62
63 40	77 33	101 19	121 98	167 52	27 65	27 24	26 00	23 90	20 90	16 93	11 87	5 56	»	»	0 41	1 65	3 75	6 75	10 72	15 78	22 09	»	»	27 65
63 50	77 25	101 10	121 65	167 40	27 67	27 26	26 02	23 91	20 91	16 92	11 85	5 51	»	»	0 41	1 65	3 76	6 76	10 75	15 82	22 16	»	»	27 67
63 60	77 17	101 1	121 33	167 27	27 70	27 29	26 04	23 93	20 92	16 92	11 83	5 47	»	»	0 41	1 66	3 77	6 78	10 78	15 87	22 23	»	»	27 70
63 70	77 09	100 52	121 02	167 14	27 73	27 32	26 07	23 95	20 93	16 92	11 81	5 43	»	»	0 41	1 66	3 78	6 80	10 81	15 92	22 30	»	»	27 73
63 80	77 01	100 43	120 70	167 02	27 76	27 35	26 09	23 97	20 94	16 92	11 79	5 38	»	»	0 41	1 67	3 79	6 82	10 84	15 97	22 38	»	»	27 76
63 90	76 92	100 34	120 37	166 89	27 78	27 37	26 11	23 98	20 94	16 91	11 76	5 33	»	»	0 41	1 67	3 80	6 84	10 87	16 02	22 45	»	»	27 78

Tangentes 100 mètres.

Longueur de la bissectrice.	Demi-corde.	Angle des alignements.	Rayon.	Longueur de l'arc.	Flèche.	Ordonnées sur la corde — La distance à partir de la flèche étant									Ordonnées sur les tangentes — La distance à partir des points de tangence étant									
						10m	20m	30m	40m	50m	60m	70m	80m	90m	10m	20m	30m	40m	50m	60m	70m	80m	90m	égale à la demi-corde
m	m	°	m	m	m																			
64 00	76 84	100 25	120 06	166 76	27 84	27 39	26 13	24 00	20 95	16 90	11 74	5 29	»	»	0 42	1 68	3 81	6 86	10 91	16 07	22 52	»	»	27 84
64 10	76 76	100 16	119 74	166 63	27 83	27 41	26 15	24 01	20 95	16 89	11 71	5 24	»	»	0 42	1 68	3 82	6 88	10 94	16 12	22 59	»	»	27 83
64 20	76 67	100 7	119 42	166 50	27 86	27 44	26 17	24 03	20 96	16 89	11 69	5 20	»	»	0 42	1 69	3 83	6 90	10 97	16 17	22 66	»	»	27 86
64 30	76 59	99 58	119 11	166 37	27 89	27 47	26 20	24 05	20 97	16 88	11 67	5 15	»	»	0 42	1 69	3 84	6 92	11 01	16 22	22 74	»	»	27 89
64 40	76 50	99 49	118 80	166 24	27 92	27 50	26 22	24 06	20 98	16 88	11 65	5 10	»	»	0 42	1 70	3 86	6 94	11 04	16 27	22 82	»	»	27 92
64 50	76 42	99 40	118 48	166 11	27 94	27 52	26 24	24 07	20 98	16 87	11 62	5 05	»	»	0 42	1 70	3 87	6 96	11 07	16 32	22 89	»	»	27 94
64 60	76 33	99 31	118 17	165 98	27 97	27 55	26 26	24 09	20 99	16 86	11 60	5 00	»	»	0 42	1 71	3 88	6 98	11 11	16 37	22 97	»	»	27 97
64 70	76 25	99 22	117 85	165 85	27 99	27 57	26 28	24 10	20 99	16 85	11 57	4 95	»	»	0 42	1 71	3 89	7 00	11 14	16 42	23 04	»	»	27 99
64 80	76 16	99 13	117 54	165 72	28 02	27 59	26 30	24 12	21 00	16 85	11 55	4 90	»	»	0 43	1 72	3 90	7 02	11 17	16 47	23 12	»	»	28 02
64 90	76 08	99 4	117 22	165 59	28 04	27 61	26 32	24 13	21 00	16 84	11 52	4 85	»	»	0 43	1 72	3 91	7 04	11 20	16 52	23 19	»	»	28 04
65 00	75 99	98 55	116 92	165 45	28 07	27 64	26 34	24 15	21 01	16 83	11 49	4 80	»	»	0 43	1 73	3 92	7 06	11 24	16 58	23 27	»	»	28 07
65 10	75 91	98 46	116 60	165 32	28 09	27 66	26 36	24 16	21 01	16 82	11 46	4 74	»	»	0 43	1 73	3 93	7 08	11 27	16 63	23 35	»	»	28 09
65 20	75 82	98 37	116 29	165 18	28 12	27 69	26 38	24 18	21 02	16 82	11 44	4 69	»	»	0 43	1 74	3 94	7 10	11 30	16 68	23 43	»	»	28 12
65 30	75 74	98 28	115 98	165 05	28 14	27 71	26 40	24 19	21 02	16 81	11 41	4 63	»	»	0 43	1 74	3 95	7 12	11 33	16 73	23 51	»	»	28 14
65 40	75 65	98 19	115 67	164 91	28 17	27 74	26 42	24 21	21 03	16 80	11 39	4 58	»	»	0 43	1 75	3 96	7 14	11 37	16 78	23 59	»	»	28 17
65 50	75 56	98 10	115 36	164 78	28 19	27 76	26 44	24 22	21 03	16 79	11 36	4 52	»	»	0 43	1 75	3 97	7 16	11 40	16 83	23 67	»	»	28 19
65 60	75 48	98 1	115 00	164 64	28 22	27 79	26 46	24 24	21 04	16 78	11 33	4 47	»	»	0 43	1 76	3 98	7 18	11 44	16 89	23 75	»	»	28 22
65 70	75 39	97 52	114 75	164 51	28 24	27 81	26 48	24 25	21 04	16 77	11 30	4 41	»	»	0 43	1 76	3 99	7 20	11 47	16 94	23 83	»	»	28 24
65 80	75 30	97 42	114 45	164 37	28 27	27 83	26 50	24 27	21 05	16 76	11 27	4 36	»	»	0 44	1 77	4 00	7 22	11 51	17 00	23 91	»	»	28 27
65 90	75 21	97 33	114 13	164 24	28 29	27 85	26 52	24 28	21 05	16 75	11 24	4 30	»	»	0 44	1 77	4 01	7 24	11 54	17 05	23 99	»	»	28 29
66 00	75 13	97 24	113 82	164 10	28 31	27 87	26 54	24 29	21 05	16 74	11 21	4 24	»	»	0 44	1 77	4 02	7 26	11 57	17 10	24 07	»	»	28 31
66 10	75 04	97 15	113 53	163 96	28 34	27 90	26 56	24 30	21 06	16 73	11 18	4 19	»	»	0 44	1 78	4 04	7 28	11 61	17 16	24 15	»	»	28 34
66 20	74 95	97 6	113 22	163 82	28 36	27 92	26 58	24 31	21 06	16 72	11 15	4 13	»	»	0 44	1 78	4 05	7 30	11 64	17 21	24 23	»	»	28 36
66 30	74 86	96 57	112 92	163 68	28 39	27 95	26 60	24 33	21 06	16 71	11 12	4 07	»	»	0 44	1 79	4 06	7 33	11 68	17 27	24 32	»	»	28 39
66 40	74 77	96 47	112 61	163 54	28 41	27 97	26 62	24 34	21 06	16 70	11 09	4 01	»	»	0 44	1 79	4 07	7 35	11 71	17 32	24 40	»	»	28 41
66 50	74 68	96 38	112 32	163 40	28 44	27 99	26 64	24 35	21 07	16 69	11 06	3 95	»	»	0 45	1 80	4 09	7 37	11 75	17 38	24 49	»	»	28 44
66 60	74 59	96 29	112 01	163 26	26 46	28 01	26 66	24 36	21 07	16 68	11 03	3 88	»	»	0 45	1 80	4 10	7 39	11 78	17 43	24 58	»	»	28 46
66 70	74 51	96 20	111 70	163 12	28 48	28 03	26 67	24 37	21 07	16 66	11 00	3 82	»	»	0 45	1 81	4 11	7 41	11 82	17 48	24 66	»	»	28 48
66 80	74 42	96 10	111 40	162 98	28 50	28 05	26 69	24 38	21 07	16 65	10 96	3 76	»	»	0 45	1 81	4 12	7 43	11 85	17 54	24 74	»	»	28 50
66 90	74 33	96 1	111 11	162 84	28 53	28 08	26 71	24 40	21 08	16 64	10 93	3 70	»	»	0 45	1 82	4 13	7 45	11 89	17 60	24 83	»	»	28 53

Tangentes 100 mètres.

LONGUEUR de la bissectrice.	DEMI-CORDE.	ANGLE des alignements.	RAYON.	LONGUEUR de l'arc.	FLÈCHE.	ORDONNÉES SUR LA CORDE. La distance à partir de la flèche étant									ORDONNÉES SUR LES TANGENTES. La distance à partir des points de tangence étant									
						10m	20m	30m	40m	50m	60m	70m	80m	90m	10m	20m	30m	40m	50m	60m	70m	80m	90m	égale à la demi-corde
m	m	° ′	m	m	m																			
67 00	74 24	95 52	110 80	162 70	28 55	28 10	26 73	24 41	21 08	16 62	10 89	3 63	»	»	0 45	1 82	4 14	7 47	11 93	17 66	24 92	»	»	28 55
67 10	74 15	95 43	110 50	162 55	28 57	28 12	26 74	24 42	21 08	16 61	10 86	3 57	»	»	0 45	1 83	4 15	7 49	11 96	17 71	25 00	»	»	28 57
67 20	74 06	95 33	110 20	162 41	28 59	28 14	26 76	24 43	21 08	16 60	10 83	3 50	»	»	0 45	1 83	4 16	7 51	11 99	17 76	25 09	»	»	28 59
67 30	73 96	95 24	109 90	162 26	28 61	28 16	26 78	24 44	21 08	16 58	10 79	3 43	»	»	0 45	1 83	4 17	7 53	12 03	17 82	25 18	»	»	28 61
67 40	73 87	95 15	109 61	162 12	28 64	28 18	26 80	24 45	21 08	16 57	10 76	3 37	»	»	0 46	1 84	4 19	7 56	12 07	17 88	25 27	»	»	28 64
67 50	73 78	95 6	109 31	161 98	28 66	28 20	26 82	24 46	21 08	16 55	10 72	3 30	»	»	0 40	1 84	4 20	7 58	12 11	17 94	25 36	»	»	28 66
67 60	73 69	94 56	109 01	161 83	28 68	28 22	26 83	24 47	21 08	16 54	10 68	3 23	»	»	0 46	1 85	4 21	7 60	12 14	18 00	25 45	»	»	28 68
67 70	73 60	94 47	108 71	161 69	28 70	28 24	26 85	24 48	21 07	16 52	10 64	3 16	»	»	0 46	1 85	4 22	7 63	12 18	18 06	25 54	»	»	28 70
67 80	73 51	94 38	108 41	161 54	28 72	28 26	26 86	24 49	21 07	16 50	10 61	3 09	»	»	0 46	1 86	4 23	7 65	12 22	18 14	25 63	»	»	28 72
67 90	73 41	94 28	108 11	161 40	28 74	28 28	26 88	24 49	21 07	16 49	10 57	3 02	»	»	0 46	1 86	4 25	7 67	12 25	18 17	25 72	»	»	28 74
68 00	73 32	94 19	107 82	161 25	28 76	28 30	26 89	24 50	21 07	16 47	10 53	2 95	»	»	0 46	1 87	4 26	7 69	12 29	18 23	25 81	»	»	28 76
68 10	73 23	94 9	107 53	161 10	28 78	28 32	26 91	24 51	21 07	16 45	10 49	2 88	»	»	0 46	1 87	4 27	7 74	12 33	18 29	25 90	»	»	28 78
68 20	73 13	94 0	107 24	160 95	28 81	28 34	26 93	24 52	21 07	16 44	10 43	2 81	»	»	0 47	1 88	4 29	7 74	12 37	18 36	26 00	»	»	28 81
68 30	73 04	93 50	106 95	160 80	28 83	28 36	26 94	24 53	21 07	16 42	10 41	2 74	»	»	0 47	1 89	4 30	7 76	12 41	18 42	26 09	»	»	28 83
68 40	72 95	93 41	106 65	160 65	28 85	28 38	26 96	24 54	21 06	16 40	10 37	2 66	»	»	0 47	1 89	4 31	7 79	12 45	18 48	26 19	»	»	28 85
68 50	72 85	93 32	106 36	160 51	28 87	28 40	26 97	24 55	21 06	16 38	10 33	2 59	»	»	0 47	1 90	4 32	7 81	12 49	18 54	26 28	»	»	28 87
68 60	72 76	93 22	106 06	160 36	28 89	28 42	26 99	24 56	21 06	16 36	10 29	2 51	»	»	0 47	1 90	4 33	7 83	12 53	18 60	26 38	»	»	28 89
68 70	72 66	93 13	105 77	160 21	28 91	28 44	27 00	24 57	21 06	16 34	10 25	2 43	»	»	0 47	1 91	4 34	7 85	12 57	18 66	26 48	»	»	28 91
68 80	72 57	93 3	105 48	160 06	28 93	28 46	27 02	24 58	21 05	16 32	10 20	2 36	»	»	0 47	1 91	4 35	7 88	12 61	18 73	26 57	»	»	28 93
68 90	72 48	92 54	105 19	159 91	28 95	28 48	27 03	24 58	21 05	16 34	10 16	2 28	»	»	0 47	1 92	4 37	7 90	12 64	18 79	26 67	»	»	28 95
69 00	72 38	92 44	104 90	159 76	28 97	28 49	27 05	24 59	21 05	16 29	10 12	2 20	»	»	0 48	1 92	4 38	7 92	12 68	18 85	26 77	»	»	28 97
69 10	72 29	92 35	104 61	159 60	28 99	28 51	27 06	24 60	21 04	16 27	10 07	2 12	»	»	0 48	1 93	4 39	7 95	12 72	18 92	26 87	»	»	28 99
69 20	72 19	92 25	104 32	159 45	29 01	28 53	27 08	24 61	21 04	16 25	10 03	2 04	»	»	0 48	1 93	4 40	7 97	12 76	18 98	26 97	»	»	29 01
69 30	72 09	92 16	104 03	159 29	29 03	28 55	27 09	24 61	21 03	16 23	9 99	1 96	»	»	0 48	1 94	4 42	8 00	12 80	19 04	27 07	»	»	29 03
69 40	72 00	92 6	103 74	159 14	29 05	28 57	27 10	24 62	21 03	16 21	9 94	1 87	»	»	0 48	1 95	4 43	8 02	12 84	19 11	27 18	»	»	29 05
69 50	71 90	91 57	103 45	158 99	29 07	28 59	27 12	24 62	21 02	16 18	9 89	1 79	»	»	0 48	1 95	4 45	8 05	12 89	19 18	27 28	»	»	29 07
69 60	71 80	91 47	103 17	158 83	29 09	28 60	27 13	24 63	21 02	16 16	9 85	1 71	»	»	0 49	1 96	4 46	8 07	12 93	19 24	27 38	»	»	29 09
69 70	71 71	91 38	102 88	158 68	29 11	28 62	27 15	24 64	21 01	66 14	9 80	1 62	»	»	0 49	1 96	4 47	8 10	12 97	19 31	27 49	»	»	29 11
69 80	71 61	91 28	102 60	158 52	29 13	28 64	27 16	24 64	21 01	16 12	9 75	1 54	»	»	0 49	1 97	4 49	8 12	13 01	19 38	27 59	»	»	29 13
69 90	71 51	91 19	102 31	158 37	29 15	28 66	27 17	24 65	21 00	16 10	9 70	1 45	»	»	0 49	1 98	4 50	8 15	13 05	19 45	27 70	»	»	29 15

Tangentes 100 mètres.

LONGUEUR de la bissectrice.	DEMI-CORDE.	ANGLE des alignements.	RAYON.	LONGUEUR de l'arc.	FLÈCHE.	ORDONNÉES SUR LA CORDE. La distance à partir de la flèche étant 10m	20m	30m	40m	50m	60m	70m	80m	90m	ORDONNÉES SUR LES TANGENTES La distance à partir des points de tangence étant 10m	20m	30m	40m	50m	60m	70m	80m	90m	égale à la demi-corde
m	m	° '	m	m	m																			
70 00	71 44	91 9	102 02	158 24	29 16	28 67	27 18	24 65	20 99	16 07	9 65	1 36	»	»	0 49	1 98	4 51	8 17	13 09	19 54	27 80	»	»	29 16
70 10	71 32	90 59	101 73	158 05	29 18	28 69	27 19	24 66	20 99	16 05	9 60	1 27	»	»	0 49	1 99	4 52	8 19	13 13	19 58	27 91	»	»	29 18
70 20	71 22	90 50	101 45	157 89	29 20	28 70	27 21	24 66	20 98	16 02	9 55	1 18	»	»	0 50	1 99	4 54	8 22	13 18	19 65	28 02	»	»	29 20
70 30	71 12	90 40	101 17	157 73	29 22	28 72	77 22	24 67	20 97	16 00	9 50	1 09	»	»	0 50	2 00	4 55	8 25	13 22	19 72	28 13	»	»	20 22
70 40	71 02	90 30	100 88	157 57	29 23	28 73	27 23	24 67	20 96	15 97	9 45	0 99	»	»	0 50	2 00	4 56	8 27	13 26	19 78	28 24	»	»	29 23
70 50	70 92	90 20	100 59	157 41	29 25	28 75	27 24	24 67	20 96	15 95	9 40	0 90	»	»	0 50	2 01	4 58	8 29	13 30	19 83	28 35	»	»	29 25
70 60	70 82	90 11	100 31	157 25	29 27	28 77	27 25	24 68	20 95	15 92	9 35	0 81	»	»	0 50	2 02	4 59	8 32	13 35	19 92	28 46	»	»	29 27
70 70	70 72	90 1	100 02	157 09	29 28	28 78	27 26	24 68	20 94	15 89	9 29	0 71	»	»	0 50	2 02	4 60	8 34	13 39	19 99	28 57	»	»	29 28

Page	Ligne de la bissectrice	Colonne	Au lieu de	Il faut	Page	Ligne de la bissectrice	Colonne	Au lieu de	Il faut	Page	Ligne de la bissectrice	Colonne	Au lieu de	Il faut
16	10 10	3	96 21	95 21	105	2 60	12	0 93	0 83	195	8 70	8	3 06	4 06
23	12 60	13	3 51	5 51	105	2 80	5	99 88	99 90	198	13 90	20	5 34	5 44
23	12 70	9	0 30	0 36	105	3 50	5	09 84	99 84	202	19 60	7	8 49	9 49
23	12 80	9	0 36	0 30	105	3 70	18	9 17	0 17	214	37 10	10	72 10	12 10
24	1 20	9	2 38	0 38	105	3 90	11	1 36	1 46	236	13 50	15	9 08	0 08
24	1 60	3	172 4	172 40	108	8 00	6	3 07	3 97	241	21 10	16	9 54	0 54
28	11 20	13	3 31	2 31	109	8 80	7	1 32	4 32	246	29 10	22	22 44	12 44
31	17 70	7	6 23	6 82	111	12 20	6	6 04	6 01	252	37 80	10	12 83	13 83
31	17 70	8	5 82	5 23	111	12 50	4	193 61	193 65	253	39 10	12	8 63	8 62
46	1 50	5	66 95	69 95	114	16 20	10	9 50	6 50	253	39 20	12	8 62	8 63
46	2 00	14	0 98	0 08	122	29 20	21	9 81	6 81	259	47 70	9	19 73	18 73
53	12 50	13	8 14	0 14	126	35 20	4	59 44	50 44	260	50 60	11	14 08	13 08
56	16 40	10	4 50	4 59	128	1 50	9	9 56	0 56	267	60 10	11	12 37	12 30
59	21 30	8	9 31	8 31	138	16 80	16	6 11	6 17	277	12 80	5	108 90	198 90
61	24 50	5	35 37	55 37	138	16 90	16	6 27	6 21	278	13 40	18	0 60	0 61
63	2 40	15	9 08	0 08	139	17 40	2	67 42	57 42	283	21 70	10	8 04	8 94
63	2 50	14	9 02	0 02	144	25 20	11	1 86	1 96	286	25 20	17	9 52	0 52
63	3 80	5	70 76	79 76	146	28 70	17	12 42	13 42	288	28 30	5	174 49	194 49
67	9 10	19	1 65	2 65	153	39 70	15	12 01	13 01	290	31 70	2	64 84	94 84
68	10 30	15	9 33	0 33	153	39 80	15	12 08	13 08	296	41 00	25	11 56	19 56
70	13 90	20	3 83	5 83	153	39 90	15	12 16	13 16	299	45 50	4	195 17	195 71
74	19 40	12	3 51	2 51	154	40 10	6	77 10	17 10	299	45 60	4	195 71	195 17
84	5 00	18	9 50	0 50	159	5 80	15	9 53	0 53	300	46 80	22	43 46	13 46
90	13 50	15	9 09	0 09	161	9 70	6	7 83	4 83	300	47 00	13	8 59	8 50
91	14 60	22	0 25	6 25	163	12 60	4	382 94	382 54	304	52 40	6	34 10	24 10
91	15 30	14	6 81	0 81	163	12 60	17	4 29	3 29	304	52 80	13	2 22	8 22
95	21 00	16	0 39	0 59	167	18 90	2	67 43	67 40	306	56 10	25	35 41	25 41
96	23 00	3	108 31	118 31	173	27 40	8	11 81	11 91	310	62 00	5	168 26	169 26
100	28 80	12	2 41	3 41	174	29 10	5	131 52	131 32	313	66 60	6	26 46	28 46
100	28 90	12	2 38	3 38	182	31 10	3	108 05	108 5	315	69 70	11	66 14	16 14
105	2 60	2	48 93	49 93	190	2 20	4	199 95	189 95	316	70 30	25	20 22	20 22

www.ingramcontent.com/pod-product-compliance
Ingram Content Group UK Ltd.
Pitfield, Milton Keynes, MK11 3LW, UK
UKHW022102190726
13855UKWH00002B/597

9 782013 098007